高等职业教育"十三五"规划教材

建筑工程质量与安全控制
（第2版）

主　编　余景良　陶登科

副主编　赵世军　王雪莲　刘文娴

韦　昆　苟文权

北京理工大学出版社
BEIJING INSTITUTE OF TECHNOLOGY PRESS

内 容 提 要

本书主要针对高职高专院校建筑工程技术专业紧缺人才培养目标和专业教学改革的需要进行编写，全书分上、下两篇，共有10章，主要内容包括建筑工程质量管理概论、地基与地下防水工程施工质量控制、砌体与混凝土结构工程施工质量控制、钢结构工程施工质量控制、建筑工程施工质量验收、安全生产管理、建筑工程施工安全技术、建筑工程施工现场安全保证和建筑工程安全施工及其处理等。

本书可作为高职高专院校建筑工程技术等相关专业的教材，也可供工程技术人员自学时参考。

图书在版编目(CIP)数据

建筑工程质量与安全控制 / 余景良，陶登科主编.—2版.—北京：北京理工大学出版社，2018.3（2018.4重印）

ISBN 978-7-5682-5381-9

Ⅰ.①建…　Ⅱ.①余…　②陶…　Ⅲ.①建筑工程－工程质量－质量控制－高等学校－教材　②建筑工程－安全管理－高等学校－教材　Ⅳ.①TU71

中国版本图书馆CIP数据核字(2018)第048011号

出版发行 / 北京理工大学出版社有限责任公司

社　　址 / 北京市海淀区中关村南大街5号

邮　　编 / 100081

电　　话 / （010）68914775（总编室）

　　　　　（010）82562903（教材售后服务热线）

　　　　　（010）68948351（其他图书服务热线）

网　　址 / http://www.bitpress.com.cn

经　　销 / 全国各地新华书店

印　　刷 / 北京紫瑞利印刷有限公司

开　　本 / 787毫米×1092毫米　1/16

印　　张 / 18　　　　　　　　　　　　　　　　　责任编辑 / 李志敏

字　　数 / 483千字　　　　　　　　　　　　　　　文案编辑 / 李志敏

版　　次 / 2018年3月第2版　2018年4月第2次印刷　责任校对 / 周瑞红

定　　价 / 48.00元　　　　　　　　　　　　　　　责任印制 / 边心超

第2版前言

本书第1版自出版发行以来，受到了广大高职高专院校师生的认同与厚爱，已多次重印。随着建筑工程施工领域大量新材料、新技术、新工艺、新设备的广泛使用，建筑工程各施工质量验收规范陆续修订并颁布实施，对此，编者们根据各院校使用者的建议及近年来高职高专教育教学改革的动态，结合最新的建筑工程施工验收标准和规范对本书进行了修订。

本书修订严格按照最新版建筑工程施工质量验收规范，并秉承以理论知识够用为度，以培养面向生产第一线的应用型人才为目的进行。修订后的教材在内容上有了较大幅度的充实与完善，进一步强化了实用性和可操作性，更能满足高职高专院校教学工作的需要，其主要内容包括建筑工程质量管理概论、地基与地下防水工程施工质量控制、砌体与混凝土结构工程施工质量控制、钢结构工程施工质量控制、建筑工程施工质量验收、安全生产管理、建筑工程施工安全技术、建筑工程施工现场安全保证和建筑工程安全施工及其处理等。

本书的修订工作主要遵循以下原则和要求进行：

1. 进一步突出了实际操作性，以能力为本，注重结合施工实际，努力使内容能做到简单明了，通俗易懂。

2. 每章开篇均附有"学习目标"和"能力目标"，使读者能够带着目的性去理解书中内容，使全书内容层次分明，条理清晰。

3. 结合最新建筑工程施工与安全管理相关标准规范对建筑工程质量与安全控制的内容进行了修订，并对部分的章节重新进行了设置，对相关内容进行了必要的补充。

本书由广州航海学院余景良、山东水利职业学院陶登科担任主编，贵州工商职业学院赵世军、广州航海学院王雪莲和刘文娴、贵州工商职业学院韦昆和苟文权担任副主编。具体编写分工为：余景良编写第一章、第六章、第七章、第十章，陶登科编写第四章、第五章，赵世军编写第二章，王雪莲编写第八章，刘文娴编写第九章，韦昆和苟文权共同编写第三章。

本书修订过程中，参阅了国内同行多部著作，部分高职高专院校老师提出了很多宝贵意见供我们参考，在此表示衷心的感谢！

限于编者的学识及专业水平和实践经验，修订后的教材仍难免有疏漏或不妥之处，恳请广大读者指正。

编　者

第1版前言

《建筑工程质量与安全控制》是高等职业教育建筑工程技术专业的一门重要专业课程。通过本课程的学习，使学生了解我国建设工程施工质量控制与安全生产控制方面的法律、法规，掌握建筑工程质量控制与安全控制的基本知识，并大力培养在施工项目管理中以质量和安全控制为核心的自觉性。同时，根据现行建筑工程施工验收标准和规范对工程建设实体各阶段质量进行控制检查和验收；能够在施工现场检查和实施安全生产的各项技术措施，掌握处理质量事故和安全事故的程序和方法。

本教材主要针对高职高专技能型紧缺人才培养培训目标及专业教学改革的需要，结合土建工长、质量员、安全员的岗位技能要求进行编写。教材力求避免面面俱到，知识以"够用"为度、"实用"为准，力求加强可操作性。

本教材由余景良、胡先国担任主编，蒋晓云、王雪莲、胡伟国担任副主编。全书共分十章，其中第一章、第二章、第八章、第九章由余景良编写，第三章由蒋晓云编写，第四章由王雪莲编写，第五章、第六章、第十章由胡先国编写，第七章由胡伟国编写。全书由余景良、胡先国统稿。

本书在编写过程中得到了天津城市建设管理职业技术学院、浙江水利专科学校、杭州市城市建设监理有限公司的大力支持，在此表示感谢。

本书在编写过程中参阅了大量资料，谨向参考文献著作者深表谢意。由于编者水平有限，书中不足之处在所难免，恳请使用本教材的师生和读者不吝指正。

编　者

目 录

上篇 建筑工程质量控制

第一章 建筑工程质量管理概论

学习目标

了解建筑工程质量相关概念及建筑工程质量特性，熟悉质量管理的内容及建设工程质量验收常用标准，掌握影响建筑工程质量的因素及质量管理体系的建立、运行、认证和持续改进。

能力目标

通过本章内容的学习，能够了解工程质量的影响因素，建立质量管理体系，并了解其如何运行、认证，能够进行建筑工程质量验收与管理。

第一节 质量管理概述

一、建筑工程质量基本概念

1. 质量

《质量管理体系 基础和术语》（GB/T 19000—2016/ISO 9000：2015）中关于质量的定义是：客体（指可感知或可想象到的任何事物）的一组固有特性满足要求的程度。对上述定义可从以下几个方面来理解：

（1）质量不仅是指产品质量，也可以是某项活动或过程的工作质量，还可以是质量管理体系运行的质量。质量由一组固有特性组成，这些固有特性是指满足顾客和其他相关方的要求的特性，并由其满足要求的程度加以表征。

（2）特性是指区分的特征。特性可以是固有的或赋予的，可以是定性的或定量的。质量特性是固有的特性，并通过产品、过程或体系设计和开发及其之后的实现过程形成的属性。固有的意思是指在某事或某物本来就有的，尤其是那种永久的特性。赋予的特性（如某一产品的价格）并非是产品、过程或体系的固有特性，则不是它们的质量特性。

（3）满足要求就是应满足明示的（如合同、规范、标准、技术、文件、图纸中明确规定的）、隐含的（如组织的惯例、一般习惯）或必须履行的（如法律、法规、行业规则）需要和期望。满足要求程度的高低反映为质量的好坏。对质量的要求除考虑满足顾客的需求外，还应考虑其他相关方即组织自身利益、提供原材料和零部件等的供方利益和社会利益等多种需求，如安全性、环境保护、节约能源等外部的强制要求。只有全面满足这些要求，才能评定为好的质量或优秀的质量。

（4）顾客和其他相关方对产品、过程或体系的质量要求是动态的、发展的和相对的。质量要求随着时间、地点、环境的变化而变化。如随着技术的发展、生活水平的提高，人们对产品、过程或体系会提出新的质量要求。因此，应定期评定质量要求、修订规范标准，不断开发新产品，改进老产品，以满足已变化的质量要求。另外，不同国家、不同地区因自然环境条件不同、技术发达程度不同、消费水平和民俗习惯等的不同都会对产品提出不同的要求，产品应具有这种环境的适应性，对不同地区应提供不同性能的产品，以满足该地区用户的明示或隐含的要求。

2. 建筑工程质量

建筑工程质量简称工程质量，工程质量是指工程满足业主需要的，符合国家法律法规、设计规范、技术标准、设计文件及工程合同规定的特性的综合要求。

工程质量有狭义和广义之分。狭义的工程质量是指施工的工程质量（即施工质量）；广义的工程质量除施工质量外，还包括工序质量和工作质量。

(1)施工质量。施工质量是指承建工程的使用价值，也就是施工工程的适用性。正确认识施工的工程质量是至关重要的。质量是为适用目的而具备的工程适用性，而不是绝对最佳的意思，应该考虑实际用途和社会生产条件的平衡，考虑技术可能性和经济合理性。建设单位提出的质量要求，是考虑质量性能的一个重要条件，通常表示为一定幅度。施工企业应按照质量标准，进行最经济的施工，以降低工程造价，提高动能，从而提高工程质量。

(2)工序质量。工序质量也称施工过程质量，是指施工过程中劳动力、机械设备、原材料、操作方法和施工环境五大要素对工程质量的综合作用过程，也称生产过程中五大要素的综合质量。在整个施工过程中，任何一个工序的质量存在问题，整个工程的质量都会受到影响。为了保证工程质量达到质量标准，必须对工序质量给予足够重视，充分掌握五大要素的变化与质量波动的内在联系，改善不利因素，及时控制质量波动，调整各要素间的相互关系，保证连续不断地生产合格产品。

(3)工作质量。工作质量是指参与工程的建设者，为了保证工程的质量所从事工作的水平和完善程度。工作质量包括社会工作质量，如社会调查、市场预测、质量回访等；生产过程工作质量，如思想政治工作质量、管理工作质量、技术工作质量和后勤工作质量等。工程质量的好坏是建筑工程形成过程的各方面、各环节工作质量的综合反映，而不是单纯靠质量检验检查出来的。为保证工程质量，要求有关部门和人员认真工作，对决定和影响工程质量的所有因素严加控制，即通过工作质量来保证和提高工程质量。

二、质量管理的概念及其内容

质量管理是指确定质量方针、目标和职责，并在质量体系中通过诸如质量策划、质量控制、质量保证和质量改进使其实施的全部管理职能的所有活动。质量管理是确定质量方针和目标、确定岗位职责和权限、建立质量体系并使其有效运行等管理职能中的所有活动。

1. 质量方针和质量目标

(1)质量方针。质量方针是指由组织的最高管理者正式颁布的关于质量方面的全部意图和方向。

质量方针是组织总方针的一个组成部分，由最高管理者批准。其是组织的质量政策，是组织全体职工必须遵守的准则和行动纲领，是企业长期或较长时期内质量活动的指导原则，其反映了企业领导的质量意识和决策。

(2)质量目标。质量目标是在质量方面所追求的目的。

质量目标应覆盖那些为了使产品满足要求而确定的各种需求。因此，质量目标一般是按年度提出的在产品质量方面要达到的具体目标。

质量方针是总的质量宗旨、总的指导思想，而质量目标是比较具体的、定量的要求。因此，质量目标应是可测的，并且应该与质量方针及持续改进的承诺相一致。

2. 质量管理体系

质量管理体系是指实施质量管理所需的组织结构、程序、过程和资源。

(1)组织结构是一个组织为行使其职能按某种方式建立的职责、权限及其相互关系，通常以组织结构图予以规定。一个组织的组织结构图应能显示其机构设置、岗位设置以及它们之间的相互关系。

(2)资源可包括人员、设备、设施、资金、技术和方法。质量体系应提供适宜的各项资源以确保过程和产品的质量。

(3)一个组织所建立的质量体系应既能满足本组织管理的需要，又能满足顾客对本组织的质量体系要求，但其主要目的应是满足本组织管理的需要。顾客仅仅评价组织质量体系中与顾客订购产品有关的部分，而不是组织质量体系的全部。

(4)质量体系和质量管理的关系是质量管理需通过质量体系来运作，即建立质量体系并使之有效运行是质量管理的主要任务。

3. 质量策划

质量策划是指质量管理中致力于设定质量目标并规定必要的运行过程和相关资源以实现其质量目标的部分。

最高管理者应对实现质量方针、目标和要求所需的各项活动和资源进行质量策划，并且策划的输出应文件化。质量策划是质量管理中的筹划活动，是组织领导和管理部门的质量职责之一。组织要在市场竞争中处于优势地位，就必须根据市场信息、用户反馈意见、国内外发展动向等因素，对原有产品改进和新产品开发进行筹划。就研制什么样的产品、应具有什么样的性能、达到什么样的水平提出明确的目标和要求，并进一步为如何达到这样的目标和实现这些要求从技术、组织等方面进行策划。

4. 质量控制

质量控制是指致力于满足质量要求所采取的作业技术和活动。质量控制的对象是过程。控制的结果应能使被控制对象达到规定的质量要求。为使控制对象达到规定的质量要求，就必须采取适宜的有效措施，包括作业技术和方法。

5. 质量保证

质量保证是指质量管理中致力于提供质量要求会得到满足的信任的部分。

(1)质量保证定义的关键是"信任"，对达到预期质量要求的能力提供足够的信任。质量保证不是买到不合格产品以后的保修、保换、保退。

(2)信任的依据是质量体系的建立和运行。因为这样的质量体系对所有影响质量的因素如技术、管理和人员方面等都采取了有效的方法进行控制，因而具有减少、消除，特别是预防不合格机制效果。一言以蔽之，质量保证体系具有持续稳定地满足规定质量要求的能力。

(3)供方规定的质量要求，包括产品的、过程的和质量体系的要求，必须完全反映顾客的需求，才能得到顾客足够的信任。

(4)质量保证总是在有两方的情况下才存在，即由一方向另一方提供信任。由于两方的具体情况不同，质量保证分为内部和外部两种。内部质量保证是企业向自己的管理者提供信任；外部质量保证是供方向顾客或第三方认证机构提供信任。

6. 质量改进

质量改进是指质量管理中致力于增强满足质量要求的能力的部分。

质量改进的目的是向组织自身和顾客提供更多的利益，如更低的消耗、更低的成本、更多的收益以及更新的产品和服务等。质量改进是通过整个组织范围内的活动和过程的效果以及效率的提高来实现的。组织内的任何一个活动和过程的效果以及效率的提高都会导致一定程度的质量改进。质量改进不仅与产品、质量、过程以及质量环等概念直接相关，而且也与质量损失、纠正措施、预防措施、质量管理、质量体系、质量控制等概念有着密切的联系，所以质量改进是通过不断减少质量损失而为本组织和顾客提供更多利益的；也是通过采取纠正措施、预防措施而提高活动和过程的效果及效率的。质量改进是质量管理的一项重要组成部分或者说支柱之一，它通常在质量控制的基础上进行。

三、建筑工程质量的特性及其影响因素

1. 建筑工程质量特性

建筑工程作为一种特殊的产品，除具有一般产品共有的质量特性，如性能、寿命、可靠性、安全性、观赏性等满足社会需要的使用价值及其属性外，还具有特定的内涵和特性，主要表现在以下六个方面：

(1)适用性。适用性是指工程满足使用目的的各种性能，即功能。如民用住宅工程要能使居住者安居，工业厂房要能满足生产活动需要，道路、桥梁、铁路、航道要能通达便捷等。

(2)耐久性。耐久性是指工程在规定的条件下，满足规定功能要求使用的年限，也就是工程竣工后的合理使用寿命周期。由于建筑物本身结构类型不同、质量要求不同、施工方法不同、使用性能不同的个性特点，目前国家对建设工程的合理使用寿命周期还缺乏统一的规定，仅少数技术标准中提出了明确要求，如民用建筑主体结构耐用年限分为四级(15～30 年、30～50 年、50～100 年、100 年以上)。

(3)安全性。安全性是指工程建成后在使用过程中保证结构安全、保证人身和环境免受危害的程度。

(4)可靠性。可靠性是指工程在规定的时间和条件下完成规定功能的能力。如工程上的防洪、抗震能力及防水隔热、恒温恒湿措施。工程不仅要求在交工验收时要达到规定的指标，而且在一定的使用时期内要保持应有的正常功能。

(5)经济性。经济性是指工程从规划、勘察、设计、施工到整个产品使用寿命周期内的成本和消耗的费用。其包括从征地、拆迁、勘察、设计、采购(材料、设备)、施工、配套设施等建设全过程的总投资和工程使用阶段的能耗、水耗、维护、保养乃至改建更新的使用维修费用。应通过分析比较，判断工程是否符合经济要求。

(6)与环境的协调性。与环境的协调性是指工程与其周围生态环境协调，与所在地区经济环境协调以及与周围已建工程相协调，以适应可持续发展的要求。

上述六个方面的质量特性彼此之间是相互依存的，缺一不可。但是对于不同门类不同专业的工程，可根据其所处的特定地域环境条件、技术经济条件的差异，侧重不同的方面。

2. 影响工程质量的因素

影响工程质量的因素很多，但归纳起来主要有人、材、机、方法和环境条件五个方面。

(1)人。人即人员素质。人是生产经营活动的主体，人的文化水平、技术水平、决策能力、管理能力、组织能力、作业能力、控制能力、身体素质及职业道德等，都将直接和间接地影响规划、决策、勘察、设计和施工的质量；而规划是否合理、决策是否正确、设计是否符合所需的质量功能，施工能否满足合同、规范、技术标准的需要等，都将对工程质量产生不同程度的影响，可见人员素质是影响工程质量的一个重要因素。建筑行业实行经营资质管理，各类专业从业人员执行持证上岗制度，都是保证人员素质的重要管理措施。

(2)材。材即工程材料。工程材料泛指构成工程实体的各类建筑材料、构配件、半成品等，工程材料选用是否合理、质量是否合格、是否经过检验、保管使用是否得当等，都直接影响建筑工程的工程质量。

(3)机。机即机械设备。机械设备可分为两类：一是指组成工程实体的及配套的工艺设备和各类机具，如电梯、泵机、通风设备等；二是指施工过程中使用的各类机具设备，包括大型垂直与横向运输设备、各类操作工具、各种施工安全设施、各类测量仪器和计量器具等，简称施工机具设备，工程用机具设备的产品质量优劣，直接影响工程使用功能。施工机具设备的类型是否符合工程施工特点，性能是否先进稳定，操作是否方便安全等，都会影响工程项目的质量。

(4)方法。方法是指施工方案、工艺方法和操作方法。在工程施工中，施工方案是否合理，施工工艺是否先进，施工操作是否正确，都将对工程质量产生重大的影响。

(5)环境条件。环境条件是指对工程质量起重要作用的环境因素。其包括：工程技术环境，如工程地质、水文、气象状况等；工程作业环境，如施工环境作业面大小、防护设施、通风照明和通信条件等；工程管理环境，主要指工程实施的合同结构与管理关系的确定，组织体制及管理制度等；周边环境，如工程邻近的地下管线、建(构)筑物等。加强环境管理，改进作业条件，把握好技术环境，辅以必要的措施，是控制环境对质量影响的重要保证。

四、建筑工程质量控制

质量控制是质量管理的重要组成部分，其目的是使产品、体系或过程的固有特性达到要求，即满足顾客及法律、法规等方面所提出的质量要求(如适用性、安全性等)。所以，质量控制是通过采取一系列的作业技术和活动对各个过程实施控制的。

1. 建筑工程质量控制定义与内容

工程质量控制是指致力于满足质量要求，也就是为了保证工程质量满足工程合同规范标准所采取的一系列措施、方法和手段。工程质量要求主要表现为工程合同和设计文件、技术规范、标准规定的质量标准。其主要包括以下四个方面：

(1)政府的工程质量控制。政府属于监控主体，它主要是以法律法规为依据，通过抓工程报建、施工图设计文件审查、施工许可证、材料和设备准用、工程质量监督、重大工程竣工验收备案等主要环节进行的。

(2)工程监理单位的质量控制。工程监理单位属于监控主体，它主要是受建设单位的委托，代表建设单位对工程实施全过程进行质量监督和控制，包括勘察设计阶段质量控制和施工阶段质量控制，以满足建设单位对工程质量的要求。

(3)勘察设计单位的质量控制。勘察设计单位属于自控主体，它是以法律、法规及合同为依据，对勘察设计的整个过程进行控制，包括工作程序、工作进度、费用及成果文件所包含的功能和使用价值，以满足建设单位对勘察设计质量的要求。

(4)施工单位的质量控制。施工单位属于自控主体，其以工程合同、设计图纸和技术规范为依据，对施工准备阶段、施工阶段、竣工验收交付阶段等施工全过程的工作质量和工程质量进行控制，以达到合同文件规定的质量要求。

2. 建筑工程施工质量控制规定

(1)建筑工程采用的主要材料、半成品、成品、建筑构配件、器具和设备应进行进场检验。凡涉及安全、节能、环境保护和主要使用功能的重要材料、产品，应按各专业工程施工规范、验收规范和设计文件等规定进行复验，并应经监理工程师检查认可。

(2)各施工工序应按施工技术标准进行质量控制，每道施工工序完成后，经施工单位自检符合规定后，才能进行下道工序施工。各专业工种之间的相关工序应进行交接检验，并应记录。

(3)对于监理单位提出检查要求的重要工序，应经监理工程师检查认可，才能进行下道工序施工。

第二节　ISO 质量管理体系

一、ISO 质量管理体系的定义与特征

质量管理体系是指组织内部建立的，为实现质量目标所必需的、系统的质量管理模式。其是组织的一项战略决策。其将资源与过程结合，以过程管理方法进行系统管理，根据企业特点选用若干体系要素加以组合，可以理解为涵盖了从确定顾客需求、设计研制、生产、检验、销售、交付之前全过程的策划、实施、监控、纠正与改进活动的要求。一般以文件化的方式，成为组织内部质量管理工作的要求。

针对质量管理体系的要求，质量管理体系国际标准化组织（ISO）质量管理和质量保证技术委员会制定了 ISO 9000 族系列标准，以适用于不同类型、产品、规模与性质的组织。该系列标准总结了世界范围内质量管理的实践经验，吸收了管理科学的新发展、新观念，形成的一套先进的质量管理模式。ISO 9000 族标准主要有四个核心标准构成，即《质量管理体系　基础和术语》《质量管理体系要求》《追求组织的持续成功质量管理方法》和《管理体系审核指南》。

质量管理体系的特征主要表现在以下几个方面：

(1)符合性。要有效开展质量管理，必须设计、建立、实施和保持质量管理体系。组织的最高管理者依据相关标准对质量管理体系的设计、建立应符合行业特点、组织规模、人员素质和能力，同时，还要考虑到产品和过程的复杂性、过程的相互作用情况、顾客的特点等。

(2)系统性。质量管理体系是相互关联和相互作用的子系统所组成的复合系统，包括以下几项：

1)组织结构——合理的组织机构和明确的职责、权限及其协调的关系；

2)程序——规定到位的形成文件的程序和作业指导书，是过程运行和进行活动的依据；

3)过程——质量管理体系的有效实施，是通过其过程的有效运行来实现的；

4)资源——必需、充分且适宜的资源包括人员、材料、设备、设施、能源、资金、技术、方法等。

(3)全面有效性。质量管理体系的运行应是全面有效的，既能满足组织内部质量管理的要求，又能满足组织与顾客的合同要求，还能满足第二方认定、第三方认证和注册的要求。

(4)预防性。质量管理体系应能采用适当的预防措施，有一定的防止重要质量问题发生的能力。

(5)动态性。组织应综合考虑利益、成本和风险，通过质量管理体系持续有效运行和动态管理使其最佳化。最高管理者定期批准进行内部质量管理体系审核，定期进行管理评审，以改进质量管理体系；还要支持质量职能部门（含现场）采用纠正措施和预防措施改进过程，从而完善体系。

(6)持续受控。质量管理体系应保持过程及其活动持续受控。

二、质量管理原则

质量管理原则是 ISO 9000 族标准的编制基础，它的贯彻执行能有效地指导组织实施质量管理，帮助组织实现预期的质量方针和质量目标。其具体内容如下：

(1)以顾客为关注焦点。组织(从事一定范围生产经营活动的企业)依存于其顾客。组织应理解顾客当前和未来的需求，满足顾客要求并争取超越顾客的期望。

(2)领导作用。领导者确立本组织统一的宗旨和方向，并营造和保持员工充分参与实现组织目标的内部环境。因此，领导在企业的质量管理中起着决定性作用。只有领导重视，各项质量活动才能有效开展。

(3)全员参与。各级人员都是组织之本，只有全员充分参与，才能使他们的才干为组织带来收益。产品质量是产品形成过程中全体人员共同努力的结果，其中，也包含为他们提供支持的管理、检查、行政人员的贡献。企业领导应对员工进行质量意识等各方面的教育，激发他们的积极性和责任感，为其能力、知识、经验的提高提供机会，发挥创造精神，鼓励持续改进，给予必要的物质和精神奖励，使全员积极参与，为达到让顾客满意的目标而奋斗。

(4)过程方法。将相关的资源和活动作为过程进行管理，可以更高效地得到期望的结果。任何使用资源的生产活动和将输入转化为输出的一组相关联的活动都可视为过程。ISO 9000 族标准即建立在过程控制的基础上。一般在过程的输入端、过程的不同位置及输出端都存在着可以进行测量、检查的机会和控制点，对这些控制点进行测量、检测和管理，便能控制过程的有效实施。

(5)管理的系统方法。将相互关联的过程作为系统加以识别、理解和管理，有助于组织实现其目标。不同企业应根据自己的特点，建立资源管理、过程实现、测量分析改进等方面的关联关系，并加以控制。即采用过程网络的方法建立质量管理体系，实施系统管理。

(6)持续改进。持续改进总体业绩是组织的一个永恒目标，其作用在于增强企业满足质量要求的能力，包括产品质量、过程及体系的有效性和效率的提高。持续改进是增强和满足质量要求能力的循环活动，使企业的质量管理走上良性循环的轨道。

(7)基于事实的决策方法。有效的决策应建立在数据和信息分析的基础上，数据和信息分析是事实的高度提炼。以事实为依据作出决策，可防止决策失误。因此，企业领导应重视数据信息的收集、汇总和分析，以便为决策提供依据。

(8)与供方互利的关系。组织与供方是相互依存的，建立双方的互利关系可以增强双方创造价值的能力。供方提供的产品是企业所提供产品的一个组成部分。处理好与供方的关系，涉及企业能否持续稳定提供顾客满意产品的重要问题。因此，对供方不能只讲控制，不讲合作互利，特别是关键的供方，更要建立互利关系，这对企业与供方双方都有利。

三、质量管理体系的建立

建筑业企业，因其性质、规模、活动、产品和服务的复杂性，其质量管理体系与其他管理体系有所差异，但不论情况如何，组成质量管理体系的管理要素是相同的，建立质量管理体系的步骤也基本相同，企业建立质量管理体系的一般步骤见表 1-1。

表 1-1　企业建立质量管理体系的步骤

序号	阶段	主要内容	时间/月
1	准备阶段	(1)最高管理者决策； (2)任命管理者代表、建立组织机构； (3)提供资源保障(人、财、物、时间)	企业自定

序号	阶段	主要内容	时间/月
2	人员培训	(1)内审员培训； (2)体系策划、文件编写培训	
3	体系分析与设计	(1)企业法律法规符合性； (2)确定要素及其执行程度和证实程度； (3)评价现有的管理制度与 ISO 9001 标准的差距	0.5~1
4	体系策划和文件编写	(1)缩写质量管理守则、程序文件、作业书指导； (2)文件修改一至两次并定稿	1~2
5	体系试运行	(1)正式颁布文件； (2)进行全员培训； (3)按文件的要求实施	3~6
6	内审及管理评审	(1)企业组成审核组进行审核； (2)对不符合项进行整改； (3)最高管理者组织管理评审	0.5~1
7	模拟审核	(1)由咨询机构对质量管理体系进行审核； (2)对不符合项进行整改； (3)最高管理者组织管理评审	0.25~1
8	认证审核准备	(1)选择确定认证审核机构； (2)提供所需文件及资料； (3)必要时接受审核机构预审	
9	认证审核	(1)现场审核； (2)对不符合项进行整改	0.5~1
10	颁发证书	(1)提交整改结果； (2)审核机构的评审； (3)审核机构打印并颁发证书	

四、质量管理体系的运行

保持质量管理体系的正常运行和持续实用有效，是企业质量管理的一项重要任务，是质量管理体系发挥实际效能、实现质量目标的主要手段。质量管理体系的有效运行是依靠体系的组织机构进行组织协调、实施质量监督、开展质量信息管理、进行质量管理体系审核与评审实现的。

1. 组织协调

质量管理体系的运行是借助于质量管理体系组织机构的组织和协调来进行的。组织和协调工作是维护质量管理体系运行的动力。质量管理体系的运行涉及企业众多部门的活动。

2. 质量监督

质量管理体系在运行过程中，各项活动及其结果不可避免地有发生偏离标准的可能。为此，必须实施质量监督。质量监督有企业内部监督和外部监督两种，需方或第三方对企业进行的监督是外部质量监督。需方的监督权是在合同环境下进行的。质量监督是符合性监督。质量监督的任务是对工程实体进行连续性的监视和验证。发现偏离管理标准和技术标准的情况时及时反馈，要求企业采取纠正措施，严重者责令其停工整顿，从而促使企业的质量活动和工程实体质量均符合标准所规定的要求。实施质量监督是保证质量管理体系正常运行的手段。外部质量监督应与企业自身的质量监督考核工作相结合，杜绝重大质量问题的发生，促进企业各部门认真贯彻各项规定。

3. 质量信息管理

企业的组织机构是企业质量管理体系的骨架，而企业的质量信息系统则是质量管理体系的神经系统，是保证质量管理体系正常运行的重要系统。在质量管理体系的运行中，通过质量信息反馈系统，对异常信息的反馈和处理进行动态控制，从而使各项质量活动和工程实体质量处于受控状态。

质量信息管理和质量监督、组织协调工作是密切联系在一起的。异常信息一般来自质量监督，异常信息的处理要依靠组织协调工作。这三者的有机结合，是使质量管理体系有效运行的保证。

4. 质量管理体系审核与评审

企业进行定期的质量管理体系审核与评审主要包括以下三个方面：

(1)对体系要素进行审核、评价，确定其有效性。

(2)对运行中出现的问题采取纠正措施，对体系的运行进行管理，保持体系的有效性。

(3)评价质量管理体系对环境的适应性，对体系结构中不适用的采取改进措施。

开展质量管理体系审核和评审是保持质量管理体系持续有效运行的主要手段。

第三节　建设工程质量验收标准

一、工程建设标准概述

1. 工程建设标准的概念

工程建设标准是指对工程建设活动中重复的事物和概念所做的统一规定，它以科学技术和实践经验的综合成果为基础，经有关方面协商一致，由主管机构批准，以特定的形式发布，作为共同遵守的准则和依据。需要指出的是，工程建设过程中经常使用的"标准""规范""规程"等技术文件，实际上都是标准的不同表现形式。而在有些国家，使用"规范"一词的文件往往是具有一定法律属性的文件。

2. 工程建设标准的性质

我国实行强制性标准与推荐性标准并行的双轨制，近年又增加了强制性条文这一类标准。

这三类标准规范可概括地以"行政性""推荐性"和"法律性"来表达其执行力度上的差别，见表1-2。

表 1-2　标准的性质

类别	内容及说明
强制性标准 （GB、JGJ、DB）	由政府有关部门以文件形式公布的标准规范。它有文件号及指定管理的行政部门，带有"行政命令"的强制性质
推荐性标准 （CECS、GB/T、JGJ/T）	改革开放后，我国开始实行由行业协会、学会来编制、管理标准的做法。由非官方的中国工程建设标准化协会（CECS）编制了一批标准、规范。其特点是"自愿采用"，故带有推荐性质。标准的约束力是通过合同、协议的规定而体现的。作为强制性标准的补充，它起到了及时推广先进技术的作用；并且可以补充大规范难以顾及的局部，从而起到完善规范体系的作用
强制性条文	这是具备一定法律性质的强制性标准中的个别条文

3. 工程建设标准的分类(等级)

工程建设标准的分类(等级)见表 1-3。

表 1-3　工程建设标准的分类(等级)

类别	内容及说明
国家标准(GB)	在全国范围内普遍执行的标准规范,约占 9%
行业标准(JGJ)	在建筑行业范围内执行的标准规范,约占 67%
地方标准(DB)	在局部地区、范围内执行的标准规范。一般是经济发达地区为反映先进技术,或是为适应具有地方特色的建筑材料而制定的,约占 21%
企业标准(QB)	仅适用于企业范围内。其一般反映企业先进的或具有专利性质的技术,或是专为满足企业的特殊要求而制定的。企业标准属于企业行为,国家并不干预。有关统计表明,我国的大型建筑企业,20%~40%有自己的企业标准或相当于企业标准的技术文件,如技术措施、统一规定等

4. 工程建设标准的作用

工程建设标准的作用见表 1-4。

表 1-4　工程建设标准的作用

标准类别	作用
基础标准	所有技术问题都必须服从的统一规定,如名词、术语、符号、计量单位、制图规定等。这是技术交流的基础
应用标准	为指导工程建设中各种行为所制定的规定,如规划、勘察、设计、施工等。绝大多数工程建设标准规范属于此类
验评标准	对建筑工程的质量通过检测而加以确认,以作为可投入使用的依据,由此而制定的规定为检验评定标准。这也是工程建设标准规范体系中不可缺少的一环

5. 工程建设标准的管理

工程建设标准管理的类别及内容(包括编制、修订、应用、解释、出版发行等)见表 1-5。

表 1-5　工程建设标准的管理

类别		内容及说明
标准编制与修订	编制	第一次制定标准规范称为"编制"。公布时赋以固定不变的编号。建筑类的国家标准原为 GBJ×××,现明确为 GB 50×××
	修订	标准规范为适应技术进步而需不断进行修订。《中华人民共和国标准化法》和《中华人民共和国标准化法实施条例》规定 10 年左右进行一次全面修订,其间还可根据具体情况进行若干次局部修订
标准之间的关系(标准的应用)	服从关系	下级标准服从上级标准;推荐标准服从强制标准;应用标准服从基础标准。"服从"意味着不得违反上级标准有关的原则和规定。但"服从"不等于"替代"。在上级标准中未能反映的属于发展性的先进技术或未能概括的一些局部、特殊问题,下级标准可以超越或列入,但不能互相矛盾或降低要求
	分工关系	在标准规范体系中,每本标准规范只能管辖特定范围内的技术内容。在所有标准规范总则的第 1.0.2 条及相应的条文说明中都会明确指出其应用的范围。标准规范之间切忌交叉、重复。多头管理可能造成标准规范之间的矛盾,必须加以避免

类别		内容及说明
标准之间的关系 （标准的应用）	协调关系	技术问题往往交织成复杂的网络，每一本标准规范必然会发生与其相邻技术问题的相互配合问题。在分工的同时要求相关标准规范在有关技术问题上互相衔接，即协调一致。最常用的衔接形式是"应符合现行有关标准的要求"或"应遵守现行有关规范的规定"等。当然，还应在正文或条文说明中明确列出相关标准规范的名称、编号等，以便应用
标准的管理、 解释和出版发行		标准规范发布文件中均明确规定了标准的管理、解释和出版发行单位。一般由行政部门或协会管理；由主编单位成立管理组负责具体解释工作；由有关部门组织专业出版社出版发行，通常为中国建筑工业出版社或中国计划出版社

6. 住房和城乡建设部《工程建设标准强制性条文》简介

根据《中华人民共和国标准化法》的规定，标准共分为四类，即国家标准、行业标准、地方标准和企业标准。其制定和批准发布按照一定的管理权限进行，而对于强制性条文，规定仅给出了国家的强制性条文。它的产生是从现行的强制性国家标准和强制性行业标准中摘录出来的，其内容具有权威性。在摘录过程中，首先是各个国家标准、行业标准在批准发布时，在标准规范的文本上标注，这些标注的条文，经该标准的主管部门审查后，最后统一由住房和城乡建设部批准发布，见表1-6～表1-8。

表 1-6 《强制性条文》^① 的编制

类别	内容及要求
编制原则	(1)依据我国有关标准化的法律、行政法规的规定，《强制性条文》中所有条款必须是直接涉及工程建设安全、卫生、环保和其他公众利益的，必须严格执行的强制性条款。同时，还要考虑保护资源、节约投资、提高经济效益和社会效益。 (2)具体编制采取在现行工程建设强制性标准中直接摘录章、节、条的内容或编号的方式，按照工程分类、内容联系和逻辑关系排列汇总。 (3)强制性条款的摘录采取从严的原则，必须体现强制性的最高程度，对强制标准的实施监督具有较强的可操作性。 (4)现行标准、规范、规程中，明确为"必须"执行的条款，大部分应是摘录的内容；明确为"应"执行的条款，应从严摘录；明确为"宜""可"执行的条款，一般不摘录。其反面用词同等对待。 (5)摘录条文中一般不引用标准，避免标准套标准，以利于实施
覆盖领域	经与有关部门协商，覆盖工程建设领域的工程建设强制性条文分为十五个部分，即城乡规划、城市建设、房屋建筑、工业建筑、水利工程、电力工程、信息工程、水运工程、公路工程、铁道工程、石油和化工建设工程、矿山工程、人防工程、广播电影电视工程、民航机场工程
编制体例与 内容说明	(1)如上所述，《强制性条文》共分十五个部分，各部分统一定名为"《工程建设标准强制性条文》××部分(如房屋建筑部分)"。 (2)各部分由批准发布通知、前言、目录、正文四部分内容构成。 (3)正文按照篇、章、节、条、款、项层次划分；被摘录的条文首先列出被摘录标准的编号，经过局部修订的条文同时列出公告号，然后列出被摘录条文原编号和条款内容。 (4)条文摘录遵照下列规定： 1)各篇之间内容不得重复和矛盾；同一篇中，条文内容不得重复和矛盾。 2)摘录条文内容一致或相近时，择优选一摘录。 3)摘录条文内容中有文字错误时可以改正

注：①指住房和城乡建设部《工程建设标准强制性条文》，余同。

表 1-7 《强制性条文》的修订与使用

类别	内容及要求
《强制性条文》的修订	住房和城乡建设部根据国务院《建设工程质量管理条例》和《实施工程建设强制性标准监督规定》，组织有关单位共同对 2000 年版《工程建设标准强制性条文》(房屋建筑部分)进行了修订，形成了 2002 年版《工程建设标准强制性条文》(房屋建筑部分)，并于 2002 年 8 月 30 日发布，自 2003 年 1 月 1 日起施行，原 2000 年版《强制性条文》(房屋建筑部分)同时废止
《强制性条文》的使用	《强制性条文》的内容是摘录了现行工程建设标准中直接涉及人民生命财产安全、人身健康、环境保护和其他公众利益的规定，同时也包括保护资源、节约投资、提高经济效益和社会效益等政策要求。因此，《强制性条文》必须得到坚决、有效的贯彻执行。 《强制性条文》作为国务院《建设工程质量管理条例》的配套文件，它将是工程建设强制性标准实施监督的依据。《强制性条文》发布后，被摘录的现行工程建设标准继续有效。对设计、施工人员来说，《强制性条文》是设计或施工时必须绝对遵守的技术法规，是技术条文的重中之重；对监理人员来说，《强制性条文》是实施工程监理时首先要进行监理的内容；对政府监督人员来说，《强制性条文》是重要的、可操作的处罚依据

表 1-8 《建设工程质量管理条例》中对建设工程责任主体违反强制性标准的处罚规定

类别	内容及要求
对建设单位的处罚规定	"明示或者暗示设计单位或施工单位违反工程建设强制性标准，降低工程质量的"，"责令改正，处 20 万元以上 50 万元以下的罚款"
对勘察、设计单位的处罚规定	"勘察单位未按照工程建设强制性标准进行勘察的""设计单位未按照工程建设强制性标准进行设计的"，"责令改正，处 10 万元以上 30 万元以下的罚款"；由此"造成工程质量事故的，责令停业整顿，降低资质等级；情节严重的，吊销资质证书；造成损失的，依法承担赔偿责任"
对施工单位的处罚规定	施工单位"有不按照工程设计图纸或者施工技术标准施工的其他行为的，责令改正，处工程合同价款 2% 以上 4% 以下的罚款；造成建设工程质量不符合规定的质量标准的，负责返工、修理，并赔偿因此造成的损失；情节严重的，责令停业整顿，降低资质等级或吊销资质证书"
对工程监理单位的处罚规定	"与建设单位或者施工单位串通，弄虚作假、降低工程质量的"，即违反国家有关建设工程质量强制性标准要求的，"责令改正，处 50 万元以上 100 万元以下的罚款，降低资质等级或吊销资质证书；有违法所得的，予以没收；造成损失的，承担连带赔偿责任"。 另有第七十四条规定："建设单位、设计单位、施工单位、工程监理单位违反国家规定，降低工程质量标准，造成重大安全事故，构成犯罪的，对直接责任人员依法追究刑事责任"

二、建筑工程施工质量验收标准体系及其特点

建筑工程的施工是一个涵盖很多专业技术的复杂的、庞大的系统工程，需要一系列标准规范构成的体系支持才能完成。因此，除了按专业不同的验收规范以外，还必须有一个超越各专业的统一的指导性标准来确定各专业施工质量验收的共同原则及相互关系，以便做到有效协调。图 1-1 所示为建筑工程施工质量验收标准体系。

由图 1-1 可以看出，《建筑工程施工质量验收统一标准》(GB 50300—2013)(以下简称《统一标准》)是整个验收规范体系中最重要的、居于主导地位的指导性标准。它能充分反映关于修订施工类标准规范的十六字方针，即"验评分离、强化验收、完善手段、过程控制"；同时将此原

则更具体地转化为能够指导修订各专业验收规范的统一做法。由于各专业规范的性质差别很大，因此，《统一标准》也只能是通用性极强的高度概括的标准，其实际操作的意义不大，不能指望用《统一标准》就能解决各专业施工的具体验收问题，但其对单位工程的竣工验收能够起到实际作用。

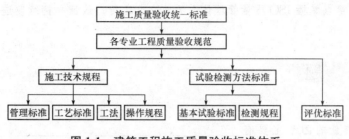

图 1-1　建筑工程施工质量验收标准体系

三、"建筑工程质量验收规范"的内容及说明

"建筑工程质量验收规范"指的是现行国家标准《建筑工程施工质量验收统一标准》（GB 50300—2013）（以下简称《统一标准》）及其他 14 部专业工程施工质量验收规范，共计 15 部。

1."建筑工程质量验收规范"的内容

"建筑工程质量验收规范"将各分项工程单列阐述，同时增加了《工程建设标准强制性条文》中相应的强制性条文，以黑体字表示。"建筑工程质量验收规范"未包括制作工艺、安装方法等内容。"建筑工程质量验收规范"只有合格与不合格之分，不含评定等级。"建筑工程质量验收规范"条款分为主控项目和一般项目。

（1）主控项目是对工程建设基本质量起决定性影响的检测项目，施工时均必须全部符合规范的规定，这类项目的检查具有否决权，是工程建设必须达到的最基本的标准。

（2）一般项目是指对工程施工质量不起决定性作用的检验项目，包括允许有偏差值项目和非偏差值项目两类；其中允许有偏差的项目，在实测中应符合规定的允许偏差范围；而非偏差值项目，一般无量化和检测点值，通常都是感观上的要求，当工程未达到要求时，经过简单的返修也可满足要求的项目。

2."建筑工程质量验收规范"的特点

（1）仅规定合格指标，取消优良指标。

（2）重点规定施工过程中的检查验收。

（3）强调了建筑工程施工过程中的监督管理。

（4）明确了建筑施工过程中的质量责任。

（5）按照《统一标准》的规定，对进场材料检验批、分项工程、分部（子分部）工程的质量验收提出了质量检验要求及指标，内容完整，重点突出，层次合理，有可操作性。

（6）总结了国内新技术、新材料、新工艺的工程实践经验，具有一定的独特性。

本章小结

建筑工程质量是工程满足业主需要的，符合国家法律法规、设计规范、技术标准、设计文件及工程合同规定的特性的综合要求。人、材、机、方法和环境条件是影响建筑工程质量的主要因素。质量管理是确定质量方针和目标、确定岗位职责和权限、建立质量体系并使其有效运行等管理职能中的所有活动，质量控制是质量管理的重要组成部分，其是指致力于满足质量要求，也就是为了保证工程质量满足工程合同规范标准所采取的一系列措施、方法和手段。质量管理体系是组织内部建立的，为实现质量目标所必需的、系统的质量管理模式，是组织的一项战略决策，本章应重点掌握 ISO 质量管理体系的建立、运行、认证和持续改进。

习　题

一、填空题

1. 影响工程质量的因素主要有 _____ 、 _____ 、 _____ 、 _____ 、 _____ 五个方面。

2. ISO 9000 族标准主要有四个核心标准构成，即 _____ 、 _____ 、 _____ 和 _____ 。

3. _____ 是维护质量管理体系运行的动力。

4. 开展 _____ 是保持质量管理体系持续有效运行的主要手段。

5. 质量管理体系认证的对象是 _____ 。

参考答案

二、选择题

1. 下列各项关于工程质量的描述正确的是（　　）。

    A. 工程质量即是施工质量　　　　B. 工程质量即是工序质量

    C. 工程质量即是工作质量　　　　D. 工程质量是建筑工程质量的简称

2. （　　）是质量管理体系的神经系统。

    A. 企业的组织机构　　　　　　　B. 质量信息系统

    C. 质量监督系统　　　　　　　　D. 组织协调

三、问答题

1. 简述建筑工程质量的特性。

2. 建筑工程施工质量控制应符合哪些规定？

3. 质量管理体系的特征是什么？

4. 质量管理体系是依靠什么有效运行的？

5. 企业进行定期的质量管理体系审核与评审，包括哪些内容？

6. 简述认证机构对申请单位的质量管理体系的审核基本程序。

7. 为了促进质量管理体系有效性的持续改进，应考虑哪些活动？

第二章 地基与地下防水工程施工质量控制

学习目标

了解地基处理工程、桩基础工程、土方工程、基坑工程和地下防水工程的分项工程的内容划分，掌握各分项工程施工质量控制要点和质量验收标准规定。

能力目标

通过本章内容的学习，具备对地基处理工程、桩基础工程、土方工程、基坑工程和地下防水工程进行质量验收的能力，能够进行上述工程的质量控制与质量验收，并能够及时采取措施对上述工程的常见质量通病进行有效预防。

第一节 地基处理

地基处理是为提高地基强度，改善其变形性质或渗透性质而采取的技术措施。地基处理方案是考虑上部结构、基础和地基的共同作用，并经过技术经济比较后确定的。

一、换填地基

(一)灰土地基

灰土的土料宜用黏土、粉质黏土。严禁采用冻土、膨胀土和盐渍土等活性较强的土料。

1. 施工质量控制

(1)铺设前应先检查基槽，发现有软弱涂层或孔穴时，应挖除并用素土或灰土分层填实；有积水时，采取相应排水措施。待合格后方可施工。

(2)灰土施工时，应适当控制其含水量，最优含水量可通过击实试验确定。

(3)灰土搅拌好后应当分层进行铺设，分层厚度可参考表 2-1 的数值。厚度用样桩控制，每层灰土夯打遍数应根据设计的干土质量密度在现场试验确定。

表 2-1 灰土最大虚铺厚度

序号	夯实机具种类	重量/t	虚铺厚度/mm	备注
1	石夯、木夯	0.04～0.08	200～250	人力送夯，落距 400～500 mm，每夯搭接半夯
2	轻型夯实机械	—	200～250	蛙式夯机、柴油打夯机，夯实后 100～150 mm 厚
3	压路机	机重 6～10	200～250	双轮

(4)灰土分段施工时，不得在墙角、柱墩及承重窗间墙下接缝，上、下相邻两层灰土的接缝间距不得小于 500 mm，接缝处的灰土应充分夯实。

2. 施工质量验收

灰土地基的质量验收应符合表 2-2 的规定。

表 2-2　灰土地基质量验收标准

项	序	检查项目	允许偏差或允许值 单位	允许偏差或允许值 数值	检查方法
主控项目	1	地基承载力	设计要求		按规定方法
	2	配合比	设计要求		按拌和时的体积比
	3	压实系数	设计要求		现场实测
一般项目	1	石灰粒径	mm	≤5	筛分法
	2	土料有机质含量	%	≤5	试验室焙烧法
	3	土颗粒粒径	mm	≤15	筛分法
	4	含水量（与要求的最优含水量比较）	%	±2	烘干法
	5	分层厚度偏差（与设计要求比较）	mm	±50	水准仪

3. 质量通病及防治措施

(1)质量通病。接槎位置不正确，接槎处灰土松散不密实；未分层留槎，接槎位置不符合规范要求；上、下两层接槎未错开500 mm以上，并做成直槎，导致接槎处强度降低，出现不均匀沉降，使上部建筑开裂。

(2)防治措施。接槎位置应按规范规定位置留设；分段施工时，不得留在墙角、桩基及承重窗间墙下接缝，上、下两层的接缝距离不得小于500 mm，接缝处应夯压密实，并做成直槎；当灰土地基高度不同时，应做成阶梯形，每阶宽不少于500 mm；同时注意接槎质量，每层虚土应从留缝处往前延伸500 mm，夯实时应夯过接缝300 mm以上。

（二）砂和砂石地基

砂和砂石地基原材料宜用中砂、粗砂、砾砂、碎石（卵石）、石屑。细砂应同时掺入25%~35%碎石或卵石。

1. 施工质量控制

(1)铺设前应先验槽，清除基底表面浮土、淤泥杂物，地基槽底如有孔洞、沟、井、墓穴应先填实，基底无积水。槽应有一定坡度，防止振捣时塌方。

(2)由于垫层标高不尽相同，施工时应分段施工，接头处应做成斜坡或阶梯搭接，并按先深后浅的顺序施工；搭接处，每层应错开0.5~1.0 m，并注意充分捣实。

(3)砂石地基应分层铺垫、分层夯实。每层铺设厚度、捣实方法可参照表2-3的规定选用。每铺好一层垫层，经干密度检验合格后方可进行上一层施工。

表 2-3　砂和砂石垫层每层铺筑厚度及最优含水量

项次	捣实方法	每层铺筑厚度/mm	施工时最优含水量/%	施工说明	备注
1	平振法	200~250	15~20	用平板式振捣器往复振捣	不宜使用干细砂或含泥量较大的砂所铺筑的砂垫层
2	插振法	振捣器插入深度	饱和	(1)用插入式振捣器； (2)插入间距可根据机械振幅大小决定； (3)不应插至下卧黏性土层； (4)插入振捣器完毕后所留的孔洞，应用砂填实	

项次	捣实方法	每层铺筑厚度/mm	施工时最优含水量/%	施工说明	备注
3	水撼法	250	饱和	(1)注水高度应超过每次铺筑面； (2)钢叉摇撼捣实，插入点间距为100 mm； (3)钢叉分四齿，齿的间距为80 mm，长300 mm，木柄长90 mm	湿陷性黄土、膨胀土地区不得使用
4	夯实法	150～200	8～12	(1)用木夯或机械夯； (2)木夯重40 kg，落距400～500 mm； (3)一夯压半夯，全面夯实	
5	碾压法	250～350	8～12	6～12 t压路机往复碾压	(1)适用于大面积砂垫层； (2)不宜用于地下水水位以下的砂垫层

注：在地下水水位以下的垫层，其最下层的铺筑厚度可比上表增加50 mm。

(4)垫层铺设完毕应立即进行下道工序的施工，严禁人员及车辆在砂石层面上行走，必要时应在垫层上铺板行走。

2. 施工质量验收

砂和砂石地基的质量验收应符合表2-4的规定。

表2-4 砂和砂石地基质量验收标准

项	序	检查项目	允许偏差或允许值		检查方法
			单位	数值	
主控项目	1	地基承载力	设计要求		按规定方法
	2	配合比	设计要求		检查拌和时的体积比或质量比
	3	压实系数	设计要求		现场实测
一般项目	1	砂石料有机质含量	%	≤5	焙烧法
	2	砂石料含泥量	%	≤5	水洗法
	3	石料粒径	mm	≤100	筛分法
	4	含水量(与最优含水量比较)	%	±2	烘干法
	5	分层厚度(与设计要求比较)	mm	±50	水准仪

3. 质量通病及防治措施

(1)质量通病。人工级配砂石地基中的配合比例是通过试验确定的，如不拌和均匀铺设，将使地基中存在不同比例的砂石料，甚至出现砂窝或石子窝，使密实度达不到要求，降低地基承载力，在荷载作用下产生不均匀沉陷。

(2)防治措施。人工级配砂石料必须按体积比或质量比准确计量，用人工或机械拌和均匀，分层铺填夯压密实；不符合要求的部位应挖出，重新拌和均匀，再按要求铺填夯压密实。

(三)土工合成材料地基

土工合成材料地基所土工合成材料的品种与性能和填料土类，应根据工程特性和地基土条件，通过现场试验确定，垫层材料宜用黏性土、中砂、粗砂、砾砂、碎石等内摩阻力高的材料。如工程要求垫层排水，垫层材料应具有良好的透水性。

1. 施工质量控制

(1)施工前应先检验基槽，清除基土中杂物、草根，将基坑修整平顺，尤其是水面以下的基底面，要先抛一层砂，将凹凸不平的面层予以平整，再由潜水员下去检查。

(2)铺设土工织物滤层的关键是保证织物的连续性，使织物弯曲、折皱、重叠以及拉伸至显著程度时仍不丧失抗拉强度。

(3)当土工织物用作反滤层时，应使织物有均匀褶皱，使其保持一定的松紧度，以防在抛填块石时超过织物弹性极限使之变形。

(4)土工织物应沿堤轴线的横向展开铺设，不允许有褶皱，更不允许断开，并尽量以人工拉紧。

(5)铺设应从一端向另外一端进行，最后是中间，铺设松紧适度，端部须精心铺设铺固。

(6)土工织物铺完之后，不得长时间受阳光暴晒，最好在一个月之内把上面的保护层做好。备用的土工织物在运送、储存过程中也应加以遮盖，不得长时间受阳光暴晒。

(7)若用块石保护土工织物，施工时应将块石轻轻铺放，不得在高处抛掷。如块石下落的情况不可避免时，应先在织物上铺一层砂加以保护。

(8)土工织物上铺垫层时，第一层铺设厚度在 50 mm 以下，用推土机铺设。施工时，要防止刮土板损坏土工织物，局部应力不得过度集中。

(9)在地基中埋设孔隙水压力计，在土工织物垫层下埋设钢弦压力盒，在基础周围设沉降观测点，对各阶段的测试数据进行仔细整理。

2. 施工质量验收

土工合成材料地基质量验收应符合表 2-5 的规定。

表 2-5　土工合成材料地基质量验收标准

项	序	检查项目	允许偏差或允许值		检查方法
			单位	数值	
主控项目	1	土工合成材料强度	%	≤5	置于夹具上做拉伸试验(结果与设计标准相比)
	2	土工合成材料延伸率	%	≤3	置于夹具上做拉伸试验(结果与设计标准相比)
	3	地基承载力	设计要求		按规定方法
一般项目	1	土工合成材料搭接长度	mm	≥300	用钢尺量
	2	土石料有机质含量	%	≤5	焙烧法
	3	层面平整度	mm	≤20	用 2 m 靠尺
	4	每层铺设厚度	mm	±25	水准仪

3. 质量通病及防治措施

(1)质量通病。砂或砂石垫层铺设厚薄不匀，部分过薄，部分过厚，表面坑洼不平，造成土工织物铺设不平整，受力不匀，易被基层或上部块石、道砟等顶破、穿刺、擦伤或撕破。

(2)防治措施。

1)铺设垫层前,应将基土表面压实,修整平顺,清除杂物、草根,表面坑洼不平应铺砂找平,然后再按一般铺设砂或砂石垫层方法做垫层,使厚薄均匀一致、表面平整。在基土上层钉标桩挂线控制厚度和平整度。作路基垫层应有 4%～5% 的坡度,以利于排水。

2)为防止土工织物在施工中产生顶破、穿刺、擦伤和撕破等现象,一般在土工织物下面设置一层砾石、碎石或砂垫层,在其上面设置一层砂卵石护层,其中,碎石层能承受压应力,土工织物承受拉应力,充分发挥土工织物的约束作用和抗拉效应。

(四)粉煤灰地基

粉煤灰地基的粉煤灰材料可用电厂排放的硅铝型低钙粉煤灰。$SiO_2+Al_2O_3$ 总含量不低于 70%(或 $SiO_2+Al_2O_3+Fe_2O_3$ 总含量),烧失量不大于 12%。

1. 施工质量控制

(1)铺设前应先验槽,清除地基底面垃圾、杂物。

(2)粉煤灰铺设含水量应控制在最佳含水率($w_{op}\pm2\%$)范围内;如含水量过大时,需摊铺沥干后再碾压。粉煤灰铺设后,应于当天压完;如压实时含水量过低,呈松散状态,则应洒水湿润再碾压密实,洒水的水质不得含有油质,pH 值应为 6～9。

(3)垫层应分层铺设与碾压,分层厚度、压实遍数等施工参数应根据机具种类、功能大小、设计要求通过试验确定。用机动夯铺设厚度为 200～300 mm,夯完后厚度为 150～200 mm;用压路机铺设厚度为 300～400 mm,压实后为 250 mm 左右。对小面积基坑、槽垫层,可用人工分层摊铺,用平板振动器和蛙式打夯机压实,每次振(夯)板应重叠 1/2～1/3 板,往复压实由两侧或四周向中间进行,夯实不少于 3 遍。大面积垫层应用推土机摊铺,先用推土机预压 2 遍,然后用 8 t 压路机碾压,施工时压轮重叠 1/2～1/3 轮宽,往复碾压,一般碾压 4～6 遍。

(4)在软弱地基上填筑粉煤灰垫层时,应先铺设 20 cm 的中、粗砂或高炉干渣,以免下卧软土层表面受到扰动,同时有利于下卧软土层的排水固结,并切断毛细水的上升。

(5)夯实或碾压时,如出现"橡皮土"现象,应暂停压实,可采取将垫层开槽、翻松、晾晒或换灰等方法处理。

(6)每层铺完经检测合格后,应及时铺筑上层,以防干燥、松散、起尘、污染环境,延伸率对比以 ≤3% 为合格。

2. 施工质量验收

粉煤灰地基质量验收应符合表 2-6 的规定。

表 2-6　粉煤灰地基质量验收标准

项目	序	检查项目	允许偏差或允许值		检查方法
			单位	数值	
主控项目	1	压实系数	设计要求		现场实测
	2	地基承载力	设计要求		按规定方法
一般项目	1	粉煤灰粒径	mm	0.001～2.000	过筛
	2	氧化铝及二氧化硅含量	%	≥70	试验室化学分析
	3	烧失量	%	≤12	试验室烧结法
	4	每层铺筑厚度	mm	±50	水准仪
	5	含水量(与最优含水量比较)	%	±2	取样后试验室确定

3. 质量通病及防治措施

(1)质量通病。电厂湿排灰未经沥干就直接运到现场进行铺设，其含水量往往大大超过最优含水量，不仅很难压实，达不到密实度要求，而且易形成橡皮土，使地基强度降低，建筑物产生附加沉降，引起下沉开裂。

(2)防治措施。

1)铺设粉煤灰要选用Ⅲ级以上，含 SiO_2、Al_2O_3、Fe_2O_3 总量高的，颗粒粒径为 $0.001\sim2.000$ mm 的粉煤灰，不得混入植物、生活垃圾及其他有机杂质。粉煤灰进场时，其含水量应控制在 $31\%\pm2\%$ 范围内，或通过击穿试验确定。

2)如粉煤灰含水量过大，需摊铺沥干后再碾压。

3)夯实或碾压时，如出现"橡皮土"现象，应暂停压实，可采取将地基开槽、翻松、晾晒或换灰等办法处理。

二、工艺法地基

(一)强夯地基

强夯地基是用起重机械(起重机或起重机配三脚架、龙门架)将大吨位(一般为 $8\sim25$ t)夯锤起吊到 $6\sim25$ m 高度后，自由落下，给地基土以强大的冲击能量的夯击，使土中出现冲击波和很大的冲击应力，迫使土层空隙压缩，土体局部液化，在夯击点周围产生裂隙，形成良好的排水通道，孔隙水和气体逸出，使土料重新排列，经时效压密达到固结，从而提高地基承载力，降低其压缩性的一种有效的地基加固方法，使表面形成一层较为均匀的硬层来承受上部载荷。

1. 施工质量控制

(1)施工前做好强夯地基地质勘察，对不均匀土层适当增加钻孔和原位测试工作，掌握土质情况，作为制订强夯方案和对比夯前、夯后加固效果之用。查明强夯影响范围内的地下构筑物和各种地下管线的位置及标高，采取必要的防护措施，避免因强夯施工而造成破坏。

(2)施工前应检查夯锤质量，尺寸、落锤控制手段及落距，夯击遍数，夯点布置，夯击范围，进行现场试夯用以确定施工参数。

(3)施工中应检查落距、夯击遍数、夯点位置、夯击范围。如无经验，宜先试夯取得各类施工参数后再正式施工。对透水性差、含水量高的土层，前后两遍夯击应有一定间歇期，一般为 $2\sim4$ 周。夯点超出需加固的范围为加固深度的 $1/3\sim1/2$，且不小于 3 m。

(4)夯击时，落锤应保持平稳，夯位应准确，夯击坑内积水应及时排除。坑底含水量过大时，可铺砂石后再进行夯击。

(5)强夯应分段进行，顺序从边缘夯向中央。对厂房柱基也可一排一排夯，起重机直线行驶，从一边驶向另一边，每夯完一遍，进行场地平整，放线定位后再进行下一遍夯击。强夯的施工顺序是先深后浅，即先加固深层土，再加固中层土，最后加固浅层土。夯坑底面以上的填土(经推土机推平夯坑)比较疏松，加上强夯产生的强大振动，也会使周围已夯实的表层土有一定的疏松，如前所述，一定要在最后一遍点夯完之后，再以低能量满夯一遍。有条件的，满夯时宜采用小夯锤夯击，并适当增加满夯的夯击次数，以提高表层土的夯实效果。

(6)对于高饱和度的粉土、黏性土和新饱和填土，进行强夯时，很难控制最后两击的平均夯沉量在规定的范围内，可采取以下措施：

1)适当将夯击能量降低。

2)将夯沉量差适当加大。

3)填土。将原土上的淤泥清除，挖纵横盲沟，以排除土内的水分，同时在原土上铺 50 cm

的砂石混合料，以保证强夯时土内的水分排出，在夯坑内回填块石、碎石或矿渣等粗颗粒材料，进行强夯置换等措施。

通过强夯将坑底软土向四周挤出，使在夯点下形成块（碎）石墩，并与四周软土构成复合地基，有明显加固效果。

（7）做好施工过程中的监测和记录工作，包括检查夯锤重和落距，对夯点放线进行复核，检查夯坑位置，按要求检查每个夯点的夯击次数、每夯的夯沉量等，对各项施工参数、施工过程实施情况做好详细记录，作为质量控制的依据。

2. 施工质量验收

强夯地基质量验收应符合表 2-7 的规定。

表 2-7　强夯地基质量验收标准

项	序	检查项目	允许偏差或允许值		检查方法
			单位	数值	
主控项目	1	地基强度	设计要求		按规定方法
	2	地基承载力	设计要求		按规定方法
一般项目	1	夯锤落距	mm	±300	钢索设标志
	2	锤重	kg	±100	称重
	3	夯击遍数及顺序	设计要求		计数法
	4	夯点间距	mm	±500	用钢尺量
	5	夯击范围（超出基础范围距离）	设计要求		用钢尺量
	6	前后两遍间歇时间	设计要求		

3. 质量通病及防治措施

（1）质量通病。夯击过程中地面出现隆起和翻浆现象，造成地基强度不匀。

（2）防治措施。

1）适当调整夯点间距、落距、夯击数，使之不出现地面隆起和翻浆为准。

2）施工前通过试夯确定各夯点相互干扰的数据、各夯点压缩变形的扩散角、各夯点达到要求效果的遍数以及每遍夯击的间隔时间等。

3）强夯施工技术参数选择见表 2-8。

表 2-8　强夯施工技术参数的选择

项目	施工技术参数
锤重和落距	锤重 $G(t)$ 与落距 h 是影响夯击能和加固深度的重要因素。 锤重一般不宜小于 8 t，常用的为 8 t、11 t、13 t、15 t、17 t、18 t、25 t； 落距一般不小于 6 m，多采用 8 m、10 m、11 m、13 m、15 m、17 m、18 m、20 m、25 m 等
夯击能和平均夯击能	锤重 G 与落距 h 的乘积称为夯击能 E，一般取 600～500 kJ。 夯击能的总和（由锤重、落距、夯击坑数和每一夯击点的夯击次数算得）除以施工面积称为平均夯击能，一般对砂质土取 500～1 000 kJ/m²；对黏性土取 1 500～3 000 kJ/m²。夯击能过小，加固效果差；夯击能过大，对于饱和黏土，会破坏土体形成橡皮土，降低强度

项目	施工技术参数
夯击点布置及间距	对大面积地基，夯击点布置一般采用梅花形或正方形网格排列；对条形基础，夯点可成行布置；对工业厂房独立柱基础，可按柱网设置单夯点； 夯击点间距取夯锤直径的 3 倍，一般为 5～15 m，一般第 1 遍夯点的间距宜大，以便夯击能向深部传递
夯击遍数与击数	一般为 2～5 遍，前 2～3 遍为"间夯"，最后 1 遍以低能量（为前几遍能量的 1/5～1/4）进行"满夯"（即锤印彼此搭接），以加固前几遍夯点之间的黏土和被振松的表土层。每夯击点的夯击数，以使土体竖向压缩量最大而侧向移动最小或最后两击沉降量之差小于试夯确定的数值为准，一般软土控制瞬时沉降量为 5～8 cm，废渣填石地基控制的最后两击下沉量之差为 2～4 cm。每夯击点的夯击数一般为 3～10 击，开始两遍夯击数宜多些，随后各遍夯击数逐渐减小，最后 1 遍只夯 1～2 击
两遍之间的间隔时间	通常待土层内超孔隙水压力大部分消散，地基稳定后再夯下一遍，一般时间间隔 1～4 周。对黏土或冲积土常为 3 周，若无地下水或地下水水位在 5 m 以下，含水量较少的碎石类填土或透水性强的砂性土，可采取间隔 1～2 d 或采用连续夯击，而不需要间歇
强夯加固范围	对于重要工程，应比设计地基长(L)、宽(B)各大出 1 个加固深度(H)，即($L+H$)×($B+H$)；对于一般建筑物，在离地基轴线以外 3 m 布置 1 圈夯击点即可
加固影响深度	加固影响深度 H(m) 与强夯工艺有密切关系，一般按梅那氏(法)公式估算： $$H=K\cdot\sqrt{G\times h}$$ 式中　G——夯锤质量(t)； 　　　h——落距(m)； 　　　K——经验系数，饱和软土为 0.45～0.50，饱和砂土为 0.5～0.6，填土为 0.6～0.8，黄土为 0.4～0.5

4)在易翻浆的饱和黏性土上铺设砂石垫层，以利于空隙水压的消散。

(二)预压地基

预压地基是对软土地基施加压力，使其排水固结来达到加固地基的目的。

1. 施工质量控制

(1)水平排水垫层施工时，应避免对软土表层的过大扰动，以免造成砂和淤泥混合，影响垫层的排水效果。另外，在铺设砂垫层前，应清除干净砂井顶面的淤泥或其他杂质，以利于砂井排水。

(2)对于预压软土地基，因软土固结系数较小，软土层较厚时，达到工作要求的固结度需要较长时间，为此，对软土预压应设置排水通道，排水通道的长度和间距宜通过试压试验确定。

(3)堆载预压法施工。

1)塑料排水带要求滤网膜渗透性好。

2)塑料带滤水膜在转盘和打设过程中应避免损坏，防止淤泥进入带芯堵塞输水孔而影响塑料带的排水效果。塑料带与桩尖的连接要牢固，避免提管时脱开将塑料带拔出。塑料带需接长时，采用滤水膜内平搭接的连接方式，搭接长度宜大于 200 mm。

3)堆载预压过程中，堆在地基上的荷载不得超过地基的极限荷载，避免地基失稳破坏。应分级加载，一般堆载预压控制指标是：地基最大下沉量不宜超过 $10\sim15$ mm/d；水平位置不宜大于 $4\sim7$ mm/d；孔隙水压力不超过预压荷载所产生应力的 60%。通常加载在 60 kPa 之前，加荷速度可不加限制。

4)预压时间应根据建筑物的要求和固结情况来确定，一般达到如下条件即可卸荷：

①地面总沉降量达到预压荷载下计算最终沉降量的 80% 以上。

②理论计算的地基总固结度达 80% 以上。

③地基沉降速度已降到 $0.5\sim1.0$ mm/d。

(4)真空预压法施工。

1)真空预压的抽气设备宜采用射流真空泵，真空泵的设置应根据预压面积大小、真空泵效率以及工程经验确定，但每块预压区至少应设置两台真空泵。

2)真空管路的连接点应严格进行密封，为避免膜内真空度在停泵后很快降低，在真空管路中应设置止回阀和截门。

3)密封膜热合粘结时宜用两条膜的热合粘结缝平搭接，搭接宽度应大于 15 mm。密封膜宜设三层，覆盖膜周边可采用挖沟折铺、平铺，用黏土压边、围墙沟内覆水，以及膜上全面覆水等方法密封。

4)真空预压的真空度可一次抽气至最大，当连续 5 d 实测沉降小于每天 2 mm 或固结度 $\geqslant80\%$，或符合设计要求时，可以停止抽气。

(5)施工结束后，应检查地基土的强度及要求达到的其他物理力学指标。一般工程在预压结束后，做十字板剪切强度或标准贯入、静力触探试验即可，但重要建筑物地基应做承载力检验。如设计有明确规定应按设计要求进行检验。

2. 施工质量验收

预压地基和塑料排水带质量验收应符合表 2-9 的规定。

表 2-9　预压地基和塑料排水带质量验收标准

项	序	检查项目	允许偏差或允许值		检查方法
			单位	数值	
主控项目	1	预压荷载	%	$\leqslant2$	水准仪
	2	固结度(与设计要求比)	%	$\leqslant2$	根据设计要求采用不同的方法
	3	承载力或其他性能指标	设计要求		按规定方法
一般项目	1	沉降速率(与控制值比)	%	±10	水准仪
	2	砂井或塑料排水带位置	mm	±100	用钢尺量
	3	砂井或塑料排水带插入深度	mm	±200	插入时用经纬仪检查
	4	插入塑料排水带时的回带长度	mm	$\leqslant500$	用钢尺量
	5	塑料排水带或砂井高出砂垫层距离	mm	$\geqslant200$	用钢尺量
	6	插入塑料排水带的回带根数	%	<5	目测

注：如真空预压，主控项目中预压荷载的检查为真空度降低值 $<2\%$。

3. 质量通病及防治措施

(1)质量通病。加固土层预压荷载时，地基土发生剪切破坏而失去稳定。

(2)防治措施。

1)在堆载预压过程中，堆在地基上的荷载不得超过地基的极限荷载，避免地基失稳破坏。应根据土质情况制订加载方案，如需要加大荷载时，应分级加载，并注意控制每级加载重量的大小和加载速率，使之与地基的承载力增长相适应。待地基在前一级荷载作用下达到一定固结度后，再施加下一级荷载，特别是在加载后期，更要严格控制加载速率，防止因整体或局部加载量过大、过快而使地基土发生剪切破坏。

2)符合一般堆载预压控制指标。

3)对重要工程，应预先在现场进行预压试验，在预压过程中进行沉降、侧向移位、孔隙水压力和十字板抗剪强度等测试。根据上述数据分析加固效果，并与原设计进行比较，以便对设计做必要的修正，并指导现场施工。

4)地基预压荷载时，应分级进行，并注意控制每级加载重量的大小和加载速率，使之与地基的强度增长相适应，待在前一级荷载作用下达到固结后再施加下一级荷载。

5)压载后需待孔隙水充分消散方可继续加载。

三、深层密实地基

(一)振冲地基

振冲地基法是指利用振冲器的强力振动和高压水冲加固土体的方法。

1. 施工质量控制

(1)振冲前应按设计图要求钉出桩孔中心位置并编好孔号，施工时应复查孔位和编号，并做好记录。

(2)振冲施工的孔位偏差，应符合以下规定：

1)施工时振冲器尖端喷水中心与孔径中心偏差不得大于 50 mm。

2)振冲造孔后，成孔中心与设计定位中心偏差不得大于 100 mm。

3)完成后的桩顶中心与定位中心偏差不得大于 100 mm。

4)桩数、孔径、深度及填料配合比必须符合设计要求。

(3)造孔时，振冲器贯入速度一般为 1~2 m/min。每贯入 0.5~1.0 m，宜悬留振冲 5~10 s 扩孔，待孔内泥浆溢出时再继续贯入。当造孔接近加固深度时，振冲器应在孔底适当停留并减小射水压力。

(4)振冲填料时，宜保持小水量补给。边振边填，应对称均匀；如将振冲器提出孔口再加填料时，每次加料量以孔高 0.5 m 为宜。每根桩的填料总量必须符合设计要求或规范规定。

(5)填料密实度以振冲器工作电流达到规定值为控制标准。完工后，应在距地表面 1 m 左右深度桩身部位加填碎石进行夯实，以保证桩顶密实度。密实度必须符合设计要求或施工规范规定。

(6)振冲地基施工时对原土结构造成扰动，使强度降低。因此，质量检验应在施工结束后间歇一定时间，对砂土地基间隔 1~2 周，黏性土地基间隔 3~4 周，对粉土、杂填土地基间隔 2~3 周。桩顶部位由于周围土体约束力小，密实度较难达到要求，检验取样时应考虑此因素。

(7)对用振冲密实法加固的砂土地基，如不加填料，质量检验主要是地基的密实度。可用标准贯入、动力触探等方法进行，但选点应有代表性。质量检验具体选择检验点时，宜由设计、施工、监理(或业主方)在施工结束后根据施工实施情况共同确定检验位置。

2. 施工质量验收

振冲地基质量验收应符合表 2-10 的规定。

表 2-10　振冲地基质量验收标准

项	序	检查项目	允许偏差或允许值		检查方法
			单位	数值	
主控项目	1	填料粒径	设计要求		抽样检查
	2	密实电流(黏性土)	A	50～55	电流表读数
		密实电流(砂性土或粉土)	A	40～50	
		(以上为功率 30 kW 振冲器)			
		密实电流(其他类型振冲器)	A_0	1.5～2.0	电流表读数,A_0 为空振电流
	3	地基承载力	设计要求		按规定方法
一般项目	1	填料含泥量	%	<5	抽样检查
	2	振冲器喷水中心与孔径中心偏差	mm	≤50	用钢尺量
	3	成孔中心与设计孔位中心偏差	mm	≤100	用钢尺量
	4	桩体直径	mm	<50	用钢尺量
	5	孔深	mm	±200	量钻杆或重锤测

3. 质量通病及防治措施

(1)质量通病。施工完成后,检测地基加固效果差,沉降变形未达到设计要求。

(2)防治措施。

1)振冲加密砂土时,水压可用 200～600 kPa,水量可用 200～400 L/min,将振冲器徐徐沉入土中,造孔速度宜为 0.5～2.0 m/min,直至达到设计深度。记录振冲器经各深度的水压、电流和留振时间。在振密过程中,宜小水量补给喷水,以降低孔内泥浆密度,有利于填料下沉,便于振捣密实。

2)不加填料振冲加密宜采用大功率振冲器,为了避免造孔中塌砂将振冲器抱住,下沉速度宜快,造孔速度宜为 8～10 m/min,到达深度后将射水量减至最小,留振至密实电流达到规定时,上提 0.5 m,逐段振密直至孔口,一般每米振密时间约为 1 min。

3)大功率振冲器投料可不提出孔口,小功率振冲器下料困难时,可将振冲器提出孔口填料,每次填料厚度不宜大于 50 cm。将振冲器沉入填料中进行振密制桩,当电流达到规定的密实电流值和规定的留振时间后,将振冲器提升 30～50 cm。

4)对于黏粒含量不大于 10%的中砂、粗砂地基,宜采用不加填料振冲加密;处理不排水抗剪强度不小于 20 kPa 的饱和黏性土和饱和黄土地基时,应在施工前通过现场试验确定其适用性。

(二)注浆地基

注浆地基是指将配置好的化学浆液或水泥浆液,通过导管注入土体间隙中,与土体结合,发生物化反应,从而提高土体强度。

1. 施工质量控制

(1)施工前应掌握有关技术要求(注浆点位置、浆液配比、注浆施工技术参数、检测要求等)。浆液组成材料的性能应符合设计要求,注浆设备应确保正常运转。

(2)为确保注浆加固地基的效果,施工前应进行室内浆液配比试验及现场注浆试验,以确定浆液配方及施工参数。

(3)根据设计要求制订施工技术方案,选定送注浆管下沉的铝机型号及性能、压送浆液的压浆泵的性能(必须附有自动计量装置和压力表);规定注浆孔施工程序;规定材料检验取样方法和浆液拌制的控制程序；注浆过程所需的记录等。

（4）连接注浆管的连接件与注浆管同直径，防止注浆管周边与土体之间有间隙而产生冒浆。

（5）每天检查配制浆液的计量装置和配制浆液的主要性能指标。储浆桶中应有防沉淀的搅拌叶片。

（6）如实记录注浆孔位的顺序、注浆压力、注浆体积、冒浆情况及突发事故处理等。

（7）对化学注浆加固的施工顺序宜按以下规定进行：

1）加固渗透系数相同的土层应自上而下进行。

2）如土的渗透系数随深度而增大，应自下而上进行。

3）如相邻土层的土质不同，应首先加固渗透系数大的土层。

检查时，如发现施工顺序与此有异，应及时制止，以确保工程质量。

（8）施工结束后，应检查注浆体强度、承载力等。检查孔数为总量的 2%～5%，不合格率大于或等于 20% 时应进行二次注浆。检验应在注浆后 15 d（砂土、黄土）或 60 d（黏性土）进行。

2. 施工质量验收

注浆地基的质量验收应符合表 2-11 的规定。

表 2-11 注浆地基质量验收标准

项目	序	检查项目	允许偏差或允许值		检查方法
			单位	数值	
主控项目	1	原材料检验	水泥	设计要求		查产品合格证书或抽样送检
			注浆用砂：粒径	mm	＜2.5	试验室试验
			细度模数		＜2.0	
			含泥量及有机物含量	%	＜3	
			注浆用黏土：塑性指数		＞14	试验室试验
			黏粒含量	%	＞25	
			含砂量	%	＜5	
			有机物含量	%	＜3	
			粉煤灰：细度	不粗于同时使用的水泥		试验室试验
			烧失量	%	＜3	
			水玻璃：模数	2.5～3.3		抽样送检
			其他化学浆液	设计要求		查产品合格证书或抽样送检
	2	注浆体强度	设计要求		取样检验
	3	地基承载力	设计要求		按规定方法
一般项目	1	各种注浆材料称量误差	%	＜3	抽查
	2	注浆孔位	mm	±20	用钢尺量
	3	注浆孔深	mm	±100	量测注浆管长度
	4	注浆压力（与设计参数比）	%	±10	检查压力表读数

3. 质量通病及防治措施

（1）质量通病。注浆时管壁快速冒浆，表层土体隆起。

(2)防治措施。

1)施工时，注液管用内径 20～50 mm、壁厚 5 mm 的带管尖的有孔管[图 2-1(a)]，泵将压缩空气以 0.2～0.6 MPa 的压力将溶液以 1～5 L/min 的速度压入土中。注液管间距为 1.73R、行距 1.5R[图 2-1(b)]，R 为每根注液管的加固半径。砂类土每层加固厚度为注液管有孔部分的长度加 0.5R，其他可按试验确定。

2)合理控制注浆压力和注浆点的覆盖土厚，硅化加固土层以上应保留不少于 1 m 的不加固土层。

3)用钻孔法施工时，应及时向钻孔内注入足量封闭泥浆，以保证金属注浆管的密封性。

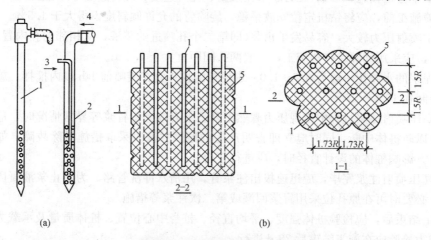

图 2-1　注液管构造及其排列

(a)注液管构造；(b)注液管的排列与分层加固

1—单液注液管；2—双液注液管；3—第 1 种溶液；4—第 2 种溶液；5—硅化加固区

(三)高压喷射注浆地基

高压喷射注浆地基是指利用钻机把带有喷嘴的注浆管钻至土层的预定位置或先钻孔后将注浆管放至预定位置，以高压使浆液或水从喷嘴中射出，边旋转边喷射的浆液，使土体与浆液搅拌混合形成固结体。

1. 施工质量控制

(1)施工前应检查水泥、外掺剂等的质量，桩位，压力表、流量表的精度和灵敏度，高压喷射设备的性能等。

(2)高压喷射注浆工艺宜用普通硅酸盐工艺，强度等级不得低于 42.5 级，水泥用量、压力宜通过试验确定，如无条件可参考表 2-12。

表 2-12　1 m 桩长喷射桩水泥用量表

桩径/mm	桩长/m	强度等级为 42.5 级普通硅酸盐水泥单位用量	喷射施工方法		
			单管	二重管	三管
ϕ600	1	kg/m	200～250	200～250	—
ϕ800	1	kg/m	300～350	300～350	—
ϕ900	1	kg/m	350～400(新)	350～400	—
ϕ1000	1	kg/m	400～450(新)	400～450(新)	700～800
ϕ1200	1	kg/m		500～600(新)	800～900

桩径/mm	桩长/m	强度等级为 42.5 级普通硅酸盐水泥单位用量	喷射施工方法		
			单管	二重管	三管
$\phi1400$	1	kg/m	—	700～800(新)	900～1 000

注："新"是指采用高压水泥浆泵，压力为 36～40 MPa，流量为 80～110 L/min 的新单管法和二重管法。

水压比为 0.7～1.0 较妥，为确保施工质量，施工机具必须配置准确的计量仪表。

(3)施工中应检查施工参数(压力、水泥浆量、提升速度、旋转速度等)及施工程序。

(4)旋喷施工前，应将钻机定位安放平稳，旋喷管的允许倾斜度不得大于 1.5%。

(5)由于喷射压力较大，容易发生窜浆(即第二个孔喷进的浆液，从相邻的孔内冒出)，影响邻孔的质量，应采用间隔跳打法施工，一般两孔间距宜大于 1.5 m。

(6)水泥浆的水胶比一般为 0.7～1.0。水泥浆的搅拌宜在旋喷前 1 h 以内搅拌。旋喷过程中冒浆量应控制在 10%～25%。

(7)在高压喷射注浆过程中出现压力骤然下降、上升或大量冒浆等异常情况时，应停止提升和喷射注浆以防桩体中断，同时应立即查明产生的原因并及时采取措施排除故障。如发现有浆液喷射不足，影响桩体的设计直径时，应进行复合。

(8)当高压喷射注浆完毕，应迅速拔出注浆管，用清水冲洗管路。为防止浆液凝固收缩影响桩顶高程，必要时可在原孔位采用冒浆回灌或第二次注浆等措施。

(9)施工结束后，应检验桩体强度、平均直径、桩身中心位置、桩体质量及承载力等。桩体质量及承载力检验应在施工结束后 28 d 进行。

2. 施工质量验收

高压喷射注浆地基质量验收应符合表 2-13 的规定。

表 2-13　高压喷射注浆地基质量验收标准

项目	序	检查项目	允许偏差或允许值		检查方法
			单位	数值	
主控项目	1	水泥及外掺剂质量	符合出厂要求		查产品合格证书或抽样送检
	2	水泥用量	设计要求		查看流量表及水泥浆水胶比
	3	桩体强度或完整性检验	设计要求		按规定方法
	4	地基承载力	设计要求		按规定方法
一般项目	1	钻孔位置	mm	≤50	用钢尺量
	2	钻孔垂直度	%	≤1.5	经纬仪测钻杆或实测
	3	孔深	mm	±200	用钢尺量
	4	注浆压力	按设定参数指标		查看压力表
	5	桩体搭接	mm	>200	用钢尺量
	6	桩体直径	mm	≤50	开挖后用钢尺量
	7	桩身中心允许偏差	≤0.2D		开挖后桩顶下 500 mm 处用钢尺量，D 为桩径

3. 质量通病及防治措施

(1)质量通病。喷浆压力过低或过高，均影响固结效果。

(2)防治措施。

1)施工前应根据现场环境和地下埋设物的位置等情况复核高压喷射注浆的设计孔位。

施工前，应对照设计图纸核实设计孔位处有无妨碍施工和影响安全的障碍物。如遇有上水管、下水管、电缆线、煤气管、人防工程、旧建筑基础和其他地下埋设物等障碍物影响施工时，应与有关单位协商清除或搬移障碍物或更改设计孔位。

2)高压喷射注浆的施工参数应根据土质条件、加固要求通过试验或根据工程经验确定，并在施工中严格加以控制。单管法及双管法的高压水泥浆和三管法高压水的压力应大于 20 MPa。

高压喷射注浆的压力越大，处理地基的效果越好。根据国内实际工程中的应用实例，单管法、双管法及三管法的高压水泥浆液流或高压水射流的压力宜大于 20 MPa；气流的压力以空气压缩机的最大压力为限，通常在 0.7 MPa 左右；低压水泥浆的灌注压力通常在 1.0～2.0 MPa，提升速度为 0.05～0.25 m/min，旋转速度可取 10～20 r/min。

3)在插入旋喷管前应先检查高压水与空气喷射情况，各部位密封圈是否封闭，插入后先做高压喷射水试验，合格后方可喷射浆液。如因塌孔插入困难时，可用低压(0.1～2 MPa)水冲孔喷下，但须把高压水喷嘴用塑料布包裹，以免泥土堵塞。

4)喷嘴直径、提升速度、旋喷速度、喷射压力、排量等旋喷参数应根据现场试验确定。

5)喷射时，应先达到预定的喷射压力、喷浆量后再逐渐提升旋喷管，施工工艺流程如图 2-2 所示。中间发生故障时，应停止提升和旋喷，以防桩体中断，同时立即进行检查，排除故障，如发现有浆液喷射不足影响桩体的设计直径时，应进行复核。

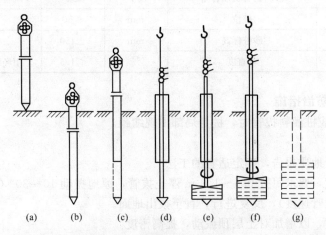

图 2-2　旋喷施工工艺流程
(a)振动打桩机就位；(b)桩管打入土中；(c)拔起一段套管；
(d)拆除地面上的套管，插入旋喷管；(e)旋喷；(f)自动提升旋喷管；
(g)拔出旋喷管与套管，下部形成圆柱喷射桩加固体

四、桩基法地基

(一)砂桩地基

砂桩也称为挤密砂桩或砂桩挤密法，其适用于挤密松散砂土、粉土、黏性土、素填土、杂填土等地基。

1. 施工质量控制

(1)施工前应检查砂料的含泥量及有机质含量、样桩的位置等。

（2）振动法施工时，控制好填砂石量、提升速度和高度、挤压次数和时间，电机的工作电流等，拔管速度为 $1 \sim 1.5$ m/min，且振动过程不断以振动棒捣实管中砂子，使其更密实。

（3）砂桩施工应从外围或两侧向中间进行。灌砂量应按桩孔的体积和砂在中密状态时的干密度计算（一般取 2 倍桩管入土体积），其实际灌砂量（不包括水量）不得少于计算的 95％。如发现砂量不足或砂桩中断等情况，可在原位进行复打灌砂。

（4）施工中检查每根砂桩的桩位、灌砂量、标高、垂直度等。

（5）施工结束后，应检验被加固地基的强度或承载力。

2. 施工质量验收

砂桩地基的质量验收应符合表 2-14 的规定。

表 2-14　砂桩地基的质量验收标准

项	序	检查项目	允许偏差或允许值		检查方法
			单位	数值	
主控项目	1	灌砂量	％	≥95	实际用砂量与计算体积比
	2	地基强度	设计要求		按规定方法
	3	地基承载力	设计要求		按规定方法
一般项目	1	砂料的含泥量	％	≤3	试验室测定
	2	砂料的有机质含量	％	≤5	焙烧法
	3	桩位	mm	≤50	用钢尺量
	4	砂桩标高	mm	±150	水准仪
	5	垂直度	％	≤1.5	用经纬仪检查桩管垂直度

3. 质量通病及防治措施

（1）质量通病。成桩灌料拔管时，桩身局部出现缩颈。

（2）防治措施。

1）施工前应分析地质报告，确定适宜的工法。

2）控制拔管速度，要求每拔 $0.5 \sim 1.0$ m 停止拔管，原地振动 $10 \sim 30$ s（根据不同地区、不同地质选择不同的拔管速度），反复进行，直至拔出地面。

3）控制贯入速度，以增加对土层预振动，提高密度。

4）用反插法来克服缩颈。

①局部反插：在发生部位进行反插，并多往下插入 1 m；

②全部反插：开始从桩端至桩顶全部进行反插，即开始拔管 1 m，再反插到底，以后每拔出 1 m 反插 0.5 m，直至拔出地面。

5）用复打法克服缩颈。

①局部复打：在发生部位进行复打，同样超深 1 m；

②全复打：即为二次单打法的重复，应注意同轴沉入原深度，灌入同样的石料。

（二）土和灰土挤密桩复合地基

灰土挤密桩是由素土、熟石灰按一定比例拌和，采取沉管、冲击、爆扩等方法在地基中形成一定直径的桩孔，然后向孔内分层夯填灰土。由于成孔成桩过程中，桩孔径向外扩张，使桩孔周围的土体产生径向压密，桩周一定范围内的桩间土层得到挤密，从而形成桩体和桩周挤密土共同组成的人工复合地基。由灰土桩和挤密土构成的复合地基，其地基特性介于灰土桩和挤密土之间。灰土挤密桩通过在地基中的挤土效应、灰土之间的物理化学反应而提高了地基土的承载力。由于灰土挤密桩复合地基具有施工简单、工期短、质量易控制、工程造价低等优点，故其已成为普遍采用的地基处理技术。

1. 施工质量控制

(1)施工前应对土及灰土的质量、桩孔放样位置等做检查。施工前应在现场进行成孔、夯填工艺和挤密效果试验，以确定填料厚度、最优含水量、夯击次数、干密度等施工参数及质量标准。成孔顺序应先外后内，同排桩应间隔施工。填料含水量如过大，宜预干或预湿处理后再填入。

1)桩间土的挤密效果可通过检测桩间土的平均干密度及压实系数确定，通常宜在施工前或土层有显著变化时由设计单位提出检验要求，并根据检测结果及时调整桩孔间距的设计。

2)桩孔内填料夯实质量的检验可采用触探击数对比法、小孔深层取样或开剖取样试验等方法。对灰土挤密桩采用触探法检验时，为避免灰土胶凝强度的影响，宜于施工当天检测完毕。

3)桩孔内的填料，应根据工程要求或处理地基的目的确定，压实系数 λ_c 应不小于 0.95。

4)当用灰土回填夯实时，压实系数应不小于 0.97，灰与土的体积配合比宜为 2:8 或 3:7。

5)桩孔内的填料与土或灰土垫层相同，填料夯实的质量规定用压实系数控制。

(2)施工中应对桩孔直径、桩孔深度、夯击次数、填料的含水量等做检查。

(3)施工结束后，应检验成桩的质量及地基承载力。

2. 施工质量验收

土和灰土挤密桩地基质量验收应符合表 2-15 的规定。

表 2-15 土和灰土挤密桩地基质量验收标准

项	序	检查项目	允许偏差或允许值		检查方法
			单位	数值	
主控项目	1	桩体及桩间土干密度	设计要求		现场取样检查
	2	桩长	mm	+500	测桩管长度或垂球测孔深
	3	地基承载力	设计要求		按规定的方法
	4	桩径	mm	−20	用钢尺量
一般项目	1	土料有机质含量	%	≤5	试验室焙烧法
	2	石灰粒径	mm	≤5	筛分法
	3	桩位偏差	满堂布桩≤0.40D 条基布桩≤0.25D		用钢尺量，D 为桩径
	4	垂直度	%	≤1.5	用经纬仪测桩管
	5	桩径	mm	−20	用钢尺量

注：桩径允许偏差负值是指个别断面。

3. 质量通病及防治措施

(1)质量通病。土和灰土挤密桩出现疏松及断裂。

(2)防治措施。

1)为保证桩身底部的密实性，在桩孔填料之前应先夯击孔底 3~4 锤；根据试验测定实际要求，随填随夯，严格控制下料速度和夯击次数。

2)回填料的颗粒大小应符合设计要求，在回填时应拌和均匀，并严格控制其含水量，使其接近于最优含水量。

3）为使每个桩孔连续填料和填料充足，每个孔填料用量应与计算用量基本相符，并适当考虑 1.1～1.2 的充盈系数。

4）为保证有足够的夯击力，夯锤重量一般不宜小于 100 kg；锤形以梨形或枣核形较为合适，这样有利于夯实边缘土，不宜采用平头夯锤；落距是填料能否密实的重要数据，一般情况下应大于 2 m；如地下水水位较高，应降低地下水水位后再回填夯实。

(三)水泥粉煤灰碎石桩复合地基

水泥粉煤灰碎石桩是在碎石桩的基础上发展起来的，以一定配合比的石屑、粉煤灰和少量的水泥加水拌和后制成的一种具有一定胶结强度的桩体。

1. 施工质量控制

(1)施工前应按设计要求由试验室进行配合比试验，施工时按配合比配制混合料。长螺旋钻孔、管内泵压混合料成桩施工的混合料坍落度宜为 160～200 mm。振动沉管灌注成孔所需混合料坍落度宜为 30～50 mm。振动沉管灌注成桩后桩顶浮浆厚度不宜超过 200 mm。

(2)施工前应进行成桩工艺和成桩质量试验。当成桩质量不能满足设计要求时，应及时与设计部门联系，调整设计与施工有关参数(如配合比、提管速度、夯填度、振动器振动时间、电动机工作电流等)，重新进行试验。

(3)长螺旋钻孔、管内泵压混合料成桩施工在钻至设计深度后，应准确掌握提拔钻杆时间，混合料泵送量应与拔管速度相配合，遇到饱和砂土或饱和粉土层，不得停泵待料；沉管灌注成桩施工拔管速度应按匀速控制，拔管速度应控制在 1.2～1.5 m/min，如遇淤泥或淤泥质土，拔管速度应适当放慢。

(4)施工桩顶标高宜高出设计桩顶标高不少于 0.5 m。

(5)成桩过程中，抽样做混合料试块，每台机械一天应做一组(3 块)试块(边长为 150 mm 的立方体)，进行标准养护，测定其立方体抗压强度。

(6)桩体经 7 d 达到一定强度后，方可进行基槽开挖；如桩顶离地面在 1.5 m 以内，宜用人工开挖；如大于 1.5 m，下部 700 mm 宜用人工开挖，以避免损坏桩头部分。为使桩与桩间土更好地共同工作，在基础下宜铺一层 150～300 mm 厚的碎石或灰土垫层。

(7)褥垫层铺设宜采用静力压实法，当基础底面下桩间土的含水量较小时，也可采用动力夯实法，夯填度(夯实后的褥垫层厚度与虚铺厚度的比值)不得大于 0.9。

(8)冬期施工时混合料入孔温度不得低于 5 ℃，对桩头和桩间土应采取保温措施。

2. 施工质量验收

水泥粉煤灰碎石桩复合地基的质量验收应符合表 2-16 的规定。

表 2-16　水泥粉煤灰碎石桩复合地基质量验收标准

项	序	检查项目	允许偏差或允许值		检查方法
			单位	数值	
主控项目	1	原材料	设计要求		查产品合格证书或抽样送检
	2	桩径	mm	—20	用钢尺量或计算填料量
	3	桩身强度	设计要求		查 28 d 试块强度
	4	地基承载力	设计要求		按规定的办法

项	序	检查项目	允许偏差或允许值		检查方法
			单位	数值	
一般项目	1	桩身完整性	按桩基检测技术规范		按桩基检测技术规范
	2	桩位偏差	满堂布桩≤0.40D 条基布桩≤0.25D		用钢尺量，D 为桩径
	3	桩垂直度	%	≤1.5	用经纬仪测桩管
	4	桩长	mm	+100	测桩管长度或垂球测孔深
	5	褥垫层夯填度	≤0.9		用钢尺量

注：1. 夯填度是指夯实后的褥垫层厚度与虚体厚度的比值。

2. 桩径允许偏差负值是指个别断面。

3. 质量通病及防治措施

(1)质量通病。成桩偏斜。

(2)防治措施。

1)施工前场地要平整压实(一般要求地面承载力为 100～150 kN/m²)，若雨期施工，地面较软，地面可铺垫一定厚度的砂卵石、碎石、灰土或选用路基箱。

2)施工前要选好合格的桩管，稳桩管要双向校正(用垂球吊线或选用经纬仪成 90°角校正)，控制垂直度的偏差不超过规范要求。

3)放桩位点最好用钎探查找地下物(钎长 1.0～1.5 m)，过深的地下物用补桩或移桩位的方法处理。

4)桩位偏差应在规范允许范围之内(10～20 mm)。

5)遇到硬夹层造成沉桩困难或穿不过时，可选用射水沉管或用"植桩法"(先钻孔的孔径应小于或等于设计桩径)。

6)沉管下至硬黏土层深度时，可采用注水浸泡 24 h 以上后再沉管的办法。

7)遇到软硬土层交接处，沉降不均或滑移时，应设计研究采用缩短桩长或加密桩的办法等。

8)选择合理的打桩顺序，如连续施打、间隔跳打，视土性和桩距全面考虑；满堂补桩不得从四周向内推进施工，而应采取从中心向外推进或从一边向另一边推进的方案。

(四)夯实水泥土桩复合地基

桩、桩间土和褥垫层一起形成复合地基。夯实水泥土桩是用人工或机械成孔，选用相对单一的土质材料，与水泥按一定配合比，在孔外充分拌和均匀制成水泥土，分层向孔内回填并强力夯实，制成均匀的水泥土桩。

1. 施工质量控制

(1)水泥及夯实用土料的质量应符合设计要求。

(2)施工中应检查孔位、孔深、孔径，水泥和土的配合比、混合料含水量等。

(3)采用人工洛阳铲或螺旋钻机成孔时，按梅花形布置进行并及时成桩，以避免大面积成孔后再成桩，由于夯机自重和夯锤的冲击，地表水灌入孔内而造成塌孔。

(4)向孔内填料前，先夯实孔底虚土，采用二夯一填的连续成桩工艺。每根桩要求一气呵成，不得中断，防止出现松填或漏填现象。桩身密实度要求成桩 1 h 后，击数不小于 30 击，用轻便触探检查"检定击数"。

(5)施工结束时应对桩体质量及复合地基承载力进行检验，褥垫层应检查其夯填度。承载力检验一般为单桩的荷载试验，对重要、大型工程应进行复合地基荷载试验。

2. 施工质量验收

夯实水泥土桩的质量验收应符合表 2-17 的规定。

表 2-17　夯实水泥土桩复合地基质量验收标准

项	序	检查项目	允许偏差或允许值		检查方法
			单位	数值	
主控项目	1	桩径	mm	−20	用钢尺量
	2	桩长	mm	+500	测桩孔深度
	3	桩体干密度	设计要求		现场取样检查
	4	地基承载力	设计要求		按规定的方法
一般项目	1	土料有机质含量	%	≤5	焙烧法
	2	含水量(与最优含水量比)	%	±2	烘干法
	3	土料粒径	mm	≤20	筛分法
	4	水泥质量	设计要求		查产品质量合格证书或抽样送检
	5	桩位偏差	满堂布桩≤0.40D 条基布桩≤0.25D		用钢尺量，D 为桩径
	6	桩孔垂直度	%	≤1.5	用经纬仪测桩管
	7	褥垫层夯填度	≤0.9		用钢尺量

注：1. 夯填度指夯实后的褥垫层厚度与虚体厚度的比值。
　　2. 桩径允许偏差负值是指个别断面。

3. 质量通病及防治措施

(1)质量通病。桩身缩颈或塌孔。

(2)防治措施。

1)在黏性土层成孔，应及时填灌填料并夯实，借自重和填夯侧向挤压力抵消孔隙水压力；如土含水量过小，应预先浸湿加固区范围内的土层，使之达到或接近最优含水量。

2)打拔管应遵守孔孔挤密顺序，应先外圈后里圈并间隔进行。对已成的孔，应防止受水浸泡，应当天回填夯实。

3)桩距过小，宜用跳打法，或打一孔、填一孔，以减轻桩的互相挤压影响。

4)拔桩管应采用"慢抽密击"，拔管速度不得大于 0.8～1.0 m/min。

5)成孔后如发现桩孔缩颈比较严重，可在孔内填入干散砂土、生石灰块或砖渣，稍停一段时间后再将桩管沉入土中，重新成孔。

(五)水泥土搅拌桩地基

水泥土搅拌桩是用于加固饱和软黏土低地基的一种方法，它利用水泥作为固化剂，通过特制的搅拌机械，在地基深处将软土和固化剂强制搅拌，利用固化剂和软土之间所产生的一系列物理化学反应，使软土硬结成具有整体性、水稳定性和一定强度的优质地基。

1. 施工质量控制

(1)检查水泥外掺剂和土体是否符合要求，调整好搅拌机、灰浆泵、拌浆机等设备。

(2)施工现场事先应予平整，必须清除地上、地下一切障碍物。潮湿和场地低洼时应抽水和清淤，分层夯实回填黏性土料，不得回填杂填土或生活垃圾。

(3)作为承重水泥土搅拌桩施工时，设计停浆(灰)面应高出基础底面标高 300～500 mm(基础埋深大取小值；反之取大值)。在开挖基坑时，应将该施工质量较差段用手工挖除，以防止发生桩顶与挖土机械碰撞断裂现象。

(4)为保证水泥土搅拌桩的垂直度，要注意起吊搅拌设备的平整度和导向架的垂直度。水泥土搅拌桩的垂直度控制为不得大于 1.5%范围内，桩位布置偏差不得大于 50 mm，桩径偏差不得大于 $4D\%$(D 为桩径)。

(5)预搅下沉时不宜冲水，当遇到较硬土层下沉太慢时，方可适当冲水，但应用缩小浆液水胶比或增加掺入浆液等方法来弥补冲水对桩身强度的影响。

(6)水泥土搅拌桩施工过程中，为确保搅拌充分、桩体质量均匀，搅拌机头提速不宜过快，否则会使搅拌桩体局部水泥量不足或水泥不能均匀地拌和在土中，导致桩体强度不一。

(7)施工时因故停浆，应将搅拌头下沉至停浆点以下 0.5 m 处，待恢复供浆时再喷浆提升。若停机 3 h 以上，应拆卸输浆管路，清洗干净，防止恢复施工时堵管。

(8)壁状加固时桩与桩的搭接长度宜为 200 mm，搭接时间不大于 24 h，如因特殊原因超过 24 h 时，应对最后一根桩先进行空钻留出榫头以待下一个桩搭接；如间隔时间过长，与下一根桩无法搭接时，应在设计和业主方认可后采取局部补桩或注浆措施。

(9)拌浆、输浆、搅拌等均应有专人记录。桩深记录误差不得大于 100 mm，时间记录误差不得大于 5 s。

(10)施工结束后，应检查桩体强度、桩体直径及地基承载力。

进行强度检验时，对承重水泥土搅拌桩应取 90 d 后的试件；对支护水泥土搅拌桩应取 28 d 后的试件。强度检验取 90 d 后的试样是根据水泥土的特性而定，如工程需要(如作为围护结构用的水泥土搅拌桩)，可根据设计要求以 28 d 强度为准。由于水泥土搅拌桩施工的影响因素较多，故检查数量略多于一般桩基。

2. 施工质量验收

水泥土搅拌桩地基质量验收应符合表 2-18 的规定。

表 2-18　水泥土搅拌桩地基质量验收标准

项目	序	检查项目	允许偏差或允许值		检查方法
			单位	数值	
主控项目	1	水泥及外掺剂质量	设计要求		查产品合格证书或抽样送检
	2	水泥用量	参数指标		查看流量计
	3	桩体强度	设计要求		按规定办法
	4	地基承载力	设计要求		按规定办法

项	序	检查项目	允许偏差或允许值		检查方法
			单位	数值	
一般项目	1	机头提升速度	m/min	≤0.5	量机头上升距离及时间
	2	桩底标高	mm	±200	测机头深度
	3	桩顶标高	mm	+100 −50	水准仪(最上部500 mm不计入)
	4	桩位偏差	mm	<50	用钢尺量
	5	桩径	—	<0.04D	用钢尺量，D为桩径
	6	垂直度	%	≤1.5	经纬仪
	7	搭接	mm	>200	用钢尺量

3. 质量通病及防治措施

(1)质量通病。搅拌质量不均匀，桩顶加固体疏松，强度较低。

(2)防治措施。

1)施工前应对搅拌机械、注浆设备、制浆设备等进行检查维修，使其处于正常状态。

2)选择合理的工艺；灰浆拌合机搅拌时间一般不少于2 min，增加拌和次数，保证拌和均匀，不使浆液沉淀；提高搅拌转数，降低钻进速度，边搅拌边提升，提高拌和均匀性；注浆设备要完好，单位时间内注浆量要均匀，不能忽多忽少，更不得中断。

3)重复搅拌下沉及提升各一次，以反复搅拌法解决钻进速度快与搅拌速度慢的矛盾，即采用一次喷浆二次补浆或重复搅拌的施工工艺。

4)拌制固化剂时不得任意加水，以防改变水胶比(水泥浆)，降低拌和强度。

5)将桩顶标高1 m内作为加强段，进行一次复拌加注浆，并提高水泥掺量，一般为15%左右。

6)在设计桩顶标高时，应考虑凿除0.5 m，以加强桩顶强度。

第二节　桩基础

由桩和连接桩顶的桩承台(简称承台)组成的深基础或由柱与桩基连接的单桩基础，简称桩基。

一、静力压桩

静力压桩的方法较多，有锚杆静压、液压千斤顶加压、绳索系统加压等，凡非冲击力沉桩均按静力压桩考虑。

1. 施工质量控制

(1)施工前应对成品桩(锚杆静压成品桩一般均由工厂制造，运至现场堆放)做外观及强度检验；接桩用焊条或半成品硫磺胶泥应有产品合格证书，或送有关部门检验；压桩用压力表、锚杆规格及质量也应进行检查。

半成品硫磺胶泥必须在进场后做检验，应每100 kg做一组试件(3件)。压桩用压力表必须标定合格方能使用，压桩时的压力数值是判断承载力的依据，也是指导压桩施工的一项重要参数。

（2）静力压桩在一般情况下是分段预制、分段压入、逐段接长。接桩方法有焊接法、硫磺胶泥锚接法。

（3）压桩施工前，应了解施工现场土层土质情况，检查桩机设备，以免压桩时中途中断，造成土层固结，使压桩困难。如果压桩过程原定需要停歇，则应考虑桩尖应停歇在软弱土层中，以使压桩启动阻力不致过大。由于压桩机自重大，故行驶路基必须有足够承载力，必要时应加固处理。

（4）压桩过程中应检查压力、桩垂直度、接桩间歇时间、桩的连接质量及压入深度。重要工程应对电焊接桩的接头做10％的探伤检查。对承受反力的结构应加强观测。按桩间歇时间对硫磺胶泥控制，浇筑硫磺胶泥时间必须快，否则硫磺胶泥在容器内硬结，浇筑入连接孔内不易均匀流淌，质量也不易保证。

（5）压桩时，应始终保持桩轴心受压，若有偏移应立即纠正。接桩应保证上下节桩轴线一致，并应尽量减少每根桩的接头个数，一般不宜超过4个接头。施工中，桩尖有可能遇到厚砂层等而使阻力增大，这时可以用最大压桩力作用于桩顶，采用忽停忽开的办法，使桩有可能缓慢下沉、穿过砂层。

（6）当桩压至接近设计标高时，不可过早停压，应使压桩一次成功，以免发生压不下或超压现象。若工程中有少数桩不能压至设计标高，可采取截去桩顶的方法。

（7）施工结束后，应做桩的承载力及桩体质量检验。压桩的承载力试验，在有经验地区将最终压入力作为承载力估算的依据，如果有足够的经验是可行的，但最终应由设计确定。

预制桩（钢桩）桩位的允许偏差见表2-19，灌注桩的平面位置和垂直度的允许偏差见表2-20。

表2-19　预制桩（钢柱）桩位的允许偏差　　　　　　　　　　　　　　　　　　mm

序号	项目	允许偏差
1	盖有基础梁的桩：（1）垂直基础梁的中心线 （2）沿基础梁的中心线	$100+0.01H$ $150+0.01H$
2	桩数为1～3根桩基中的桩	100
3	桩数为4～16根桩基中的桩	1/2桩径或边长
4	桩数大于16根桩基中的桩：（1）最外边的桩 （2）中间桩	1/3桩径或边长 1/2桩径或边长

注：H为施工现场地面标高与桩顶设计标高的距离。

表2-20　灌注桩的平面位置和垂直度的允许偏差

序号	成孔方法		桩径允许偏差/mm	垂直度允许偏差/%	桩位允许偏差/mm	
					1～3根、单排桩基垂直于中心线方向和群桩基础的边桩	条形桩基沿中心线方向和群桩基础的中间桩
1	泥浆护壁钻孔桩	$D \leqslant 1\,000$ mm	±50	<1	$D/6$，且不大于100	$D/4$，且不大于150
		$D>1\,000$ mm	±50		$100+0.01H$	$150+0.01H$
2	套管成孔灌注桩	$D \leqslant 500$ mm	−20	<1	70	150
		$D>500$ mm	−20		100	150
3	干成孔灌注桩		−20	<1	70	150

序号	成孔方法		桩径允许偏差/mm	垂直度允许偏差/%	桩位允许偏差/mm	
					1～3根、单排桩基垂直于中心线方向和群桩基础的边桩	条形桩基沿中心线方向和群桩基础的中间桩
4	人工挖孔桩	混凝土护壁	+50	<0.5	50	150
		钢套管护壁	+50	<1	100	200

注：1. 桩径允许偏差的负值是指个别断面。
2. 采用复打、反插法施工的桩，其桩径允许偏差不受本表限制。
3. H 为施工现场地面标高与桩顶设计标高的距离，D 为设计桩径。

2. 施工质量验收

静力压桩质量验收应符合表 2-21 的规定。

表 2-21　静力压桩质量验收标准

项	序	检查项目			允许偏差或允许值		检查方法
					单位	数值	
主控项目	1	桩体质量检验			按基桩检测技术规范		按基桩检测技术规范
	2	桩位偏差			见表 2-19		用钢尺测量
	3	承载力			按基桩检测技术规范		按基桩检测技术规范
一般项目	1	成品桩质量	外观		表面平整，颜色均匀，掉角深度<10 mm，蜂窝面积小于总面积的 0.5%		直观
			外形尺寸：横截面边长		mm	±5	用钢尺量
			桩顶对角线差		mm	<10	用钢尺量
			桩尖中心线		mm	<10	用钢尺量
			桩身弯曲矢高			<1/1 000l	用钢尺量，l 为桩长
			桩顶平整度		mm	<2	用水平尺量
			强度		满足设计要求		查产品合格证书或钻芯试压
	2	硫磺胶泥质量（半成品）			设计要求		查产品合格证书或抽样送检
	3	接桩	电焊接桩	电焊接桩焊缝：(1)上下节端部错口；（外径≥700 mm）	mm	≤3	用钢尺量
				（外径<700 mm）	mm	≤2	用钢尺量
				(2)焊缝咬边深度；	mm	≤0.5	焊缝检查仪
				(3)焊缝加强层高度；	mm	2	焊缝检查仪
				(4)焊缝加强层宽度；	mm	2	焊缝检查仪
				(5)焊缝电焊质量外观；	无气孔，无焊瘤，无裂缝		直观
				(6)焊缝探伤检验	满足设计要求		按设计要求
				电焊结束后停歇时间	min	>1.0	秒表测定
			硫磺胶泥接桩	胶泥浇筑时间	min	<2	秒表测定
				浇筑后停歇时间	min	>7	秒表测定

项	序	检查项目	允许偏差或允许值		检查方法
			单位	数值	
一般项目	4	电焊条质量	设计要求		查产品合格证书
	5	压桩压力（设计有要求时）	%	±5	查压力表读数
	6	接桩时上下节平面偏差	mm	<10	用钢尺量
		接桩时节点弯曲矢高		<1/1 000l	用钢尺量，l 为两节桩长
	7	桩顶标高	mm	±50	水准仪

3. 质量通病及防治措施

（1）质量通病。接桩处经压桩后出现松脱、开裂、接头脱开等情况。接桩时，上、下两节桩不在同一直线上；压桩时，受力偏心，局部产生应力集中而使接头脱开，导致桩的承载力达不到要求。

（2）防治措施。接桩前，应将连接表面的泥土、油污等杂质清除干净；严格控制硫磺胶泥的配合比及熬制使用温度，按要求操作，使接头胶泥饱满密实，确保连接强度；接桩时，两节桩应在同一轴线上，连接好后应进行检查，如发现开裂、松脱，应采取补救措施，重新胶接。

二、先张法预应力管桩

先张法预应力管桩是指采用先张法预应力工艺和离心成型法制成的一种空心筒体细长混凝土预制构件。其主要由圆筒形桩身、端头板和钢套箍等组成。

1. 施工质量控制

（1）先张法预应力管桩均为工厂生产后运到现场施打，工厂生产时的质量检验应由生产的单位负责，但运入工地后，打桩单位有必要对外观及尺寸进行检验并检查产品合格证书。

（2）场地应碾压平整，地基承载力不应小于 0.2～0.3 MPa，打桩前应认真检查施工设备，将导杆调直。

（3）按施工方案合理安排打桩路线，避免压桩及挤桩。

（4）桩位放样应采用不同方法二次核样。桩身倾斜率应控制在：底桩倾斜率≤0.5%，其余桩倾斜率≤0.8%。

（5）桩间距小于 3.5D（D 为桩径）时，宜采用跳打，应控制每天打桩根数，同一区域内不宜超过 12 根桩，避免桩体上浮、桩身倾斜。

（6）施打时应保证桩锤、桩帽、桩身中心线在同一条直线上，保证打桩时不偏心受力。

（7）打底桩时应采用锤重或冷锤（不挂挡位）施工，将底桩徐徐打入，调直桩身垂直度，遇地下障碍物及时清理后再重新施工。

（8）接桩时焊缝要连续饱满，焊渣要清除；焊接自然冷却时间应不少于 1 min，地下水水位较高的应适当延长冷却时间，避免焊缝遇水如淬火易脆裂；对接后间隙要用不超过 5 mm 钢片数填，保证打桩时桩顶不偏心受力；避免接头脱节。

（9）施工过程中应检查桩的灌入情况、桩顶完整状况、电焊接桩质量、桩体垂直度、电焊后的停歇时间。重要工程应对电焊接头做 10% 的焊缝探伤检查，对接头做 X 光拍片检查。

（10）施工结束后，应做承载力检验及桩体质量检验。由于锤击次数多，对桩体质量进行检验是有必要的，可检查桩体是否被打裂、电焊接头是否完整。

2. 施工质量验收

先张法预应力管桩质量验收应符合表 2-22 的规定。

表 2-22 先张法预应力管桩质量验收标准

项目	序	检查项目		允许偏差或允许值		检查方法
				单位	数值	
主控项目	1	桩体质量检验		按基桩检测技术规范		按基桩检测技术规范
	2	桩位偏差		见表 2-19		用钢尺量
	3	承载力		按基桩检测技术规范		按基桩检测技术规范
一般项目	1	成品桩质量	外观	无蜂窝、露筋、裂缝、色感均匀、桩顶处无孔隙		用钢尺量
			桩径	mm	±5	用钢尺量
			管壁厚度	mm	±5	用钢尺量
			桩尖中心线	mm	<2	用水平尺量
			顶面平整度	mm	10	用钢尺量，l 为桩长
			桩体弯曲		<1/1 000l	
	2	接桩	电焊接桩焊缝：(1)上下节端部错口；　(外径≥700 mm)　(外径<700 mm)	mm　mm	<3　<2	用钢尺量　用钢尺量
			(2)焊缝咬边深度；	mm	<0.5	焊缝检查仪
			(3)焊缝加强层高度；	mm	2	焊缝检查仪
			(4)焊缝加强层宽度；	mm	2	焊缝检查仪
			(5)焊缝电焊质量外观；	无气孔，无焊瘤，无裂缝		直观
			(6)焊缝探伤检验	满足设计要求		按设计要求
			电焊结束后停歇时间	mm	>1.0	秒表测定
			上下节平面偏差	mm	<10	用钢尺量
			节点弯曲矢高		<1/1 000l	用钢尺量，l 为两节桩长
	3	停锤标准		设计要求		现场实测或查沉桩记录
	4	桩顶标高		mm	±50	水准仪

3. 质量通病及防治措施

(1)质量通病。沉桩未达到设计标高或最后贯入度及锤击数控制指标要求，导致桩入土深度不够，承载力达不到设计要求。

(2)防治措施。

1)详细探明工程地质情况，必要时应作补勘；合理选择持力层或标高，使之符合地质实际情况；探明地下障碍物和硬夹层，并清除干净或钻透或爆碎。

2)选用合适桩锤，不使其太小。

①打第 1 节桩时必须采用桩锤自重或冷锤(不挂挡位)将桩徐徐打入，直至管桩沉到某一深度不动为止，同时用仪器观察管桩的中心位置和角度，确认无误后，再转为正常施打，必要时，宜拔出重插，直至满足设计要求。

②正常打桩宜采用重锤低击。

3)打桩顺序应根据桩的密集程度及周围建筑物的关系确定，减少向一侧挤密。

①若桩较密集且距周围建（构）筑物较远，施工场地开阔时宜从中间向四周进行。

②若桩较密集且场地狭长，两端距建（构）筑物较远时，宜从中间向两端进行。

③若桩较密集且一侧靠近建（构）筑物时，宜从毗邻建（构）筑物的一侧开始，由近及远地进行。

④根据桩入土深度，宜先长后短。

⑤根据管桩规格，宜先大后小。

⑥根据高层建筑塔楼（高层）与裙房（低层）的关系，宜先高后低。

4）打桩应连续进行，不宜间歇时间过长；必须间歇时，控制不超过 24 h。

三、混凝土预制桩

混凝土预制桩适用于持力层以上无密实细沙土层或者夹层。

1. 施工质量控制

（1）桩在现场预制时，应对原材料、钢筋骨架、混凝土强度进行检查；采用工厂生产的成品桩时，桩进场后应进行外观及尺寸检查。

（2）施工中应对桩体垂直度、沉桩情况、桩顶完整状况、接桩质量等进行检查，对电焊接桩，重要工程应做 10% 的焊缝探伤检查。

（3）打桩的控制：

1）对于桩尖位于坚硬土层的端承型桩，以贯入度控制为主，桩尖进入持力层深度或桩尖标高可作参考。如贯入度已达到而桩尖标高未达到时，应继续锤击 3 阵，每阵 10 击的平均贯入度不应大于规定的数值。

2）桩尖位于软土层的摩擦型桩，应以桩尖设计标高控制为主，贯入度可作参考。如主要控制指标已符合要求，而其他指标与要求相差较大时，应会同有关单位研究解决。

（4）测量最后贯入度应在下列正常条件下进行：桩顶没有破坏；锤击没有偏心；锤的落距符合规定；桩帽和弹性垫层正常；汽锤的蒸汽压力符合规定。

（5）打桩时，如遇桩顶破碎或桩身严重裂缝，应立即暂停，在采取相应的技术措施后方可继续施打。

（6）打桩时，除注意防止桩顶与桩身由于桩锤冲击破坏外，还应注意防止桩身受锤击拉应力而产生水平裂缝。在软土中打桩，在桩顶以下 1/3 桩长范围内常会因反射的张力波使桩身受拉而引起水平裂缝。开裂的地方往往出现在吊点和混凝土缺陷处，这些地方容易形成应力集中。采用重锤低速击桩和较软的桩垫可减少锤击拉应力。

（7）打桩时，容易引起桩区及附近地区的土体隆起和水平位移，由于邻桩相互挤压导致桩位偏移，会影响整个工程质量。如在已有建筑群中施工，打桩还会引起邻近已有地下管线、地面交通道路和建筑物的损坏和不安全。为此，在邻近建（构）筑物打桩时，应采取适当的措施，如挖防振沟、砂井排水（或塑料排水板排水）、预钻孔取土打桩、采取合理打桩顺序、控制打桩速度等。

（8）对长桩或总锤击数超过 500 击的锤击桩，应符合桩体强度及 28 d 龄期两项条件才能锤击。

（9）施工结束后，应对承载力及桩体质量做检验。

2. 施工质量验收

（1）预制桩钢筋骨架质量验收应符合表 2-23 的规定。

表 2-23　预制桩钢筋骨架质量验收标准　　　　　　　　　　　　　　mm

项	序	检查项目	允许偏差或允许值	检查方法
主控项目	1	主筋距桩顶距离	±5	用钢尺量
	2	多节桩锚固钢筋位置	5	用钢尺量
	3	多节桩预埋铁件	±3	用钢尺量
	4	主筋保护层厚度	±5	用钢尺量
一般项目	1	主筋间距	±5	用钢尺量
	2	桩尖中心线	10	用钢尺量
	3	箍筋间距	±20	用钢尺量
	4	桩顶钢筋网片	±10	用钢尺量
	5	多节桩锚固钢筋长度	±10	用钢尺量

(2)钢筋混凝土预制桩的质量验收应符合表 2-24 的规定。

表 2-24　钢筋混凝土预制桩的质量验收标准

项	序	检查项目	允许偏差或允许值		检查方法
			单位	数值	
主控项目	1	桩体质量检验	按基桩检测技术规范		按基桩检测技术规范
	2	桩位偏差	见表 2-19		用钢尺量
	3	承载力	按基桩检测技术规范		按基桩检测技术规范
一般项目	1	砂、石、水泥、钢材等原材料(现场预制时)	符合设计要求		查出厂质保文件或抽样送检
	2	混凝土配合比及强度(现场预制时)	符合设计要求		检查称量及查试块记录
	3	成品桩外形	表面平整，颜色均匀，掉角深度<10 mm，蜂窝面积小于总面积的 0.5%		直观
	4	成品桩裂缝(收缩裂缝或起吊、装运、堆放引起的裂缝)	深度<20 mm，宽度<0.25 mm，横向裂缝不超过边长的一半		裂缝测定仪，该项不适用于地下水有侵蚀地区及锤击数超过 500 击的长桩不适用
	5	成品桩尺寸：横截面边长	mm	±5	用钢尺量
		桩顶对角线差	mm	<10	用钢尺量
		桩尖中心线	mm	<10	用钢尺量
		桩身弯曲矢高		<1/1 000l	用钢尺量，l 为桩长
		桩顶平整度	mm	<2	用水平尺量

项目	序	检查项目	允许偏差或允许值		检查方法
			单位	数值	
一般项目	6	电焊接桩焊缝： (1)上下节端部错口； (外径≥700 mm) (外径<700 mm)	 mm mm	 ≤3 ≤2	 用钢尺量 用钢尺量
		(2)焊缝咬边深度；	mm	≤0.5	焊缝检查仪
		(3)焊缝加强层高度；	mm	2	焊缝检查仪
		(4)焊缝加强层宽度；	mm	2	焊缝检查仪
		(5)焊缝电焊质量外观；	无气孔，无焊瘤，无裂缝		直观接头
		(6)焊缝探伤检验	满足设计要求		按设计要求
		电焊结束后停歇时间； 上下节平面偏差； 节点弯曲矢高	min mm 	>1.0 <10 <1/1 000l	秒表测定 用钢尺量 用钢尺量，l 为两节长桩
	7	硫磺胶泥接桩：胶泥浇筑时间； 浇筑后停歇时间	min min	<2 >7	秒表测定 秒表测定
	8	桩顶标高	mm	±50	水准仪
	9	停锤标准	设计要求		现场实测或查沉桩记录

3. 质量通病及防治措施

(1)桩顶加强钢筋网片互相重叠或距桩顶距离大。

1)质量通病。桩顶钢筋网片重叠在一起或距桩顶距离超过设计要求，易使网片间和桩顶部混凝土击碎，露出钢筋骨架，无法继续打(沉)桩。

2)防治措施。桩顶网片应按图 2-3 所示均匀设置，并用电焊与主筋焊连，防止振捣时位移；网片的四角或中间应用长短不同的连接钢筋与钢筋骨架连接。

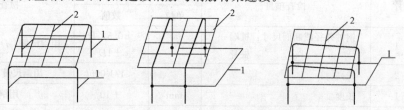

图 2-3 桩顶网片伸出钢筋与主筋焊接图

1—从三片网片伸出连接主筋的钢筋；2—网片

(2)接桩处松脱开裂，接长桩脱桩。

1)质量通病。接桩处经过锤击后，出现松脱开裂等现象；长桩打入施工完毕检查完整性时，发现有的桩出现脱节现象(拉开或错位)，以致降低和影响桩的承载能力。

2)防治措施。

①连接处的表面应清理干净，不得留有杂质、雨水和油污等。

②采用焊接或法兰连接时，连接铁件及法兰表面应平整，不能有较大间隙，否则极易造成

焊接不牢或螺栓拧不紧。

③采用硫磺胶泥接桩时，硫磺胶泥配合比应符合设计规定，严格按操作规程熬制，温度控制要适当等。

④上、下节桩双向校正后，其间隙用薄钢板填实焊牢，所有焊缝要连续饱满，按焊接质量要求操作。

⑤对因接头质量引起的脱桩，若未出现错位情况，属有修复可能的缺陷桩。当成桩完成、土体扰动现象消除后，采用复打方式，可弥补缺陷、恢复功能。

⑥对遇到复杂地质情况的工程，为避免出现桩基质量问题，可改变接头方式，如用钢套方法，接头部位设置抗剪键，插入后焊死，可有效防止脱开。

四、钢桩

钢桩由钢管、企口榫槽、企口榫销构成，钢管直径的左端管壁上竖向连接企口槽，企口槽的横断面为一边开口的方框形，在企口槽的侧面设有加强筋，钢管直径的右端管壁上且偏半径位置竖向连接有企口销，企口销的槽断面为工字形的一种桩基。

1. 施工质量控制

(1)施工前应检查进入施工现场的成品钢桩。钢桩包括钢管桩、型钢桩等。成品桩也是在工厂生产，应有一套质检标准，但也会因运输堆放造成桩的变形，因此，进场后需再做检验。

(2)H型钢桩断面刚度较小，锤重不宜大于 4.5 t 级（柴油锤），且在锤击过程中桩架前应有横向约束装置，防止横向失稳。持力层较硬时，H型钢桩不宜送桩。

(3)钢管桩，如锤击沉桩有困难，可在管内取土以助沉。

(4)施工过程中应检查钢桩的垂直度、沉入过程、电焊连接质量、电焊后的停歇时间、桩顶锤击后的完整状况。

(5)施工结束后应做承载力检验。

2. 施工质量验收

(1)成品钢桩质量验收标准见表 2-25。

表 2-25　成品钢桩质量检验标准

项	序	检查项目	允许偏差或允许值		检查方法
			单位	数值	
主控项目	1	钢桩外径或断面尺寸：桩端 桩身		$\pm 0.5\%D$ $\pm 1D$	用钢尺量，D 为外径或边长
	2	矢高		$<1/1\,000l$	用钢尺量，l 为桩长
一般项目	1	长度	mm	+10	用钢尺量
	2	端部平整度	mm	≤2	用水平尺量
	3	H型钢桩的方正度　$h>300$ 　　　　　　　　　$h<300$	mm mm	$T+T'\leqslant 8$ $T+T'\leqslant 6$	用钢尺量，h、T、T' 见图示
	4	端部平面与桩中心线的倾斜值	mm	≤2	用水平尺量

（2）钢桩施工质量验收标准见表 2-26。

表 2-26　钢桩施工质量检验标准

项	序	检查项目	允许偏差或允许值		检查方法
			单位	数值	
主控项目	1	桩位偏差	见表 2-19		用钢尺量
	2	承载力	按基桩检测技术规范		按基桩检测技术规范
一般项目	1	电焊接桩焊缝： (1)上下节端部错口； (外径≥700 mm) (外径<700 mm) (2)焊缝咬边深度； (3)焊缝加强层高度； (4)焊缝加强层宽度； (5)焊缝电焊质量外观； (6)焊缝探伤检验	mm mm mm mm mm 无气孔，无焊瘤，无裂缝 满足设计要求	≤3 ≤2 ≤0.5 2 2	用钢尺量 用钢尺量 焊缝检查仪 焊缝检查仪 焊缝检查仪 直观 按设计要求
	2	电焊结束后停歇时间	min	>1.0	秒表测定
	3	节点弯曲矢高		<1/1 000l	用钢尺量，l 为两节桩长
	4	桩顶标高	mm	±50	水准仪
	5	停锤标准	设计要求		用钢尺量或沉桩记录

3. 质量通病及防治措施

（1）质量通病。型钢桩接头焊接时，不修整或割除下节桩上口锤击产生的变形区段，会使上、下节桩垂直对中困难，对口间隙不均匀或间隙过大，焊缝质量难以控制，导致接头强度和刚度下降。

（2）防治措施。

1）端部的浮锈、油污等脏物必须清除，保持干燥，下节桩顶经锤击后的变形部分应割除。

2）焊接采用的焊丝（自动焊）或焊条应符合设计要求，使用前应烘干。

3）气温低于 0 ℃或雨雪天，无可靠措施确保焊接质量时，不得焊接。

4）当桩需要接长时，其入土桩段的桩头宜高出地面 0.5～1 m。

5）接桩时上、下节桩段应校正垂直度使上下节保持顺直，错位偏差不宜大于 2 mm，对口的间隙为 2～3 mm。

6）焊接应由 2 个焊工对称进行，焊接层数不得少于 2 层，内层焊渣清理干净后方可施焊外层；钢管桩各层焊缝的接头应错开，焊渣应清除，焊缝应连续饱满。

7）焊好的桩接头应自然冷却后方可继续沉桩，自然冷却的时间不得小于 2 min。

8）每个焊接接头除应按规定进行外观质量检查外，还应按设计要求进行探伤检查，当设计无要求时，探伤检查应按接头总数的 5％做超声或 2％做 X 拍片检查。在同一工程内，探伤检查不得少于 3 个接头。

五、混凝土灌注桩

混凝土灌注桩是直接在所设计的桩位上开孔，其截面为圆形，成孔后在孔内加放钢筋笼，灌注混凝土而成的。

1. 施工质量控制

(1)施工前应对水泥、砂、石子(如现场搅拌)、钢材等原材料进行检查，对施工组织设计中制定的施工顺序、监测手段(包括仪器、方法)也应检查。

(2)成孔深度应符合下列要求：

1)摩擦型桩：摩擦型桩以设计桩长控制成孔深度；端承摩擦桩必须保证设计桩长及桩端进入持力层深度；当采用锤击沉管法成孔时，桩管入土深度控制以标高为主，以贯入度控制为辅。

2)端承型桩：当采用冲(钻)、挖掘成孔时，必须保证桩孔进入设计持力层的深度；当用锤击沉管法成孔时，沉管深度控制以贯入度为主、设计持力层为辅。

(3)钢筋笼的制作应符合下列要求：

1)钢筋的种类、钢号及规格尺寸应符合设计要求。

2)钢筋笼的绑扎场地宜选择现场内运输和就位都较方便的地方。

3)钢筋笼的绑扎顺序是先将主筋间距布置好，待固定住架立筋后，再按规定的间距绑扎箍筋。主筋净距必须大于混凝土粗集料粒径 3 倍以上。主筋与架立筋、箍筋之间的接点固定可用电弧焊接等方法。主筋一般不设弯钩，根据施工工艺要求所设弯钩不得向内圆伸露，以免妨碍导管工作。钢筋笼的内径应比导管接头处外径大 100 mm 以上。

4)从加工、控制变形以及搬运、吊装等综合因素考虑，钢筋笼不宜过长，应分段制作。钢筋分段长度一般为 8 m 左右。但对于长桩，在采取一些辅助措施后，也可为 12 m 左右或更长一些。

(4)钢筋笼的堆放与搬运。钢筋笼的堆放、搬运和起吊应严格执行规程，应考虑安放入孔的顺序、钢筋笼变形等因素。堆放时，支垫数量要足够，支垫位置要适当，以堆放两层为好。如果能合理使用架立筋牢固绑扎，可以堆放三层。对在堆放、搬运和起吊过程中已经发生变形的钢筋笼，应进行修理后再使用。

(5)清孔。钢筋笼入孔前，要先进行清孔。清孔时应把泥渣清理干净，保证实际有效孔深满足设计要求，以免钢筋笼放不到设计深度。

(6)钢筋笼的安放与连接。钢筋笼安放入孔要对准孔位，垂直缓慢地放入孔内，避免碰撞孔壁。钢筋笼放入孔内后，要立即采取措施固定好位置。当桩长度较大时，钢筋笼采用逐段接长放入孔内。先将第一段钢筋笼放入孔中，利用其上部架立筋暂时固定在护筒(泥浆护壁钻孔桩)或套管(贝诺托桩)等上部。然后吊起第二段钢筋笼对准位置后，其接头用焊接连接。钢筋笼安放完毕后，一定要检测确认钢筋笼顶端的高度。

(7)施工结束后，应检查混凝土强度，并应做桩体质量及承载力的检验。

2. 施工质量验收

(1)混凝土灌注桩钢筋笼质量验收应符合表 2-27 的规定。

表 2-27 混凝土灌注桩钢筋笼质量检验标准   mm

项目	序	检查项目	允许偏差或允许值	检查方法
主控项目	1	主筋间距	±10	用钢尺量
	2	长度	±100	
一般项目	1	钢筋材质检验	设计要求	抽样送检
	2	箍筋间距	±20	用钢尺量
	3	直径	±10	

(2)混凝土灌注桩质量验收应符合表 2-28 的规定。

表 2-28　混凝土灌注桩质量检验标准

项	序	检查项目	允许偏差或允许值		检查方法
			单位	数值	
主控项目	1	桩位	见表 2-20		基坑开挖前量护筒，开挖后量桩中心
	2	孔深	mm	＋300	只深不浅，用重锤测，或测钻杆、套管长度，嵌岩桩应确保进入设计要求的嵌岩深度
	3	桩体质量检验	按基桩检测技术规范。如钻芯取样，大直径嵌岩桩应钻至桩尖下 50 cm		按基桩检测技术规范
	4	混凝土强度	设计要求		试件报告或钻芯取样送检
	5	承载力	按基桩检测技术规范		按基桩检测技术规范
一般项目	1	垂直度	见表 2-20		测套管或钻杆，或用超声波探测，干施工时吊垂球
	2	桩径	见表 2-20		用井径仪或超声波检测，干施工时用钢尺量，人工挖孔桩不包括内衬厚度
	3	泥浆比重（黏土或砂性土中）	1.15～1.20		用比重计测，清孔后在距孔底 50 cm 处取样
	4	泥浆面标高（高于地下水水位）	m	0.5～1.0	目测
	5	沉渣厚度：端承桩　　　　　　摩擦桩	mm	≤50　　≤150	用沉渣仪或重锤测量
	6	混凝土坍落度：水下灌注　　　　　　　干施工	mm	160～220　70～100	坍落度仪
	7	钢筋笼安装深度	mm	±100	用钢尺量
	8	混凝土充盈系数	＞1		检查每根桩的实际灌注量
	9	桩顶标高	mm	＋30　−50	水准仪，需扣除桩顶浮浆层及劣质桩体

3. 质量通病及防治措施

(1)质量通病。挖孔时，孔底下面的土产生流动状态，流泥、流砂随地下水一起涌入孔底，引起孔底周围土沉陷，无法成孔。

(2)防治措施。

1)挖孔时遇有局部或厚度大于 1.5 m 的流动性淤泥和可能出现涌泥、涌砂时，可将每节护壁高度减小到 300～500 mm，并随挖随支换，随浇筑混凝土；或采取有效的降水措施以减轻动水压力。

2)当挖孔遇有流砂时，一般可在井孔内设高度为 1～2 m、厚度为 4 mm 的钢套护筒，直径略小于混凝土护壁内径，利用混凝土支护作支点，用小型油压千斤顶将钢护筒逐渐压入土中，阻挡流砂，钢套筒可一个接一个下沉，压入一段，开挖一段桩孔，直至穿过流砂层0.5～1.0 m，再转入正常挖土和设混凝土支护。浇筑桩混凝土时，至该段，随浇混凝土随将钢护筒（上设吊环）吊出或不吊出。

第三节　土方工程

土方工程是建筑工程施工中主要工程之一，其包括一切土（石）方的挖梆、填筑、运输以及排水、降水等方面，具体有：场地平整、路基开挖、人防工程开挖、地坪填土，路基填筑以及基坑回填。

一、土方开挖工程

土方开挖是工程初期以至施工过程中的关键工序，是指将土和岩石进行松动、破碎、挖掘并运出的工程。

1. 施工质量控制

(1)在土方开挖前应检查定位放线、排水和降低地下水水位系统，合理安排土方运输车的行走路线及弃土场。

(2)施工过程中应检查平面位置、水平标高、边坡坡度、压实度以及排水和降低地下水水位系统，并随时观测周围的环境变化。

(3)临时性挖方的边坡值应符合表2-29的规定。

表2-29　临时性挖方边坡值

土的类别		边坡值（高：宽）
砂土（不包括细砂、粉砂）		1：1.25～1：1.50
一般性黏土	硬	1：0.75～1：1.00
	硬、塑	1：1.00～1：1.25
	软	1：1.50 或更缓
碎石类土	充填坚硬、硬塑黏性土	1：0.50～1：1.00
	充填砂土	1：1.00～1：1.50
注：1. 设计有要求时，应符合设计标准。 2. 如采用降水或其他加固措施，可不受本表限制，但应计算复核。 3. 开挖深度，对软土不应超过4 m，对硬土不应超过8 m。		

(4)当土方工程挖方较深时，施工单位应采取措施，防止基坑底部土的隆起并避免危害周边环境。

(5)在挖方前，应做好地面排水和降低地下水水位工作。

(6)为了使建（构）筑物有一个比较均匀的下沉，对地基应进行严格的检验，与地质勘察报告进行核对，检查地基土与工程地质勘查报告、设计图纸是否相符，有无破坏原状土的结构或发生较大的扰动现象。

2. 施工质量验收

土方开挖工程的质量验收应符合表2-30的规定。

表 2-30　土方开挖工程质量检验标准　　　　　　　　　　　　　　mm

项	序	项　目	允许偏差或允许值					检验方法
			柱基坑基槽	挖方场地平整		管沟	地(路)面基层	
				人工	机械			
主控项目	1	标高	−50	±30	±50	−50	−50	水准仪
	2	长度、宽度(由设计中心线向两边量)	+200 −50	+300 −100	+500 −150	+100		经纬仪,用钢尺量
	3	边坡	设计要求					用坡度尺检查
一般项目	1	表面平整度	20	20	50	20	20	用 2 m 靠尺和楔形塞尺检查
	2	基底土性	设计要求					观察或土样分析

注:地(路)面基层的偏差只适用于直接在挖、填方上做地(路)面的基层。

3. 质量通病及防治措施

(1)基土扰动。

1)质量通病。基坑挖好后,地基土表层局部或大部分出现松动、浸泡等现象,原土结构遭到破坏,造成承载力降低、基土下沉。

2)防治措施。

①基坑挖好后,立即浇筑混凝土垫层保护地基,不能立即浇筑垫层时,应预留一层 150～200 mm 厚土层不挖,待下道工序开始后再挖至设计标高。

②基坑挖好后,避免在基土上行驶施工机械和车辆或堆放大量材料。必要时,应铺路基箱或填道木保护。

③基坑四周应做好排降水措施,降水工作应持续到基坑回填土完毕。雨期施工时,基坑应挖好一段浇筑一段混凝土垫层。冬期施工时,如基底不能浇筑垫层,应在表面进行适当覆盖保温,或预留一层 200～300 mm 厚土层后挖,以防冻胀。

(2)基坑(槽)开挖遇流砂。

1)质量通病。当基坑(槽)开挖深于地下水水位 0.5 m 以下,采取坑内抽水时,坑(槽)底下面的土产生流动状态,随地下水一起涌进坑内,出现边挖边冒、无法挖深的现象。

发生流砂时,土完全失去承载力,不但使施工条件恶化,而且严重时会引起基础边坡塌方,附近建筑物会因地基被掏空而下沉、倾斜,甚至倒塌。

2)防治措施。

①防治方法主要是减小或平衡动水压力或使动水压力向下,使坑底土粒稳定,不受水压干扰。

②安排在全年最低水位季节施工,使基坑内动水压力减小。

③采取水下挖土(不抽水或少抽水),使坑内水压与坑外地下水压相平衡或缩小水头差。

④采用井点降水,使水位降至距基坑底 0.5 m 以上,使动水压力方向朝下,坑底土面保持无水状态。

⑤沿基坑外围四周打板桩,深入坑底面下一定深度,增加地下水从坑外流入坑内的渗流路线和渗水量,减小动水压力;或采用化学压力注浆,固结基坑周围粉砂层,使其形成防渗帷幕。

⑥往坑底抛大石块,增加土的压重和减小动水压力,同时组织快速施工。当基坑面积较小时,也可在四周设钢板护筒,随着挖土不断加深,直至穿过流砂层。

二、土方回填工程

土方回填是指建筑工程的填土，主要有地基填土、基坑(槽)或管沟回填、室内地坪回填、室外场地回填平整等。

1. 施工质量控制

(1)土方回填前应清除基底的杂物，抽除坑穴积水、淤泥，验收基底标高。

(2)经中间验收合格的填方区域场地应基本平整，并有0.2%坡度有利排水，填方区域有陡于1/5的坡度时，应控制好阶宽不小于1 m的阶梯形台阶，台阶面口严禁上抬造成台阶上积水。

(3)回填土的含水量控制。土的最佳含水率和最少压实遍数可通过试验求得。土的最佳含水量和最大干密度也可参见表2-31。

表2-31　土的最佳含水量和最大干密度参考表

项次	土的种类	变动范围	
		最佳含水量(质量比%)	最大干密度/(g·cm^{-3})
1	砂土	8~12	1.80~1.88
2	黏土	19~23	1.58~1.70
3	粉质黏土	12~15	1.85~1.95
4	粉土	16~22	1.61~1.80

注：1. 表中土的最大密度应以现场实际达到的数字为准。
　　2. 一般性的回填可不作此项测定。

(4)填方施工过程中应检查排水措施、每层填筑厚度、含水量控制、压实程度。填筑厚度及压实遍数应根据土质、压实系数及所用机具确定。如无试验依据，应符合表2-32的规定。

表2-32　填土施工时的分层厚度及压实遍数

压实方法	分层厚度/mm	每层压实遍数
平碾压实	250~300	6~8
振动压实机压实	250~350	3~4
柴油打夯机压实	200~250	3~4
人工打夯压实	<200	3~4

2. 施工质量验收

填方施工结束后，应检查标高、边坡坡度、压实程度等质量应符合表2-33的规定。

表2-33　填土工程质量检验标准　　　　　　　　　　　　　　　　　mm

项	序	项　目	允许偏差或允许值					检验方法
			柱基基坑基槽	挖方场地平整		管沟	地(路)面基层	
				人工	机械			
主控项目	1	标高	−50	±30	±50	−50	−50	水准仪
	2	分层压实系数	设计要求					按规定方法
一般项目	1	回填土料	设计要求					取样检查或直观鉴别
	2	分层厚度及含水量	设计要求					水准仪及抽样检查
	3	表面平整度	20	20	30	20	20	用靠尺或水准仪

3. 质量通病及防治措施

（1）基坑（槽）回填土沉陷。

1）质量通病。基坑（槽）回填土局部或大片出现沉陷，造成靠墙地面、室外散水空鼓下沉，建筑物基础积水，有的甚至引起建筑结构不均匀下沉，出现裂缝。

2）防治措施。

①基坑（槽）回填前，应将槽中积水排净，将淤泥、松土、杂物清理干净，如有地下水或地表滞水，应有排水措施。

②回填土采取分层回填、夯实。每层虚铺土厚度不得大于 300 mm。土料和含水量应符合规定。回填土密实度要按规定抽样检查，使其符合要求。

③填土土料中不得含有直径大于 50 mm 的土块，不应有较多的干土块。急需进行下道工序时，宜用 2∶8 或 3∶7 灰土回填夯实。

④如地基下沉严重并继续发展，应将基槽透水性大的回填土挖除，重新用黏土或粉质黏土等透水性较小的土回填夯实，或用 2∶8 或 3∶7 灰土回填夯实。

⑤如下沉较小并已稳定，可回填灰土或黏土、碎石混合物夯实。

（2）基础墙体被挤动变形。

1）质量通病。夯填基础墙两侧土方或用推土机送土时，将基础、墙体挤动变形，造成基础墙体裂缝、破裂，轴线偏移，严重影响墙体的受力性能。

2）防治措施。

①基础两侧应用细土同时分层回填夯实，使受力平衡。两侧填土高差不得超过 300 mm。

②如果暖气沟或室内外回填标高相差较大，回填土时可在另一侧临时加木支撑顶牢。

③基础墙体施工完毕，达到一定强度后再进行回填土施工。同时，避免在单侧临时大量堆土、材料或设备，以及行驶重型机械设备。

④对已造成基础墙体开裂、变形、轴线偏移等严重影响结构受力性能的质量事故，要会同设计部门，根据具体损坏情况采取加固措施（如填塞缝隙、加围套等），或将基础墙体局部或大部分拆除重砌。

第四节　基坑工程

基坑工程是指为保证基坑施工、主体地下结构的安全和周围环境不受损害而采取的支护结构、降水和土方开挖与回填。其包括勘察、设计、施工、监测和检测等。

一、排桩墙支护工程

排桩墙支护工程适用于基坑侧壁安全等级为一、二、三级的工程基坑支护。排桩墙可以根据工程情况做成悬臂式支护结构、拉锚式支护结构、内撑式和锚杆式支护结构，悬臂式结构在软土场地中不宜大于 5 m。

1. 施工质量控制

（1）钢板桩排桩墙支护工程质量控制。

1）围檩支架安装。围檩支架由围檩和围檩桩组成。其形式在平面上有单面和双面之分，在高度上有单层、双层和多层之分。第一层围檩的安装高度约在地面上 50 cm。双面围檩之间的净距以比两块板桩的组合宽度大 8～10 mm 为宜。围檩支架有钢质（H 型钢、工字钢、槽钢等）和木质，但都需十分牢固。围檩支架每次安装的长度视具体情况而定，应考虑周转使用，以提高利用率。

2)转角桩制作。由于板桩墙构造的需要，常要配备改变打桩轴线方向的特殊形状的钢板桩，在矩形墙中为 90°的转角桩。一般是将工程所使用的钢板桩从背面中线处切断，再根据所选择的截面进行焊接或铆接组合而成，或采用转角桩。

3)钢板桩打设。先用吊车将板桩吊至插桩点进行插桩，插桩时锁口对准，每插入一块即套上桩帽，上端加硬木垫，轻轻锤击。为保证桩的垂直度，应用两台经纬仪加以控制。为防止锁口中心线平面位移，可在打桩行进方向的钢板桩锁口处设卡板，不让板桩位移，同时，在围檩上预先算出每块板桩的位置，以便随时检查纠正，待板桩打至预定深度后，立即用钢筋或钢板与围檩支架焊接固定。

(2)混凝土板桩排桩墙支护工程质量控制。

1)导桩施工。初始打桩可设导桩、引桩，保证打一根桩便定位准确。当板桩墙较长而采取分段施工时，也可以根据具体情况逐一设置导桩。

2)斜截面桩施工。由于挤土等影响，板桩凹凸榫较难在全桩长范围内紧密咬合，桩墙会产生沿轴线方向的倾侧，倾侧过大时施工将很困难。此时可通过打入斜截面桩即楔子桩进行调整。斜截面桩打入数量及位置应根据施工经验及情况而定。

3)转角桩施工。转角处可采取特制钢桩，两根 H 型钢桩焊接成型，也可采用 T 字形封口。为保证转角处尺寸准确，也可先施工转角处的桩而后打其他桩。

2. 施工质量验收

(1)重复使用的钢板桩质量验收应符合表 2-34 的规定。

表 2-34　重复使用的钢板桩检验标准

序	检查项目	允许偏差或允许值		检查方法
		单位	数值	
1	桩垂直度	％	＜1	用钢尺量
2	桩身弯曲度		＜2%l	用钢尺量，l 为桩长
3	齿槽平直度及光滑度		无电焊渣或毛刺	用 1 m 长的桩段做通过试验
4	桩长度		不小于设计长度	用钢尺量

(2)混凝土板桩制作质量验收应符合表 2-35 的规定。

表 2-35　混凝土板桩制作检验标准

项	序	检查项目	允许偏差或允许值		检查方法
			单位	数值	
主控项目	1	桩长度	mm	+10 0	用钢尺量
	2	桩身弯曲度		＜0.1%l	用钢尺量，l 为桩长
一般项目	1	保护层厚度	mm	±5	用钢尺量
	2	模截面相对两面之差	mm	5	用钢尺量
	3	桩尖对桩轴线的位移	mm	10	用钢尺量
	4	桩厚度	mm	+10 0	用钢尺量
	5	凹凸槽尺寸	mm	±3	用钢尺量

3. 质量通病及防治措施

(1)排桩墙渗水或漏水。

1)质量通病。当排桩墙桩间未设止水桩或止水桩与挡土桩间连接不紧密时，就会出现渗水或漏水，影响基坑边坡的稳定。

2)防治措施。

①加强井点降水，将地下水水位降到基坑底以下 0.5～1.0 m 处，使边坡处于无水状态。

②在排桩之间应设水泥土桩，使之与混凝土灌注挡土桩之间紧密接合挡水；未设止水桩的应将桩间土修成反拱形防止土剥落，在表面铺钢丝网抹水泥砂浆或浇筑混凝土薄墙封闭挡水。

③已出现大量渗、漏水时，可在挡土面渗漏、水部加设水泥土桩阻水，或在基坑一面浇筑混凝土薄墙止水。

(2)排桩墙与围檩、支撑存在间隙。

1)质量通病。排桩墙与围檩、支撑之间存在间隙、未顶紧，受荷后会使排桩墙产生不同程度的位移、变形，影响支护结构的整体稳定性，同时，还会使支撑系统个别杆件超负荷或个别节点破坏，从而导致整个支撑体系和支护结构破坏。

2)防治措施。

①排桩墙与围檩之间应保证紧密接触、传力可靠，支撑应与围檩顶紧，不能存在间隙，为此宜在每根支撑的两端活络接头处各安装一个小型千斤顶，按设计计算轴向压力的 50% 施加预应力，使支撑与围檩顶紧。

②如有缝隙，应加塞楔形钢垫板塞紧电焊锚固；或用带千斤顶的特制钢管支撑，施加预应力后，千斤顶作为一个部件留在支撑上。

③如产生应力松弛，可再行加荷，待地下室施工完后，再卸荷拆除。

二、水泥土桩墙支护工程

水泥土桩墙是深基坑支护的一种，其是指依靠其本身自重和刚度保护基坑土壁安全。

1. 施工质量控制

(1)水泥土搅拌桩施工质量控制。

1)承重水泥土搅拌桩施工时，设计停浆(灰)面应高出基础底面标高 300～500 mm(基础埋深大取小值；反之取大值)，在开挖基坑时，应将该施工质量较差段用手工挖除，以防止发生桩顶与挖土机械碰撞断裂现象。

2)为保证水泥土搅拌桩的垂直度，要注意起吊搅拌设备的平整度和导向架的垂直度，水泥土搅拌桩的垂直度控制在不大于 1.5% 范围内，桩位布置偏差不得大于 50 mm，桩径偏差不得大于 4D%(D 为桩径)。

3)预搅下沉时不宜冲水，当遇到较硬土层下沉太慢时，方可适当冲水，但应用缩小浆液水胶比或增加掺入浆液等方法来弥补冲水对桩身强度的影响。

4)施工时因故停浆，应将搅拌头下沉至停浆点以下 0.5 m 处，待恢复供浆时再喷浆提升。若停机 3 h 以上，应拆卸输浆管路，清洗干净，防止恢复施工时堵管。

5)壁状加固时桩与桩的搭接长度宜为 200 mm，搭接时间不应大于 24 h，如因特殊原因超过 24 h 时，应对最后一根桩先进行空钻留出榫头以待下一个桩搭接；如间隔时间过长，与下一根桩无法搭接时，应在设计和业主方认可后，采取局部补桩或注浆措施。

(2)高压喷射注浆桩墙施工质量控制。

1)钻孔。钻孔的目的是将喷射注浆管插入预定的地层中。钻孔的位置与设计位置的偏差不得大于 50 mm。

2）插管。插管是将喷射注浆管插入地层预定的深度。在插管过程中，为防止泥砂堵塞喷嘴，可边射水边插管，水压力一般不应超过 1 MPa，如压力过高，则易将孔壁射塌。

3）旋喷作业。当旋喷管插入预定深度后，立即按设计配合比搅拌浆液，开始旋喷后即旋转提升旋喷管。旋喷参数中有关喷嘴直径、提升速度、旋转速度、喷射压力、流量等应根据土质情况、加固体直径、施工条件及设计要求由现场试验确定。

当浆液初凝时间超过 20 h 时，应及时停止使用该水泥浆液。

4）冲洗。喷射施工完毕后，应把注浆管等机具设备冲洗干净，管内机具内不得残存水泥浆。通常把浆液换成水，在地面上喷射，以便把泥浆泵、注浆管软管内的浆液全部排除。

2. 施工质量验收

水泥土搅拌桩及高压喷射注浆桩的质量验收应满足前述水泥土搅拌桩地基和高压喷射注浆桩地基的相关规定。加筋水泥土桩质量验收应符合表 2-36 的规定。

表 2-36　加筋水泥土桩质量检验标准

序	检查项目	允许偏差或允许值		检查方法
		单位	数值	
1	型钢长度	mm	±10	用钢尺量
2	型钢垂直度	%	<1	经纬仪
3	型钢插入标高	mm	±30	水准仪
4	型钢插入平面位置	mm	10	用钢尺量

3. 质量通病及防治措施

（1）质量通病。若水泥土桩墙嵌固深度不足，大量砂土冒出，则会导致水泥土桩墙倒塌。

（2）防治措施。水泥土桩墙的嵌固深度必须满足抗渗透稳定条件，设计水泥土桩墙的嵌固深度时，应按下式验算需要嵌固深度 h_d(m)（图 2-4）：

$$h_d \geqslant 1.2\gamma_0(h-h_{wa})$$

式中　h_d——嵌固深度（m）；

　　　h——基坑挖土深度（m）；

　　　h_{wa}——地面下水位深度（m）；

　　　γ_0——基坑侧壁重要性系数，安全等级一级为 1.1，二级为 1，三级为 0.9。

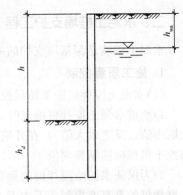

图 2-4　渗透稳定计算简图

根据公式计算，某工程 $h=7$ m，$h_{wa}=1$ m，按二级安全等级计算，h_d 应不小于 7.2 m，而实际嵌固仅为 5 m，显然嵌固深度不足，因而造成渗流破坏。

三、锚杆及土钉墙支护工程

锚杆支护是指在边坡、岩土深基坑等地表工程及隧道、采场等地下硐室施工中采用的一种加固支护方式。土钉墙是由天然土体通过土钉墙就地加固并与喷射混凝土面板相结合，形成一个类似重力挡墙以此来抵抗墙后的土压力，从而保持开挖面的稳定。

1. 施工质量控制

（1）锚杆与土钉墙施工必须有一个施工作业面，所以，锚杆与土钉墙实施前应预降水到每层作业面以下 0.5 m，并保证降水系统能正常工作。

（2）锚杆或土钉作业面应分层分段开挖、分层分段支护，开挖作业面应在 24 h 内完成支护，不宜一次挖两层或全面开挖。

（3）土钉钢管或钢筋打入前，按土钉打入的设计斜度制作一操作平台，紧靠土钉墙墙面安放，钢管或钢筋沿操作平台面打入，保证土钉与墙的夹角与设计相符。

（4）选用套管湿作业钻孔时，钻进后要反复提插孔内钻杆，用水冲洗至出清水，再按下一节钻杆，遇有粗砂、砂卵石土层，钻杆钻到最后一节时，为防止砂石堵塞，孔深应比设计深 100～200 mm。

（5）干作业钻孔或用冲击力打入锚杆或土钉时，在拔出钻杆后要立即注浆，水作业钻机拔出钻杆后，外套留在孔内不合坍孔，间隔时间不宜过长，防止砂土涌入管内而发生堵塞。

（6）钢筋、钢绞线、钢管不能沾有油污、锈蚀、缺股断丝；断好钢绞线长度偏差不得大于50 mm，端部要用钢丝绑扎牢固，钢绞线束外留量应从挡土、结构物连线算起，外留 1.5～2.5 m，钢绞线与导向架要绑扎牢固。作土钉的钢管尾部要打扁，防止跑浆过量；钢管伸出土钉墙面 100 mm 左右。

（7）灌浆压力一般不得低于 0.4 MPa，不宜大于 2 MPa，宜采用封闭式压力灌浆或二次压浆。灌浆材料根据设计强度要求视环境温度、土质情况和使用要求不同适量掺入早强、防冻或减水剂。

（8）锚杆需预张拉时，等灌浆强度连到设计强度等级 70% 时，方可进行张拉工艺。

（9）待土钉灌浆、土钉墙钢筋网与土钉端部连接牢固并通过隐蔽工程验收后，可立即对土钉墙土体进行混凝土喷射施工，喷射厚度大于 100 mm 时，可以分层喷锚，第一层与第二层土体细石混凝土喷浆间隔 24 h。当土墙浸透时应分层喷锚混凝土墙。

（10）锚杆与肋柱的连接。支点连接可采用螺丝端杆或焊头连接方式，有关端杆的螺纹和螺帽尺寸应进行强度验算，并参照螺纹和螺母的规定标准加工。采用焊头连接时，应对焊缝强度进行验算。

（11）分层每段支护体施工完毕后，应检查坡顶或坡面位移，坡顶沉降及周围环境变化，如有异常情况应采取措施，放慢施工速度，待恢复正常后方可继续施工。

2. 施工质量验收

锚杆及土钉墙支护工程质量验收应符合表 2-37 的规定。

表 2-37　锚杆及土钉墙支护工程质量验收标准

项	序	检查项目	允许偏差或允许值		检查方法
			单位	数值	
主控项目	1	锚杆土钉长度	mm	±30	用钢尺量
	2	锚杆锁定力	设计要求		现场实测
一般项目	1	锚杆或土钉位置	mm	±100	用钢尺量
	2	钻孔倾斜度	°	±1	测钻机倾角
	3	浆体强度	设计要求		试样送检
	4	注浆量	大于理论计算浆量		检查计量数据
	5	土钉墙面厚度	mm	±10	用钢尺量
	6	墙体强度	设计要求		试样送检

3. 质量通病及防治措施

(1)锚杆与地下连续墙预留孔漏水、涌砂。

1)质量通病。采用地下连续墙及锚杆支护的工程，一般在地下连续墙施工时，在墙上一定位置预留孔洞，以作钻孔和装设锚杆之用。钻孔和装设锚杆时，锚杆外套管与地下连续墙预留孔之间常存在空隙，造成水流通道；在地下水压力作用下，水和粉细砂大量涌入基坑内；或拔出钻杆时，导致大量泥砂流入基坑内，造成地面塌陷、邻近建筑物开裂。

2)防治措施。

①在孔口设橡胶垫圈，以阻止水和砂涌入基坑内，如图2-5所示。

②在钻杆钻进时，保持钻头与外套管有一定距离，停钻时缩回外套管内，防止水、砂从套管内进入基坑。

③锚杆灌注锚固体砂浆时，应保持注浆压力不小于0.4~0.6 MPa。

④拔管时应保留最后两节外套管，在水泥初凝后再拔出。

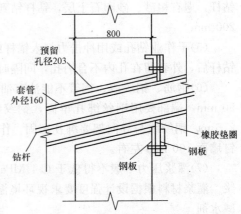

图 2-5　橡胶垫圈示意图

(2)土钉墙支护设置不当导致邻近建筑物滑坡。

1)质量通病。土钉墙支护设置在填土、黏土和淤泥质土层上，坑底为3.0 m以上淤泥质土层。土钉墙支护落在淤泥质土层上，单纯用土钉锚固，长度严重不足，承载力不够，加上坑底被动土区抗力低，施工时降水、排水不良，有地面、地下水渗入，土体稳定性差，从而导致支护失稳，使整个支护连动墙背土体绕基坑底滑坡，使邻近建筑物随之坍塌，最终倒塌。

2)防治措施。

①应根据地质和环境条件，采取土层预应力锚杆与土钉墙结合的支护方案。在第一根土钉处改用预应力土层锚杆，其长度应通过邻近建筑物宽度并达到较好土层；其每根土钉长度应按规范规定计算，一般宜上部设置较长土钉而下部设置较短土钉，并考虑邻近建筑物荷载的作用。

②施工过程中要做好排水、降水工作，防止地表水、地下水浸入边坡土体。

③施工前要作预应力土层锚杆、土钉与土体的极限摩阻力试验，作为设计的依据。施工过程中应做好监控，监测边坡和邻近建筑物的变形情况，发现倾斜、下沉、裂缝情况应及时进行处理。

四、钢或混凝土支撑系统

钢或混凝土支撑系统即钢结构支撑和钢筋混凝土结构支撑，适用于工业与民用建筑中，深基坑内支护结构挡墙的支撑系统。

1. 施工质量控制

(1)确保钢或混凝土支撑安装在同一个水平面上。

(2)一根钢支撑的管段和十字节基本拼装后，复核每个十字节的标高，要特别注意，严禁中间的十字节标高偏差向上(防止钢支撑受力后上拱加剧)，钢支撑水平轴线偏差控制在20~30 mm，保证一根钢支撑顺直和水平。

(3)在施工立柱(钻孔灌注柱)时定位要准确，偏差控制在$d/4$内，施工立柱时要与围护设计图对照，使立柱在支撑的一个侧边。

(4)钢支撑两端的斜撑(俗称琵琶撑)必须在钢支撑施加顶紧力，并复校顶紧力符合设计要求后才能将钢支撑与围图焊好，再把斜撑与钢支撑焊接顶紧。

（5）挖土前把钢立柱与钢支撑的抱箍全部焊上，挖土至人能在支撑下站立时，立即全面检查仰焊质量和支撑螺栓拧紧的程度，使所有紧固件都处于受力状态。监测时对钢支撑十字节的标高要认真测量，发现有上升现象要及时处理。

（6）钢筋混凝土支撑底用土模，严禁先做混凝土垫层，避免支撑受力变形时垫层脱落伤人。如土模中有泥、水，可用土工合成纤维、纤维板、夹板隔离。

（7）围护墙体在挖土一侧平整度差，用钢围图时与墙体之间的间隙必须用细石混凝土填实，保证围护墙体与围图的密贴度。

（8）钢支撑与混凝土围图之间的预埋件或钢支撑与钢围图之间有间隙时，必须用楔形钢板塞紧后电焊，保证支撑与围图的密贴度。

2. 施工质量验收

钢或混凝土支撑系统质量验收应符合表 2-38 的规定。

表 2-38　钢及混凝土支撑系统工程质量验收标准

项目	序	检查项目	允许偏差或允许值		检查方法
			单位	数值	
主控项目	1	支撑位置：标高 平面	mm mm	30 100	水准仪 用钢尺量
	2	预加顶力	kN	±50	油泵读数或传感器
一般项目	1	围图标高	mm	30	水准仪
	2	立柱桩	参见《建筑地基基础工程施工质量验收规范》(GB 50202—2002)第5章		参见《建筑地基基础工程施工质量验收规范》(GB 50202—2002)第5章
	3	立柱位置：标高 平面	mm mm	30 50	水准仪 用钢尺量
	4	开挖超深（开槽放支撑不在此范围）	mm	＜200	水准仪
	5	支撑安装时间	设计要求		用钟表估测

3. 质量通病及防治措施

（1）质量通病。钢支撑个别节点超负荷，致使钢支撑上拱或出现"咯吱声"。

（2）防治措施。

1）水平支撑的现场安装节点应尽量设置在纵横向支撑的交叉点附近。相邻横向（或纵向）支撑的安装节点数不宜多于2个。

2）纵向和横向支撑的交叉点宜在同一标高上连接。当纵横向支撑采用重叠连接时，其连接构造及连接件的强度应满足支撑在平面内的稳定要求。

3）钢结构支撑构件长度的拼接宜采用高强度螺栓连接或焊接，拼接点的强度不应低于构件的截面强度。对于格构式组合构件，不应采用钢筋作为缀条连接。

4）钢支撑与立柱的连接应符合下列要求：

①立柱与水平支撑连接可采取铰接构造，但铰接件在竖向和水平方向的连接强度应大于支撑轴向力的1/50。当采用钢牛腿连接时，钢牛腿的强度和稳定应由计算确定。

②立柱穿过主体结构底板以及支撑结构穿越主体结构地下室外墙的部位，应采用止水构造

措施。

5)钢结构支撑安装后应施加预压力。预压力控制值应由设计确定,通常不应小于支撑设计轴向力的50%,也不宜大于75%;钢支撑预加压力的施工应符合下列要求:

①支撑安装完毕后,应及时检查各节点的连接状况,经确认符合要求后方可施加预压力。预压力的施加在支撑的两端同步对称进行。

②预压力应分级施加、重复进行,加至设计值时,应再次检查各连接点的情况,必要时应对节点进行加固,待额定压力稳定后锁定。

五、地下连续墙

地下连续墙是基础工程在地面上采用一种挖槽机械,沿着深开挖工程的周边轴线,在泥浆护壁条件下,开挖出一条狭长的深槽,清槽后,在槽内吊放钢筋笼,然后用导管法灌筑水下混凝土筑成一个单元槽段,如此逐段进行,在地下筑成一道连续的钢筋混凝土墙壁,作为截水、防渗、承重、挡水结构。

1. 施工质量控制

(1)导墙施工。沿地下连续墙纵面轴线位置设置,导墙净距比成槽机大3~4 cm,要求位置正确、两侧回填密实。

(2)挖槽。多头钻采用钢丝绳悬吊到成槽部位,旋转切削土体成槽。掘削的泥土混在泥浆中以反循环方式排出槽外,一次下钻形成有效长为1.6~2.0 m的长端圆形掘削深槽,排泥采用附在钻机上的潜水砂石泵或地面的空气压缩机,不断将吸泥管内的泥浆排出。下钻应使吊索处于紧张状态,使其保持适当钻压垂直成槽。钻速应与排渣能力相适应,保持钻速均匀。

(3)护壁。常采用泥浆护壁,泥浆预先在槽外制作,储存在泥浆池内备用;在黏土或粉质黏土(塑性指数大于10)层中也可利用成槽机挖掘土体旋转切削土体自造泥浆或仅掺少量火碱或膨润土护壁。排出的泥渣,过振动筛分离后循环使用,泥浆分离有自然沉淀和机械分离两种,泥浆循环有正循环和反循环两种。多头钻成槽,砂石泵潜入泥浆前用正循环,潜入后用反循环。挖槽宜按顺序连续施钻,成槽垂直度要求小于$H/200$(H为槽深)。

(4)清孔。成槽达到要求深度后,放入导管压入清水,不断将孔底水泥浆稀释,自流或吸入排出,至泥浆密度在1.1~1.2以下为止。

(5)钢筋笼加工。钢筋笼一般在地面平卧组装,钢箍与通长主筋点焊定位,要求平整度偏差在5 cm内,对较宽尺寸的钢筋笼应增加直径25 mm的水平筋和剪刀拉条组成桁架,同时,在主筋上每隔150 mm两面对称设置定位耳环,保持主筋保护层厚度不小于7~8 cm。

(6)钢筋笼吊放。对长度小于15 m的钢筋笼,可用吊车整体吊放,先六点水平吊起,再升起钢筋笼上口的钢扁担将钢筋笼吊直;对超过15 m的钢筋笼,须分两段吊放,在槽口上加帮条焊接,放到设计标高后,用横担搁在导墙上,进行混凝土浇灌。

(7)安接头管。槽段接头使用最多的为半圆形接头,混凝土浇灌前在槽接缝一端安圆形接头管,管外径等于槽段宽,待混凝土浇灌后逐渐拔出接头管,即在端部形成月牙形接头面。

(8)混凝土浇灌。采用导管法在水中灌注混凝土,工艺方法与泥浆护壁灌注桩方法相同,槽段长5 m以下采用单根导管,槽段长5 m以上用两根导管,管间距不宜大于3 m,导管距槽端部不宜大于1.5 m。

(9)拔接头管。接头管上拔方法通常采用两台50(或75、100)t、冲程100 cm以上的液压千斤顶顶升装置,或用吊车、卷扬机吊拔。

2. 施工质量验收

地下连续墙质量验收应符合表2-39的规定。

表 2-39　地下连续墙质量验收标准

项目	序	检查项目		允许偏差或允许值		检查方法
				单位	数值	
主控项目	1	墙体强度		设计要求		查试件记录或取芯试压
	2	垂直度：永久结构 临时结构			1/300 1/150	测声波测槽仪或成槽机上的监测系统
一般项目	1	导墙尺寸	宽度 墙面平整度 导墙平面位置	mm mm mm	$W+40$ <5 ±10	用钢尺量，W 为地下墙设计厚度 用钢尺量 用钢尺量
	2	沉渣厚度：永久结构 临时结构		mm mm	≤100 ≤200	重锤测或沉积物测定仪测
	3	槽深		mm	+100	重锤测
	4	混凝土坍落度		mm	180～220	坍落度测定器
	5	钢筋笼尺寸		见表 2-25		见表 2-25
	6	地下墙表面平整度	永久结构 临时结构 插入式结构	mm mm mm	<100 <150 <20	此为均匀黏土层，松散及易坍土层由设计决定
	7	永久结构时的预埋件位置	水平向 垂直向	mm mm	≤10 ≤20	用钢尺量 水准仪

3. 质量通病及防治措施

（1）槽底沉渣厚度超标。

1）质量通病。槽段清孔后，槽底积存沉渣超过规范允许厚度，从而导致承载力降低。

2）防治措施。

①遇杂填土及各种软弱土层，成槽后应加强清渣工作。除在成孔后清渣外，在下钢筋笼后、浇筑混凝土前还应再测定一次槽底沉渣和沉淀物，如不合格，应再清一次渣，使沉渣厚度控制在 100 mm 以内，槽底 100 mm 处的泥浆密度不大于 1.2 t/m³ 为合格。

②保护好槽孔。运输材料、吊钢筋笼、浇筑混凝土等作业，应防止扰动槽口土和碰撞槽壁土掉入槽孔内。

③清槽后，尽可能缩短吊放钢筋笼和浇筑混凝土的间隔时间，防止槽壁受各种因素影响而剥落掉泥沉积。

（2）墙体疏松，混凝土强度达不到要求。

1）质量通病。墙体表面疏松、剥落，混凝土强度较低，达不到设计要求。

2）防治措施。

①采用导管法水中浇筑混凝土，要精心操作，并采取有效的措施，防止泥浆混入混凝土内。

②严格、认真地选用混凝土配合比，做到级配优良、砂率合适，坍落度、流动性符合要求。

③应选用活性高、新鲜无结块的水泥，过期受潮水泥应经试验合格后方可使用。

④对槽壁土质松软有流动水的槽段，应加快浇筑速度，混凝土中掺加絮凝剂，避免混凝土受到冲刷污染，降低强度而造成疏松剥落。

⑤对墙体表面出现疏松剥落、强度降低的情况，如一面挖出的墙，应采取加固处理；不能挖出的墙，采用压浆法加固。

六、沉井与沉箱

沉井是一种利用人工或机械方法清除井内土石，并借助自重或填加压重等措施克服井壁摩阻力逐节下沉至设计标高，再浇筑混凝土封底(大多还填塞井孔或加做井盖)，并成为建筑物的基础的井筒状构造物。沉箱是深基础的一种，多用于码头、防波堤。它是一种有底的箱型结构，内部设置隔板，可在水中漂浮，可通过调节箱内压载水控制沉箱下沉或漂浮。

1. 施工质量控制

(1)制作沉井时，承垫木或砂垫层的采用，与沉井的结构情况、地质条件、制作高度等有关。无论采用何种形式，均应有沉井制作时的稳定计算及措施。

(2)多次制作和下沉的沉井(箱)，在每次制作接高时，应对下卧层作稳定复核计算，并确保沉井接高的稳定措施。

(3)沉井采用排水封底，应确保终沉时井内不发生管涌、涌土及沉井下沉稳定。如不能保证时，应采用水下封底。

(4)沉井施工除应符合《建筑地基基础工程施工质量验收规范》(GB 50202—2002)的规定外，还应符合现行国家标准《混凝土结构工程施工质量验收规范》(GB 50204—2015)及《地下防水工程施工质量验收规范》(GB 50208—2011)的规定。

(5)沉井(箱)在施工前应对钢筋、电焊条及焊接成形的钢筋半成品进行检验。如不用商品混凝土，则应对现场的水泥、集料做检验。

(6)混凝土浇筑前应对模板尺寸、预埋件位置、模板的密封性进行检验。拆模后应检查浇筑质量(外观及强度)，符合要求后方可下沉。浮运沉井还需做起浮可能性检查。下沉过程中应对下沉偏差做过程控制检查。下沉后的接高应对地基强度、沉井的稳定做检查。封底结束后，应对底板的结构(有无裂缝)及渗漏做检查。有关渗漏验收标准应符合现行国家标准《地下防水工程施工质量验收规范》(GB 50208—2011)的规定。

2. 施工质量验收

沉井(箱)的质量验收应符合表 2-40 的规定。

表 2-40 沉井(箱)的质量验收标准

项目	序	检查项目	允许偏差或允许值		检查方法
			单位	数值	
主控项目	1	混凝土强度	满足设计要求(下沉前必须达到70%设计强度)		查试件记录或抽样送检
	2	封底前，沉井(箱)的下沉稳定	mm/8 h	<10	水准仪
	3	封底结束后的位置： 刃脚平均标高(与设计标高比) 刃脚平面中心线位移 四角中任何两角的底面高差	 mm	 <100 <1%H <1%l	水准仪； 经纬仪，H 为下沉总深度，H<10 m 时，控制在 100 mm 之内； 水准仪，l 为两角的距离，但不超过 300 mm，l<10 m 时，控制在 100 mm 之内
一般项目	1	钢材、对接钢筋、水泥、集料等原材料检查	符合设计要求		查出厂质保书或抽样送检
	2	结构体外观	无裂缝，无蜂窝、空洞，不露筋		直观

项	序	检查项目		允许偏差或允许值		检查方法
				单位	数值	
一般项目	3	平面尺寸：长与宽		%	±0.5	用钢尺量，最大控制在 100 mm 之内；
		曲线部分半径		%	±0.5	用钢尺量，最大控制在 50 mm 之内；
		两对角线差		%	1.0	用钢尺量；
		预埋件		mm	20	用钢尺量
	4	下沉过程中的偏差	高差	%	1.5～2.0	水准仪，但最大不超过 1 m
			平面轴线		<1.5%H	经纬仪，H 为下沉总深度，最大应控制在 300 mm 之内，此数值不包括高差引起的中线位移
	5	封底混凝土坍落度		cm	18～22	坍落度测定器

注：主控项目 3 的三项偏差可同时存在，下沉深度是指下沉前后刃脚之高差。

3. 质量通病及防治措施

(1)沉井(箱)出现超沉或欠沉。

1)质量通病。沉井下沉完毕后，刃脚平均标高大大超过或低于设计深度，相应沉井预留孔洞及预埋铁件的标高也大大超过规范允许的偏差范围，给施工造成困难。

2)防治措施。

①在井壁底梁交接处，设砖砌制动台，在其上面铺方木，使梁底压在方木上，以防过大下沉。

②沉井下沉至距设计标高 0.1 m 时，停止挖土和井内抽水，使其完全靠自重下沉至设计标高或接近设计标高。

③采取减小或平衡动水压力和使动水压力向下的措施，以避免发生流砂现象。

④沉井下沉趋于稳定(8 h 的累计下沉量不大于 10 mm 时)后方可进行封底。

(2)水下浇筑沉井(箱)底板时，导管进水。

1)质量通病。导管进水后，混凝土不能顺利排出导管，且混凝土内掺有泥水，水下浇筑混凝土条件被破坏。

2)防治措施。

①初灌漏斗的容量要经过计算，保证第一斗混凝土灌入后导管底端能埋入混凝土中 0.8～1.3 m。

②导管内的阻水装置用橡胶球、混凝土塞、木球等；宜设于第一节法兰以下 5 m 处，初灌后球排出管外，保证在导管下筑成小堆，把导管埋入混凝土内，创造水下混凝土浇筑条件。

③浇筑过程导管下端应埋入混凝土中 1.0～1.5 m。

④混凝土平均升高速度不小于 0.25 m/h。

⑤水下混凝土每浇灌 10 m³，做两组试块，其中一组 1 d 后拆模，放到水下进行同等条件养护；另一组置于标准养护室养护，水下混凝土封底达到设计强度后，才准从井内抽水。

七、降水与排水

降水与排水是配合基坑开挖的安全措施，施工前应有降水与排水设计。

1. 施工质量控制

(1)降水与排水是配合基坑开挖的安全措施，施工前应有降水与排水设计。当在基坑外降水时，应有降水范围的估算，对重要建筑物或公共设施在降水过程中应监测。

(2)对不同的土质应用不同的降水形式，表2-41所列为常用的降水类型及适用条件。

表2-41　常用的降水类型及适用条件

适用条件 降水类型	渗透系数/(cm·s^{-1})	可滤降低的水位深度/m
轻型井点 多级轻型井点	$10^{-2} \sim 10^{-5}$	$3 \sim 6$ $5 \sim 12$
喷射井点	$10^{-3} \sim 10^{-5}$	$8 \sim 20$
电渗井点	$< 10^{-5}$	宜配合其他形式降水使用
深井井点	$\geqslant 10^{-5}$	> 10

(3)降水系统施工完后，应试运转，如发现井管失效，应采取措施使其恢复正常，如无可能恢复则应报废，另行设置新的井管。

(4)降水系统运转过程中应随时检查观测孔中的水位。

(5)基坑内明排水应设置排水沟及集水井，排水沟纵坡宜控制在1‰～2‰。

2. 施工质量验收

降水与排水施工的质量验收应符合表2-42的规定。

表2-42　降水与排水施工质量验收标准

序号	检查项目	允许偏差或允许值		检查方法
		单位	数值	
1	排水沟坡度	‰	1～2	目测：坑内不积水，沟内排水畅通
2	井管(点)垂直度	%	1	插管时目测
3	井管(点)间距(与设计相比)	%	≤150	用钢尺量
4	井管(点)插入深度(与设计相比)	mm	≤200	水准仪
5	过滤砂砾料填灌(与计算值相比)	mm	≤5	检查回填料用量
6	井点真空度：轻型井点 喷射井点	kPa kPa	>60 >93	真空度表 真空度表
7	电渗井点阴阳极距离：轻型井点 喷射井点	mm mm	80～100 120～150	用钢尺量 用钢尺量

3. 质量通病及防治措施

(1)质量通病。在基坑外侧的降低地下水水位影响范围内，地基土产生不均匀沉降，导致受其影响的邻近建筑物和市政设施发生不均匀沉降，引起不同程度的倾斜、裂缝，甚至断裂、倒塌。

(2)防治措施。

1)降水前，应考虑到水位降低区域内的建筑物(包括市政地下管线等)可能产生的沉降和水平位移或供水井水位下降。在施工前，必须了解邻近建筑物或构筑物的原有结构、地基与基础的详细情况，如影响使用和安全时，应会同有关单位采取措施进行处理。

2)在降水期间，应定期对基坑外地面、邻近建筑物或构筑物、地下管线进行沉陷观测。

3)基础降水工程施工前，应根据工程特点、工程地质与水文地质条件、附近建筑物和构筑物的详细调查情况等，合理选择降水方法、降水设备和降水深度，并应依照施工组织设计的要求组织施工。

4)尽可能地缩短基坑开挖、地基与基础工程施工的时间，加快施工进度，并尽快地进行回填土作业，以缩短降水的时间。在可能的条件下，施工安排在地下水水位较低或枯水的季节更佳，可以减少降水的深度和抽水量。

5)滤管、滤料和滤层的厚度等均应按规定设置，以保证地下水在滤层内的水流速度较大，过水量较多，又可以防止泥砂随水流入井管。

抽出的地下水含泥量应符合规定，如发现水质浑浊，应分析原因，及时处理。

6)在基坑附近有建筑物或构筑物和市政管线的一侧做防水帷幕；防水帷幕可采用地下连续墙、深层搅拌桩等方法。降水井点设在基坑内一侧，以减少降水对外侧地基土的影响。

7)采用降水与回灌技术相结合的工艺，即在需要保护的建筑物或构筑物与降水井点之间埋设回灌井点或回灌砂井、回灌砂沟等，通过现场注水试验确定回灌井点、回灌砂井的数量。一般情况下，回灌井点、回灌砂井的数量、深度与降水井点相同。

第五节　地下防水工程

地下防水工程是指对房屋建筑、防护工程、市政隧道、地下铁道等地下工程进行防水设计、防水施工和维护管理等各项技术工作的工程实体。

一、主体结构防水工程

(一)防水混凝土工程

防水混凝土适用于抗渗等级不低于 P6 的地下混凝土结构，不适用于环境温度高于 80 ℃的地下工程。

1. 施工质量控制

(1)水泥的选择应符合下列规定：

1)宜采用普通硅酸盐水泥或硅酸盐水泥，采用其他品种水泥时应经试验确定。

2)在受侵蚀性介质作用时，应按介质的性质选用相应的水泥品种。

3)不得使用过期或受潮结块的水泥，并不得将不同品种或强度等级的水泥混合使用。

(2)砂、石的选择应符合下列规定：

1)砂宜选用中粗砂，含泥量不应大于 3.0%，泥块含量不宜大于 1.0%。

2)不宜使用海砂；在没有使用河砂的条件时，应对海砂进行处理后才能使用，而且控制氯离子含量不得大于 0.06%。

3)碎石或卵石的粒径宜为 5~40 mm，含泥量不应大于 1.0%，泥块含量不应大于 0.5%。

4)对长期处于潮湿环境的重要结构混凝土用砂、石，应进行碱活性检验。

(3)矿物掺合料的选择应符合下列规定：

1)粉煤灰的级别不应低于 Ⅱ级，烧失量不应大于 5%。

2)硅粉的比表面积不应小于 15 000 m^2/kg，SiO_2 含量不应小于 85%。

3)粒化高炉矿渣粉的品质要求应符合现行国家标准《用于水泥和混凝土中的粒化高炉矿渣粉》(GB/T 18046—2008)的有关规定。

(4)混凝土拌和用水，应符合现行行业标准《混凝土用水标准》(JGJ 63—2006)的有关规定。

(5)外加剂的选择应符合下列规定：

1)外加剂的品种和用量应经试验确定，所用外加剂应符合现行国家标准《混凝土外加剂应用技术规范》(GB 50119—2013)的质量规定。

2)掺加引气剂或引气型减水剂的混凝土，其含气量宜控制在3%～5%。

3)考虑外加剂对硬化混凝土收缩性能的影响。

4)严禁使用对人体产生危害、对环境产生污染的外加剂。

(6)防水混凝土的配合比应经试验确定，并应符合下列规定：

1)试配要求的抗渗水压值应比设计值提高0.2 MPa。

2)混凝土胶凝材料总量不宜小于320 kg/m³，其中水泥用量不宜小于260 kg/m³，粉煤灰掺量宜为胶凝材料总量的20%～30%，硅粉的掺量宜为胶凝材料总量的2%～5%。

3)水胶比不得大于0.50，有侵蚀性介质时水胶比不宜大于0.45。

4)砂率宜为35%～40%，泵送时可增至45%。

5)灰砂比宜为1∶1.5～1∶2.5。

6)混凝土拌合物的氯离子含量不应超过胶凝材料总量的0.1%，混凝土中各类材料的总碱量即Na_2O当量不得大于3 kg/m³。

(7)防水混凝土采用预拌混凝土时，入泵坍落度宜控制在120～160 mm，坍落度每小时损失不应大于20 mm，坍落度总损失值不应大于40 mm。

(8)混凝土拌制和浇筑过程控制应符合下列规定：

1)拌制混凝土所用材料的品种、规格和用量，每工作班检查不应少于两次。每盘混凝土组成材料计量结果的允许偏差应符合表2-43的规定。

表 2-43 混凝土组成材料计量结果的允许偏差 %

混凝土组成材料	每盘计量	累计计量
水泥、掺合料	±2	±1
粗、细集料	±3	±2
水、外加剂	±2	±1

注：累计计量仅适用于计算机控制计量的搅拌站。

2)混凝土在浇筑地点的坍落度，每工作班至少检查两次，坍落度试验应符合现行国家标准《普通混凝土拌合物性能试验方法标准》(GB/T 50080—2016)的有关规定。混凝土坍落度允许偏差应符合表2-44的规定。

表 2-44 混凝土坍落度允许偏差 mm

规定坍落度	允许偏差
≤40	±10
50～90	±15
>90	±20

3)泵送混凝土在交货地点的入泵坍落度，每工作班至少检查两次。混凝土入泵时的坍落度允许偏差应符合表2-45的规定。

表 2-45 混凝土入泵时的坍落度允许偏差 mm

所需坍落度	允许偏差
≤100	±20
>100	±30

4)当防水混凝土拌合物在运输后出现离析时,必须进行二次搅拌。当坍落度损失后不能满足施工要求时,应加入原水胶比的水泥浆或掺加同品种的减水剂进行搅拌,严禁直接加水。

(9)防水混凝土抗压强度试件,应在混凝土浇筑地点随机取样后制作,并应符合下列规定:

1)同一工程、同一配合比的混凝土,取样频率与试件留置组数应符合现行国家标准《混凝土结构工程施工质量验收规范》(GB 50204—2015)的有关规定。

2)抗压强度试验应符合现行国家标准《普通混凝土力学性能试验方法标准》(GB/T 50081—2002)的有关规定。

3)结构构件的混凝土强度评定应符合现行国家标准《混凝土强度检验评定标准》(GB/T 50107—2010)的有关规定。

(10)防水混凝土抗渗性能应采用标准条件下养护混凝土抗渗试件的试验结果评定,试件应在混凝土浇筑地点随机取样后制作,并应符合下列规定:

1)连续浇筑混凝土每 500 m³ 应留置一组 6 个抗渗试件,且每项工程不得少于两组;采用预拌混凝土的抗渗试件,留置组数应视结构的规模和要求而定。

2)抗渗性能试验应符合现行国家标准《普通混凝土长期性能和耐久性能试验方法标准》(GB/T 50082—2009)的有关规定。

(11)大体积防水混凝土的施工应采取材料选择、温度控制、保温保湿等技术措施。在设计许可的情况下,掺粉煤灰混凝土设计强度等级的龄期宜为 60 d 或 90 d。

(12)防水混凝土分项工程检验批的抽样检验数量,应按混凝土外露面积每 100 m² 抽查 1 处,每处 10 m² 且不得少于 3 处。

2. 施工质量验收

【主控项目】

(1)防水混凝土的原材料、配合比及坍落度必须符合设计要求。

检验方法:检查产品合格证、产品性能检测报告、计量措施和材料进场检验报告。

(2)防水混凝土的抗压强度和抗渗性能必须符合设计要求。

检验方法:检查混凝土抗压强度、抗渗性能检验报告。

(3)防水混凝土结构的施工缝、变形缝、后浇带、穿墙管、埋设件等设置和构造必须符合设计要求。

检验方法:观察检查和检查隐蔽工程验收记录。

【一般项目】

(1)防水混凝土结构表面应坚实、平整,不得有露筋、蜂窝等缺陷;埋设件位置应准确。

检验方法:观察检查。

(2)防水混凝土结构表面的裂缝宽度不应大于 0.2 mm,且不得贯通。

检验方法:用刻度放大镜检查。

(3)防水混凝土结构厚度不应小于 250 mm,其允许偏差应为 +8 mm、-5 mm;主体结构迎水面钢筋保护层厚度不应小于 50 mm,其允许偏差应为 ±5 mm。

检验方法:尺量检查和检查隐蔽工程验收记录。

3. 质量通病及防治措施

(1)质量通病。防水混凝土厚度小(不足 250 mm),其透水通路短,地下水易从防水混凝土中通过。当混凝土内部的阻力小于外部水压时,混凝土就会发生渗漏。

(2)防治措施。防水混凝土除了混凝土密实性好、开放孔少、孔隙率小以外,还必须具有一定厚度,以延长混凝土的透水通路,加大混凝土的阻水截面,使混凝土的蒸发量小于地下水的渗水量,混凝土则不会发生渗漏;综合考虑现场施工的不利条件及钢筋的引水作用等诸因素,防水混凝土结构的最小厚度必须大于 250 mm，才能抵抗地下压力水的渗透作用。

(二)水泥砂浆防水层施工

水泥砂浆防水层适用于地下工程主体结构的迎水面或背水面。不适用于受持续振动或环境温度高于 80 ℃的地下工程。

1. 施工质量控制

(1)水泥砂浆防水层应采用聚合物水泥防水砂浆、掺外加剂或掺合料的防水砂浆。

(2)水泥砂浆防水层所用的材料应符合下列规定：

1)水泥应使用普通硅酸盐水泥、硅酸盐水泥或特种水泥，不得使用过期或受潮结块的水泥。

2)砂宜采用中砂，含泥量不应大于 1.0%，硫化物及硫酸盐含量不应大于 1.0%。

3)用于拌制水泥砂浆的水，应采用不含有害物质的洁净水。

4)聚合物乳液的外观为均匀液体，无杂质、无沉淀、不分层。

5)外加剂的技术性能应符合现行国家或行业有关标准的质量要求。

(3)水泥砂浆防水层的基层质量应符合下列规定：

1)基层表面应平整、坚实、清洁，并应充分湿润、无明水。

2)基层表面的孔洞、缝隙，应采用与防水层相同的水泥砂浆堵塞并抹平。

3)施工前应将埋设件、穿墙管预留凹槽内嵌填密封材料后，再进行水泥砂浆防水层施工。

(4)水泥砂浆防水层施工应符合下列规定：

1)水泥砂浆的配制，应按所掺材料的技术要求准确计量。

2)分层铺抹或喷涂，铺抹时应压实、抹平，最后一层表面应提浆压光。

3)防水层各层应紧密黏合，每层宜连续施工；必须留设施工缝时，应采用阶梯坡形槎，但与阴阳角处的距离不得小于 200 mm。

4)水泥砂浆终凝后应及时进行养护，养护温度不宜低于 5 ℃并应保持砂浆表面湿润，养护时间不得少于 14 d；聚合物水泥防水砂浆未达到硬化状态时，不得浇水养护或直接受雨水冲刷，硬化后应采用干、湿交替的养护方法。潮湿环境中，可在自然条件下养护。

(5)水泥砂浆防水层分项工程检验批的抽样检验数量，应按施工面积每 100 m² 抽查 1 处，每处 10 m² 且不得少于 3 处。

2. 施工质量验收

【主控项目】

(1)防水砂浆的原材料及配合比必须符合设计规定。

检验方法：检查产品合格证、产品性能检测报告、计量措施和材料进场检验报告。

(2)防水砂浆的粘结强度和抗渗性能必须符合设计规定。

检验方法：检查砂浆粘结强度、抗渗性能检验报告。

(3)水泥砂浆防水层与基层之间应结合牢固，无空鼓现象。

检验方法：观察和用小锤轻击检查。

【一般项目】

(1)水泥砂浆防水层表面应密实、平整，不得有裂纹、起砂、麻面等缺陷。

检验方法：观察检查。

(2)水泥砂浆防水层施工缝留槎位置应正确，接槎应按层次顺序操作，层层搭接紧密。

检验方法：观察检查和检查隐蔽工程验收记录。

(3)水泥砂浆防水层的平均厚度应符合设计要求，最小厚度不得小于设计厚度的 85%。

检验方法：用针测法检查。

（4）水泥砂浆防水层表面平整度的允许偏差应为 5 mm。

检验方法：用 2 m 靠尺和楔形塞尺检查。

3. 质量通病及防治措施

（1）质量通病。水泥砂浆防水层每层厚度仅 2～5 mm，三层素灰（水泥浆）、二层水泥砂浆总厚度才 18～20 mm，水泥砂浆防水层施工前，基层不做抹平，转角不做成圆弧形，每层抹压薄厚不均匀，会产生不等量收缩，造成整体防水效果差。

（2）防治措施。结构层清理润湿后，用配合比水泥：砂子（中砂）：水：防水浆＝1：2.5：0.6：0.03 的质量比抹好一层防水砂浆，平面要抹平，阳角抹成 10 mm 圆角，阴角抹成 50 mm 圆弧。

（三）卷材防水层施工

卷材防水层适用于受侵蚀性介质作用或受震动作用的地下工程；卷材防水层应铺设在主体结构的迎水面。

1. 施工质量控制

（1）卷材防水层应采用高聚物改性沥青类防水卷材和合成高分子类防水卷材。所选用的基层处理剂、胶粘剂、密封材料等均应与铺贴的卷材相匹配。

（2）在进场材料检验的同时，防水卷材接缝粘结质量检验应按《地下防水工程质量验收规范》（GB 50208—2011）附录 D 执行。

（3）铺贴防水卷材前，基面应干净、干燥并涂刷基层处理剂；当基面潮湿时，应涂刷湿固化型胶粘剂或潮湿界面隔离剂。

（4）基层阴阳角应做成圆弧或 45°坡角，其尺寸应根据卷材品种确定；在转角处、变形缝、施工缝、穿墙管等部位应铺贴卷材加强层，加强层宽度不应小于 500 mm。

（5）防水卷材的搭接宽度应符合表 2-46 的要求。铺贴双层卷材时，上、下两层和相邻两幅卷材的接缝应错开 1/3～1/2 幅宽，且两层卷材不得相互垂直铺贴。

表 2-46　防水卷材的搭接宽度

卷材品种	搭接宽度/mm
弹性体改性沥青防水卷材	100
改性沥青聚乙烯胎防水卷材	100
自粘聚合物改性沥青防水卷材	80
三元乙丙橡胶防水卷材	100/60（胶粘剂/胶粘带）
聚氯乙烯防水卷材	60/80（单焊缝/双焊缝）
	100（胶粘剂）
聚乙烯丙纶复合防水卷材	100（粘结料）
高分子自粘胶膜防水卷材	70/80（自粘胶/胶粘带）

（6）冷粘法铺贴卷材应符合下列规定：

1）胶粘剂应涂刷均匀，不得露底、堆积。

2）根据胶粘剂的性能，应控制胶粘剂涂刷与卷材铺贴的间隔时间。

3）铺贴时不得用力拉伸卷材，排除卷材下面的空气，辊压粘贴牢固。

4）铺贴卷材应平整、顺直，搭接尺寸准确，不得扭曲、皱褶。

5）卷材接缝部位应采用专用胶粘剂或胶粘带满粘，接缝口应用密封材料封严，其宽度不应小于 10 mm。

(7)热熔法铺贴卷材应符合下列规定：

1)火焰加热器加热卷材应均匀，不得加热不足或烧穿卷材。

2)卷材表面热熔后应立即滚铺，排除卷材下面的空气并粘贴牢固。

3)铺贴卷材应平整、顺直，搭接尺寸准确，不得扭曲、皱褶。

4)卷材接缝部位应溢出热熔的改性沥青胶料并粘贴牢固，封闭严密。

(8)自粘法铺贴卷材应符合下列规定：

1)铺贴卷材时，应将有黏性的一面朝向主体结构。

2)外墙、顶板铺贴时，排除卷材下面的空气，辊压粘贴牢固。

3)铺贴卷材应平整、顺直，搭接尺寸准确，不得扭曲、皱褶和起泡。

4)立面卷材铺贴完成后，应将卷材端头固定并用密封材料封严。

5)低温施工时，宜对卷材和基面采用热风适当加热，然后铺贴卷材。

(9)卷材接缝采用焊接法施工应符合下列规定：

1)焊接前卷材应铺放平整，搭接尺寸准确，焊接缝的结合面应清扫干净。

2)焊接时应先焊长边搭接缝，后焊短边搭接缝。

3)控制热风加热温度和时间，焊接处不得漏焊、跳焊或焊接不牢。

4)焊接时不得损害非焊接部位的卷材。

(10)铺贴聚乙烯丙纶复合防水卷材应符合下列规定：

1)应采用配套的聚合物水泥防水粘结材料。

2)卷材与基层粘贴应采用满粘法，粘结面积不应小于 90%，刮涂粘结料应均匀，不得露底、堆积、流淌。

3)固化后的粘结料厚度不应小于 1.3 mm。

4)卷材接缝部位应挤出粘结料，接缝表面处应涂刮 1.3 mm 厚 50 mm 宽聚合物水泥粘结料封边。

5)聚合物水泥粘结料固化前，不得在其上行走或进行后续作业。

(11)高分子自粘胶膜防水卷材宜采用预铺反粘法施工，并应符合下列规定：

1)卷材宜单层铺设。

2)在潮湿基面铺设时，基面应平整、坚固、无明水。

3)卷材长边应采用自粘边搭接，短边应采用胶粘带搭接，卷材端部搭接区应相互错开。

4)立面施工时，在自粘边位置距离卷材边缘 10～20 mm 内，每隔 400～600 mm 应进行机械固定，并应保证固定位置被卷材完全覆盖。

5)浇筑结构混凝土时，不得损伤防水层。

(12)卷材防水层完工并经验收合格后应及时做保护层。保护层应符合下列规定：

1)顶板的细石混凝土保护层与防水层之间宜设置隔离层。细石混凝土保护层厚度：机械回填时不宜小于 70 mm，人工回填时不宜小于 50 mm。

2)底板的细石混凝土保护层厚度不应小于 50 mm。

3)侧墙宜采用软质保护材料或铺抹 20 mm 厚 1∶2.5 水泥砂浆。

(13)卷材防水层分项工程检验批的抽样检验数量，应按铺贴面积每 100 m² 抽查 1 处，每处 10 m² 且不得少于 3 处。

2. 施工质量验收

【主控项目】

(1)卷材防水层所用卷材及其配套材料必须符合设计要求。

检验方法：检查产品合格证、产品性能检测报告和材料进场检验报告。

(2)卷材防水层在转角处、变形缝、施工缝、穿墙管等部位的做法必须符合设计要求。

检验方法：观察检查和检查隐蔽工程验收记录。

【一般项目】

(1)卷材防水层的搭接缝应粘贴或焊接牢固、密封严密，不得有扭曲、折皱、翘边和起泡等缺陷。

检验方法：观察检查。

(2)采用外防外贴法铺贴卷材防水层时，立面卷材接槎的搭接宽度，高聚物改性沥青类卷材应为 150 mm，合成高分子类卷材应为 100 mm，并且上层卷材应盖过下层卷材。

检验方法：观察和尺量检查。

(3)侧墙卷材防水层的保护层与防水层应结合紧密，保护层厚度应符合设计要求。

检验方法：观察和尺量检查。

(4)卷材搭接宽度的允许偏差应为 −10 mm。

检验方法：观察和尺量检查。

3. 质量通病及防治措施

(1)质量通病。如在潮湿基层上铺贴卷材防水层，卷材防水层与基层粘结困难，易产生空鼓现象，立面卷材还会下坠。

(2)防治措施。

1)为保证粘结质量，当主体结构基面潮湿时，应涂刷湿固化型胶粘剂或潮湿界面隔离剂，以不影响胶粘剂固化和封闭隔离湿气。

2)选用的基层处理剂必须与卷材及胶粘剂的材性相容，才能粘贴牢固。

3)基层处理剂可采取喷涂法或涂刷法施工，喷涂应均匀一致，不得露底，为确保其粘结质量，必须待表面干燥后方可铺贴防水卷材。

(四)涂料防水层施工

涂料防水层适用于受侵蚀性介质作用或受震动作用的地下工程；有机防水涂料宜用于主体结构的迎水面，无机防水涂料宜用于主体结构的迎水面或背水面。

1. 施工质量控制

(1)有机防水涂料应采用反应型、水乳型、聚合物水泥等涂料；无机防水涂料应采用掺外加剂、掺合料的水泥基防水涂料或水泥基渗透结晶型防水涂料。

(2)有机防水涂料基面应干燥。当基面较潮湿时，应涂刷湿固化型胶粘剂或潮湿界面隔离剂；无机防水涂料施工前，基面应充分润湿，但不得有明水。

(3)涂料防水层的施工应符合下列规定：

1)多组分涂料应按配合比准确计量，搅拌均匀，并应根据有效时间确定每次配制的用量。

2)涂料应分层涂刷或喷涂，涂层应均匀，涂刷应待前遍涂层干燥成膜后进行。每遍涂刷时应交替改变涂层的涂刷方向，同层涂膜的先后搭压宽度宜为 30～50 mm。

3)涂料防水层的甩槎处接槎宽度不应小于 100 mm，接涂前应将其甩槎表面处理干净。

4)采用有机防水涂料时，基层阴阳角处应做成圆弧；在转角处、变形缝、施工缝、穿墙管等部位，应增加胎体增强材料和增涂防水涂料，宽度不应小于 500 mm。

5)胎体增强材料的搭接宽度不应小于 100 mm。上、下两层和相邻两幅胎体的接缝应错开1/3 幅宽，而且上、下两层胎体不得相互垂直铺贴。

(4)涂料防水层完工并经验收合格后，应及时做保护层。

(5)涂料防水层分项工程检验批的抽样检验数量，应按涂层面积每 100 m² 抽查 1 处，每处 10 m² 且不得少于 3 处。

2. 施工质量验收

【主控项目】

(1)涂料防水层所用的材料及配合比必须符合设计要求。

检验方法：检查产品合格证、产品性能检测报告、计量措施和材料进场检验报告。

(2)涂料防水层的平均厚度应符合设计要求，最小厚度不得小于设计厚度的 90%。

检验方法：用针测法检查。

(3)涂料防水层在转角处、变形缝、施工缝、穿墙管等部位的做法必须符合设计要求。

检验方法：观察检查和检查隐蔽工程验收记录。

【一般项目】

(1)涂料防水层应与基层粘结牢固，涂刷均匀，不得流淌、鼓泡、露槎。

检验方法：观察检查。

(2)涂层间夹铺胎体增强材料时，应使防水涂料浸透胎体、覆盖完全，不得有胎体外露现象。

检验方法：观察检查。

(3)侧墙涂料防水层的保护层与防水层应结合紧密，保护层厚度应符合设计要求。

检验方法：观察检查。

3. 质量通病及防治措施

(1)质量通病。每遍涂层施工操作中很难避免出现小气孔、微细裂缝及凹凸不平等缺陷，加之涂料表面张力等影响，只涂刷一遍或两遍涂料，很难保证涂膜的完整性和涂膜防水层的厚度及其抗渗性能。

(2)防治措施。根据涂料不同类别确定不同的涂刷遍数。一般在涂膜防水施工前，必须根据设计要求的每 1 m² 涂料用量、涂膜厚度及涂料材性，事先试验确定每遍涂料的涂刷厚度以及每个涂层需要涂刷的遍数。溶剂型和反应型防水涂料最少需涂刷 3 遍；水乳型高分子涂料宜多遍涂刷，一般不得少于 6 遍。

(五)塑料板防水层施工

塑料防水板防水层适用于经常承受水压、侵蚀性介质或有振动作用的地下工程；塑料防水板宜铺设在复合式衬砌的初期支护与二次衬砌之间。

1. 施工质量控制

(1)塑料防水板防水层的基面应平整，无尖锐突出物，基面平整度 D/L 不应大于 1/6。

注：D 为初期支护基面相邻两凸面间凹进去的深度；L 为初期支护基面相邻两凸面间的距离。

(2)初期支护的渗漏水，应在塑料板防水层铺设前封堵或引排。

(3)塑料防水板的铺设应符合下列规定：

1)铺设塑料防水板前应先铺缓冲层，缓冲层应用暗钉圈固定在基面上；缓冲层搭接宽度不应小于 50 mm；铺设塑料防水板时，应边铺边用压焊机将塑料防水板与暗钉圈焊接。

2)两幅塑料防水板的搭接宽度不应小于 100 mm，下部塑料防水板应压住上部塑料防水板。接缝焊接时，塑料防水板的搭接层数不得超过 3 层。

3)塑料防水板的搭接缝应采用双焊缝，每条焊缝的有效宽度不应小于 10 mm。

4)塑料防水板铺设时宜设置分区预埋注浆系统。

5)分段设置塑料板防水层时，两端应采取封闭措施。

(4)塑料防水板的铺设应超前二次衬砌混凝土施工，超前距离宜为 5~20 m。

（5）塑料防水板应牢固地固定在基面上，固定点间距应根据基面平整情况确定，拱部宜为 0.5～0.8 m，边墙宜为 1.0～1.5 m，底部宜为 1.5～2.0 m；局部凹凸较大时，应在凹处加密固定点。

（6）塑料防水板防水层分项工程检验批的抽样检验数量，应按铺设面积每 100 m² 抽查 1 处，每处 10 m² 且不得少于 3 处。焊缝检验应按焊缝条数抽查 5%，每条焊缝为 1 处且不得少于 3 处。

2. 施工质量验收

【主控项目】

（1）塑料防水板及其配套材料必须符合设计要求。

检验方法：检查产品合格证、产品性能检测报告和材料进场检验报告。

（2）塑料防水板的搭接缝必须采用双缝热熔焊接，每条焊缝的有效宽度不应小于 10 mm。

检验方法：双焊缝间空腔内充气检查和尺量检查。

【一般项目】

（1）塑料防水板应采用无钉孔铺设，其固定点的间距应符合上述"1.（5）"的规定。

检验方法：观察和尺量检查。

（2）塑料防水板与暗钉圈应焊接牢靠，不得漏焊、假焊和焊穿。

检验方法：观察检查。

（3）塑料防水板的铺设应平顺，不得有下垂、绷紧和破损现象。

检验方法：观察检查。

（4）塑料防水板搭接宽度的允许偏差应为 −10 mm。

检验方法：尺量检查。

3. 质量通病及防治措施

（1）塑料防水板幅宽过小（小于 1 m）。

1）质量通病。塑料防水板幅宽小，搭接缝则大大增加。如 1 m 宽的防水板，其搭接缝将比 4 m 或 6 m 宽的防水板多出好几倍，从而增加了焊缝的长度和渗漏水的概率。

2）防治措施。限制防水板的幅宽，一般以 2～4 m 为宜，过宽的防水板虽然接缝减少了，但增加了质量，施工时铺设较困难。

（2）塑料防水板的搭接缝采用粘结法连接。

1）质量通病。塑料防水板多属难粘结的材料，且胶粘剂长期在地下工程中受到水的浸泡，某些性能可能发生变化而影响其粘结性能。

2）防治措施。塑料板防水层接缝较多，防水的关键取决于接缝密封的程度。国内多采用热压焊接法，它是将两片防水板搭接，通过焊嘴吹热风加热，使板的边缘部分达到熔融状态，然后用压辊加压，使两块板融为一体。

采用热压焊接时的参数为：两幅防水板的搭接宽度不应小于 100 mm，搭接缝应为热熔双焊缝，每条焊缝的有效焊接宽度不应小于 10 mm，焊接要严密，不得有漏焊、焊焦、焊穿。

（六）金属板防水层施工

金属防水板适用于抗渗性能要求较高的地下工程，金属板应铺设在主体结构迎水面。

1. 施工质量控制

（1）金属板防水层所采用的金属材料和保护材料应符合设计要求。金属板及其焊接材料的规格、外观质量和主要物理性能，应符合国家现行有关标准的规定。

（2）金属板的拼接及金属板与工程结构的锚固件连接应采用焊接。金属板的拼接焊缝应进行外观检查和无损检验。

(3)金属板表面有锈蚀、麻点或划痕等缺陷时，其深度不得大于该板材厚度的负偏差值。

(4)金属板防水层分项工程检验批的抽样检验数量，应按铺设面积每 10 m² 抽查 1 处，每处 1 m² 且不得少于 3 处。焊缝表面缺陷检验应按焊缝的条数抽查 5%，且不得少于 1 条焊缝；每条焊缝检查 1 处，总抽查数不得少于 10 处。

2. 施工质量验收

【主控项目】

(1)金属板和焊接材料必须符合设计要求。

检验方法：检查产品合格证、产品性能检测报告和材料进场检验报告。

(2)焊工应持有有效的执业资格证书。

检验方法：检查焊工执业资格证书和考核日期。

【一般项目】

(1)金属板表面不得有明显凹面和损伤。

检验方法：观察检查。

(2)焊缝不得有裂纹、未熔合、夹渣、焊瘤、咬边、烧穿、弧坑、针状气孔等缺陷。

检验方法：观察检查，使用放大镜、焊缝量规及钢尺检查，必要时采用渗透或磁粉探伤检查。

(3)焊缝的焊波应均匀，焊渣和飞溅物应清除干净；保护涂层不得有漏涂、脱皮和反锈现象。

检验方法：观察检查。

3. 质量通病及防治措施

(1)质量通病。在地下水压力作用下，金属板有可能发生变形或金属板锚固件被拉脱的现象，破坏金属板防水层的完整性，造成渗漏水隐患。

(2)防治措施。承受外部水压的金属板防水层的金属板厚度及固定金属板的锚固件的个数和截面，应符合设计要求或根据静水压力经计算确定。

固定钢板的锚固件的个数和截面，可根据静水压力的平衡条件按下式计算：

$$n = \frac{4KP}{\pi d^2 f_{st}}$$

式中　　n——每平方米防水钢板锚固件的个数（个）；

　　　　K——超载系数，对于水压取 1.1；

　　　　P——钢板防水层所承受的静水压力（kN/m²）；

　　　　d——锚固钢筋的直径（mm）；

　　　　f_{st}——锚固钢筋抗拉强度设计值（kN/m²）。

防水钢板的厚度，根据等强原则按下式计算：

$$t_n = 0.25 d \frac{f_{st}}{f}$$

式中　　t_n——防水钢板厚度（mm）；

　　　　f——防水钢板承受剪力时的强度，用 Q235 钢时，可取 $f = 100$ N/mm²。

钢板一般为 3~8 mm 厚，材质为 Q235 钢或 16Mn 钢板，连接均采用焊接，焊条的规格及材质应满足焊接质量要求。

(七)膨润土防水材料防水层施工

膨润土防水材料防水层适用于 pH 值为 4~10 的地下环境中；膨润土防水材料防水层应用于

地下工程主体结构的迎水面，防水层两侧应具有一定的夹持力。

1. 施工质量控制

（1）膨润土防水材料中的膨润土颗粒应采用钠基膨润土，不应采用钙基膨润土。

（2）膨润土防水材料防水层基面应坚实、清洁，不得有明水，基面平整度应符合相关规定；基层阴阳角应做成圆弧或坡角。

（3）膨润土防水毯的织布面和膨润土防水板的膨润土面均应与结构外表面密贴。

（4）膨润土防水材料应采用水泥钉和垫片固定；立面和斜面上的固定间距宜为 400～500 mm，平面上应在搭接缝处固定。

（5）膨润土防水材料的搭接宽度应大于 100 mm；搭接部位的固定间距宜为 200～300 mm，固定点与搭接边缘的距离宜为 25～30 mm，搭接处应涂抹膨润土密封膏。平面搭接缝处可干撒膨润土颗粒，其用量宜为 0.3～0.5 kg/m。

（6）膨润土防水材料的收口部位应采用金属压条和水泥钉固定，并用膨润土密封膏覆盖。

（7）转角处和变形缝、施工缝、后浇带等部位均应设置宽度不小于 500 mm 的加强层，加强层应设置在防水层与结构外表面之间。穿墙管件部位宜采用膨润土橡胶止水条、膨润土密封膏进行加强处理。

（8）膨润土防水材料分段铺设时，应采取临时遮挡防护措施。

（9）膨润土防水材料防水层分项工程检验批的抽样检验数量，应按铺设面积每 100 m² 抽查 1 处，每处 10 m² 且不得少于 3 处。

2. 施工质量验收

【主控项目】

（1）膨润土防水材料必须符合设计要求。

检验方法：检查产品合格证、产品性能检测报告和材料进场检验报告。

（2）膨润土防水材料防水层在转角处和变形缝、施工缝、后浇带、穿墙管等部位的做法必须符合设计要求。

检验方法：观察检查和检查隐蔽工程验收记录。

【一般项目】

（1）膨润土防水毯的织布面或防水板的膨润土面应朝向工程主体结构的迎水面。

检验方法：观察检查。

（2）立面或斜面铺设的膨润土防水材料应上层压住下层，防水层与基层、防水层与防水层之间应密贴，并应平整、无折皱。

检验方法：观察检查。

（3）膨润土防水材料的搭接和收口部位应符合《地下防水工程质量验收规范》（GB 50208—2011）第 4.7.5 条、第 4.7.6 条、第 4.7.7 条的规定。

检验方法：观察和尺量检查。

（4）膨润土防水材料搭接宽度的允许偏差应为 −10 mm。

检验方法：观察和尺量检查。

3. 质量通病及防治措施

（1）质量通病。防水层破损。

（2）防治措施：

1）首先按设计和规范要求处理好基面。

2）采取有效的保护措施。

二、细部构造防水工程

(一)施工缝防水施工

施工缝指的是在混凝土浇筑过程中，因设计要求或施工需要分段浇筑，而在先、后浇筑的混凝土之间所形成的接缝。

1. 施工质量控制

(1)浇筑混凝土的间歇时间如超过规定，则应按施工缝处理。

(2)已浇筑的混凝土，其抗压强度应不小于 1.2 MPa(混凝土强度等级达到 1.2 MPa 的时间可通过试件试验决定)。

(3)在已硬化的混凝土表面上，应清除水泥薄膜和松动的集料及软弱混凝土层，并加以充分湿润和冲洗干净，不得积水。

(4)在浇筑前，施工缝处宜先铺与混凝土成分相同的水泥砂浆一层。

(5)混凝土应细致捣实，使新旧混凝土紧密结合。

(6)混凝土从搅拌机中卸出到浇筑完毕的延续时间详见表 2-47。

表 2-47　混凝土从搅拌机中卸出到浇筑完毕的延续时间　　　　　　　min

混凝土强度等级	气温	
	不高于 25 ℃	高于 25 ℃
不高于 C30	120	90
高于 C30	90	60

2. 施工质量验收

【主控项目】

(1)施工缝用止水带、遇水膨胀止水条或止水胶、水泥基渗透结晶型防水涂料和预埋注浆管必须符合设计要求。

检验方法：检查产品合格证、产品性能检测报告和材料进场检验报告。

(2)施工缝防水构造必须符合设计要求。

检验方法：观察检查和检查隐蔽工程验收记录。

【一般项目】

(1)墙体水平施工缝应留设在高出底板表面不小于 300 mm 的墙体上。拱、板与墙结合的水平施工缝，宜留在拱、板与墙交接处以下 150～300 mm 处；垂直施工缝应避开地下水和裂隙水较多的地段，并宜与变形缝相结合。

检验方法：观察检查和检查隐蔽工程验收记录。

(2)在施工缝处继续浇筑混凝土时，已浇筑的混凝土抗压强度不应小于 1.2 MPa。

检验方法：观察检查和检查隐蔽工程验收记录。

(3)水平施工缝浇筑混凝土前，应将其表面浮浆和杂物清除干净，然后铺设净浆、涂刷混凝土界面处理剂或水泥基渗透结晶型防水涂料，再铺 30～50 mm 厚的 1∶1 水泥砂浆，并及时浇筑混凝土。

检验方法：观察检查和检查隐蔽工程验收记录。

(4)垂直施工缝浇筑混凝土前，应将其表面清理干净，再涂刷混凝土界面处理剂或水泥基渗透结晶型防水涂料，并及时浇筑混凝土。

检验方法：观察检查和检查隐蔽工程验收记录。

（5）中埋式止水带及外贴式止水带埋设位置应准确，固定应牢靠。

检验方法：观察检查和检查隐蔽工程验收记录。

（6）遇水膨胀止水条应具有缓膨胀性能；止水条与施工缝基面应密贴，中间不得有空鼓、脱离等现象；止水条应牢固地安装在缝表面或预留凹槽内；止水条采用搭接连接时，搭接宽度不得小于 30 mm。

检验方法：观察检查和检查隐蔽工程验收记录。

（7）遇水膨胀止水胶应采用专用注胶器挤出粘结在施工缝表面，并做到连续、均匀、饱满、无气泡和孔洞，挤出宽度及厚度应符合设计要求；止水胶挤出成形后，固化期内应采取临时保护措施；止水胶固化前不得浇筑混凝土。

检验方法：观察检查和检查隐蔽工程验收记录。

（8）预埋注浆管应设置在施工缝断面中部，注浆管与施工缝基面应密贴并固定牢靠，固定间距宜为 200～300 mm；注浆导管与注浆管的连接应牢固、严密，导管埋入混凝土内的部分应与结构钢筋绑扎牢固，导管的末端应临时封堵严密。

检验方法：观察检查和检查隐蔽工程验收记录。

3. 质量通病及防治措施

（1）质量通病。防水层留槎混乱、层次不清；甩槎长度不够，无法分层槎接，使素灰层不连续，有的没有按要求留斜坡阶梯形槎而留成直槎；接槎后，由于新槎收缩产生微裂缝而造成渗水、漏水。

（2）防治措施。

1）施工缝的留槎应符合下列规定：

①平面留槎采用阶梯坡形槎，接槎要依层次顺序操作，层层搭接紧密。接槎位置一般应留在地面上，也可留在墙面上，但需离开阴阳角处 200 mm（图 2-6）。在接槎部位继续施工时，需在阶梯形槎面上均匀涂刷水泥浆或抹素灰一道，使接头密实、不漏水。

②基础面与墙面防水层转角留槎如图 2-7 所示。

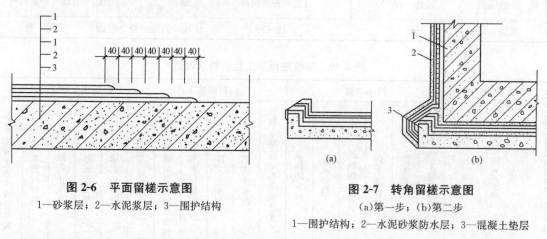

图 2-6　平面留槎示意图
1—砂浆层；2—水泥浆层；3—围护结构

图 2-7　转角留槎示意图
（a）第一步；（b）第二步
1—围护结构；2—水泥砂浆防水层；3—混凝土垫层

2）施工缝防水施工应符合下列要求：

①水平施工缝浇筑混凝土前，应将其表面浮浆和杂物清除，铺水泥砂浆或涂刷混凝土界面处理剂并及时浇筑混凝土。

②垂直施工缝浇筑混凝土前，应将其表面清理干净，涂刷混凝土界面处理剂并及时浇筑混凝土。

③施工缝采用遇水膨胀橡胶腻子止水条时，应将止水条牢固地安装在缝表面的预留槽内。

④施工缝采用中埋止水带时，应确保止水带位置准确、固定牢靠。

(二)变形缝施工

变形缝是伸缩缝、沉降缝和防震缝的总称。建筑物在外界因素作用下常会产生变形，导致开裂甚至破坏。

1. 施工质量控制

(1)用于伸缩的变形缝宜不设或少设，可根据不同的工程结构、类别及工程地质情况采用诱导缝、加强带、后浇带等代替。

(2)用于沉降的变形缝宽度宜为 20～30 mm，用于伸缩的变形缝宽度宜小于此值，变形缝处混凝土结构的厚度不应小于 300 mm，变形缝的防水措施可根据工程开挖方法、防水等级按表 2-48、表 2-49 选用。

表 2-48　明挖法地下工程的防水设防

工程部位		主体结构								施工缝							后浇带					变形缝、诱导缝					
防水措施		防水混凝土	防水卷材	防水涂料	塑料防水板	膨润土防水材料	防水砂浆	金属防水板		遇水膨胀止水条或止水胶	外贴式止水带	中埋式止水带	外抹防水砂浆	外涂防水涂料	水泥基渗透结晶型防水涂料	预埋注浆管	补偿收缩混凝土	外贴式止水带	预埋注浆管	遇水膨胀止水条或止水胶	防水密封材料	中埋式止水带	外贴式止水带	可卸式止水带	防水密封材料	外贴防水卷材	外涂防水涂料
防水等级	一级	应选	应选一种至两种							应选两种							应选	应选两种				应选	应选一种至二种				
	二级	应选	应选一种							应选一种至两种							应选	应选一种至两种				应选	应选一种至两种				
	三级	应选	宜选一种							宜选一种至两种							应选	宜选一种至两种				应选	宜选一种至两种				
	四级	宜选	—							宜选一种							应选	宜选一种				应选	宜选一种				

表 2-49　暗挖法地下工程的防水设防

工程部位		衬砌结构						内衬砌施工缝						内衬砌变形缝、诱导缝				
防水措施		防水混凝土	防水卷材	防水涂料	塑料防水板	防水砂浆	金属防水板	遇水膨胀止水条或止水胶	外贴式止水带	中埋式止水带	防水密封材料	水泥基渗透结晶型防水涂料	预埋注浆管	中埋式止水带	外贴式止水带	可卸式止水带	防水密封材料	遇水膨胀止水条或止水胶
防水等级	一级	必选	应选一种至两种					应选一种至两种					应选	应选一种至两种				
	二级	应选	应选一种					应选一种					应选	应选一种至两种				
	三级	宜选	宜选一种					宜选一种					应选	宜选一种				
	四级	宜选	宜选一种					宜选一种					应选	宜选一种				

(3)止水材料应变形能力强、防水性能好、耐久性高、与混凝土粘结牢固等。

(4)止水带埋设位置应准确,其中间空心圆环与变形缝的中心线应重合。

(5)嵌缝应先设置与嵌缝材料隔离的背衬材料并嵌填密实,与两侧粘结牢固。

2. 施工质量验收

【主控项目】

(1)变形缝用止水带、填缝材料和密封材料必须符合设计要求。

检验方法:检查产品合格证、产品性能检测报告和材料进场检验报告。

(2)变形缝防水构造必须符合设计要求。

检验方法:观察检查和检查隐蔽工程验收记录。

(3)中埋式止水带埋设位置应准确,其中间空心圆环与变形缝的中心线应重合。

检验方法:观察检查和检查隐蔽工程验收记录。

【一般项目】

(1)中埋式止水带的接缝应设在边墙较高位置上,不得设在结构转角处;接头宜采用热压焊接,接缝应平整、牢固,不得有裂口和脱胶现象。

检验方法:观察检查和检查隐蔽工程验收记录。

(2)中埋式止水带在转弯处应做成圆弧形;顶板、底板内止水带应安装成盆状,并宜采用专用钢筋套或扁钢固定。

检验方法:观察检查和检查隐蔽工程验收记录。

(3)外贴式止水带在变形缝与施工缝相交部位宜采用十字配件;外贴式止水带在变形缝转角部位宜采用直角配件。止水带埋设位置应准确,固定应牢靠并与固定止水带的基层密贴,不得出现空鼓、翘边等现象。

检验方法:观察检查和检查隐蔽工程验收记录。

(4)安设于结构内侧的可卸式止水带所需配件应一次配齐,转角处应做成 45°坡角并增加紧固件的数量。

检验方法:观察检查和检查隐蔽工程验收记录。

(5)嵌填密封材料的缝内两侧基面应平整、洁净、干燥,并应涂刷基层处理剂;嵌缝底部应设置背衬材料;密封材料嵌填应严密、连续、饱满,粘结牢固。

检验方法:观察检查和检查隐蔽工程验收记录。

(6)变形缝处表面粘贴卷材或涂刷涂料前,应在缝上设置隔离层和加强层。

检验方法:观察检查和检查隐蔽工程验收记录。

3. 质量通病及防治措施

(1)质量通病。变形缝处是防水的薄弱环节,特别是采用中埋式止水带时,止水带将此次的混凝土分为两部分,如混凝土截面过小,施工时不易振捣密实,会影响变形缝部位结构的整体强度和局部强度;当变形缝处不设嵌缝密封或不设外贴止水带时,地下水直接进入变形缝,它在混凝土中的渗透厚度就从止水带处算起,如止水带离结构混凝土面的距离过小,就会对变形缝的混凝土抵抗地下水渗透造成不利影响。

(2)防治措施。

1)设计变形缝位置的混凝土厚度应大于 300 mm,在结构厚度不足 300 mm 时,也必须在变形缝两侧各 500 mm 范围内局部加厚至 300 mm 以上。

2)采用中埋式止水带时,中埋式止水带离外侧混凝土面应不小于 150 mm。

(三)后浇带施工

后浇带是在建筑施工中为防止现浇钢筋混凝土结构由于自身收缩不均或沉降不均可能产生

的有害裂缝，按照设计或施工规范要求，在基础底板、墙、梁相应位置留设的临时施工缝。

1. 施工质量控制

(1)后浇带的混凝土施工，应在其两侧混凝土浇筑完毕并养护6周，待混凝土收缩变形基本稳定后再进行。

(2)高层建筑的后浇带应在结构顶板浇筑混凝土14 d后，再施工后浇带。

(3)浇筑前应将接缝处混凝土表面凿毛并清洗干净，保持湿润。

(4)浇筑的混凝土应优先选用补偿收缩的混凝土，其强度等级不得低于两侧混凝土的强度等级。

(5)施工期的温度应低于两侧混凝土施工时的温度，而且宜选择在气温较低的季节施工。

(6)浇筑后的混凝土养护时间不应少于4周。

2. 施工质量验收

【主控项目】

(1)后浇带用遇水膨胀止水条或止水胶、预埋注浆管、外贴式止水带必须符合设计要求。

检验方法：检查产品合格证、产品性能检测报告和材料进场检验报告。

(2)补偿收缩混凝土的原材料及配合比必须符合设计要求。

检验方法：检查产品合格证、产品性能检测报告、计量措施和材料进场检验报告。

(3)后浇带防水构造必须符合设计要求。

检验方法：观察检查和检查隐蔽工程验收记录。

(4)采用掺膨胀剂的补偿收缩混凝土，其抗压强度、抗渗性能和限制膨胀率必须符合设计要求。

检验方法：检查混凝土抗压强度、抗渗性能和水中养护14 d后的限制膨胀率检验报告。

【一般项目】

(1)补偿收缩混凝土浇筑前，后浇带部位和外贴式止水带应采取保护措施。

检验方法：观察检查。

(2)后浇带两侧的接缝表面应先清理干净，再涂刷混凝土界面处理剂或水泥基渗透结晶型防水涂料；后浇混凝土的浇筑时间应符合设计要求。

检验方法：观察检查和检查隐蔽工程验收记录。

(3)遇水膨胀止水条的施工应符合《地下防水工程质量验收规范》(GB 50208—2011)第5.1.8条的规定；遇水膨胀止水胶的施工应符合《地下防水工程质量验收规范》(GB 50208—2011)第5.1.9条的规定；预埋注浆管的施工应符合《地下防水工程质量验收规范》(GB 50208—2011)第5.1.10条的规定；外贴式止水带的施工应符合《地下防水工程质量验收规范》(GB 50208—2011)第5.2.6条的规定。

检验方法：观察检查和检查隐蔽工程验收记录。

(4)后浇带混凝土应一次浇筑，不得留设施工缝；混凝土浇筑后应及时养护，养护时间不得少于28 d。

检验方法：观察检查和检查隐蔽工程验收记录。

3. 质量通病及防治措施

(1)质量通病。开裂、渗漏。

(2)防治措施。

1)预留清理空间。为方便后期清理后浇带内垃圾，可在垫层浇筑时将后浇带内混凝土标高适当下移，并可在地梁侧面预留一定空间以保证人员进入，降低清理难度。

2)底板混凝土施工阶段，模板支设应采用快易收口网施工技术，该技术可减少蜂窝、麻面的生成，其收口孔眼在混凝土浇筑后可留设在表层而形成粗糙面，实现新旧混凝土间的良好粘结。

3)在混凝土浇筑时应结合厚度采取分层浇筑、分层振捣的措施，并控制振捣过程中振捣器距离模板间距和振捣时间，以免振捣过程中水泥浆流失严重。若后浇带内留设垂直施工缝，则该部分可采用钢钎进行捣实。

4)做好后浇带底板防水和墙体防水。

(四)穿墙管施工

穿墙管又称穿墙套管、防水套管、墙体预埋管。防水套管分为刚性防水套管和柔性防水套管两种。

1. 施工质量控制

(1)单管穿过柔性防水层。卷材防水层与穿过防水层的管道连接处，如预埋套管道带有法兰盘，粘贴宽度至少为 100 mm 并用夹板将卷材压紧。粘贴前应将金属配件表面的尘垢和铁锈清除干净，刷上沥青。夹紧卷材的压紧板或夹板下面应用软金属片、石棉纸板、再生胶油毡或沥青玻璃布油毡衬垫。

卷材防水层与穿过防水层的管道的连接处，如预埋套管无法兰盘时，应逐层增设卷材附加层。铺贴卷材前，必须将预埋套管上的铁锈、杂物清理干净。在第一层卷格铺贴后，随即铺贴一层圆环形及长条形卷材附加层，并用沥青麻丝缠牢，照此方法铺贴第二层及以后各层卷材和卷材附加层。最后一层卷材和卷材附加层做完后，应缠上沥青麻丝并涂上一层热沥青。穿墙管与套管之间封口可用铅捻口或石棉水泥打口。

(2)单管穿过刚性防水层。地下防水工程墙体和底板上所有的预埋管道及预埋件，必须在浇筑混凝土前按设计要求予以固定，并经检查合格后浇筑于混凝土内。单管穿过刚性防水层时，有两种处理方法：一种是固定法；另一种是预留孔法。一般使用预留孔法，其施工步骤如下：

1)浇灌混凝土时，按管道尺寸预留孔洞，并在孔洞四周预埋套管及止水法兰盘。

2)拆模后安装管道，待校正位置后，管道的出入口处用钢板封口，管道、钢板和预埋件间均焊牢，防止铁件和混凝土间产生缝隙。

3)在管道出口处钢板上开孔，灌热沥青玛琋脂，然后将孔口焊接封闭。

4)在浇灌混凝土前，按图示埋设带法兰的套管。

5)混凝土硬化后，将穿墙管插入预留孔，在填料隔板的迎水面管缝间填嵌柔性填料，在背水面一侧安装橡胶圈，然后套上支座压紧环。

6)均匀拧紧螺栓，使橡胶圈充分挤实。

穿墙管道预埋套管应设置止水环；止水环必须满焊严密。

(3)群管穿墙防水处理。

1)群管钢板封口。群管钢板封口的施工步骤如下：

①灌注混凝土时先预埋角钢。

②将封口钢板焊接在角钢上。

③将管道分别穿过封口钢板上的预留孔，并加焊管圈固定。

④向封口钢板的预留孔中灌注沥青玛琋脂，以填塞麻刀间的空隙。

2)群管金属箱封口。金属箱封口法，是在群管的出口处焊一金属箱，群管穿过金属箱时，群管间的空隙用沥青麻丝填塞或用沥青油膏灌实。其适用在电缆封口处。

3)群管集中放在管沟中穿墙。当管道比较集中时，单个处理每根管的穿墙会很复杂，这时可以将各种管道放在管沟中，做法与单管穿墙做法或与主体工程和连接通道间的变形缝做法相同。

2. 施工质量验收

【主控项目】

(1)穿墙管用遇水膨胀止水条和密封材料必须符合设计要求。

检验方法：检查产品合格证、产品性能检测报告和材料进场检验报告。

(2)穿墙管防水构造必须符合设计要求。

检验方法：观察检查和检查隐蔽工程验收记录。

【一般项目】

(1)固定式穿墙管应加焊止水环或环绕遇水膨胀止水圈，并做好防腐处理；穿墙管应在主体结构迎水面预留凹槽，槽内应用密封材料嵌填密实。

检验方法：观察检查和检查隐蔽工程验收记录。

(2)套管式穿墙管的套管与止水环及翼环应连续满焊，并做好防腐处理；套管内表面应清理干净，穿墙管与套管之间应用密封材料和橡胶密封圈进行密封处理，并采用法兰盘及螺栓进行固定。

检验方法：观察检查和检查隐蔽工程验收记录。

(3)穿墙盒的封口钢板与混凝土结构墙上预埋的角钢应焊严，并从钢板上的预留浇筑孔注入改性沥青密封材料或细石混凝土，封填后将浇筑孔口用钢板焊接封闭。

检验方法：观察检查和检查隐蔽工程验收记录。

(4)当主体结构迎水面有柔性防水层时，防水层与穿墙管连接处应增设加强层。

检验方法：观察检查和检查隐蔽工程验收记录。

(5)密封材料嵌填应密实、连续、饱满，粘结牢固。

检验方法：观察检查和检查隐蔽工程验收记录。

3. 质量通病及防治措施

(1)质量通病。穿墙管周边漏水。

(2)防治措施。穿墙套管周边做好相应的防渗漏措施。

1)管下混凝土漏水的处理。将管下漏水的混凝土凿深 250 mm，如果水的压力不大，用快硬水泥胶浆堵塞。

2)加焊 10 mm×100 mm 以上的止水环，要求双面满焊。当混凝土墙厚度大于 500 mm 时，可焊两道止水环。

3)在预埋大管径(直径大于 800 mm)时，在管底开设浇筑振捣排气孔，可以从孔内加灌混凝土，用插入式振动器插入孔中再振捣，迫使空气和泌水排出，以使管底混凝土密实。

4)将预埋管外擦洗干净，粘贴 BW 止水条，撕掉隔离纸，靠自身粘性粘贴在外管上，位置同止水环；浇混凝土时要有专人负责，确保位置准确。

(五)埋设件施工

1. 施工质量控制

(1)检查粘结基面的表面情况、干燥程度以及接缝的尺寸，接缝内部的杂物、灰砂应清除干净，对不符合要求的接缝两边粘结基层应进行处理。

(2)热灌法施工应自下而上进行并尽量减少接头，接头应采用斜槎；密封材料熬制及浇灌温度应按不同材料要求严格控制。

(3)冷嵌法施工应先分次将密封材料嵌填在缝内，用力压嵌密实并与缝壁粘结牢固，密封材料与缝壁不得留有空隙，防止裹入空气。接头应采用斜槎。

(4)接缝处的密封材料底部应嵌填背衬材料，外露密封材料上应设置保护层，其宽度应不小于 100 mm。

(5)预埋铁件防水施工应符合下列规定：

1)认真清除预埋件表面侵蚀层，使预埋铁件与混凝土粘结严密。

2)预埋件周围，尤其是预埋件密集处混凝土浇筑困难，振捣必须密实。

3)在施工或使用时，防止预埋件受振松动，与混凝土间不应产生缝隙。

2. 施工质量验收

【主控项目】

(1)埋设件用密封材料必须符合设计要求。

检验方法：检查产品合格证、产品性能检测报告、材料进场检验报告。

(2)埋设件防水构造必须符合设计要求。

检验方法：观察检查和检查隐蔽工程验收记录。

【一般项目】

(1)埋设件应位置准确，固定牢靠；埋设件应进行防腐处理。

检验方法：观察、尺量和手扳检查。

(2)埋设件端部或预留孔、槽底部的混凝土厚度不得小于 250 mm；当混凝土厚度小于 250 mm 时，应局部加厚或采取其他防水措施。

检验方法：尺量检查和检查隐蔽工程验收记录。

(3)结构迎水面的埋设件周围应预留凹槽，凹槽内应用密封材料填实。

检验方法：观察检查和检查隐蔽工程验收记录。

(4)用于固定模板的螺栓必须穿过混凝土结构时，可采用工具式螺栓或螺栓加堵头，螺栓上应加焊止水环。拆模后留下的凹槽应用密封材料封堵密实，并用聚合物水泥砂浆抹平。

检验方法：观察检查和检查隐蔽工程验收记录。

(5)预留孔、槽内的防水层应与主体防水层保持连续。

检验方法：观察检查和检查隐蔽工程验收记录。

(6)密封材料嵌填应密实、连续、饱满，粘结牢固。

检验方法：观察检查和检查隐蔽工程验收记录。

3. 质量通病及防治措施

(1)质量通病。预埋件除锈处理不净，防水层抹压不仔细，底部出现漏抹现象，使防水层与预埋件接触不严。预埋件周边抹压遍数少，素灰层过厚，使周边防水层产生收缩裂缝。

(2)防治措施。

1)预埋件的锈蚀必须清理干净。采用金属膨胀螺栓时，可用不锈钢材料或金属涂膜、环氧涂料进行防锈处理。

2)预埋件的防水处理应符合下列要求：

①由于预埋件处混凝土应力较集中，容易开裂，所以，要求预埋件端部混凝土厚度≥200 mm；当厚度＜200 mm 时，必须局部加厚和采取抗渗止水的措施，如图 2-8 所示。

②防水混凝土外观平整，无露筋、蜂窝、麻面、孔洞等缺陷，预埋件位置准确。

3)预埋件按设计要求进行埋设牢固，施工期间避免碰撞。防水混凝土结构内部设置的各种钢筋或绑扎钢丝不得接触模板。当固定模板用的螺栓必须穿过混凝土结构时，按图 2-9 所示的方法施工。

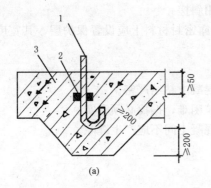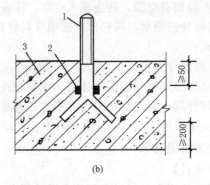

(a)   (b)

图 2-8　预埋件防水构造

（a）预埋铁件；（b）预埋地脚螺栓

1—预埋件；2—SPJ 型或 BW 型遇水膨胀止水条；3—围护结构

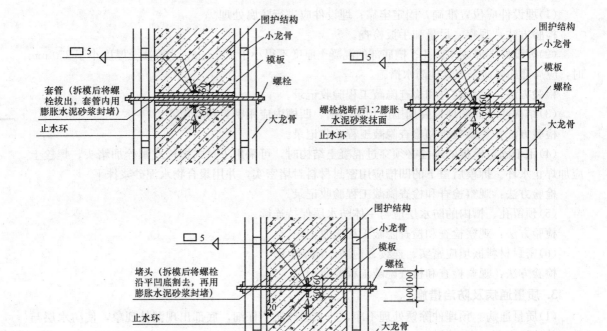

图 2-9　螺栓固定模板防水做法示意图

(六)预留通道接头施工

1. 施工质量控制

(1)预留通道接缝处的最大沉降差值不得大于 30 mm。

(2)预留通道接头应采取复合防水构造形式。

(3)中埋式止水带、遇水膨胀橡胶条、嵌缝材料、可卸式止水带的施工应符合《地下工程防水技术规范》(GB 50108—2008)中的有关规定。

(4)采用防水构造时，在预留通道接头施工前应将先浇混凝土端部表面凿毛，露出钢筋或预埋的钢筋接驳器钢板，与待浇混凝土部位的钢筋焊接或连接好后再行浇筑。

（5）当先浇混凝土中未预埋可卸式止水带的预埋螺栓时，可选用金属或尼龙的膨胀螺栓固定可卸式止水带。采用金属膨胀螺栓时，可用不锈钢材料或用金属涂膜、环氧涂料进行防锈处理。

2. 施工质量验收

【主控项目】

（1）预留通道接头用中埋式止水带、遇水膨胀止水条或止水胶、预埋注浆管、密封材料和可卸式止水带必须符合设计要求。

检验方法：检查产品合格证、产品性能检测报告、材料进场检验报告。

（2）预留通道接头防水构造必须符合设计要求。

检验方法：观察检查和检查隐蔽工程验收记录。

（3）中埋式止水带埋设位置应准确，其中间空心圆环与通道接头中心线应重合。

检验方法：观察检查和检查隐蔽工程验收记录。

【一般项目】

（1）预留通道先浇混凝土结构、中埋式止水带和预埋件应及时保护，预埋件应进行防锈处理。

检验方法：观察检查。

（2）遇水膨胀止水条的施工应符合《地下防水工程质量验收规范》（GB 50208—2011）第5.1.8条的规定；遇水膨胀止水胶的施工应符合《地下防水工程质量验收规范》（GB 50208—2011）第5.1.9条的规定；预埋注浆管的施工应符合《地下防水工程质量验收规范》（GB 50208—2011）第5.1.10条的规定。

检验方法：观察检查和检查隐蔽工程验收记录。

（3）密封材料嵌填应密实、连续、饱满，粘结牢固。

检验方法：观察检查和检查隐蔽工程验收记录。

（4）用膨胀螺栓固定可卸式止水带时，止水带与紧固件压块以及止水带与基面之间应结合紧密。采用金属膨胀螺栓时，应选用不锈钢材料或进行防锈处理。

检验方法：观察检查和检查隐蔽工程验收记录。

（5）预留通道接头外部应设保护墙。

检验方法：观察检查和检查隐蔽工程验收记录。

3. 质量通病及防治措施

（1）质量通病。预留通道接头周围漏水。

（2）防治措施。

1）对于预留通道先施工部位的混凝土、中埋式止水带与防水相关的预埋件等要做好保护，保证端部表面混凝土和中埋式止水带清洁，并且埋件不锈蚀。

2）在接头混凝土施工前应先凿毛浇筑混凝土端部表面。露出钢筋或预埋的钢筋接驳器钢板，在混凝土部位的钢筋与先浇混凝土部位的钢筋焊接或连接好后，然后进行浇筑。

3）如果先浇混凝土中未预埋可卸式止水带的预埋螺栓时，可以采用金属或尼龙的膨胀螺栓将其固定。若采用金属膨胀螺栓时，选用的材料应为不锈钢，或用金属涂膜、环氧涂料进行防锈处理。

（七）桩头防水施工

1. 施工质量控制

（1）桩头部位的防水不应采用柔性防水卷材，也不宜采用一般涂膜类防水（如类似聚氨酯类涂膜防水)。

(2)在施工过程中,所采用的防水材料在钢筋处于变位时,防水层应与钢筋粘结牢固,使钢筋在保持动态变位过程中不致断裂,而且起到桩头与底板新旧混凝土之间界面连接的作用,同时要解决桩基与底板结构之间粘结强度、桩头本身的防水密封以及和底板垫层防水层连成一个连续整体等问题,使其形成天衣无缝的防水层。

(3)桩头防水施工应符合下列要求:

1)破桩后如发现渗漏水,应先采取措施将渗漏水止住。

2)采用其他防水材料进行防水时,基面应符合防水层施工的要求。

3)应对遇水膨胀止水条进行保护。

2. 施工质量验收

【主控项目】

(1)桩头用聚合物水泥防水砂浆、水泥基渗透结晶型防水涂料、遇水膨胀止水条或止水胶和密封材料必须符合设计要求。

检验方法:检查产品合格证、产品性能检测报告和材料进场检验报告。

(2)桩头防水构造必须符合设计要求。

检验方法:观察检查和检查隐蔽工程验收记录。

(3)桩头混凝土应密实,如发现渗漏水应及时采取封堵措施。

检验方法:观察检查和检查隐蔽工程验收记录。

【一般项目】

(1)桩头顶面和侧面裸露处应涂刷水泥基渗透结晶型防水涂料,并延伸到结构底板垫层150 mm处;桩头四周300 mm范围内应抹聚合物水泥防水砂浆过渡层。

检验方法:观察检查和检查隐蔽工程验收记录。

(2)结构底板防水层应涂在聚合物水泥防水砂浆过渡层上并延伸至桩头侧壁,其与桩头侧壁接缝处应采用密封材料嵌填。

检验方法:观察检查和检查隐蔽工程验收记录。

(3)桩头的受力钢筋根部应采用遇水膨胀止水条或止水胶,并应采取保护措施。

检验方法:观察检查和检查隐蔽工程验收记录。

(4)遇水膨胀止水条的施工应符合《地下防水工程质量验收规范》(GB 50208—2011)第5.1.8条的规定;遇水膨胀止水胶的施工应符合《地下防水工程质量验收规范》(GB 50208—2011)第5.1.9条的规定。

检验方法:观察检查和检查隐蔽工程验收记录。

(5)密封材料嵌填应密实、连续、饱满,粘结牢固。

检验方法:观察检查和检查隐蔽工程验收记录。

3. 质量通病及防治措施

(1)质量通病。漏水。

(2)防治措施。

1)在桩头均匀涂刷3遍水泥基渗透结晶型防水涂料,总厚度为1~1.5 mm,涂料干燥后再进行防水卷材的施工。

2)卷材铺完,将多余的粘结料手动赶出后,再用滚轴来回滚压3~4遍。

3)利用剪刀在卷材上剪开若干豁口,然后再进行卷材的粘贴。

4)遇到雨天及中午天热时避免施工,防水卷材施工前保证基底干燥。

5)每完工一个桩头,用毡毯对该桩头进行覆盖。

(八)孔口防水施工

1. 施工质量控制

(1)地下工程通向地面的各种孔口应设置防地面水倒灌措施。

(2)无论地下水水位高低,窗台下部的墙体和底板应做防水层。

(3)通风口应与窗井同样处理,竖井窗下缘离室外地面高度不得小于 500 mm。

2. 施工质量验收

【主控项目】

(1)孔口用防水卷材、防水涂料和密封材料必须符合设计要求。

检验方法:检查产品合格证、产品性能检测报告、材料进场检验报告。

(2)孔口防水构造必须符合设计要求。

检验方法:观察检查和检查隐蔽工程验收记录。

【一般项目】

(1)人员出入口高出地面不应小于 500 mm;汽车出入口设置明沟排水时,其高出地面宜为 150 mm,并应采取防雨措施。

检验方法:观察和尺量检查。

(2)窗井的底部在最高地下水水位以上时,窗井的墙体和底板应做防水处理,并宜与主体结构断开。窗台下部的墙体和底板应做防水层。

检验方法:观察检查和检查隐蔽工程验收记录。

(3)窗井或窗井的一部分在最高地下水水位以下时,窗井应与主体结构连成整体,其防水层也应连成整体,并应在窗井内设置集水井。窗台下部的墙体和底板应做防水层。

检验方法:观察检查和检查隐蔽工程验收记录。

(4)窗井内的底板应低于窗下缘 300 mm。窗井墙高出室外地面不得小于 500 mm;窗井外地面应做散水,散水与墙面间应采用密封材料嵌填。

检验方法:观察检查和尺量检查。

(5)密封材料嵌填应密实、连续、饱满,粘结牢固。

检验方法:观察检查和检查隐蔽工程验收记录。

(九)坑、池防水施工

1. 施工质量控制

(1)坑、池、储水库宜用防水混凝土整体浇筑,内设其他防水层。受振动作用时应设柔性防水层。

(2)底板以下的坑、池,其局部底板必须相应降低,并应使防水层保持连续。

2. 施工质量验收

【主控项目】

(1)坑、池防水混凝土的原材料、配合比及坍落度必须符合设计要求。

检验方法:检查产品合格证、产品性能检测报告、计量措施和材料进场检验报告。

(2)坑、池防水构造必须符合设计要求。

检验方法:观察检查和检查隐蔽工程验收记录。

(3)坑、池、储水库内部防水层完成后,应进行蓄水试验。

检验方法:观察检查和检查蓄水试验记录。

【一般项目】

(1)坑、池、储水库宜采用防水混凝土整体浇筑,混凝土表面应坚实、平整,不得有露筋、蜂窝和裂缝等缺陷。

检验方法：观察检查和检查隐蔽工程验收记录。

（2）坑、池底板的混凝土厚度不应小于250 mm；当底板的厚度小于250 mm时，应采取局部加厚措施并使防水层保持连续。

检验方法：观察检查和检查隐蔽工程验收记录。

（3）坑、池施工完后，应及时遮盖和防止杂物堵塞。

检验方法：观察检查。

三、特殊施工法结构防水工程

（一）锚喷支护工程

锚喷支护适用于暗挖法地下工程的支护结构及复合式衬砌的初期支护。

1. 施工质量控制

（1）喷射混凝土施工前，应根据围岩裂隙及渗漏水的情况预先采用引排或注浆堵水。

（2）喷射混凝土所用原材料应符合下列规定：

1）选用普通硅酸盐水泥或硅酸盐水泥。

2）中砂或粗砂的细度模数宜大于2.5，含泥量不应大于3.0%；干法喷射时，含水率宜为5%～7%。

3）采用卵石或碎石时，其粒径不应大于15 mm，含泥量不应大于1.0%；使用碱性速凝剂时，不得使用含有活性二氧化硅的石料。

4）使用不含有害物质的洁净水。

5）速凝剂的初凝时间不应大于5 min，终凝时间不应大于10 min。

（3）混合料必须计量准确、搅拌均匀，并应符合下列规定：

1）水泥与砂石质量比宜为1:4～1:4.5，砂率宜为45%～55%，水胶比不得大于0.45，外加剂和外掺料的掺量应通过试验确定。

2）水泥和速凝剂称量允许偏差均为±2%，砂、石称量允许偏差均为±3%。

3）混合料在运输和存放过程中严防受潮，存放时间不应超过2 h；当掺入速凝剂时，存放时间不应超过20 min。

（4）喷射混凝土终凝2 h后应采取喷水养护，养护时间不得少于14 d；当气温低于5 ℃时，不得喷水养护。

（5）喷射混凝土试件制作组数应符合下列规定：

1）地下铁道工程应按区间或小于区间断面的结构，每20延米拱和墙各取抗压试件一组；车站取抗压试件两组。其他工程应按每喷射50 m³同一配合比的混合料或混合料小于50 m³的独立工程取抗压试件一组。

2）地下铁道工程应按区间结构每40延米取抗渗试件一组；车站每20延米取抗渗试件一组。其他工程当设计有抗渗要求时，可增做抗渗性能试验。

（6）锚杆必须进行抗拔力试验。同一批锚杆每100根应取一组试件，每组3根，不足100根也取3根。同一批试件抗拔力平均值不应小于设计锚固力，且同一批试件抗拔力的最小值不应小于设计锚固力的90%。

（7）锚喷支护分项工程检验批的抽样检验数量，应按区间或小于区间断面的结构每20延米抽查1处，车站每10延米抽查1处，每处10 m²且不得少于3处。

2. 施工质量验收

【主控项目】

(1)喷射混凝土所用原材料、混合料配合比及钢筋网、锚杆、钢拱架等必须符合设计要求。

检验方法：检查产品合格证、产品性能检测报告、计量措施和材料进场检验报告。

(2)喷射混凝土抗压强度、抗渗性能和锚杆抗拔力必须符合设计要求。

检验方法：检查混凝土抗压强度、抗渗性能检验报告和锚杆抗拔力检验报告。

(3)锚喷支护的渗漏水量必须符合设计要求。

检验方法：观察检查和检查渗漏水检测记录。

【一般项目】

(1)喷层与围岩以及喷层之间应粘结紧密，不得有空鼓现象。

检验方法：用小锤轻击检查。

(2)喷层厚度有 60% 以上检查点不应小于设计厚度，最小厚度不得小于设计厚度的 50% 且平均厚度不得小于设计厚度。

检验方法：用针探法或凿孔法检查。

(3)喷射混凝土应密实、平整，无裂缝、脱落、漏喷、露筋。

检验方法：观察检查。

(4)喷射混凝土表面平整度 D/L 不得大于 1/6。

检验方法：尺量检查。

3. 质量通病及防治措施

(1)质量通病。喷射混凝土工程施工完毕后，防水效果不明显。

(2)防治措施。

1)喷射混凝土所用原材料应符合《地下防水工程质量验收规范》(GB 50208—2011)的规定。

2)喷射混凝土的配合比(水泥：砂：石)，一般可采用 1:2:2.5、1:2.5:2、1:2:2、1:2.5:1.5(质量比)。水泥用量为 $300 \sim 450 \ kg/m^3$，水胶比用 0.4~0.5 为宜。

3)为提高喷射混凝土防水能力，常加入明矾石膨胀剂、早强剂、减水剂、速凝剂等外加剂。

(二)地下连续墙施工

地下连续墙适用于地下工程的主体结构、支护结构以及复合式衬砌的初期支护。

1. 施工质量控制

(1)地下连续墙应采用防水混凝土。胶凝材料用量不应小于 $400 \ kg/m^3$，水胶比不得大于 0.55，坍落度不得小于 180 mm。

(2)地下连续墙施工时，混凝土应按每一个单元槽段留置一组抗压试件，每 5 个槽段留置一组抗渗试件。

(3)叠合式侧墙的地下连续墙与内衬结构连接处应凿毛并清洗干净，必要时应做特殊防水处理。

(4)地下连续墙应根据工程要求和施工条件减少槽段数量；地下连续墙槽段接缝应避开拐角部位。

(5)地下连续墙如有裂缝、孔洞、露筋等缺陷，应采用聚合物泥砂浆修补；地下连续墙槽段接缝如有渗漏，应采用引排或注浆封堵。

(6)地下连续墙分项工程检验批的抽样检验数量，应按每连续 5 个槽段抽查 1 个槽段，且不得少于 3 个槽段。

2. 施工质量验收

【主控项目】

(1)防水混凝土的原材料、配合比及坍落度必须符合设计要求。

检验方法：检查产品合格证、产品性能检测报告、计量措施和材料进场检验报告。

(2)防水混凝土的抗压强度和抗渗性能必须符合设计要求。

检验方法：检查混凝土的抗压强度、抗渗性能检验报告。

(3)地下连续墙的渗漏水量必须符合设计要求。

检验方法：观察检查和检查渗漏水检测记录。

【一般项目】

(1)地下连续墙的槽段接缝构造应符合设计要求。

检验方法：观察检查和检查隐蔽工程验收记录。

(2)地下连续墙墙面不得有露筋、露石和夹泥现象。

检验方法：观察检查。

(3)地下连续墙墙体表面平整度，临时支护墙体允许偏差应为 50 mm，单一或复合墙体允许偏差应为 30 mm。

检验方法：尺量检查。

3. 质量通病及防治措施

(1)质量通病。由于地下连续墙的接头数量多，故其整体性差，甚至会发生渗漏。

(2)防治措施。地下槽的施工沿墙长划分为许多某种长度的施工单元，称此为单元槽段。划分单元槽段就是把单元槽段的长度分配在墙体平面图上。单元槽段越长，接头越少，可提高墙体的连续性及防水防渗能力。但因各种因素，单元槽段的长度受到一定限制。决定单元槽段长度的因素包括设计条件(使用目的、形状、墙厚与墙高)和施工条件。

槽壁的稳定性、对相邻构筑物的影响、挖槽机最小挖槽长度、钢筋笼的重量及尺寸、混凝土的供应、泥浆储浆池容量、作业占地面积、连续作业时间限制等，均影响着单元槽段的长度。关键因素是槽壁的稳定性，除此还应考虑如下几个重要因素：限制挖槽长度、极软弱的地层、易液化的砂土层和相邻处荷载大等。一般槽段长度最大不宜超过 4～8 m。一般采用 2～4 个掘削单元组成 1 个槽段，掘削顺序多采用图 2-10 所示的做法，可防止第二掘削段向已掘削段一侧倾斜，形成上大下小的槽形。

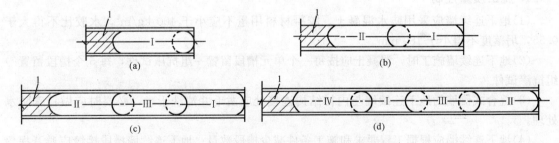

图 2-10 多头钻单元槽段的组成及挖掘顺序

(a)一段式；(b)二段式；(c)三段式；(d)四段式

1—已完槽段；Ⅰ、Ⅱ、Ⅲ、Ⅳ—挖掘顺序

(三)盾构隧道衬砌防水施工

盾构隧道适用于在软土和软岩中采用盾构掘进和拼装管片方法修建的衬砌结构。

1. 施工质量控制

(1)盾构隧道衬砌防水措施应按表 2-50 的规定选用。

表 2-50　盾构隧道衬砌防水措施

防水措施		高精度管片	接缝防水				混凝土内衬或其他内衬	外防水涂料
			密封垫	嵌缝材料	密封剂	螺孔密封圈		
防水等级	一级	必选	必选	全隧道或部分区段应选	可选	必选	宜选	对混凝土有中等以上腐蚀的地层应选，在非腐蚀地层宜选
	二级	必选	必选	部分区段宜选	可选	必选	局部宜选	对混凝土有中等以上腐蚀的地层宜选
	三级	应选	必选	部分区段宜选	—	应选	—	对混凝土有中等以上腐蚀的地层宜选
	四级	可选	宜选	可选	—	—	—	—

(2)钢筋混凝土管片的质量应符合下列规定：

1)管片混凝土抗压强度和抗渗性能以及混凝土氯离子扩散系数均应符合设计要求。

2)管片不应有露筋、孔洞、疏松、夹渣、有害裂缝、缺棱掉角、飞边等缺陷。

3)单块管片制作尺寸允许偏差应符合表 2-51 的规定。

表 2-51　单块管片制作尺寸允许偏差

项目	允许偏差/mm
宽度	±1
弧长、弦长	+1
厚度	+3，−1

(3)钢筋混凝土管片抗压和抗渗试件制作应符合下列规定：

1)直径 8 m 以下隧道，同一配合比按每生产 10 环制作抗压试件一组，每生产 30 环制作抗渗试件一组。

2)直径 8 m 以上隧道，同一配合比按每工作台班制作抗压试件一组，每生产 10 环制作抗渗试件一组。

(4)钢筋混凝土管片的单块抗渗检漏应符合下列规定：

1)检验数量：管片每生产 100 环应抽查 1 块管片进行检漏测试，连续 3 次达到检漏标准，则改为每生产 200 环抽查 1 块管片，再连续 3 次达到检漏标准，按最终检测频率为 400 环抽查 1 块管片进行检漏测试。如出现一次不达标，则恢复每 100 环抽查 1 块管片的最初检漏频率，再按上述要求进行抽检。当检漏频率为每 100 环抽查 1 块时，如出现不达标，则双倍复检；如再出现不达标，必须逐块检漏。

2)检漏标准：管片外表在 0.8 MPa 水压力下，恒压 3 h，渗水进入管片外背高度不超过 50 mm 为合格。

(5)盾构隧道衬砌的管片密封垫防水应符合下列规定：

1)密封垫沟槽表面应干燥、无灰尘，雨天不得进行密封垫粘贴施工。

2)密封垫应与沟槽紧密贴合，不得有起鼓、超长和缺口现象。

3)密封垫粘贴完毕并达到规定强度后，方可进行管片拼装。

4)采用遇水膨胀橡胶密封垫时，非粘贴面应涂刷缓膨胀剂或采取符合缓膨胀的措施。

(6)盾构隧道衬砌的管片嵌缝材料防水应符合下列规定：

1)根据盾构施工方法和隧道的稳定性，确定嵌缝作业开始的时间。

2)嵌缝槽如有缺损，应采用与管片混凝土强度等级相同的聚合物水泥砂浆修补。

3)嵌缝槽表面应坚实、平整、洁净、干燥。

4)嵌缝作业应在无明显渗水后进行。

5)嵌填材料施工时应先刷涂基层处理剂，嵌填应密实、平整。

(7)盾构隧道衬砌的管片密封剂防水应符合下列规定：

1)接缝管片渗漏时，应采用密封剂堵漏。

2)密封剂注入口应无缺损，注入通道应通畅。

3)密封剂材料注入施工前，应采取控制注入范围的措施。

(8)盾构隧道衬砌的管片螺孔密封圈防水应符合下列规定：

1)螺栓拧紧前，应确保螺栓孔密封圈定位准确并与螺栓孔沟槽相贴合。

2)螺栓孔渗漏时，应采取封堵措施。

3)不得使用已破损或提前膨胀的密封圈。

(9)盾构隧道分项工程检验批的抽样检验数量，应按每连续 5 环抽查 1 环，且不得少于 3 环。

2. 施工质量验收

【主控项目】

(1)盾构隧道衬砌所用防水材料必须符合设计要求。

检验方法：检查产品合格证、产品性能检测报告和材料进场检验报告。

(2)钢筋混凝土管片的抗压强度和抗渗性能必须符合设计要求。

检验方法：检查混凝土抗压强度、抗渗性能检验报告和管片单块检漏测试报告。

(3)盾构隧道衬砌的渗漏水量必须符合设计要求。

检验方法：观察检查和检查渗漏水检测记录。

【一般项目】

(1)管片接缝密封垫及其沟槽的断面尺寸应符合设计要求。

检验方法：观察检查和检查隐蔽工程验收记录。

(2)密封垫在沟槽内应套箍和粘贴牢固，不得歪斜、扭曲。

检验方法：观察检查。

(3)管片嵌缝槽的深宽比及断面构造形式、尺寸应符合设计要求。

检验方法：观察检查和检查隐蔽工程验收记录。

(4)嵌缝材料嵌填应密实、连续、饱满，表面平整，密贴牢固。

检验方法：观察检查。

(5)管片的环向及纵向螺栓应全部穿进并拧紧，衬砌内表面的外露铁件防腐处理应符合设计要求。

检验方法：观察检查。

3. 质量通病及防治措施

(1)质量通病：盾构法隧道发生渗漏水现象。

(2)防治措施。

1)对于环纵缝的线漏、滴漏以及两腰渗漏水处宜采用注浆堵漏，即在渗漏严重处先打一小孔，插入塑料细管引排渗漏水，同时插入另一注浆管压注聚氨酯浆材封堵渗水通道，当确认不渗、漏水时剪断注浆管(对有多处渗漏水点的情况，应先上后下，最后封堵两腰)。在埋管处用快凝水泥封缝，周围纵环采用工字形水膨胀腻子条加封氯丁胶乳水泥作整环嵌缝处理(图2-11)。

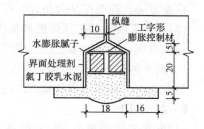

图2-11　盾构隧道防水堵漏做法

对于已做工字条嵌缝但仍有渗漏的环缝，在注浆堵水后宜取出工字条，涂刷界面剂，再用快凝水泥封缝。

2)0.15 mm以下潮湿裂缝或微裂缝可采用无机水性高渗透密封剂涂刷封闭处理(如AS混凝土墙面涂料、SWF水泥密封材料等)。

3)对0.20 mm以上的微裂缝也应注浆，可采用聚合物砂浆类，用氯丁胶乳、丙烯酸乳液等涂抹封闭。

4)对于集中渗漏区段，可利用回填注浆孔钻穿管片注入超细早强水泥和水溶性聚氨酯浆液。管片打穿时，考虑到注浆孔涌泥，配以橡胶塞密封装置。

5)区间混凝土管片存在的边、角缺损部位，可采用高强、快凝、粘结良好的修补材料，如NC聚合物快速修补剂。

(四)沉井施工

沉井适用于下沉施工的地下建筑物或构筑物。

1. 施工质量控制

(1)沉井结构应采用防水混凝土浇筑。沉井分段制作时，施工缝的防水措施应符合《地下防水工程质量验收规范》(GB 50208—2011)第5.1节的有关规定；固定模板的螺栓穿过混凝土井壁时，螺栓部位的防水处理应符合《地下防水工程质量验收规范》(GB 50208—2011)第5.5.6条的规定。

(2)沉井干封底施工应符合下列规定：

1)沉井基底土面应全部挖至设计标高，待其下沉稳定后再将井内积水排干。

2)清除浮土杂物，底板与井壁连接部位应凿毛、清洗干净或涂刷混凝土界面处理剂，及时浇筑防水混凝土封底。

3)在软土中封底时，宜分格逐段对称进行。

4)封底混凝土施工过程中，应从底板上的集水井中不间断地抽水。

5)封底混凝土达到设计强度后，方可停止抽水；集水井的封堵应采用微膨胀混凝土填充捣实，并用法兰、焊接钢板等方法封平。

(3)沉井水下封底施工应符合下列规定：

1)井底应将浮泥清除干净，并铺碎石垫层。

2)底板与井壁连接部位应冲刷干净。

3)封底宜采用水下不分散混凝土，其坍落度宜为180~220 mm。

4)封底混凝土应在沉井全部底面积上连续均匀浇筑。

5)封底混凝土达到设计强度后，方可从井内抽水并应检查封底质量。

(4)防水混凝土底板应连续浇筑，不得留设施工缝；底板与井壁接缝处的防水处理应符合《地下防水工程质量验收规范》(GB 50208—2011)第5.1节的有关规定。

(5)沉井分项工程检验批的抽样检验数量，应按混凝土外露面积每100 m² 抽查1处，每处10 m² 且不得少于3处。

2. 施工质量验收

【主控项目】

(1)沉井混凝土的原材料、配合比及坍落度必须符合设计要求。

检验方法：检查产品合格证、产品性能检测报告、计量措施和材料进场检验报告。

（2）沉井混凝土的抗压强度和抗渗性能必须符合设计要求。

检验方法：检查混凝土抗压强度、抗渗性能检验报告。

（3）沉井的渗漏水量必须符合设计要求。

检验方法：观察检查和检查渗漏水检测记录。

【一般项目】

（1）沉井干封底和水下封底的施工应符合《地下防水工程质量验收规范》（GB 50208—2011）第6.4.3条和第6.4.4条的规定。

检验方法：观察检查和检查隐蔽工程验收记录。

（2）沉井底板与井壁接缝处的防水处理应符合设计要求。

检验方法：观察检查和检查隐蔽工程验收记录。

（五）逆筑结构施工

逆筑结构适用于地下连续墙为主体结构或地下连续墙与内衬构成复合衬砌进行逆筑法施工的地下工程。

1. 施工质量控制

（1）地下连续墙为主体结构逆筑法施工，应符合下列规定：

1）地下连续墙的墙面应凿毛、清洗干净，并宜做水泥砂浆防水层。

2）地下连续墙与顶板、中楼板、底板接缝部位应凿毛处理，施工缝的施工应符合《地下防水工程质量验收规范》（GB 50208—2011）第5.1节的有关规定。

3）钢筋接驳器处宜涂刷水泥基渗透结晶型防水涂料。

（2）地下连续墙与内衬构成复合式衬砌逆筑法施工除应符合《地下防水工程质量验收规范》（GB 50208—2011）第6.5.2条的规定外，还应符合下列规定：

1）顶板及中楼板下部 500 mm 内衬墙应同时浇筑，内衬墙下部应做成斜坡形；斜坡形下部应预留 300～500 mm 空间，并应待下部先浇混凝土施工 14 d 后再行浇筑。

2）浇筑混凝土前，内衬墙的接缝面应凿毛、清洗干净，并应设置遇水膨胀止水条或止水胶和预埋注浆管。

3）内衬墙的后浇筑混凝土应采用补偿收缩混凝土，浇筑口宜高于斜坡顶端 200 mm 以上。

（3）内衬墙垂直施工缝应与地下连续墙的槽段接缝相互错开 2.0～3.0 m。

（4）底板混凝土应连续浇筑，不宜留设施工缝；底板与桩头接缝部位的防水处理应符合《地下防水工程质量验收规范》（GB 50208—2011）第5.7节的有关规定。

（5）底板混凝土达到设计强度后方可停止降水，并应将降水井封堵密实。

（6）逆筑结构分项工程检验批的抽样检验数量，应按混凝土外露面积每 100 m² 抽查 1 处，每处 10 m² 且不得少于 3 处。

2. 施工质量验收

【主控项目】

（1）补偿收缩混凝土的原材料、配合比及坍落度必须符合设计要求。

检验方法：检查产品合格证、产品性能检测报告、计量措施和材料进场检验报告。

（2）内衬墙接缝用遇水膨胀止水条或止水胶和预埋注浆管必须符合设计要求。

检验方法：检查产品合格证、产品性能检测报告和材料进场检验报告。

（3）逆筑结构的渗漏水量必须符合设计要求。

检验方法：观察检查和检查渗漏水检测记录。

【一般项目】

(1)逆筑结构的施工应符合《地下防水工程质量验收规范》(GB 50208—2011)第 6.5.2 条和第 6.5.3 条的规定。

检验方法：观察检查和检查隐蔽工程验收记录。

(2)遇水膨胀止水条的施工应符合《地下防水工程质量验收规范》(GB 50208—2011)第 5.1.8 条的规定；遇水膨胀止水胶的施工应符合《地下防水工程质量验收规范》(GB 50208—2011)第 5.1.9 条的规定；预埋注浆管的施工应符合《地下防水工程质量验收规范》(GB 50208—2011)第 5.1.10 条的规定。

检验方法：观察检查和检查隐蔽工程验收记录。

3. 质量通病及防治措施

(1)质量通病。双层衬砌中内衬变形缝发生渗漏现象。

(2)防治措施。

1)变形缝的构造要满足一定的要求，具体如下：

①变形缝的构造必须能适应一定量的线变形与角变形，并且要求变形前后都能防水。

②对单层衬砌来说，应按预计的沉降曲率设置间距较小的、有足够厚度的环缝、变形缝密封垫，以满足纵向变形后的防水要求。

③对双层衬砌来说，变形缝前后环的管片(砌块)不应直接接触，间隙中应留有传力衬垫材料，其厚度应按线变位与角度量决定，应既能满足隧道纵向变形要求与防水要求，又可传递横向剪力。

2)内衬变形缝的设置。内衬变形缝的位置应尽量与初次衬砌变形缝相对应，至少应与初次衬砌的环缝相对应，以减少后者对它的约束作用。同时，还应在此变形缝对应位置的初次衬砌环缝内面粘贴设置防水卷材(宽 15～20 cm)，使之既有隔离作用，又有加强防水功能的作用。其设置方法是：于初次衬砌环缝内面居中设 5 cm 的隔离膜，再骑缝粘贴卷材。

3)内衬变形缝防水施工。

①完成内衬施工准备。

②骑缝粘贴卷材。

③按设计要求设置变形缝防水材料、埋入式橡胶止水带或止水紫铜片以及缝间填充材料。

④按内衬混凝土施工的要求，浇筑内衬混凝土，然后脱模、养护、验收。

⑤如为嵌缝式、附贴式变形缝，则最后嵌填高模量密封胶或内装可卸式止水带。

四、排水工程

(一)渗排水、盲沟排水施工

渗排水适用于无自流排水条件、防水要求较高且有抗浮要求的地下工程。盲沟排水适用于地基为弱透水性土层、地下水量不大或排水面积较小，地下水水位在结构底板以下或在丰水期地下水水位高于结构底板的地下工程。

1. 施工质量控制

(1)渗排水应符合下列规定：

1)渗排水层用砂、石应洁净，含泥量不应大于 2.0%。

2)粗砂过滤层总厚度宜为 300 mm，如较厚时应分层铺填；过滤层与基坑土层接触处，应采用厚度为 100～150 mm、粒径为 5～10 mm 的石子铺填。

3)集水管应设置在粗砂过滤层下部，坡度不宜小于 1%且不得有倒坡现象。集水管之间的距离宜为 5～10 m，并与集水井相通。

4）工程底板与渗排水层之间应做隔浆层，建筑周围的渗排水层顶面应做散水坡。

（2）盲沟排水应符合下列规定：

1）盲沟成型尺寸和坡度应符合设计要求。

2）盲沟的类型及盲沟与基础的距离应符合设计要求。

3）盲沟用砂、石应洁净，含泥量不应大于 2.0%。

4）盲沟反滤层的层次和粒径组成应符合表 2-52 的规定。

表 2-52　盲沟反滤层的层次和粒径组成

反滤层的层次	建筑物地区地层为砂性土时 （塑性指数 $I_P<3$）	建筑地区地层为黏性土时 （塑性指数 $I_P>3$）
第一层（贴天然土）	用 1～3 mm 粒径砂子组成	用 2～5 mm 粒径砂子组成
第二层	用 3～10 mm 粒径小卵石组成	用 5～10 mm 粒径小卵石组成

5）盲沟在转弯处和高低处应设置检查井，出水口处应设置滤水箅子。

（3）渗排水、盲沟排水均应在地基工程验收合格后进行施工。

（4）集水管宜采用无砂混凝土管、硬质塑料管或软式透水管。

（5）渗排水、盲沟排水分项工程检验批的抽样检验数量，应按 10% 抽查，其中按两轴线间或 10 延米为 1 处且不得少于 3 处。

2. 施工质量验收

【主控项目】

（1）盲沟反滤层的层次和粒径组成必须符合设计要求。

检验方法：检查砂、石试验报告和隐蔽工程验收记录。

（2）集水管的埋置深度和坡度必须符合设计要求。

检验方法：观察和尺量检查。

【一般项目】

（1）渗排水构造应符合设计要求。

检验方法：观察检查和检查隐蔽工程验收记录。

（2）渗排水层的铺设应分层、铺平、拍实。

检验方法：观察检查和检查隐蔽工程验收记录。

（3）盲沟排水构造应符合设计要求。

检验方法：观察检查和检查隐蔽工程验收记录。

（4）集水管采用平接式或承插式接口应连接牢固，不得扭曲变形和错位。

检验方法：观察检查。

3. 质量通病及防治措施

（1）质量通病。浇捣混凝土时将渗水层堵塞。

（2）防治措施。采用渗水管排水时，渗水层与土壤之间不设混凝土垫层，地下水通过滤水层和渗水层进入渗水管。为防止泥土颗粒随地下水进入渗水层将渗水管堵塞，渗水管周围可采用粒径 20～40 mm、厚度不小于 400 mm 的碎石（或卵石）作为渗水层，渗水层下面采用粒径 5～15 mm、厚 100～150 mm 的粗砂或豆石作滤水层。渗水层与混凝土底板之间应抹 15～20 mm 厚的水泥砂浆或加 1 层油毡作为隔浆层，以防止浇捣混凝土时将渗水层堵塞。

渗水管可以采用两种做法，一种采用直径为150～250 mm带孔的铸铁管或钢筋混凝土管；另一种采用不带孔的长度为500～700 mm的预制管作渗水管。为了达到渗水要求，管子端部之间留出10～15 mm间隙，以便向管内渗水。渗水管的坡度一般采用1‰，渗水管要顺坡铺设，不能反坡，地下水通过渗水管汇集到总集水管（或集水井）排走，如图2-12所示。

采用排水沟排水时，在渗水层与土壤之间设混凝土垫层及排水沟，整个渗水层作为1‰的坡度，水通过排水沟流向集水井，再用水泵抽走，如图2-13所示。

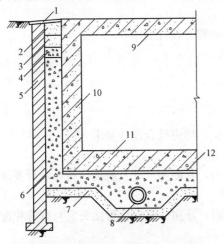 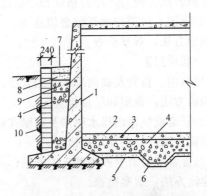

图 2-12　渗排水层（有排水管）构造

1—混凝土保护层；2—300 mm厚细砂层；

3—300 mm厚粗砂层；4—300 mm厚小砾石或碎石层；

5—保护墙；6—20～40 mm碎石或砾石；

7—砂滤水层；8—渗水管；9—地下结构顶板；

10—地下结构外墙；11—地下结构底板；

12—水泥砂浆或卷材层

图 2-13　渗排水层（无排水管）构造

1—钢筋混凝土壁；2—混凝土地坪或钢筋混凝土底板；

3—油毡或1∶3水泥砂浆隔浆层；

4—400 mm厚卵石渗水层；5—混凝土垫层；

6—排水沟；7—300 mm厚细砂；

8—300 mm厚粗砂；9—400 mm厚粒径，

5～20 mm卵石层；10—保护砖墙

（二）隧道排水、坑道排水施工

隧道排水、坑道排水适用于贴壁式、复合式、离壁式衬砌。

1. 施工质量控制

（1）隧道或坑道内如设置排水泵房时，主排水泵站和辅助排水泵站、集水池的有效容积应符合设计要求。

（2）主排水泵站、辅助排水泵站和污水泵房的废水及污水，应分别排入城市雨水和污水管道系统。污水的排放还应符合国家现行有关标准的规定。

（3）坑道排水应符合有关特殊功能设计的要求。

（4）隧道贴壁式、复合式衬砌围岩疏导排水应符合下列规定：

1）集中地下水出露处，宜在衬砌背后设置盲沟、盲管或钻孔等引排措施。

2）水量较大、出水面广时，衬砌背后应设置环向、纵向盲沟组成排水系统，将水集排至排水沟内。

3）当地下水丰富、含水层明显且有补给来源时，可采用辅助坑道或泄水洞等截、排水设施。

（5）盲沟中心宜采用无砂混凝土管或硬质塑料管，其管周围应设置反滤层；盲管应采用软式透水管。

（6）排水明沟的纵向坡度应与隧道或坑道坡度一致，排水明沟应设置盖板和检查井。

（7）隧道离壁式衬砌侧墙外排水沟应做成明沟，其纵向坡度不应小于 0.5%。

（8）隧道排水、坑道排水分项工程检验批的抽样检验数量，应按 10%抽查，其中按两轴线间或每 10 延米为 1 处且不得少于 3 处。

2. 施工质量验收

【主控项目】

（1）盲沟反滤层的层次和粒径组成必须符合设计要求。

检验方法：检查砂、石试验报告。

（2）无砂混凝土管、硬质塑料管或软式透水管必须符合设计要求。

检验方法：检查产品合格证和产品性能检测报告。

（3）隧道、坑道排水系统必须通畅。

检验方法：观察检查。

【一般项目】

（1）盲沟、盲管及横向导水管的管径、间距、坡度，均应符合设计要求。

检验方法：观察和尺量检查。

（2）隧道或坑道内排水明沟及离壁式衬砌外排水沟，其断面尺寸及坡度应符合设计要求。

检验方法：观察和尺量检查。

（3）盲管应与岩壁或初期支护密贴，并应固定牢固；环向、纵向盲管接头宜与盲管相配套。

检验方法：观察检查。

（4）贴壁式、复合式衬砌的盲沟与混凝土衬砌接触部位应做隔浆层。

检验方法：观察检查和检查隐蔽工程验收记录。

3. 质量通病及防治措施

（1）质量通病。隧道内排水沟设置不合理，隧道排水不畅。

（2）防治措施。洞内排水沟一般按下列规定设置：

1）水沟坡度应与线路坡度一致。在隧道中的分坡平段范围内和车站内的隧道，排水沟底部应有不小于 1‰的坡度。

2）水沟断面应根据水量大小确定，要保证有足够的过水能力且便于清理和检查。单线隧道水沟断面不应小于 25 cm×40 cm(高×宽)，双线隧道断面一般应不小于 30 cm×40 cm(高×宽)。

3）水沟应设在地下水来源一侧。当地下水来源不明时，曲线隧道水沟应设在曲线内侧，直线隧道水沟可设在任意一侧；当地下水较多或采用混凝土宽枕道床、整体道床的隧道，宜设双侧水沟，以免大量水流流经道床而导致道床基底发生病害。

4）双线隧道可设置双侧或中心水沟。

5）洞内水沟均应铺设盖板。

6）根据地下水情况，于衬砌墙脚紧靠盖板底面高程处，每隔一定距离应设置 1 个 10 cm×10 cm 的泄水孔。墙背泄水孔进口高程以下超挖部分应用同级圬工回填密实，以利于泄水。

（三）塑料排水板排水工程

塑料排水板适用于无自流排水条件且防水要求较高的地下工程以及地下工程种植顶板排水。

1. 施工质量控制

（1）塑料排水板应选用抗压强度大且耐久性好的凸凹型排水板。

（2）塑料排水板排水构造应符合设计要求，并宜符合以下工艺流程：

1）室内底板排水按混凝土底板→铺设塑料排水板（支点向下）→混凝土垫层→配筋混凝土面层等顺序进行。

2)室内侧墙排水按混凝土侧墙→粘贴塑料排水板(支点向啮面)→钢丝网固定→水泥砂浆面层等顺序进行。

3)种植顶板排水按混凝土顶板→找坡层→防水层→混凝土保护层→铺设塑料排水板(支点向上)→铺设土工布→覆土等顺序进行。

4)隧道或坑道排水按初期支护→铺设土工布→铺设塑料排水板(支点向初期支护)→二次衬砌结构等顺序进行。

(3)铺设塑料排水板应采用搭接法施工,长短边搭接宽度均不应小于100 mm;塑料排水板的接缝处宜采用配套胶粘剂粘结或热熔焊接。

(4)地下工程种植顶板种植土若低于周边土体,塑料排水板排水层必须结合排水沟或盲沟分区设置,并保证排水畅通。

(5)塑料排水板应与土工布复合使用。土工布宜采用200～400 g/m² 的聚酯无纺布。土工布应铺设在塑料排水板的凸面上,相邻土工布搭接宽度不应小于200 mm,搭接部位应采用黏合或缝合。

(6)塑料排水板排水分项工程检验批的抽样检验数量,应按铺设面积每100 m² 抽查1处,每处10 m² 且不得少于3处。

2. 施工质量验收

【主控项目】

(1)塑料排水板和土工布必须符合设计要求。

检验方法:检查产品合格证、产品性能检测报告。

(2)塑料排水板排水层必须与排水系统连通,不得有堵塞现象。

检验方法:观察检查。

【一般项目】

(1)塑料排水板排水层构造做法应符合《地下防水工程质量验收规范》(GB 50208—2011)第7.3.3条的规定。

检验方法:观察检查和检查隐蔽工程验收记录。

(2)塑料排水板的搭接宽度和搭接方法应符合《地下防水工程质量验收规范》(GB 50208—2011)第7.3.4条的规定。

检验方法:观察和尺量检查。

(3)土工布铺设应平整、无褶皱;土工布的搭接宽度和搭接方法应符合《地下防水工程质量验收规范》(GB 50208—2011)第7.3.6条的规定。

检验方法:观察和尺量检查。

五、注浆工程

(一)预注浆、后注浆施工

预注浆适用于工程开挖前预计涌水量较大的地段或软弱地层;后注浆法适用于工程开挖后处理围岩渗漏及初期壁后空隙回填。

1. 施工质量控制

(1)注浆材料应符合下列规定:

1)具有较好的可注性。

2)固结体收缩小,具有良好的粘结性、抗渗性、耐久性和化学稳定性。

3)低毒并对环境污染小。

4)注浆工艺简单，施工操作方便，安全可靠。

(2)在砂卵石层中宜采用渗透注浆法；在黏土层中宜采用劈裂注浆法；在淤泥质软土中宜采用高压喷射注浆法。

(3)注浆浆液应符合下列规定：

1)预注浆宜采用水泥浆液、黏土水泥浆液或化学浆液。

2)后注浆宜采用水泥浆液、水泥砂浆或掺有石灰、黏土膨润土、粉煤灰的水泥浆液。

3)注浆浆液配合比应经现场试验确定。

(4)注浆过程控制应符合下列规定：

1)根据工程地质条件、注浆目的等控制注浆压力和注浆量。

2)回填注浆应在衬砌混凝土达到设计强度的70%后进行，衬砌后围岩注浆应在充填注浆固结体达到设计强度的70%后进行。

3)浆液不得溢出地面和超出有效注浆范围，地面注浆结束后注浆孔应封填密实。

4)当注浆范围和建筑物的水平距离很近时，应加强对邻近建筑物和地下埋设物的现场监控。

5)当注浆点距离饮用水源或公共水域较近时，注浆施工如有污染应及时采取相应措施。

(5)预注浆、后注浆分项工程检验批的抽样检验数量，应按加固或堵漏面积每 100 m² 抽查 1 处，每处 10 m² 且不得少于 3 处。

2. 施工质量验收

【主控项目】

(1)配制浆液的原材料及配合比必须符合设计要求。

检验方法：检查产品合格证、产品性能检测报告、计量措施和材料进场检验报告。

(2)预注浆及后注浆的注浆效果必须符合设计要求。

检验方法：采取钻孔取芯法检查；必要时采取压水或抽水试验方法检查。

【一般项目】

(1)注浆孔的数量、布置间距、钻孔深度及角度应符合设计要求。

检验方法：尺量检查和检查隐蔽工程验收记录。

(2)注浆各阶段的控制压力和注浆量应符合设计要求。

检验方法：观察检查和检查隐蔽工程验收记录。

(3)注浆时，浆液不得溢出地面和超出有效注浆范围。

检验方法：观察检查。

(4)注浆对地面产生的沉降量不得超过 30 mm，地面的隆起不得超过 20 mm。

检验方法：用水准仪测量。

3. 质量通病及防治措施

(1)质量通病。注浆过程中发生注浆压力突然升高、崩管、跑浆等现象。

(2)防治措施。

1)注浆压力突然升高，应停止水玻璃注浆泵，只注入水泥浆或清水，待泵压恢复正常时，再进行双液注浆。

2)由于压力调整不当而发生崩管时，可只用 1 台泵进行间歇性小泵量注浆，待管路修好后再进行双液注浆。

3)当进浆量很大、压力长时间不升高而发生跑浆时，应调整浆液浓度及配合比，缩短凝胶时间，进行小泵量、低压力注浆，以使浆液在岩层裂隙中有较长停留时间，以便凝胶；有时也可随注随停，但停注时间不能超过浆液的凝胶时间；当须停较长时间时，先停水玻璃泵，再停水泥浆泵，使水泥浆冲出管路，防止堵塞管路。

(二)结构裂缝注浆施工

结构裂缝注浆适用于混凝土结构宽度大于 0.2 mm 的静止裂缝、贯穿性裂缝等堵水注浆。

1. 施工质量控制

(1)裂缝注浆应待结构基本稳定和混凝土达到设计强度后进行。

(2)结构裂缝堵水注浆宜选用聚氨酯、丙烯酸盐等化学浆液;补强加固的结构裂缝注浆宜选用改性环氧树脂、超细水泥等浆液。

(3)结构裂缝注浆应符合下列规定:

1)施工前,应沿缝清除基面上油污杂质。

2)浅裂缝应骑缝粘埋注浆嘴,必要时沿缝开凿"U"形槽并用速凝水泥砂浆封缝。

3)深裂缝应骑缝钻孔或斜向钻孔至裂缝深部,孔内安设注浆管或注浆嘴,间距应根据裂缝宽度而定,但每条裂缝至少有一个进浆孔和一个排气孔。

4)注浆嘴及注浆管应设在裂缝的交叉处、较宽处及贯穿处等部位;对封缝的密封效果应进行检查。

5)注浆后待缝内浆液固化后,方可拆下注浆嘴并进行封口抹平。

(4)结构裂缝注浆分项工程检验批的抽样检验数量,应按裂缝的条数抽查 10%,每条裂缝检查 1 处且不得少于 3 处。

2. 施工质量验收

【主控项目】

(1)注浆材料及其配合比必须符合设计要求。

检验方法:检查产品合格证、产品性能检测报告、计量措施和材料进场检验报告。

(2)结构裂缝注浆的注浆效果必须符合设计要求。

检验方法:观察检查和压水或压气检查;必要时钻取芯样采取劈裂抗拉强度试验方法检查。

【一般项目】

(1)注浆孔的数量、布置间距、钻孔深度及角度应符合设计要求。

检验方法:尺量检查和检查隐蔽工程验收记录。

(2)注浆各阶段的控制压力和注浆量应符合设计要求。

检验方法:观察检查和检查隐蔽工程验收记录。

3. 质量通病及防治措施

(1)质量通病。注浆孔的位置、数量及埋深设置不合理,堵水效果差。

(2)防治措施。注浆孔的位置、数量及其埋深,与被注结构的漏水缝隙的分布、特点及其强度、注浆压力、浆液扩散范围等均有密切关系,注浆原则如下:

1)注浆孔位置的选择应使注浆孔的底部与漏水缝隙相交,选在漏水量最大的部位,以使导水性好(出水量大,几乎引出全部漏水)。一般情况下,水平裂缝宜沿缝由下而上造斜孔;垂直裂缝宜正对缝隙造直孔。

2)注浆孔的深度不应穿透结构物,应留 10~20 cm 长度的安全距离。双层结构以穿透内壁为宜。

3)注浆孔的孔距应视漏水压力、缝隙大小、漏水量多少及浆液的扩散半径而定,一般为 50~100 cm。

本章小结

本章主要介绍了地基处理工程、桩基础工程、土方工程、基坑工程和地下防水工程的质量控制要点、质量验收标准和各项工程施工过程中常见的质量通病及其防治措施，应重点掌握地基处理工程、桩基础工程、土方工程、基坑工程和地下防水工程质量控制要点和质量验收标准规定。

习 题

一、填空题

1. 灰土施工时，应适当控制其含水量，最优含水量可通过_____确定。

2. 强夯应分段进行，顺序从_____。

3. 振冲地基造孔时，振冲器贯入速度一般为_____m/min。

4. 注浆地基是指将配置好的_____，通过导管注入土体间隙中，与土体结合，发生物化反应，从而提高土体强度。

5. 水泥搅拌桩地基施工时，桩深记录误差不得大于_____，时间记录误差不得大于_____。

6. 混凝土预制桩适用于_____。

二、选择题

1. 砂和砂石地基原材料宜用中砂、粗砂、砾砂、碎石(卵石)、石屑。细砂应同时掺入（　　）碎石或卵石。
   A. 15%～25%　　B. 25%～35%　　C. 35%～45%　　D. 45%～55%

2. 在软弱地基上填筑粉煤灰垫层时，应先铺设（　　）cm 的中、粗砂或高炉干渣。
   A. 10　　　　　B. 20　　　　　C. 30　　　　　D. 40

3. 强夯地基施工时，夯点超出需加固的范围为加固深度的 1/3～1/2，且不小于（　　）m。
   A. 3　　　　　 B. 4　　　　　 C. 5　　　　　 D. 6

4. 当用灰土回填夯实地基时，压实系数应不小于（　　）。
   A. 0.67　　　 B. 0.77　　　 C. 0.87　　　 D. 0.97

5. 锚杆需预张拉时，等灌浆强度连到设计强度等级（　　）时，方可进行张拉工艺。
   A. 50%　　　　B. 60%　　　　C. 70%　　　　D. 80%

三、问答题

1. 土工合成材料地基施工常见的质量通病是什么？如何防治？
2. 粉煤灰地基夯实或碾压时，如出现"橡皮土"现象，应如何处理？
3. 振冲地基的孔位偏差应符合哪些规定？
4. 砂桩地基施工质量控制要点有哪些？
5. 混凝土预制桩施工时应如何进行打桩？
6. 混凝土灌注桩施工时，成孔深度应符合哪些要求？
7. 混凝土板桩排桩墙支护施工应符合哪些要求？
8. 高压喷射注浆桩墙施工应符合哪些要求？
9. 防水混凝土工程所用水泥应符合哪些要求？

第三章　砌体与混凝土结构工程施工质量控制

了解砌体结构工程、混凝土结构工程的分项工程的内容划分，掌握各分项工程施工质量控制要点和质量验收标准规定。

通过本章内容的学习，具备对砌体结构工程、混凝土结构工程进行质量验收的能力，能够进行上述工程的质量控制与质量验收，并能够及时采取措施对上述工程的常见质量通病有效预防。

第一节　砌体结构工程

砌体结构指的是用砖砌体、石砌体或砌块砌体建造的结构，又称砖石结构。

一、砖砌体工程

砖砌体主要适用于烧结普通砖、烧结多孔砖、混凝土多孔砖、混凝土实心砖、蒸压灰砂砖、蒸压粉煤灰砖等砌体工程。

1. 施工质量控制

(1)用于清水墙、柱表面的砖，应边角整齐，色泽均匀。

(2)砌体砌筑时，混凝土多孔砖、混凝土实心砖、蒸压灰砂砖、蒸压粉煤灰砖等块体的产品龄期不应小于 28 d。

(3)有冻胀环境和条件的地区，地面以下或防潮层以下的砌体不应采用多孔砖。

(4)不同品种的砖不得在同一楼层混砌。

(5)砌筑烧结普通砖、烧结多孔砖、蒸压灰砂砖、蒸压粉煤灰砖砌体时，砖应提前 1~2 d 适度湿润，严禁采用干砖或处于吸水饱和状态的砖砌筑，块体湿润程度宜符合下列规定：

1)烧结类块体的相对含水率为 60%~70%。

2)混凝土多孔砖及混凝土实心砖不需浇水湿润，但在气候干燥炎热的情况下，宜在砌筑前对其喷水湿润。其他非烧结类块体的相对含水率为 40%~50%。

(6)采用铺浆法砌筑砌体，铺浆长度不得超过 750 mm；当施工期间气温超过 30 ℃时，铺浆长度不得超过 500 mm。

(7)240 mm 厚承重墙的每层墙的最上一皮砖，砖砌体的阶台水平面上及挑出层的外皮砖，应整砖丁砌。

(8)弧拱式及平拱式过梁的灰缝应砌成楔形缝，拱底灰缝宽度不宜小于 5 mm，拱顶灰缝宽度不应大于 15 mm，拱体的纵向及横向灰缝应填实砂浆；平拱式过梁拱脚下面应伸入墙内不小于 20 mm；砖砌平拱过梁底应有 1‰的起拱。

(9)砖过梁底部的模板及其支架拆除时，灰缝砂浆强度不应低于设计强度的 75%。

(10)多孔砖的孔洞应垂直于受压面砌筑。半盲孔多孔砖的封底面应朝上砌筑。

(11)竖向灰缝不应出现瞎缝、透明缝和假缝。

(12)砖砌体施工临时间断处补砌时，必须将接槎处表面清理干净，洒水湿润并填实砂浆，保持灰缝平直。

(13)夹心复合墙的砌筑应符合下列规定：

1)墙体砌筑时，应采取措施防止空腔内掉落砂浆和杂物；

2)拉结件设置应符合设计要求，拉结件在叶墙上的搁置长度不应小于叶墙厚度的 2/3，并不应小于 60 mm；

3)保温材料品种及性能应符合设计要求。保温材料的浇筑压力不应对砌体强度、变形及外观质量产生不良影响。

2. 施工质量验收

【主控项目】

(1)砖和砂浆的强度等级必须符合设计要求。

抽检数量：每一生产厂家，烧结普通砖、混凝土实心砖每 15 万块，烧结多孔砖、混凝土多孔砖、蒸压灰砂砖及蒸压粉煤灰砖每 10 万块各为一验收批，不足上述数量时按 1 批计，抽检数量为 1 组。砂浆试块的抽检数量：每一检验批且不超过 250 m³ 砌体的各类、各强度等级的普通砌筑砂浆，每台搅拌机应至少抽检一次。验收批的预拌砂浆、蒸压加气混凝土砌块专用砂浆，抽检可为 3 组。

检验方法：查砖和砂浆试块试验报告。

(2)砌体灰缝砂浆应密实、饱满，砖墙水平灰缝的砂浆饱满度不得低于 80%；砖柱水平灰缝和竖向灰缝饱满度不得低于 90%。

抽检数量：每检验批抽查不应少于 5 处。

检验方法：用百格网检查砖底面与砂浆的粘结痕迹面积，每处检测 3 块砖，取其平均值。

(3)砖砌体的转角处和交接处应同时砌筑，严禁无可靠措施的内外墙分砌施工。在抗震设防烈度为 8 度及 8 度以上地区，对不能同时砌筑而又必须留置的临时间断处应砌成斜槎，普通砖砌体斜槎水平投影长度不应小于高度的 2/3，多孔砖砌体的斜槎长高比不应小于 1/2。斜槎高度不得超过一步脚手架的高度。

抽检数量：每检验批抽查不应少于 5 处。

检验方法：观察检查。

(4)非抗震设防及抗震设防烈度为 6 度、7 度地区的临时间断处，当不能留斜槎时，除转角处外可留直槎，但直槎必须做成凸槎且应加设拉结钢筋，拉结钢筋应符合下列规定：

1)每 120 mm 墙厚放置 1φ6 拉结钢筋(120 mm 厚墙应放置 2φ6 拉结钢筋)；

2)间距沿墙高不应超过 500 mm，且竖向间距偏差不应超过 100 mm；

3)埋入长度从留槎处算起每边均不应小于 500 mm，对抗震设防烈度 6 度、7 度的地区，不应小于 1 000 mm；

4)末端应有 90°弯钩(图 3-1)。

抽检数量：每检验批抽查不应少于 5 处。

检验方法：观察和尺量检查。

【一般项目】

(1)砖砌体组砌方法应正确，内外搭砌，上、下错缝。清水墙、窗间墙无通缝；混水墙中不得有长度大于 300 mm 的通缝，长度 200～300 mm 的通缝每间不超过 3 处，且不得位于同一面墙体上。砖柱不得采用包心砌法。

抽检数量：每检验批抽查不应少于 5 处。

检验方法：观察检查。砌体组砌方法抽检每处应为 3～5 m。

(2)砖砌体的灰缝应横平竖直，厚薄均匀，水平灰缝厚度及竖向灰缝宽度宜为 10 mm，但不应小于 8 mm，也不应大于 12 mm。

抽检数量：每检验批抽查不应少于 5 处。

检验方法：水平灰缝厚度用尺量 10 皮砖砌体高度折算；竖向灰缝宽度用尺量 2 m 砌体长度折算。

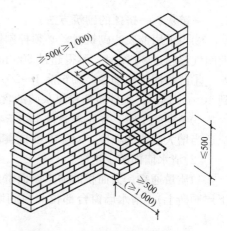

图 3-1 直槎处拉结钢筋示意图

(3)砖砌体尺寸、位置的允许偏差及检验应符合表 3-1 的规定。

表 3-1 砖砌体尺寸、位置的允许偏差及检验方法、数量

项次	项 目			允许偏差/mm	检 验 方 法	抽 检 数 量
1	轴线位移			10	用经纬仪和尺或用其他测量仪器检查	承重墙、柱全数检查
2	基础、墙、柱顶面标高			±15	用水准仪和尺检查	不应少于 5 处
3	墙面垂直度	每层		5	用 2 m 托线板检查	不应少于 5 处
		全高	≤10 mm	10	用经纬仪、吊线和尺或用其他测量仪器检查	外墙全部阳角
			>10 mm	20		
4	表面平整度	清水墙、柱		5	用 2 m 靠尺和楔形塞尺检查	不应少于 5 处
		混水墙、柱		8		
5	水平灰缝平直度	清水墙		7	拉 5 m 线和尺检查	不应少于 5 处
		混水墙		10		
6	门窗洞口高、宽(后塞口)			±10	用尺检查	不应少于 5 处
7	外墙上下窗口偏移			20	以底层窗口为准，用经纬仪或吊线检查	不应少于 5 处
8	清水墙游丁走缝			20	以每层第一皮砖为准，用吊线和尺检查	不应少于 5 处

3. 质量通病及防治措施

(1)砖缝砂浆不饱满，砂浆与砖粘结不良。

1)质量通病。砌体水平灰缝砂浆饱满度低于 80%；竖缝出现瞎缝，特别是空心砖墙，常出现较多的透明缝；砌筑清水墙采取大缩口铺灰，缩口缝深度甚至达 20 mm 以上，影响砂浆饱满度。砖在砌筑前未浇水湿润，干砖上墙，或铺灰长度过长，致使砂浆与砖粘结不良。

2)防治措施。

①改善砂浆和易性，提高粘结强度，确保灰缝砂浆饱满。

②改进砌筑方法。不宜采取铺浆法或摆砖砌筑，应推广"三一砌砖法"，即使用大铲，一块

砖、一铲灰、一挤揉的砌筑方法。

③当采用铺浆法砌筑时，必须控制铺浆的长度，一般气温条件下不得超过750 mm，当施工期间气温超过30 ℃时，不得超过500 mm。

④严禁用干砖砌墙。砌筑前1~2 d应将砖浇湿，使砌筑时烧结普通砖和多孔砖的含水率达到10%~15%，灰砂砖和粉煤灰砖的含水率达到8%~12%。

⑤冬期施工时，在正温条件下也应将砖面适当湿润后再砌筑。负温条件下施工无法浇砖时，应适当增大砂浆的稠度。对于9度抗震设防地区，在严冬无法浇砖的情况下，不能进行砌筑。

（2）清水墙面游丁走缝。

1）质量通病。大面积的清水墙面常出现丁砖竖缝歪斜、宽窄不匀，丁不压中（丁砖未居中在下层顺砖上），清水墙窗台部位与窗间墙部位的上下竖缝发生错位等，直接影响到清水墙面的美观。

2）防治措施。

①砌筑清水墙，应选取边角整齐、色泽均匀的砖。

②砌清水墙前应进行统一摆底，并先对现场砖的尺寸进行实测，以便确定组砌方法和调整竖缝宽度。

③摆底时应将窗口位置引出，使砖的竖缝尽量与窗口边线相齐，如安排不开，可适当移动窗口位置（一般不大于20 mm）。当窗口宽度不符合砖的模数（如1.8 m宽）时，应将七分头砖留在窗口下部的中央，以保持窗间墙处上下竖缝不错位，如图3-2所示。

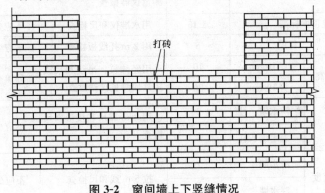

打砖

图3-2　窗间墙上下竖缝情况

④游丁走缝主要是由丁砖游动所引起的，因此在砌筑时，必须强调丁压中，即丁砖的中线与下层顺砖的中线重合。

⑤在砌大面积清水墙（如山墙）时，在开始砌的几层砖中，沿墙角1 m处，用线坠吊一次竖缝的垂直度，至少保持一步架高度内有准确的垂直度。

⑥沿墙面每隔一定间距，在竖缝处弹墨线，墨线用经纬仪或线坠引测。当砌至一定高度（一步架或一层墙）后，将墨线向上引申，以作为控制游丁走缝的基准。

二、混凝土小型空心砌块砌体工程

混凝土小型空心砌块指的是普通混凝土小型空心砌块和轻集料混凝土小型空心砌块（简称小砌块）。

1. 施工质量控制

（1）施工前，应按房屋设计图编绘小砌块平、立面排块图，施工中应按排块图施工。

（2）施工采用的小砌块的产品龄期不应小于28 d。

(3)砌筑小砌块时，应清除表面污物，剔除外观质量不合格的小砌块。

(4)砌筑小砌块砌体，宜选用专用小砌块砌筑砂浆。

(5)底层室内地面以下或防潮层以下的砌体，应采用强度等级不低于C20(或Cb20)的混凝土灌实小砌块的孔洞。

(6)砌筑普通混凝土小型空心砌块砌体，不需对小砌块浇水湿润，如遇天气干燥炎热，宜在砌筑前对其喷水湿润；对轻集料混凝土小砌块，应提前浇水湿润，块体的相对含水率宜为40%～50%。雨天及小砌块表面有浮水时，不得施工。

(7)承重墙体使用的小砌块应完整、无破损、无裂缝。

(8)小砌块墙体应孔对孔、肋对肋错缝搭砌。单排孔小砌块的搭接长度应为块体长度的1/2；多排孔小砌块的搭接长度可适当调整，但不宜小于小砌块长度的1/3，且不应小于90 mm。墙体的个别部位不能满足上述要求时，应在灰缝中设置拉结钢筋或钢筋网片，但竖向通缝仍不得超过两皮小砌块。

(9)小砌块应将生产时的底面朝上反砌于墙上。

(10)小砌块墙体宜逐块坐(铺)浆砌筑。

(11)在散热器、厨房和卫生间等设备的卡具安装处砌筑的小砌块，宜在施工前用强度等级不低于C20(或Cb20)的混凝土将其孔洞灌实。

(12)每步架墙(柱)砌筑完后，应随即刮平墙体灰缝。

(13)芯柱处小砌块墙体砌筑应符合下列规定：

1)每一楼层芯柱处第一皮砌块应采用开口小砌块；

2)砌筑时应随砌随清除小砌块孔内的毛边，并将灰缝中挤出的砂浆刮净。

(14)芯柱混凝土宜选用专用小砌块灌孔混凝土。浇筑芯柱混凝土应符合下列规定：

1)每次连续浇筑的高度宜为半个楼层，但不应大于1.8 m；

2)浇筑芯柱混凝土时，砌筑砂浆强度应大于1 MPa；

3)清除孔内掉落的砂浆等杂物，并用水冲淋孔壁；

4)浇筑芯柱混凝土前，应先注入适量与芯柱混凝土成分相同的去石砂浆；

5)每浇筑400～500 mm高度捣实一次，或边浇筑边捣实。

(15)小砌块复合夹心墙的砌筑应参照"砖砌体工程"的相关内容。

2. 施工质量验收

【主控项目】

(1)小砌块和芯柱混凝土、砌筑砂浆的强度等级必须符合设计要求。

抽检数量：每一生产厂家，每1万块小砌块为一验收批，不足1万块按一批计，抽检数量为1组；用于多层以上建筑的基础和底层的小砌块抽检数量不应少于2组。砂浆的抽检数量参见"砖砌体工程"的相关内容。

检验方法：检查小砌块和芯柱混凝土、砌筑砂浆试块试验报告。

(2)砌体水平灰缝和竖向灰缝的砂浆饱满度，按净面积计算不得低于90%。

抽检数量：每检验批抽查不应少于5处。

检验方法：用专用百格网检测小砌块与砂浆粘结痕迹，每处检测3块小砌块，取其平均值。

(3)墙体转角处和纵横交接处应同时砌筑。临时间断处应砌成斜槎，斜槎水平投影长度不应小于斜槎高度。施工洞口可预留直槎，但在洞口砌筑和补砌时，应在直槎上下搭砌的小砌块孔洞内用强度等级不低于C20(或Cb20)的混凝土灌实。

抽检数量：每检验批抽查不应少于5处。

检验方法：观察检查。

（4）小砌块砌体的芯柱在楼盖处应贯通，不得削弱芯柱截面尺寸；芯柱混凝土不得漏灌。

抽检数量：每检验批抽查不应少于5处。

检验方法：观察检查。

【一般项目】

（1）砌体的水平灰缝厚度和竖向灰缝宽度宜为10 mm，但不应小于8 mm，也不应大于12 mm。

抽检数量：每检验批抽查不应少于5处。

检验方法：水平灰缝厚度用尺量5皮小砌块的高度折算；竖向灰缝宽度用尺量2 m砌体长度折算。

（2）小砌块砌体尺寸、位置的允许偏差应按表3-1的规定执行。

3. 质量通病及防治措施

（1）混凝土小型空心砌块砌筑采取底面朝下正砌于墙上。

1）质量通病。混凝土小型砌块砌筑时采用底面朝下的正砌方法。由于小砌块是采用竖向抽芯工艺生产的，上部的壁肋薄，底部壁肋较厚，如果采取底面朝下正砌于墙上，则铺砂浆不便，小砌块砌体的水平灰缝砂浆难以饱满，将会影响砌体的受力性能。

2）防治措施。混凝土小砌块砌筑应采用底面朝上反砌于墙上，便于铺放砂浆和保证水平灰缝砂浆的饱满度以及砌体强度。

（2）混凝土小型空心砌块砌筑墙体整体性差，对受力及抗震不利。

1）质量通病。混凝土小型空心砌块砌筑时，错缝搭砌较差，搭接长度小于120 mm，造成墙体整体性差，对受力及抗震不利。

2）防治措施。使用单排孔小砌块砌筑时，应对孔错缝搭砌；使用多排孔小砌块砌筑时，应错缝搭砌，搭接长度不应小于120 mm。墙体的个别部位不能满足上述要求时，应在灰缝中设置拉结钢筋或钢筋网片，但竖向通缝仍不得超过两皮小砌块。

三、石砌体工程

石砌体适用于毛石、毛料石、粗料石、细料石等砌体工程。

1. 施工质量控制

（1）石砌体采用的石材应质地坚实，无裂纹和无明显风化剥落；用于清水墙、柱表面的石材，还应色泽均匀；石材的放射性应经检验合格，其安全性应符合现行国家标准《建筑材料放射性核素限量》（GB 6566—2010）的有关规定。

（2）砌筑前应清除干净石材表面的泥垢、水锈等杂质。

（3）砌筑毛石基础的第一皮石块应坐浆，并将大面向下；砌筑料石基础的第一皮石块应用丁砌层坐浆砌筑。

（4）毛石砌体的第一皮及转角处、交接处和洞口处，应用较大的平毛石砌筑。每个楼层（包括基础）砌体的最上一皮，宜选用较大的毛石砌筑。

（5）毛石砌筑时，对石块间存在的较大的缝隙，应先向缝内填灌砂浆并捣实，然后再用小石块嵌填，不得先填小石块后填灌砂浆，石块间不得出现无砂浆相互接触现象。

（6）砌筑毛石挡土墙应按分层高度砌筑，并应符合下列规定：

1）每砌3~4皮为一个分层高度，每个分层高度应将顶层石块砌平；

2）两个分层高度间分层处的错缝不得小于80 mm。

（7）料石挡土墙，当中间部分用毛石砌筑时，丁砌料石伸入毛石部分的长度不应小于200 mm。

（8）毛石、毛料石、粗料石、细料石砌体灰缝厚度应均匀，灰缝厚度应符合下列规定：

1)毛石砌体外露面的灰缝厚度不宜大于 40 mm；

2)毛料石和粗料石的灰缝厚度不宜大于 20 mm；

3)细料石的灰缝厚度不宜大于 5 mm。

(9)挡土墙的泄水孔当设计无规定时，施工应符合下列规定：

1)泄水孔应均匀设置，在每米高度上间隔 2 m 左右设置一个；

2)泄水孔与土体间铺设长宽各为 300 mm、厚 200 mm 的卵石或碎石作疏水层。

(10)挡土墙内侧回填土必须分层夯填，分层松土厚度宜为 300 mm。墙顶土面应有适当坡度使流水流向挡土墙外侧面。

(11)在毛石和实心砖的组合墙中，毛石砌体与砖砌体应同时砌筑，并每隔 4~6 皮砖用 2~3 皮丁砖与毛石砌体拉结砌合；两种砌体间的空隙应填实砂浆。

(12)毛石墙和砖墙相接的转角处和交接处应同时砌筑。转角处、交接处应自纵墙(或横墙)每隔 4~6 皮砖高度引出不小于 120 mm 与横墙(或纵墙)相接。

2. 施工质量验收

【主控项目】

(1)石材及砂浆强度等级必须符合设计要求。

抽检数量：同一产地的同类石材抽检不应少于 1 组。砂浆的抽检数量参照"砖砌体工程"的相关规定。

检验方法：料石检查产品质量证明书，石材、砂浆检查试块试验报告。

(2)砌体灰缝的砂浆饱满度不应小于 80%。

抽检数量：每检验批抽查不应少于 5 处。

检验方法：观察检查。

【一般项目】

(1)石砌体尺寸、位置的允许偏差及检验方法应符合表 3-2 的规定。

表 3-2　石砌体尺寸、位置的允许偏差及检验方法

项次	项　目		允许偏差/mm							检验方法
			毛石砌体		料石砌体					
					毛料石		粗料石		细料石	
			基础	墙	基础	墙	基础	墙	墙、柱	
1	轴线位置		20	15	20	15	15	10	10	用经纬仪和尺检查，或用其他测量仪器检查
2	基础和墙砌体顶面标高		±25	±15	±25	±15	±15	±15	±10	用水准仪和尺检查
3	砌体厚度		+30	+20 −10	+30	+20 −10	+15	+10 −5	+10 −5	用尺检查
4	墙面垂直度	每层	—	20	—	20	—	10	7	用经纬仪、吊线和尺检查或用其他测量仪器检查
		全高	—	30	—	30	—	25	10	
5	表面平整度	清水墙、柱	—	—	—	20	—	10	5	细料石用 2 m 靠尺和楔形塞尺检查，其他用两直尺垂直于灰缝拉 2 m 线和尺检查
		混水墙、柱	—	—	—	20	—	15	—	
6	清水墙水平灰缝平直度		—	—	—	—	—	10	5	拉 10 m 线和尺检查

抽检数量：每检验批抽查不应少于 5 处。

(2)石砌体的组砌形式应符合下列规定：

1)内外搭砌，上下错缝，拉结石、丁砌石交错设置；

2)毛石墙拉结石每 0.7 m，墙面不应少于 1 块。

检查数量：每检验批抽查不应少于 5 处。

检验方法：观察检查。

3. 质量通病及防治措施

(1)质量通病。墙体砌筑缺乏长石料或图省事、操作马虎，不设置拉结石或设置数量较少。这样易造成砌体拉结不牢，影响墙体的整体性和稳定性，降低砌体的承载力。

(2)防治措施。砌体必须设置拉结石，拉结石应均匀分布，相互错开，在立面上呈梅花形；毛石基础(墙)同皮内每隔 2 m 左右设置一块；毛石墙一般每 0.7 m² 墙面至少应设置一块，且同皮内的中距不应大于 2 m；拉结石的长度，如墙厚小于或等于 400 mm，应同厚；如墙厚大于 400 mm，可用两块拉结石内外搭接，搭接长度不应小于 150 mm，且其中一块长度不应小于墙厚的 2/3。

四、配筋砌体工程

配筋砌体是由配置钢筋的砌体作为建筑物主要受力构件的结构，与普通砌体相比，具有更好的抗弯、抗剪能力和良好的延性。

1. 施工质量控制

(1)配筋砖砌体工程。

1)设置在砌体水平灰缝内的钢筋，应居中置于灰缝中，灰缝厚度应比钢筋的直径大 4 mm 以上。砌体灰缝内钢筋与砌体外露面距离不应小于 15 mm。

2)砌体水平灰缝中钢筋的锚固长度不宜小于 50d，且其水平或垂直弯折段长度不宜小于 20d 和 150 mm；钢筋的搭接长度不应小于 55d。

3)配筋砌块砌体剪力墙的灌孔混凝土中竖向受拉钢筋，钢筋搭接长度不应小于 35d 且不应小于 300 mm。

4)砌体与构造柱、芯柱的连接处应设 2ϕ6 拉结筋或 ϕ4 钢筋网片，间距沿墙高不应超过 500 mm(小砌块为 600 mm)；埋入墙内长度每边不宜小于 600 mm；对抗震设防地区不宜小于 1 m；钢筋末端应有 90°弯钩。

5)钢筋网可采用连弯网或方格网。钢筋直径宜采用 3～4 mm；当采用连弯网时，钢筋的直径不应大于 8 mm。

6)钢筋网中钢筋的间距不应大于 120 mm，并不应小于 30 mm。

(2)构造柱、芯柱配筋。

1)构造柱浇灌混凝土前，必须将砌体留槎部位和模板浇水湿润，将模板内的落地灰、砖渣和其他杂物清理干净，并在结合面处注入适量与构造柱混凝土相同等级的去石水泥砂浆。振捣时，应避免触碰墙体，严禁通过墙体传震。

2)配筋砌块芯柱在楼盖处应贯通，并不得削弱芯柱截面尺寸。

3)构造柱纵筋应穿过圈梁，保证纵筋上下贯通；构造柱箍筋在楼层上下各 500 mm 范围内应进行加密，间距宜为 100 mm。

4)墙体与构造柱连接处应砌成马牙槎，从每层柱脚起，先退后进，马牙槎的高度不应大于 300 mm，并应先砌墙后浇混凝土构造柱。

5)小砌块墙中设置构造柱时，与构造柱相邻的砌块孔洞，当设计未具体要求时，6度(抗震设防烈度，下同)时宜灌实，7度时应灌实，8度时应灌实并插筋。

(3)构造柱、芯柱中箍筋。

1)当纵向钢筋的配筋率大于0.25%，且柱承受的轴向力大于受压承载力设计值的25%时，柱应设箍筋；当配筋率等于或小于0.25%时，或柱承受的轴向力小于受压承载力设计值的25%时，柱中可不设置箍筋。

2)箍筋直径不宜小于6 mm。

3)箍筋的间距不应大于16倍的纵向钢筋直径、48倍箍筋直径及柱截面短边尺寸中较小者。

4)箍筋应做成封闭式，端部应有弯钩。

5)箍筋应设置在灰缝或灌孔混凝土中。

2. 施工质量验收

【主控项目】

(1)钢筋的品种、规格、数量和设置部位应符合设计要求。

检验方法：检查钢筋的合格证书、钢筋性能复试试验报告、隐蔽工程记录。

(2)构造柱、芯柱、组合砌体构件、配筋砌体剪力墙构件的混凝土及砂浆的强度等级应符合设计要求。

抽检数量：每检验批砌体，试块不应少于1组，验收批砌体试块不得少于3组。

检验方法：检查混凝土和砂浆试块试验报告。

(3)构造柱与墙体的连接应符合下列规定：

1)墙体应砌成马牙槎，马牙槎凹凸尺寸不宜小于60 mm，高度不应超过300 mm，马牙槎应先退后进，对称砌筑；马牙槎尺寸偏差每一构造柱不应超过2处。

2)预留拉结钢筋的规格、尺寸、数量及位置应正确，拉结钢筋应沿墙高每隔500 mm设2Φ6，伸入墙内不宜小于600 mm，钢筋的竖向移位不应超过100 mm，且每一构造柱竖向移位不得超过2处。

3)施工中不得任意弯折拉结钢筋。

抽检数量：每检验批抽查不应少于5处。

检验方法：观察检查和尺量检查。

(4)配筋砌体中受力钢筋的连接方式及锚固长度、搭接长度应符合设计要求。

检查数量：每检验批抽查不应少于5处。

检验方法：观察检查。

【一般项目】

(1)构造柱一般尺寸允许偏差及检验方法应符合表3-3的规定。

表3-3 构造柱一般尺寸允许偏差及检验方法

项次	项目			允许偏差/mm	检验方法
1	中心线位置			10	用经纬仪和尺检查或用其他测量仪器检查
2	层间错位			8	用经纬仪和尺检查或用其他测量仪器检查
3	垂直度	每层		10	用2 m托线板检查
		全高	≤10 m	15	用经纬仪、吊线和尺检查或用其他测量仪器检查
			>10 m	20	

抽检数量：每检验批抽查不应少于5处。

(2)设置在砌体灰缝中钢筋的防腐保护应符合《砌体结构施工质量验收规范》(GB 50203—2011)的相关规定，且钢筋防护层完好，不应有肉眼可见裂纹、剥落和擦痕等缺陷。

抽检数量：每检验批抽查不应少于5处。

检验方法：观察检查。

(3)网状配筋砖砌体中，钢筋网规格及放置间距应符合设计规定。每一构件钢筋网沿砌体高度位置超过设计规定一皮砖厚不得多于1处。

抽检数量：每检验批抽查不应少于5处。

检验方法：通过钢筋网成品检查钢筋规格，钢筋网放置间距采用局部剔缝观察，或用探针刺入灰缝内检查，或用钢筋位置测定仪测定。

(4)钢筋安装位置的允许偏差及检验方法应符合表3-4的规定。

表3-4　钢筋安装位置的允许偏差和检验方法

项目		允许偏差/mm	检验方法
受力钢筋保护层厚度	网状配筋砌体	±10	检查钢筋网成品，钢筋网放置位置局部剔缝观察，或用探针刺入灰缝内检查，或用钢筋位置测定仪测定
	组合砖砌体	±5	支模前观察与尺量检查
	配筋小砌块砌体	±10	浇筑灌孔混凝土前观察与尺量检查
配筋小砌块砌体墙凹槽中水平钢筋间距		±10	钢尺量连续三档，取最大值

抽检数量：每检验批抽查不应少于5处。

3. 质量通病及防治措施

(1)配筋砌体钢筋遗漏和锈蚀。

1)质量通病。配筋砌体(水平配筋)中的钢筋在操作时漏放，或没有按照设计规定放置；配筋砖缝中砂浆不饱满，年久钢筋遭到严重锈蚀而失去作用。上述两种现象会使配筋砌体强度大幅度降低。特别是当同一条灰缝中有的部位(如窗间墙)有配筋，有的部位无配筋时，皮数杆灰缝若按无配筋砌体划制，则会造成配筋部位灰缝厚度偏小，使配筋在灰缝中没有保护层，或局部未被砂浆包裹，造成钢筋锈蚀。

2)防治措施。

①砌体中的配筋与混凝土中的钢筋一样，都属于隐蔽工程项目，应加强检查，并填写检查记录存档。施工中，对所砌部位需要的配筋应一次备齐，以便检查有无遗漏。砌筑时，配筋端头应从砖缝处露出，作为配筋标志。

②配筋宜采用冷拔钢丝点焊网片，砌筑时，应适当增加灰缝厚度(以钢筋网片厚度上下各有2 mm保护层为宜)。如同一标高墙面有配筋和无配筋两种情况，可分划两种皮数杆，一般配筋砌体最好为外抹水泥砂浆混水墙，这样就不会影响墙体缝式的美观。

③为了确保砖缝中钢筋保护层的质量，应先将钢筋网片刷水泥净浆。网片放置前，底面砖层的纵横竖缝应用砂浆填实，以增强砌体强度，同时，也能防止铺浆砌筑时砂浆掉入竖缝中而出现露筋现象。

④配筋砌体一般均使用强度等级较高的水泥砂浆，为了使挤浆严实，严禁用干砖砌筑。应采取满铺满挤(也可适当敲砖振实砂浆层)，使钢筋能很好地被砂浆包裹。

⑤如有条件，可在钢筋表面涂刷防腐涂料或防锈剂。

(2)网状配筋砌体中采用绑扎网片代替焊接网片。

1)质量通病。网状配筋砌体的钢筋网，若施工时图省事，采用绑扎网片，会由于绑扎网片易变形，不易平直，不利于控制灰缝厚度和保持钢筋保护层厚度，会影响砂浆与砖和钢筋的牢固粘结，降低砌体的强度和承载力。

2）防治措施。

①网状配筋砌体钢筋网，宜采用较平直的焊接网片，以满足网面上下砂浆层厚度的要求。

②为避免网片上表面砂浆过薄或直接与砖面接触，网片铺放后应将砂浆再次摊平。当采用钢筋弯连片时，由于其平直度较差，在放置前应加以调整，使其尽量平直后再使用，以保证网面上下砂浆层厚度符合要求。

五、填充墙砌体工程

填充墙砌体主要适用于烧结空心砖、蒸压加气混凝土砌块、轻集料混凝土小型空心砌块等填充墙砌体。

1. 施工质量控制

（1）砌筑填充墙时，轻集料混凝土小型空心砌块和蒸压加气混凝土砌块的产品龄期不应小于28 d，蒸压加气混凝土砌块的含水率宜小于30%。

（2）烧结空心砖、蒸压加气混凝土砌块、轻集料混凝土小型空心砌块等的运输、装卸过程中，严禁抛掷和倾倒；进场后应按品种、规格堆放整齐，堆置高度不宜超过2 m。蒸压加气混凝土砌块在运输及堆放时应防止雨淋。

（3）吸水率小的轻集料混凝土小型空心砌块及采用薄灰砌筑法施工的蒸压加气混凝土砌块，砌筑前不应对其浇（喷）水湿润；在气候干燥炎热的情况下，对吸水率较小的轻集料混凝土小型空心砌块宜在砌筑前喷水湿润。

（4）采用普通砌筑砂浆砌筑填充墙时，烧结空心砖、吸水率较大的轻集料混凝土小型空心砌块应提前1～2 d浇（喷）水湿润。蒸压加气混凝土砌块采用蒸压加气混凝土砌块砌筑砂浆或普通砌筑砂浆砌筑时，应在砌筑当天对砌块砌筑面喷水湿润。块体湿润程度宜符合下列规定：

1）烧结空心砖的相对含水率为60%～70%；

2）吸水率较大的轻集料混凝土小型空心砌块、蒸压加气混凝土砌块的相对含水率为40%～50%。

（5）在厨房、卫生间、浴室等处采用轻集料混凝土小型空心砌块、蒸压加气混凝土砌块砌筑墙体时，墙底部宜现浇混凝土坎台，其高度宜为150 mm。

（6）填充墙拉结筋处的下皮小砌块宜采用半盲孔小砌块或用混凝土灌实孔洞的小砌块；薄灰砌筑法施工的蒸压加气混凝土砌块砌体，拉结筋应放置在砌块上表面设置的沟槽内。

（7）蒸压加气混凝土砌块、轻集料混凝土小型空心砌块不应与其他块体混砌，不同强度等级的同类块体也不得混砌。

需要注意的是：窗台处和因安装门窗需要，在门窗洞口处两侧填充墙上、中、下部可采用其他块体局部嵌砌；对与框架柱、梁不脱开方法的填充墙，填塞填充墙顶部与梁之间缝隙可采用其他块体。

（8）填充墙砌体砌筑，应待承重主体结构检验批验收合格后进行。填充墙与承重主体结构间的空（缝）隙部位施工，应在填充墙砌筑14 d后进行。

2. 施工质量验收

【主控项目】

（1）烧结空心砖、小砌块和砌筑砂浆的强度等级应符合设计要求。

抽检数量：烧结空心砖每10万块为一验收批，小砌块每1万块为一验收批，不足上述数量时按一批计，抽检数量为1组。砂浆试块的抽检数量参见"砖砌体工程"的相关规定。

检验方法：检查砖、小砌块进场复验报告和砂浆试块试验报告。

(2)填充墙砌体应与主体结构可靠连接，其连接构造应符合设计要求，未经设计同意，不得随意改变连接构造方法。每一填充墙与柱的拉结筋的位置超过一皮块体高度的数量不得多于一处。

抽检数量：每检验批抽查不应少于5处。

检验方法：观察检查。

(3)填充墙与承重墙、柱、梁的连接钢筋，当采用化学植筋的连接方式时，应进行实体检测。锚固钢筋拉拔试验的轴向受拉非破坏承载力检验值应为6.0 kN。抽检钢筋在检验值作用下应基材无裂缝、钢筋无滑移宏观裂损现象；持荷2 min期间荷载值降低不大于5%。

抽检数量：按表3-5确定。

检验方法：原位试验检查。

表3-5　检验批抽检锚固钢筋样本最小容量

检验批的容量	样本最小容量	检验批的容量	样本最小容量
≤90	5	281～500	20
91～150	8	501～1 200	32
151～280	13	1 201～3 200	50

【一般项目】

(1)填充墙砌体尺寸、位置的允许偏差及检验方法应符合表3-6的规定。

表3-6　填充墙砌体尺寸、位置的允许偏差及检验方法

项次	项　目		允许偏差/mm	检　验　方　法
1	轴线位移		10	用尺检查
2	垂直度（每层）	≤3 m	5	用2 m托线板或吊线、尺检查
		>3 m	10	
3	表面平整度		8	用2 m靠尺和楔形尺检查
4	门窗洞口高、宽(后塞口)		±10	用尺检查
5	外墙上、下窗口偏移		20	用经纬仪或吊线检查

抽检数量：每检验批抽查不应少于5处。

(2)填充墙砌体的砂浆饱满度及检验方法应符合表3-7的规定。

表3-7　填充墙砌体的砂浆饱满度及检验方法

砌体分类	灰缝	饱满度及要求	检验方法
空心砖砌体	水平	≥80%	采用百格网检查块体底面或侧面砂浆的粘结痕迹面积
	垂直	填满砂浆，不得有透明缝、瞎缝、假缝	
蒸压加气混凝土砌块、轻集料混凝土小型空心砌块砌体	水平	≥80%	
	垂直	≥80%	

抽检数量：每检验批抽查不应少于5处。

(3)填充墙留置的拉结钢筋或网片的位置应与块体皮数相符合。拉结钢筋或网片应置于灰缝中，埋置长度应符合设计要求，竖向位置偏差不应超过一皮高度。

抽检数量：每检验批抽查不应少于5处。

检验方法：观察和用尺量检查。

(4)砌筑填充墙时应错缝搭砌，蒸压加气混凝土砌块搭砌长度不应小于砌块长度的1/3；轻集料混凝土小型空心砌块搭砌长度不应小于90 mm；竖向通缝不应大于2皮。

抽检数量：每检验批抽查不应少于5处。

检验方法：观察检查。

(5)填充墙的水平灰缝厚度和竖向灰缝宽度应正确，烧结空心砖、轻集料混凝土小型空心砌块砌体的灰缝应为8～12 mm；蒸压加气混凝土砌块砌体当采用水泥砂浆、水泥混合砂浆或蒸压加气混凝土砌块砌筑砂浆时，水平灰缝厚度和竖向灰缝宽度不应超过15 mm；当蒸压加气混凝土砌块砌体采用蒸压加气混凝土砌块粘结砂浆时，水平灰缝厚度和竖向灰缝宽度宜为3～4 mm。

抽检数量：每检验批抽查不应少于5处。

检验方法：水平灰缝厚度用尺量5皮小砌块的高度折算；竖向灰缝宽度用尺量2 m砌体长度折算。

3. 质量通病及防治措施

(1)填充墙与混凝土柱、梁、墙连接不良。

1)质量通病。填充墙与柱、梁、墙连接处出现裂缝，严重的受冲撞时倒塌。

2)防治措施。

①轻质小砌块填充墙应沿墙高每隔600 mm与柱或承重墙内预埋的2φ6钢筋拉结，钢筋伸入填充墙内长度不应小于600 mm。加气砌块填充墙与柱和承重墙交接处应沿墙高每隔1 m设置2φ6拉结筋，伸入填充墙内不得小于500 mm。

②填充墙砌至拉结筋部位时，将拉结筋调直，平铺在墙上，然后铺灰砌墙；严禁把拉结筋折断或未伸入墙体灰缝中。

③填充墙砌完后，砌体还将有一定的变形，因此，要求填充墙砌到梁、板底留一定的空隙，在抹灰前再用侧砖、立砖或预制混凝土块斜砌挤紧，其倾斜度为60°左右，砌筑砂浆要饱满。另外，在填充墙与柱、梁、板结合处须用砂浆嵌缝，这样可以使填充墙与梁、板、柱结合紧密，不易开裂。

④对已出现问题的填充墙按下列方法处理：

a. 柱、梁、板或承重墙内漏放拉结筋时，可在拉结筋部位将混凝土保护层凿除，将拉结筋按规范要求的搭接倍数焊接在柱、梁、板或承重墙钢筋上。

b. 柱、梁、板或承重墙与填充墙之间出现裂缝，可凿除原有嵌缝砂浆，重新嵌缝。

(2)填充墙砌体的灰缝厚度、宽度过小或过大。

1)质量通病。填充墙砌体的灰缝厚度和宽度铺设过小或过大，对砌体的施工都会带来一定危害。当填充墙砌体灰缝厚度、宽度过小时，就会对砌筑砂浆的和易性要求高，不仅会增加砌筑难度，施工工效降低，且不能保证砌体砂浆饱满度达到规范要求；灰缝的厚度、宽度过大，不仅浪费砌筑砂浆，且加大砌体灰缝的收缩，不利于砌体裂缝的控制，影响填充墙砌体的质量。

2)防治措施。填充墙砌体的灰缝厚度和宽度应严加控制。空心砖、轻集料混凝土小型空心砌块的砌体灰缝应为8～12 mm；蒸压加气混凝土砌块砌体的水平灰缝厚度及竖向灰缝宽度宜分别为15 mm和20 mm。另外，施工中应加强检查。

第二节 混凝土结构工程

混凝土结构是以混凝土为主制成的结构，包括素混凝土结构、钢筋混凝土结构和预应力混凝土结构，按施工方法分为现浇混凝土结构和装配式混凝土结构。混凝土结构子分部工程可划分为模板、钢筋、预应力、混凝土、现浇结构和装配式结构等分项工程。

一、模板安装工程

模板工程在混凝土施工中是一种临时结构，指新浇混凝土成型的模板以及支承模板的一整套构造体系，其中，接触混凝土并控制预定尺寸，形状、位置的构造部分称为模板，支持和固定模板的杆件、桁架、联结件、金属附件、工作便桥等构成支承体系，对于滑动模板，自升模板则增设提升动力以及提升架、平台等构成。

1. 施工质量控制

(1)支架立柱和竖向模板安装在基土上时，应符合下列规定：

1)应设置具有足够强度和支承面积的垫板，且应中心承载；

2)基土应坚实，并应有排水措施；对湿陷性黄土，应有防水措施；对冻胀性土，应有防冻融措施；

3)对软土地基，当需要时可采用堆载预压的方法调整模板面安装高度。

(2)竖向模板安装时，应在安装基层面上测量放线，并应采取保证模板位置准确的定位措施。对竖向模板及支架，安装时应有临时稳定措施。安装位于高空的模板时，应有可靠的防倾覆措施。应根据混凝土一次浇筑高度和浇筑速度，采取合理的竖向模板抗侧移、抗浮和抗倾覆措施。

(3)对跨度不小于 4 m 的梁、板，其模板起拱高度宜为梁、板跨度的 1/1 000～3/1 000。

(4)采用扣件式钢管作高大模板支架的立杆时，支架搭设应完整，并应符合下列规定：

1)钢管规格、间距和扣件应符合设计要求；

2)立杆上应每步设置双向水平杆，水平杆应与立杆扣接；

3)立杆底部应设置垫板。

(5)采用扣件式钢管作高大模板支架的立杆时，除应符合上述(4)的规定外，还应符合下列规定：

1)对大尺寸混凝土构件下的支架，其立杆顶部应插入可调托座。可调托座距顶部水平杆的高度不应大于 600 mm，可调托座螺杆外径不应小于 36 mm，插入深度不应小于 180 mm。

2)立杆的纵、横向间距应满足设计要求，立杆的步距不应大于 1.8 m；顶层立杆步距应适当减小，且不应大于 1.5 m；支架立杆的搭设垂直偏差不应大于 5/1 000，且不应大于 100 mm。

3)在立杆底部的水平方向上应按纵下横上的次序设置扫地杆。

4)承受模板荷载的水平杆与支架立杆连接的扣件，其拧紧力矩不应小于 40 N·m，且不应大于 65 N·m。

(6)采用碗扣式、插接式和盘销式钢管架搭设模板支架时，应符合下列规定：

1)碗扣架或盘销架的水平杆与立柱的扣接应牢靠，不应滑脱。

2)立杆上的上、下层水平杆间距不应大于 1.8 m。

3)插入立杆顶端可调托座伸出顶层水平杆的悬臂长度不应超过 650 mm，螺杆插入钢管的长度不应小于 150 mm，其直径应满足与钢管内径间隙不小于 6 mm 的要求。架体最顶层的水平杆步距应比标准步距缩小一个节点间距。

4)立柱间应设置专用斜杆或扣件钢管斜杆加强模板支架。

(7)采用门式钢管架搭设模板支架时,应符合下列规定:

1)支架应符合现行行业标准《建筑施工门式钢管脚手架安全技术规范》(JGJ 128—2010)的有关规定;

2)当支架高度较大或荷载较大时,宜采用主立杆钢管直径不小于 48 mm 并有横杆加强杆的门架搭设。

(8)支架的垂直斜撑和水平斜撑应与支架同步搭设,架体应与成形的混凝土结构拉结。钢管支架的垂直斜撑和水平斜撑的搭设应符合国家现行有关钢管脚手架标准的规定。

(9)对现浇多层、高层混凝土结构,上、下楼层模板支架的立杆应对准,模板及支架钢管等应分散堆放。

(10)模板安装应保证混凝土结构构件各部分形状、尺寸和相对位置准确,并应防止漏浆。

(11)模板安装应与钢筋安装配合进行,梁柱节点的模板宜在钢筋安装后安装。

(12)模板与混凝土接触面应清理干净并涂刷脱模剂,脱模剂不得污染钢筋和混凝土接槎处。

(13)模板安装完成后,应将模板内杂物清除干净。

(14)后浇带的模板及支架应独立设置。

(15)固定在模板上的预埋件、预留孔和预留洞均不得遗漏,且应安装牢固、位置准确。

2. 施工质量验收

【主控项目】

(1)模板及支架用材料的技术指标应符合国家现行有关标准的规定。进场时应抽样检验模板和支架材料的外观、规格和尺寸。

检查数量:按国家现行有关标准的规定确定。

检验方法:检查质量证明文件;观察,尺量。

(2)现浇混凝土结构模板及支架的安装质量,应符合国家现行有关标准的规定和施工方案的要求。

检查数量:按国家现行有关标准的规定确定。

检验方法:按国家现行有关标准的规定执行。

(3)后浇带处的模板及支架应独立设置。

检查数量:全数检查。

检验方法:观察。

(4)支架竖杆或竖向模板安装在土层上时,应符合下列规定:

1)土层应坚实、平整,其承载力或密实度应符合施工方案的要求;

2)应有防水、排水措施;对冻胀性土,应有预防冻融措施;

3)支架竖杆下应有底座或垫板。

检查数量:全数检查。

检验方法:观察;检查土层密实度检测报告、土层承载力验算或现场检测报告。

【一般项目】

(1)模板安装应符合下列规定:

1)模板的接缝应严密;

2)模板内不应有杂物、积水或冰雪等;

3)模板与混凝土的接触面应平整、清洁;

4)用作模板的地坪、胎膜等应平整、清洁,不应有影响构件质量的下沉、裂缝、起砂或

起鼓;

5)对清水混凝土及装饰混凝土构件,应使用能达到设计效果的模板。

检查数量:全数检查。

检验方法:观察。

(2)隔离剂的品种和涂刷方法应符合施工方案的要求。隔离剂不得影响结构性能及装饰施工;不得沾污钢筋、预应力筋、预埋件和混凝土接槎处;不得对环境造成污染。

检查数量:全数检查。

检验方法:检查质量证明文件;观察。

(3)模板的起拱应符合现行国家标准《混凝土结构工程施工规范》(GB 50666—2011)的规定,并应符合设计及施工方案的要求。

检查数量:在同一验收批内,对梁,跨度大于 18 m 时应全数检查,跨度不大于 18 m 时应抽查构件数量的 10%,且不应少于 3 件;对板,应按有代表性的自然间抽查 10%,且不应少于 3 间;对大空间结构,板可按纵、横轴线划分检查面,抽查 10%,且不应少于 3 面。

检验方法:水准仪或尺量。

(4)现浇混凝土结构多层连续支模应符合施工方案的规定。上、下层模板支架的竖杆宜对准。竖杆下垫板的设置应符合施工方案的要求。

检查数量:全数检查。

检验方法:观察。

(5)固定在模板上的预埋件和预留孔洞不得遗漏,且应安装牢固。有抗渗要求的混凝土结构中的预埋件,应按设计及施工方案的要求采取防渗措施。

预埋件和预留孔洞的位置应满足设计和施工方案的要求。当设计无具体要求时,其位置偏差应符合表 3-8 的规定。

表 3-8 预埋件和预留孔洞的安装允许偏差

项目		允许偏差/mm
预埋板中心线位置		3
预埋管、预留孔中心线位置		3
插筋	中心线位置	5
	外露长度	+10, 0
预埋螺栓	中心线位置	2
	外露长度	+10, 0
预留洞	中心线位置	10
	尺寸	+10, 0
注:检查中心线位置时,沿纵、横两个方向量测,并取其中偏差的较大值。		

检查数量:在同一检验批内,对梁、柱和独立基础,应抽查构件数量的 10%,且不应少于 3 件;对墙和板,应按有代表性的自然间抽查 10%,且不应少于 3 间;对大空间结构,墙可按相邻轴线间高度 5 m 左右划分检查面,板可按纵、横轴线划分检查面,抽查 10%,且均不应少于 3 面。

检验方法:观察,尺量。

(6)现浇结构模板安装的偏差及检验方法应符合表 3-9 的规定。

检查数量:在同一检验批内,对梁、柱和独立基础,应抽查构件数量的 10%,且不应少于

3 件；对墙和板，应按有代表性的自然间抽查 10%，且不应少于 3 间；对大空间结构，墙可按相邻轴线间高度 5 m 左右划分检查面，板可按纵、横轴线划分检查面，抽查 10%，且均不应少于 3 面。

表 3-9　现浇结构模板安装的允许偏差及检验方法

项目		允许偏差/mm	检验方法
轴线位置		5	尺量
底模上表面标高		±5	水准仪或拉线、尺量
模板内部尺寸	基础	±10	尺量
	柱、墙、梁	±5	尺量
	楼梯相邻踏步高差	5	尺量
柱、墙垂直度	层高≤6 m	8	经纬仪或吊线、尺量
	层高>6 m	10	经纬仪或吊线、尺量
相邻两块模板的表面高差		2	尺量
表面平整度		5	2 m 靠尺和塞尺量测

注：检查轴线位置，当有纵、横两个方向时，沿纵、横两个方向量测，并取其中偏差的较大值。

（7）预制构件模板安装的偏差及检验方法应符合表 3-10 的规定。

表 3-10　预制构件模板安装的允许偏差及检验方法

项　目		允许偏差/mm	检验方法
长　度	板、梁	±4	钢尺量两角边，取其中较大值
	薄腹梁、桁架	±8	
	柱	0，−10	
	墙板	0，−5	
宽　度	板、墙板	0，−5	尺量两端及中部，取其中较大值
	梁、薄腹梁、桁架	+2，−5	
高（厚）度	板	+2，−3	尺量两端及中部，取其中较大值
	墙板	0，−5	
	梁、薄腹梁、桁架、柱	+2，−5	
侧向弯曲	梁、板、柱	$L/1\,000$ 且≤15	拉线、尺量最大弯曲处
	墙板、薄腹梁、桁架	$L/1\,500$ 且≤15	
板的表面平整度		3	2 m 靠尺和塞尺检查
相邻两模板表面高差		1	尺量
对角线差	板	7	尺量两对角线
	墙板	5	
翘　曲	板、墙板	$L/1\,500$	水平尺在两端量测
设计起拱	薄腹梁、桁架、梁	±3	拉线、尺量跨中

注：L 为构件长度（mm）。

检查数量：首次使用及大修后的模板应全数检查；使用中的模板应抽查 10%，且不应少于

5件，不足5件时应全数检查。

3. 质量通病及防治措施

（1）质量通病。墙体、立柱等竖向构件模板安装后，如不经过垂直度校正，各层垂直度累积偏差过大将造成构筑物向一侧倾斜；各层垂直度累积偏差不大，但相互间相对偏差较大，也将导致混凝土实测质量不合格，且给面层装饰找平带来困难和隐患。局部外倾部位如需凿除，可能危及结构安全及露出结构钢筋，造成受力不利及钢筋易锈蚀；局部内倾部位如需补足粉刷，则粉刷层过厚会造成起壳等隐患。

（2）防治措施。竖向构件每层施工模板安装后，均须在立面内外侧用线锤吊测垂直度，并校正模板垂直度在允许偏差范围内。在每施工一定层次后须从顶到底统一吊垂线检查垂直度，从而控制整体垂直度在一定的允许偏差范围内，如发现墙体有向一侧倾斜的趋势，应立即加以纠正。

对每层模板垂直度校正后须及时加支撑，以防止浇捣混凝土过程中模板受力后再次发生偏位。

二、钢筋工程

(一)材料要求

1. 质量控制

（1）钢筋的规格和性能应符合国家现行有关标准的规定。

（2）对有抗震设防要求的结构，其纵向受力钢筋的性能应满足设计要求。

（3）钢筋在运输和存放时，不得损坏包装和标志，并应按牌号、规格、炉批分别堆放。室外堆放时，应采用避免钢筋锈蚀的措施。

（4）当发现钢筋脆断、焊接性能不良或力学性能显著不正常等现象时，应停止使用该批钢筋，并对该批钢筋进行化学成分检验或其他专项检验。

2. 质量验收

【主控项目】

（1）钢筋进场时，应按国家现行相关标准的规定抽取试件作屈服强度、抗拉强度、伸长率、弯曲性能和重量偏差检验，检验结果应符合相应标准的规定。

检查数量：按进场批次和产品的抽样检验方案确定。

检验方法：检查质量证明文件和抽样检验报告。

（2）成型钢筋进场时，应抽取试件作屈服强度、抗拉强度、伸长率和重量偏差检验，检验结果应符合国家现行有关标准的规定。

对由热轧钢筋制成的成型钢筋，当有施工单位或监理单位的代表驻厂监督生产过程，并提供原材钢筋力学性能第三方检验报告时，可仅进行重量偏差检验。

检查数量：同一厂家、同一类型、同一钢筋来源的成型钢筋，不超过30 t为一批，每批中每种钢筋牌号、规格均应至少抽取1个钢筋试件，总数不应少于3个。

检验方法：检查质量证明文件和抽样检验报告。

（3）对按一、二、三级抗震等级设计的框架和斜撑构件(含梯段)中的纵向受力普通钢筋应采用 HRB335E、HRB400E、HRB500E、HRBF400E 或 HRBF500E 钢筋，其强度和最大力下总伸长率的实测值应符合下列规定：

1）抗拉强度实测值与屈服强度实测值的比值不应小于1.25；

2）屈服强度实测值与屈服强度标准值的比值不应大于1.30；

3)最大力下总伸长率不应小于9%。

检查数量：按进场的批次和产品的抽样检验方案确定。

检验方法：检查抽样检验报告。

【一般项目】

(1)钢筋应平直、无损伤，表面不得有裂纹、油污、颗粒状或片状老锈。

检查数量：全数检查。

检验方法：观察。

(2)成型钢筋的外观质量和尺寸偏差应符合国家现行有关标准的规定。

检查数量：同一厂家、同一类型的成型钢筋，不超过30 t为一批，每批随机抽取3个成型钢筋。

检验方法：观察，尺量。

(3)钢筋机械连接套筒、钢筋锚固板以及预埋件等的外观质量应符合国家现行有关标准的规定。

检查数量：按国家现行有关标准的规定确定。

检验方法：检查产品质量证明文件；观察，尺量。

(二)钢筋加工

1. 施工质量控制

(1)钢筋加工宜在专业化加工厂进行。

(2)钢筋的表面应清洁、无损伤，油渍、漆污和铁锈应在加工前清除干净。带有颗粒状或片状老锈的钢筋不得使用。钢筋除锈后如有严重的表面缺陷，应重新检验该批钢筋的力学性能及其他相关性能指标。

(3)钢筋加工宜在常温状态下进行，加工过程中不应加热钢筋。钢筋弯折应一次完成，不得反复弯折。

(4)钢筋宜采用无延伸功能的机械设备进行调直，也可采用冷拉方法调直。当采用冷拉方法调直时，HPB300光圆钢筋的冷拉率不宜大于4%；HRB335、HRB400、HRB500、HRBF335、HRBF400、HRBF500及RRB400带肋钢筋的冷拉率不宜大于1%。钢筋调直过程中不应损伤带肋钢筋的横肋。调直后的钢筋应平直，不应有局部弯折。

(5)受力钢筋的弯折应符合下列规定：

1)光圆钢筋末端应作180°弯钩，弯钩的弯后平直部分长度不应小于钢筋直径的3倍。作受压钢筋使用时，光圆钢筋末端可不作弯钩。

2)光圆钢筋的弯弧内直径不应小于钢筋直径的2.5倍。

3)335 MPa级和400 MPa级带肋钢筋的弯弧内直径不应小于钢筋直径的5倍。

4)直径为28 mm以下的500 MPa级带肋钢筋的弯弧内直径不应小于钢筋直径的6倍，直径为28 mm及以上的500 MPa级带肋钢筋的弯弧内直径不应小于钢筋直径的7倍。

5)框架结构的顶层端节点，对梁上部纵向钢筋、柱外侧纵向钢筋在节点角部弯折处，当钢筋直径为28 mm以下时，弯弧内直径不宜小于钢筋直径的12倍，钢筋直径为28 mm及以上时，弯弧内直径不宜小于钢筋直径的16倍。

6)箍筋弯折处的弯弧内直径尚不应小于纵向受力钢筋直径。

(6)除焊接封闭箍筋外，箍筋、拉筋的末端应按设计要求作弯钩。当设计无具体要求时，应符合下列规定：

1)箍筋、拉筋弯钩的弯弧内直径应符合上述第(5)条的规定；

2)对一般结构构件，箍筋弯钩的弯折角度不应小于90°，弯折后平直部分长度不应小于箍筋直径的5倍；对有抗震设防及设计有专门要求的结构构件，箍筋弯钩的弯折角度不应小于135°，弯折后平直部分长度不应小于箍筋直径的10倍和75 mm的较大值；

3)圆柱箍筋的搭接长度不应小于钢筋的锚固长度，两末端均应做135°弯钩，弯折后平直部分长度对一般结构构件不应小于箍筋直径的5倍，对有抗震设防要求的结构构件不应小于箍筋直径的10倍；

4)拉筋两端弯钩的弯折角度均不应小于135°，弯折后平直部分长度不应小于拉筋直径的10倍。

(7)焊接封闭箍筋宜采用闪光对焊，也可采用气压焊或单面搭接焊，并宜采用专用设备进行焊接。焊接封闭箍筋下料长度和端头加工应按不同焊接工艺确定。

多边形焊接封闭箍筋的焊点设置应符合下列规定：

1)每个箍筋的焊点数量应为1个，焊点宜位于多边形箍筋中的某边中部，且距箍筋弯折处的位置不宜小于100 mm；

2)矩形柱箍筋焊点宜设在柱短边，等边多边形柱箍筋焊点可设在任一边；不等边多边形柱箍筋应加工成焊点位于不同边上的两种类型；

3)梁箍筋焊点应设置在顶边或底边。

2. 施工质量验收

【主控项目】

(1)钢筋弯折的弯弧内直径应符合下列规定：

1)光圆钢筋，不应小于钢筋直径的2.5倍；

2)335 MPa级、400 MPa级带肋钢筋，不应小于钢筋直径的4倍；

3)500 MPa级带肋钢筋，当直径为28 mm以下时不应小于钢筋直径的6倍，当直径为28 mm及以上时不应小于钢筋直径的7倍；

4)箍筋弯折处尚不应小于纵向受力钢筋的直径。

检查数量：同一设备加工的同一类型钢筋，每工作班抽查不应少于3件。

检验方法：尺量。

(2)纵向受力钢筋的弯折后平直段长度应符合设计要求。光圆钢筋末端做180°弯钩时，弯钩的平直段长度不应小于钢筋直径的3倍。

检查数量：同一设备加工的同一类型钢筋，每工作班抽查不应少于3件。

检验方法：尺量。

(3)箍筋、拉筋的末端应按设计要求做弯钩，并应符合下列规定：

1)对一般结构构件，箍筋弯钩的弯折角度不应小于90°，弯折后平直段长度不应小于箍筋直径的5倍；对有抗震设防要求或设计有专门要求的结构构件，箍筋弯钩的弯折角度不应小于135°，弯折后平直段长度不应小于箍筋直径的10倍；

2)圆形箍筋的搭接长度不应小于其受拉锚固长度，且两末端弯钩的弯折角度不应小于135°，弯折后平直段长度对一般结构构件不应小于箍筋直径的5倍，对有抗震设防要求的结构构件不应小于箍筋直径的10倍；

3)梁、柱复合箍筋中的单肢箍筋两端弯钩的弯折角度均不应小于135°，弯折后平直段长度应符合上述1)对箍筋的有关规定。

检查数量：同一设备加工的同一类型钢筋，每工作班抽查不应少于3件。

检验方法：尺量。

(4)盘卷钢筋调直后应进行力学性能和重量偏差检验，其强度等级应符合国家现行有关标准的规定，其断后伸长率、重量偏差应符合表 3-11 的规定。

表 3-11　盘卷钢筋调直后的断后伸长率、重量偏差要求

钢筋牌号	断后伸长率 A/%	重量偏差/%	
		直径 6~12 mm	直径 14~16mm
HPB300	≥21	≥−10	—
HRB335、HRBF335	≥16	≥−8	≥−6
HRB400、HRBF400	≥15		
RRB400	≥13		
HRB500、HRBF500	≥14		

注：断后伸长率 A 的量测标距为 5 倍钢筋直径。

检查数量：同一设备加工的同一牌号、同一规格的调直钢筋，重量不大于 30 t 为一批，每批见证抽取 3 个试件。

检验方法：检查抽样检验报告。

【一般项目】

钢筋加工的形状、尺寸应符合设计要求，其偏差应符合表 3-12 的规定。

检查数量：同一设备加工的同一类型钢筋，每工作班抽查不应少于 3 件。

检验方法：尺量。

表 3-12　钢筋加工的允许偏差

项目	允许偏差/mm
受力钢筋沿长度方向的净尺寸	±10
弯起钢筋的弯折位置	±20
箍筋外廓尺寸	±5

3. 质量通病及防治措施

(1)质量通病。钢筋成形后弯曲处外侧产生横向裂纹。

(2)防治措施。

1)每批钢筋送交仓库时，都要认真核对合格证件，应特别注意冷弯栏所写弯曲角度和弯心直径是不是符合钢筋技术标准的规定；寒冷地区钢筋加工成形场所应采取保温或取暖措施，保证环境温度达到 0 ℃以上。

2)取样复查冷弯性能；取样分析化学成分，检查磷的含量是否超过规定值。检查裂纹是否由于原先已弯折或碰损而形成，如有这类痕迹，则属于局部外伤，可不必对原材料进行性能检验。

(三)钢筋连接

1. 施工质量控制

(1)钢筋连接方式应根据设计要求和施工条件选用。

(2)当钢筋采用机械锚固措施时，应符合现行国家标准《混凝土结构设计规范(2015 年版)》(GB 50010—2010)等的有关规定。

(3)钢筋的接头宜设置在受力较小处。同一纵向受力钢筋不宜设置两个或两个以上的接头。接头末端至钢筋弯起点的距离不应小于钢筋公称直径的 10 倍。

(4)钢筋机械连接应符合现行行业标准《钢筋机械连接技术规程》(JGJ 107—2016)的有关规

定。机械连接接头的混凝土保护层厚度宜符合现行国家标准《混凝土结构设计规范(2015 年版)》(GB 50010—2010)中受力钢筋最小保护层厚度的规定,且不得小于 15 mm;接头之间的横向净距不宜小于 25 mm。

(5)钢筋焊接连接应符合现行行业标准《钢筋焊接及验收规程》(JGJ 18—2012)的有关规定。

(6)当纵向受力钢筋采用机械连接接头或焊接接头时,设置在同一构件内的接头宜相互错开。每层柱第一个钢筋接头位置距楼地面高度不宜小于 500 mm、柱高的 1/6 及柱截面长边(或直径)的较大值;连续梁、板的上部钢筋接头位置宜设置在跨中 1/3 跨度范围内,下部钢筋接头位置宜设置在梁端 1/3 跨度范围内。

纵向受力钢筋机械连接接头及焊接接头连接区段的长度应为 35d(d 为纵向受力钢筋的较大直径)且不应小于 500 mm,凡接头中点位于该连接区段长度内的接头均应属于同一连接区段。同一连接区段内,纵向受力钢筋接头面积百分率为该区段内有接头的纵向受力钢筋截面面积与全部纵向受力钢筋截面面积的比值。

同一连接区段内,纵向受力钢筋的接头面积百分率应符合下列规定:

1)在受拉区不宜超过 50%,但装配式混凝土结构构件连接处可根据实际情况适当放宽;受压接头可不受限制;

2)接头不宜设置在有抗震要求的框架梁端、柱端的箍筋加密区;当无法避开时,对等强度高质量机械连接接头,不应超过 50%。

3)直接承受动力荷载的结构构件中,不宜采用焊接接头;当采用机械连接接头时,不应超过 50%。

(7)同一构件中相邻纵向受力钢筋的绑扎搭接接头宜相互错开。绑扎搭接接头中钢筋的横向净距 s 不应小于钢筋直径,且不应小于 25 mm。

纵向受力钢筋绑扎搭接接头连接区段的长度应为 $1.3l_l$(l_l 为搭接长度),凡搭接接头中点位于该连接区段长度内的搭接接头均应属于同一连接区段。同一连接区段内,纵向受力钢筋接头面积百分率为该区段内有接头的纵向受力钢筋截面面积与全部纵向受力钢筋截面面积的比值(图 3-3)。

同一连接区段内,纵向受拉钢筋绑扎搭接接头面积百分率应符合下列规定:

1)梁、板类构件不宜超过 25%,基础筏板不宜超过 50%;

2)柱类构件,不宜超过 50%;

3)当工程中确有必要增大接头面积百分率时,对梁类构件,不应大于 50%;对其他构件,可根据实际情况适当放宽。

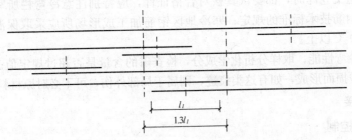

图 3-3 钢筋绑扎搭接接头连接区段及接头面积百分率

注:图中所示搭接接头同一连接区段内的搭接钢筋为两根,当各钢筋直径相
　　同时,接头面积百分率为 50%。

(8)在梁、柱类构件的纵向受力钢筋搭接长度范围内,应按设计要求配置箍筋。当设计无具体要求时,应符合下列规定:

1）箍筋直径不应小于搭接钢筋较大直径的 0.25 倍；

2）受拉搭接区段，箍筋间距不应大于搭接钢筋较小直径的 5 倍，且不应大于 100 mm；

3）受压搭接区段，箍筋间距不应大于搭接钢筋较小直径的 10 倍，且不应大于 200 mm；

4）当柱中纵向受力钢筋直径大于 25 mm 时，应在搭接接头两个端面外 100 mm 范围内各设置两个箍筋，其间距宜为 50 mm。

（9）钢筋绑扎的细部构造应符合下列规定：

1）钢筋的绑扎搭接接头应在接头中心和两端用钢丝扎牢。

2）墙、柱、梁钢筋骨架中各垂直面钢筋网交叉点应全部扎牢；板上部钢筋网的交叉点应全部扎牢，底部钢筋网除边缘部分外可间隔交错扎牢。

3）梁、柱的箍筋弯钩及焊接封闭箍筋的对焊点应沿纵向受力钢筋方向错开设置。构件同一表面，焊接封闭箍筋的对焊接头面积百分率不宜超过 50%。

4）填充墙构造柱纵向钢筋宜与框架梁钢筋共同绑扎。

5）梁及柱中箍筋、墙中水平分布钢筋及暗柱箍筋、板中钢筋距构件边缘的距离宜为 50 mm。

（10）构件交接处的钢筋位置应符合设计要求。当设计无要求时，应优先保证主要受力构件和构件中主要受力方向的钢筋位置。框架节点处梁纵向受力钢筋宜置于柱纵向钢筋内侧；次梁钢筋宜放在主梁钢筋内侧；剪力墙中水平分布钢筋宜放在外部，并在墙边弯折锚固。

2. 施工质量验收

【主控项目】

（1）钢筋的连接方式应符合设计要求。

检查数量：全数检查。

检验方法：观察。

（2）钢筋采用机械连接或焊接连接时，钢筋机械连接接头、焊接接头的力学性能、弯曲性能应符合国家现行有关标准的规定。接头试件应从工程实体中截取。

检查数量：按现行行业标准《钢筋机械连接技术规程》（JGJ 107—2016）和《钢筋焊接及验收规程》（JGJ 18—2012）的规定确定。

检验方法：检查质量证明文件和抽样检验报告。

（3）钢筋采用机械连接时，螺纹接头应检验拧紧扭矩值，挤压接头应量测压痕直径，检验结果应符合现行行业标准《钢筋机械连接技术规程》（JGJ 107—2016）的相关规定。

检查数量：按现行行业标准《钢筋机械连接技术规程》（JGJ 107—2016）的规定确定。

检验方法：采用专用扭力扳手或专用量规检查。

【一般项目】

（1）钢筋接头的位置应符合设计和施工方案要求。有抗震设防要求的结构中，梁端、柱端箍筋加密区范围内不应进行钢筋搭接。接头末端至钢筋弯起点的距离不应小于钢筋直径的 10 倍。

检查数量：全数检查。

检验方法：观察，尺量。

（2）钢筋机械连接接头、焊接接头的外观质量应符合现行行业标准《钢筋机械连接技术规程》（JGJ 107—2016）和《钢筋焊接及验收规程》（JGJ 18—2012）的规定。

检查数量：按现行行业标准《钢筋机械连接技术规程》（JGJ 107—2016）和《钢筋焊接及验收规程》（JGJ 18—2012）的规定确定。

检验方法：观察，尺量。

（3）当纵向受力钢筋采用机械连接接头或焊接接头时，同一连接区段内纵向受力钢筋的接头面积百分率应符合设计要求；当设计无具体要求时，应符合下列规定：

1)受拉接头，不宜大于50％；受压接头，可不受限制；

2)直接承受动力荷载的结构构件中，不宜采用焊接；当采用机械连接时，不应超过50％。

检查数量：在同一检验批内，对梁、柱和独立基础，应抽查构件数量的10％，且不应少于3件；对墙和板，应按有代表性的自然间抽查10％，且不应少于3间；对大空间结构，墙可按相邻轴线间高度5 m左右划分检查面，板可按纵横轴线划分检查面，抽查10％，且均不应少于3面。

检验方法：观察，尺量。

注：①接头连接区段是指长度为35d且不小于500 mm的区段，d为相互连接两根钢筋的直径较小值。

②同一连接区段内纵向受力钢筋接头面积百分率为接头中点位于该连接区段内的纵向受力钢筋截面面积与全部纵向受力钢筋截面面积的比值。

(4)当纵向受力钢筋采用绑扎搭接接头时，接头的设置应符合下列规定：

1)接头的横向净间距不应小于钢筋直径，且不应小于25 mm；

2)同一连接区段内，纵向受拉钢筋的接头面积百分率应符合设计要求；当设计无具体要求时，应符合下列规定：

①梁类、板类及墙类构件，不宜超过25％；基础筏板，不宜超过50％。

②柱类构件，不宜超过50％。

③当工程中确有必要增大接头面积百分率时，对梁类构件，不应大于50％。

检查数量：在同一检验批内，对梁、柱和独立基础，应抽查构件数量的10％，且不应少于3件；对墙和板，应按有代表性的自然间抽查10％，且不应少于3间；对大空间结构，墙可按相邻轴线间高度5 m左右划分检查面，板可按纵横轴线划分检查面，抽查10％，且均不应少于3面。

检验方法：观察，尺量。

注：a. 接头连接区段是指长度为1.3倍搭接长度的区段。搭接长度取相互连接两根钢筋中较小直径计算。

b. 同一连接区段内纵向受力钢筋接头面积百分率为接头中点位于该连接区段长度内的纵向受力钢筋截面面积与全部纵向受力钢筋截面面积的比值。

(5)梁、柱类构件的纵向受力钢筋搭接长度范围内箍筋的设置应符合设计要求；当设计无具体要求时，应符合下列规定：

1)箍筋直径不应小于搭接钢筋较大直径的1/4；

2)受拉搭接区段的箍筋间距不应大于搭接钢筋较小直径的5倍，且不应大于100 mm；

3)受压搭接区段的箍筋间距不应大于搭接钢筋较小直径的10倍，且不应大于200 mm；

4)当柱中纵向受力钢筋直径大于25 mm时，应在搭接接头两个端面外100 mm范围内各设置两道箍筋，其间距宜为50 mm。

检查数量：在同一检验批内，应抽查构件数量的10％，且不应少于3件。

检验方法：观察，尺量。

3. 质量通病及防治措施

(1)钢筋焊接区焊点过烧。

1)质量通病。钢筋焊接区，上下电极与钢筋表面接触处均有烧伤，焊点周围熔化钢液外溢过大，而且毛刺较多，外形不美观，焊点处钢筋呈现蓝黑色。

2)防治措施。

①除严格执行班前试验，正确优选焊接参数外，还必须进行试焊样品质量自检，目测焊点外观是否与班前合格试件相同，制品几何尺寸和外形是否符合规范和设计要求，全部合格后方

可成批焊接。

②电压的变化直接影响焊点强度。在一般情况下，电压降低 15％，焊点强度可降低 20％；电压降低 20％，焊点强度可降低 40％。因此，要随时注意电压的变化，电压降低或升高应控制在 5％的范围内。

③发现钢筋点焊制品焊点过烧时，应降低变压器级数，缩短通电时间，按新调整的焊接参数制作焊接试件，经试验合格后方可成批焊制产品。

（2）气压焊钢筋接头偏心和倾斜。

1）质量通病。

①焊接头两端轴线偏移大于 0.15d（d 为较小钢筋直径），或超过 4 mm[图 3-4（a）]。

②接头弯折角度大于 4°[图 3-4（b）]。

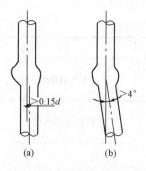

图 3-4　气压焊接头缺陷
(a)偏心；(b)弯折

2）防治措施。

①钢筋要用砂轮切割机下料，使钢筋端面与轴线垂直，端头处理不合格的不应焊接。

②两根钢筋夹持于夹具内，轴线要对正，注意调整好调节器调向螺纹。

③焊接前要检查夹具质量，分析有无产生偏心和弯折的可能性。办法是用两根光圆短钢筋安装在夹具上，直观检查两夹头是否同轴。

④确认夹紧钢筋后再施焊。

⑤焊接完成后，不能立即卸下夹具，待接头红色消失后，再卸下夹具，以免钢筋倾斜。

⑥对有问题的接头如弯折角大于 4°的，可以加热后校正；偏心大于 0.15d 或大于 4 mm 的，要割掉重焊。

（四）钢筋安装

1. 施工质量控制

（1）钢筋安装应采用定位件固定钢筋的位置，并宜采用专用定位件。定位件应具有足够的承载力、刚度、稳定性和耐久性。定位件的数量、间距和固定方式应能保证钢筋的位置偏差符合国家现行有关标准的规定。混凝土框架梁、柱保护层内，不宜采用金属定位件。

（2）钢筋安装过程中，设计未允许的部位不宜焊接。如因施工操作原因需对钢筋进行焊接时，焊接质量应符合现行行业标准《钢筋焊接及验收规程》(JGJ 18—2012)的有关规定。

（3）采用复合箍筋时，箍筋外围应封闭。梁类构件复合箍筋内部宜选用封闭箍筋，单数肢也可采用拉筋；柱类构件复合箍筋内部可部分采用拉筋。当拉筋设置在复合箍筋内部不对称的一边时，沿纵向受力钢筋方向的相邻复合箍筋应交错布置。

（4）钢筋安装应采取可靠措施防止钢筋受模板、模具内表面的脱模剂污染。

2. 施工质量验收

【主控项目】

（1）钢筋安装时，受力钢筋的牌号、规格和数量必须符合设计要求。

检查数量：全数检查。

检验方法：观察，尺量。

（2）钢筋应安装牢固。受力钢筋的安装位置、锚固方式应符合设计要求。

检查数量：全数检查。

检验方法：观察，尺量。

【一般项目】

钢筋安装偏差及检验方法应符合表3-13的规定，受力钢筋保护层厚度的合格点率应达到90％及以上，且不得有超过表中数值1.5倍的尺寸偏差。

检查数量：在同一检验批内，对梁、柱和独立基础，应抽查构件数量的10％，且不应少于3件；对墙和板，应按有代表性的自然间抽查10％，且不应少于3间；对大空间结构，墙可按相邻轴线间高度5 m左右划分检查面，板可按纵、横轴线划分检查面，抽查10％，且均不应少于3面。

表 3-13　钢筋安装允许偏差和检验方法

项目		允许偏差/mm	检验方法
绑扎钢筋网	长、宽	±10	尺量
	网眼尺寸	±20	尺量连续三档，取最大偏差值
绑扎钢筋骨架	长	±10	尺量
	宽、高	±5	尺量
纵向受力钢筋	锚固长度	−20	尺量
	间距	±10	尺量两端、中间各一点，取最大偏差值
	排距	±5	
纵向受力钢筋、箍筋的混凝土保护层厚度	基础	±10	尺量
	柱、梁	±5	尺量
	板、墙、壳	±3	尺量
绑扎箍筋、横向钢筋间距		±20	尺量连续三档，取最大偏差值
钢筋弯起点位置		20	尺量，沿纵、横两个方向量测，并取其中偏差的较大值
预埋件	中心线位置	5	尺量
	水平高差	+3，0	塞尺量测

3. 质量通病及防治措施

(1)质量通病。下柱外伸钢筋从柱顶甩出，由于位置偏离设计要求过大，与上柱钢筋搭接不上。

(2)防治措施。

1)在外伸部分加一道临时箍筋，按图纸位置安设好，然后用样板、铁卡或木方卡好固定；浇筑混凝土前再复查一遍，如发生移位，则应矫正后再浇筑混凝土。

2)注意浇筑操作，尽量不碰撞钢筋；浇筑过程中由专人随时检查，及时校核改正。

3)在靠紧搭接不可能时，仍应使上柱钢筋保持设计位置，并采取垫筋焊接连系；对错位严重的外伸钢筋(甚至超出上柱模板范围)，应采取专门措施处理，如加大柱截面、设置附加箍筋以联系上、下柱钢筋。具体方案视实际情况由有关技术部门确定。

三、预应力工程

(一)材料要求

1. 质量控制

(1)预应力工程材料的性能应符合国家现行有关标准的规定。

(2)预应力筋的品种、级别、规格、数量必须符合设计要求。当预应力筋需要代换时，应进行专门计算，并应经原设计单位确认。

（3）预应力工程材料在运输、存放过程中，应采取防止其损伤、锈蚀或污染的保护措施。

2. 质量验收

【主控项目】

（1）预应力筋进场时，应按国家现行相关标准的规定抽取试件作抗拉强度、伸长率检验，其检验结果应符合相应标准的规定。

检查数量：按进场的批次和产品的抽样检验方案确定。

检验方法：检查质量证明文件和抽样检验报告。

（2）无粘结预应力钢绞线进场时，应进行防腐润滑脂量和护套厚度的检验，检验结果应符合现行行业标准《无粘结预应力钢绞线》（JG/T 161—2016）的规定。

经观察认为涂包质量有保证时，无粘结预应力筋可不作油脂量和护套厚度的抽样检验。

检查数量：按现行行业标准《无粘结预应力钢绞线》（JG/T 161—2016）的规定确定。

检验方法：观察，检查质量证明文件和抽样检验报告。

（3）预应力筋用锚具应和锚垫板、局部加强钢筋配套使用，锚具、夹具和连接器进场时，应按现行行业标准《预应力筋用锚具、夹具和连接器应用技术规程》（JGJ 85—2010）的相关规定对其性能进行检验，检验结果应符合该标准的规定。锚具、夹具和连接器用量不足检验批规定数量的50％，且供货方提供有效的检验报告时，可不作静载锚固性能检验。

检查数量：按现行行业标准《预应力筋用锚具、夹具和连接器应用技术规程》（JGJ 85—2010）的规定确定。

检验方法：检查质量证明文件、锚固区传力性能试验报告和抽样检验报告。

（4）处于三 a、三 b 类环境条件下的无粘结预应力筋用锚具系统，应按现行行业标准《无粘结预应力混凝土结构技术规程》（JGJ 92—2016）的相关规定检验其防水性能，检验结果应符合该标准的规定。

检查数量：同一品种、同一规格的锚具系统为一批，每批抽取 3 套。

检验方法：检查质量证明文件和抽样检验报告。

（5）孔道灌浆用水泥应采用硅酸盐水泥或普通硅酸盐水泥，水泥、外加剂的质量应符合相关规范规定；成品灌浆材料的质量应符合现行国家标准《水泥基灌浆材料应用技术规范》（GB/T 50448—2015）的规定。

检查数量：按进场批次和产品的抽样检验方案确定。

检验方法：检查质量证明文件和抽样检验报告。

【一般项目】

（1）预应力筋进场时，应进行外观检查，其外观质量应符合下列规定：

1）有粘结预应力筋的表面不应有裂纹、小刺、机械损伤、氧化铁皮和油污等，展开后应平顺、不应有弯折；

2）无粘结预应力钢绞线护套应光滑、无裂缝，无明显褶皱；轻微破损处应外包防水塑料胶带修补，严重破损者不得使用。

检查数量：全数检查。

检验方法：观察。

（2）预应力筋用锚具、夹具和连接器进场时，应进行外观检查，其表面应无污物、锈蚀、机械损伤和裂纹。

检查数量：全数检查。

检验方法：观察。

(3)预应力成孔管道进场时，应进行管道外观质量检查、径向刚度和抗渗漏性能检验，其检验结果应符合下列规定：

1)金属管道外观应清洁，内外表面应无锈蚀、油污、附着物、孔洞；金属波纹管不应有不规则褶皱，咬口应无开裂、脱扣；钢管焊缝应连续；

2)塑料波纹管的外观应光滑、色泽均匀，内外壁不应有气泡、裂口、硬块、油污、附着物、孔洞及影响使用的划伤；

3)径向刚度和抗渗漏性能应符合现行行业标准《预应力混凝土桥梁用塑料波纹管》(JT/T 529—2016)或《预应力混凝土用金属波纹管》(JG 225—2007)的规定。

检查数量：外观应全数检查；径向刚度和抗渗漏性能的检查数量应按进场的批次和产品的抽样检验方案确定。

检验方法：观察，检查质量证明文件和抽样检验报告。

(二)预应力筋制作与安装

1. 施工质量控制

(1)预应力筋的下料长度应经计算确定，并应采用砂轮锯或切断机等机械方法切断。预应力筋制作或安装时，应避免焊渣或接地电火花损伤预应力筋。

(2)无粘结预应力筋在现场搬运和铺设过程中，不应损伤其塑料护套。当出现轻微破损时，应及时封闭。

(3)钢绞线挤压锚具应采用配套的挤压机制作，并应符合使用说明书的规定。采用的摩擦衬套应沿挤压套筒全长均匀分布；挤压完成后，预应力筋外端应露出挤压套筒不少于 1 mm。

(4)钢绞线压花锚具应采用专用的压花机制作成型，梨形头尺寸和直线锚固段长度不应小于设计值。

(5)钢丝镦头及下料长度偏差应符合下列规定：

1)镦头的头型直径应为钢丝直径的 1.4～1.5 倍，高度应为钢丝直径的 0.95～1.05 倍；

2)镦头不应出现横向裂纹；

3)当钢丝束两端均采用镦头锚具时，同一束中各根钢丝长度的极差不应大于钢丝长度的 1/5 000，且不应大于 5 mm。当成组张拉长度不大于 10 m 的钢丝时，同组钢丝长度的极差不得大于 2 mm。

(6)孔道成型用管道的连接应密封，并应符合下列规定：

1)圆形金属波纹管接长时，可采用大一规格的同波型波纹管作为接头管，接头管长度可取其直径的 3 倍，且不宜小于 200 mm，两端旋入长度宜相等，且两端应采用防水胶带密封；

2)塑料波纹管接长时，可采用塑料焊接机热熔焊接或采用专用连接管；

3)钢管连接可采用焊接连接或套筒连接。

(7)预应力筋或成孔管道的定位应符合下列规定：

1)预应力筋或成孔管道应与定位钢筋绑扎牢固，定位钢筋直径不宜小于 10 mm，间距不宜大于 1.2 m，板中无粘结预应力筋的定位间距可适当放宽，扁形管道、塑料波纹管或预应力筋曲线曲率较大处的定位间距宜适当缩小；

2)凡施工时需要预先起拱的构件，预应力筋或成孔管道宜随构件同时起拱；

3)预应力筋或成孔管道定位控制点的竖向位置偏差应符合表 3-14 的规定。

表 3-14 预应力筋或成孔管道竖向位置允许偏差

构件截面高(厚)度 h/mm	h≤300	300<h≤～1 500	h>1 500
允许偏差/mm	±5	±10	±15

(8)预应力筋和预应力孔道的间距和保护层厚度,应符合下列规定:

1)先张法预应力筋之间的净间距不应小于预应力筋的公称直径或等效直径的 2.5 倍和混凝土粗集料最大粒径的 1.25 倍,且对预应力钢丝、三股钢绞线和七股钢绞线分别不应小于 15 mm、20 mm 和 25 mm。当混凝土振捣密实性有可靠保证时,净间距可放宽至粗集料最大粒径的 1.0 倍。

2)对后张法预制构件,孔道之间的水平净间距不宜小于 50 mm,且不宜小于粗集料最大粒径的 1.25 倍;孔道至构件边缘的净间距不宜小于 30 mm,且不宜小于孔道外径的 1/2。

3)在现浇混凝土梁中,曲线孔道在竖直方向的净间距不应小于孔道外径,水平方向的净间距不宜小于孔道外径的 1.5 倍,且不应小于粗集料最大粒径的 1.25 倍;从孔道外壁至构件边缘的净间距,梁底不宜小于 50 mm,梁侧不宜小于 40 mm;裂缝控制等级为三级的梁,从孔道外壁至构件边缘的净间距,梁底不宜小于 70 mm,梁侧不宜小于 50 mm。

4)当混凝土振捣密实性有可靠保证时,预应力筋孔道可水平并列贴紧布置,但并列的数量不应超过 2 束。

5)板中单根无粘结预应力筋的间距不宜大于板厚的 6 倍,且不宜大于 1 m;带状束的无粘结预应力筋根数不宜多于 5 根,束间距不宜大于板厚的 12 倍,且不宜大于 2.4 m。

6)梁中集束布置的无粘结预应力筋,束的水平净间距不宜小于 50 mm,束至构件边缘的净距不宜小于 40 mm。

(9)预应力孔道应根据工程特点设置排气孔、泌水孔及灌浆孔,排气孔可兼作泌水孔或灌浆孔,并应符合下列规定:

1)当曲线孔道波峰和波谷的高差大于 300 mm 时,应在孔道波峰设置排气孔,排气孔间距不宜大于 30 m;

2)当排气孔兼作泌水孔时,其外接管道伸出构件顶面长度不宜小于 300 mm。

(10)锚垫板和连接器的位置和方向应符合设计要求,且其安装应符合下列规定:

1)锚垫板的承压面应与预应力筋或孔道曲线末端的切线垂直。预应力筋曲线起始点与张拉锚固点之间的直线段最小长度应符合表 3-15 的规定;

2)采用连接器接长预应力筋时,应全面检查连接器的所有零件,并应按产品技术手册要求操作;

3)内埋式固定端锚垫板不应重叠,锚具与锚垫板应贴紧。

表 3-15　预应力筋曲线起始点与张拉锚固点之间直线段最小长度

预应力筋张拉力 N/kN	$N < 1\,500$	$1\,500 < N \leqslant 6\,000$	$N > 6\,000$
直线段最小长度/mm	400	500	600

(11)后张法有粘结预应力筋穿入孔道及其防护,应符合下列规定:

1)对采用蒸汽养护的预制构件,预应力筋应在蒸汽养护结束后穿入孔道;

2)预应力筋穿入孔道后至灌浆的时间间隔:当环境相对湿度大于 60% 或近海环境时,不宜超过 14 d;当环境相对湿度不大于 60% 时,不宜超过 28 d;

3)当不能满足上述 2)的规定时,宜对预应力筋采取防锈措施。

(12)预应力筋等安装完成后,应做好成品保护工作。

(13)当采用减摩材料降低孔道摩擦阻力时,应符合下列规定:

1)减摩材料不应对预应力筋、管道及混凝土产生不利的影响;

2)灌浆前应将减摩材料清除干净。

2. 施工质量验收

【主控项目】

(1)预应力筋安装时，其品种、规格、级别和数量必须符合设计要求。

检查数量：全数检查。

检验方法：观察，尺量。

(2)预应力筋的安装位置应符合设计要求。

检查数量：全数检查。

检验方法：观察，尺量。

【一般项目】

(1)预应力筋端部锚具的制作质量应符合下列规定：

1)钢绞线挤压锚具挤压完成后，预应力筋外端露出挤压套筒的长度不应小于 1 mm。

2)钢绞线压花锚具的梨形头尺寸和直线锚固段长度不应小于设计值；

3)钢丝镦头不应出现横向裂纹，镦头的强度不得低于钢丝强度标准值的 98%。

检查数量：对挤压锚，每工作班抽查 5%，且不应少于 5 件；对压花锚，每工作班抽查 3 件；对钢丝镦头强度，每批钢丝检查 6 个镦头试件。

检验方法：观察，尺量，检查镦头强度试验报告。

(2)预应力筋或成孔管道的安装质量应符合下列规定：

1)成孔管道的连接应密封；

2)预应力筋或成孔管道应平顺，并应与定位支撑钢筋绑扎牢固；

3)当后张有粘结预应力筋曲线孔道波峰和波谷的高差大于 300 mm，且采用普通灌浆工艺时，应在孔道波峰设置排气孔；

4)锚垫板的承压面应与预应力筋或孔道曲线末端垂直，预应力筋或孔道曲线末端直线段长度应符合表 3-15 的规定。

检查数量：第 1)~3)款应全数检查；第 4)款应抽查预应力束总数的 10%，且不少于 5 束。

检验方法：观察，尺量。

(3)预应力筋或成孔管道定位控制点的竖向位置偏差应符合表 3-17 的规定，其合格点率应达到 90% 及以上，且不得有超过表中数值 1.5 倍的尺寸偏差。

检查数量：在同一检验批内，应抽查各类型构件总数的 10%，且不少于 3 个构件，每个构件不应少于 5 处。

检验方法：尺量。

3. 质量通病及防治措施

(1)质量通病。后张预应力构件锚固区的锚垫板下(后)混凝土振捣不密实，强度不足，造成在张拉时锚垫板、锚具突然沉陷，甚至预应力筋断裂。

(2)防治措施。加强混凝土振捣，振捣棒应捣入锚垫板后面的部位，确保该部位混凝土振捣密实。在预应力筋张拉前，应检查锚垫板下(后)的混凝土质量，如该处混凝土有空鼓现象，应在张拉前修补。

(三)预应力筋张拉和放张

1. 施工质量控制

(1)预应力筋张拉前，应进行下列准备工作：

1)计算张拉力和张拉伸长值，根据张拉设备标定结果确定油泵压力表读数；

2)搭设安全可靠的张拉作业平台；

3)清理锚垫板和张拉端预应力筋，检查锚垫板后混凝土的密实性。

（2）预应力筋张拉设备及油压表应定期维护和标定。张拉设备和油压表应配套标定和使用，标定期限不应超过半年。当使用过程中出现反常现象或张拉设备检修后，应重新标定。

注：1）压力表的量程应大于张拉工作压力读值。压力表的精确度等级不应低于1.6级；

2）标定张拉设备用的试验机或测力计的测力示值不确定度不应大于0.5%；

3）张拉设备标定时，千斤顶活塞的运行方向应与实际张拉工作状态一致。

（3）施加预应力时，同条件养护的混凝土立方体抗压强度应符合设计要求，并应符合下列规定：

1）不应低于设计强度等级值的75%，先张法预应力筋放张时不应低于30 MPa；

2）不应低于锚具供应商提供的产品技术手册要求的混凝土最低强度要求；

3）对后张法预应力梁和板，现浇结构混凝土的龄期分别不宜小于7 d和5 d。

注：为防止混凝土早期裂缝而施加预应力时，可不受本条的限制，但应保证局部受压承载力的要求。

（4）预应力筋的张拉控制应力应符合设计及专项施工方案的要求。当施工中需要超张拉时，调整后的张拉控制应力 σ_{con} 应符合下列规定：

1）消除应力钢丝、钢绞线

$$\sigma_{con} \leqslant 0.80 f_{ptk} \tag{3-1}$$

2）中强度预应力钢丝

$$\sigma_{con} \leqslant 0.75 f_{ptk} \tag{3-2}$$

3）预应力螺纹钢筋

$$\sigma_{con} \leqslant 0.85 f_{pyk} \tag{3-3}$$

式中　σ_{con}——预应力筋张拉控制应力；

f_{ptk}——预应力筋极限强度标准值；

f_{pyk}——预应力筋屈服强度标准值。

（5）采用预应力控制方法张拉时，应校核张拉力下预应力筋伸长值。实测伸长值与计算伸长值的偏差不应超过±6%，否则应查明原因并采取措施后再张拉。必要时，宜进行现场孔道摩擦系数测定，并可根据实测结果调整张拉控制力。

（6）预应力筋的张拉顺序应符合设计要求，并应符合下列规定：

1）张拉顺序应根据结构受力特点、施工方便及操作安全等因素确定；

2）预应力筋张拉宜符合均匀、对称的原则；

3）对现浇预应力混凝土楼盖，宜先张拉楼板、次梁的预应力筋，后张拉主梁的预应力筋；

4）对预制屋架等平卧叠浇构件，应从上而下逐榀张拉。

（7）预应力筋应根据设计和专项施工方案的要求采用一端或两端张拉。采用两端张拉时，宜两端同时张拉，也可一端先张拉，另一端补张拉。当设计无具体要求时，应符合下列规定：

1）有粘结预应力筋长度不大于20 m时可一端张拉，大于20 m时宜两端张拉；预应力筋为直线形时，一端张拉的长度可延长至35 m；

2）无粘结预应力筋长度不大于40 m时可一端张拉，大于40 m时宜两端张拉。

（8）有粘结预应力筋应整束张拉；对直线形或平行编排的有粘结预应力钢绞线束，当各根钢绞线不受叠压影响时，也可逐根张拉。

（9）预应力筋张拉时，应从零拉力加载至初拉力后，量测伸长值初读数，再以均匀速率加载至张拉控制力。对塑料波纹管成孔管道，达到张拉控制力后，宜持荷2～5 min。初拉力宜为张拉控制力的10%～20%。

（10）预应力筋张拉中应避免预应力筋断裂或滑脱。当发生断裂或滑脱时，应符合下列规定：

1)对后张法预应力结构构件，断裂或滑脱的数量严禁超过同一截面预应力筋总根数的3%，且每束钢丝不得超过一根；对多跨双向连续板，其同一截面应按每跨计算；

2)对先张法预应力构件，在浇筑混凝土前发生断裂或滑脱的预应力筋必须予以更换。

(11)锚固阶段张拉端预应力筋的内缩量应符合设计要求。当设计无具体要求时，应符合表3-16的规定。

表3-16 张拉端预应力筋的内缩量限值

锚具类别		内缩量限值/mm
支承式锚具(螺母锚具、镦头锚具等)	螺帽缝隙	1
	每块后加垫板的缝隙	1
夹片式锚具	有顶压	5
	无顶压	8~10

(12)先张法预应力筋的放张顺序应符合下列规定：

1)宜采取缓慢放张工艺进行逐根或整体放张；

2)对轴心受压构件，所有预应力筋宜同时放张；

3)对受弯或偏心受压的构件，应先同时放张预压应力较小区域的预应力筋，再同时放张预压应力较大区域的预应力筋；

4)当不能按上述规定放张时，应分阶段、对称、相互交错放张；

5)放张后，预应力筋的切断顺序，宜从张拉端开始逐次切向另一端。

(13)后张法预应力筋张拉锚固后，如遇特殊情况需卸锚时，应采用专门的设备和工具。

(14)预应力筋张拉或放张时，应采取有效的安全防护措施，预应力筋两端正前方不得站人或穿越。

(15)预应力筋张拉或放张时，应对张拉力、压力表读数、张拉伸长值及异常情况处理等作出详细记录。

2. 施工质量验收

【主控项目】

(1)预应力筋张拉或放张前，应对构件混凝土强度进行检验。同条件养护的混凝土立方体试件抗压强度应符合设计要求，当设计无具体要求时应符合下列规定：

1)应达到配套锚固产品技术要求的混凝土最低强度且不应低于设计混凝土强度等级值的75%；

2)对采用消除应力钢丝或钢绞线作为预应力筋的先张法构件，不应低于30 MPa。

检查数量：全数检查。

检验方法：检查同条件养护试件抗压强度试验报告。

(2)对后张法预应力结构构件，钢绞线出现断裂或滑脱的数量不应超过同一截面钢绞线总根数的3%，且每根断裂的钢绞线断丝不得超过一丝；对多跨双向连续板，其同一截面应按每跨计算。

检查数量：全数检查。

检验方法：观察，检查张拉记录。

(3)先张法预应力筋张拉锚固后，实际建立的预应力值与工程设计规定检验值的相对允许偏差为±5%。

检查数量：每工作班抽查预应力筋总数的 1%，且不应少于 3 根。

检验方法：检查预应力筋应力检测记录。

【一般项目】

（4）预应力筋张拉质量应符合下列规定：

1）采用应力控制方法张拉时，张拉力下预应力筋的实测伸长值与计算伸长值的相对允许偏差为 ±6%；

2）最大张拉应力应符合现行国家标准《混凝土结构工程施工规范》（GB 50666—2011）的规定。

检查数量：全数检查。

检验方法：检查张拉记录。

（5）先张法预应力构件，应检查预应力筋张拉后的位置偏差，张拉后预应力筋的位置与设计位置的偏差不应大于 5 mm，且不应大于构件截面短边边长的 4%。

检查数量：每工作班抽查预应力筋总数的 3%，且不应少于 3 束。

检验方法：尺量。

（6）锚固阶段张拉端预应力筋的内缩量应符合设计要求；当设计无具体要求时，应符合表 3-16 的规定。

检查数量：每工作班抽查预应力筋总数的 3%，且不少于 3 束。

检验方法：尺量。

3. 质量通病及防治措施

（1）质量通病。张拉或放张预应力筋时，由于混凝土强度低，造成构件过早开裂或构件预应力损失过大，在使用荷载作用下的实际挠度超过设计规定值。

（2）防治措施。预应力混凝土应留置同条件养护的混凝土试块，用以检验张拉或放张时的混凝土强度。预应力筋张拉时，结构的混凝土强度应符合设计要求，当设计无具体要求时，不应低于设计强度等级的 75%；放张预应力筋时，混凝土强度必须符合设计要求，当设计无具体要求时，不得低于设计强度等级的 75%。

（四）灌浆及封锚

1. 施工质量控制

（1）后张法预应力筋张拉完毕并经检查合格后，应及时进行孔道灌浆，孔道内水泥浆应饱满、密实。

（2）后张法预应力筋锚固后的外露部分宜采用机械方法切割，也可采用氧-乙炔焰方法切割，其外露长度不宜小于预应力筋直径的 1.5 倍，且不宜小于 30 mm。

（3）灌浆前应进行下列准备工作：

1）应确认孔道、排气兼泌水管及灌浆孔畅通；对预埋管成型孔道，可采用压缩空气清孔；

2）应采用水泥浆、水泥砂浆等材料封闭端部锚具缝隙也可采用封锚罩封闭外露锚具；

3）采用真空灌浆工艺时，应确认孔道的密封性。

（4）灌浆用水泥浆的原材料除应符合国家现行有关标准的规定外，还应符合下列规定：

1）水泥宜采用强度等级不低于 42.5 的普通硅酸盐水泥；

2）水泥浆中氯离子含量不应超过水泥重量的 0.06%；

3）拌合用水和掺加的外加剂中不应含有对预应力筋或水泥有害的成分。

（5）灌浆用水泥浆的性能应符合下列规定：

1）采用普通灌浆工艺时稠度宜控制在 12~20 s，采用真空灌浆工艺时稠度宜控制在 18~25 s；

2)水胶比不应大于 0.45;

3)自由泌水率宜为 0,且不应大于 1%,泌水应在 24 h 内全部被水泥浆吸收;

4)自由膨胀率不应大于 10%;

5)边长为 70.7 mm 的立方体水泥浆试块 28 d 标准养护的抗压强度不应低于 30 MPa;

6)所采用的外加剂应与水泥作配合比试验并确定掺量后使用。

(6)灌浆用水泥浆的制备及使用应符合下列规定:

1)水泥浆宜采用高速搅拌机进行搅拌,搅拌时间不应超过 5 min;

2)水泥浆使用前应经筛孔尺寸不大于 1.2 mm×1.2 mm 的筛网过滤;

3)搅拌后不能在短时间内灌入孔道的水泥浆,应保持缓慢搅动;

4)水泥浆拌合后至灌浆完毕的时间不宜超过 30 min。

(7)灌浆施工应符合下列规定:

1)宜先灌注下层孔道,后灌注上层孔道;

2)灌浆应连续进行,直至排气管排除的浆体稠度与注浆孔处相同且没有出现气泡后,再顺浆体流动方向将排气孔依次封闭;全部封闭后,宜继续加压 0.5~0.7 MPa,并稳压 1~2 min 后封闭灌浆口;

3)当泌水较大时,宜进行二次灌浆或泌水孔重力补浆;

4)因故停止灌浆时,应用压力水将孔道内已注入的水泥浆冲洗干净。

(8)真空辅助灌浆应符合下列规定:

1)灌浆前,应先关闭灌浆口的阀门及孔道全程的所有排气阀,然后在排浆端启动真空泵抽出孔道内的空气,使孔道真空负压达到 0.08~0.10 MPa,并保持稳定,再启动灌浆泵开始灌浆;

2)灌浆过程中,真空泵应保持连续工作,待浆体经过抽真空端时应关闭通向真空泵的阀门,同时打开位于排浆端上方的排浆阀门,在排出少许浆体后再关闭。

(9)孔道灌浆应填写灌浆记录。

(10)外露锚具及预应力筋应按设计要求采取可靠的防止损伤或腐蚀的保护措施。

2. 施工质量验收

【主控项目】

(1)预留孔道灌浆后,孔道内水泥浆应饱满、密实。

检查数量:全数检查。

检验方法:观察,检查灌浆记录。

(2)灌浆用水泥浆的性能应符合下列规定:

1)3 h 自由泌水率宜为 0,且不应大于 1%,泌水应在 24 h 内全部被水泥浆吸收;

2)水泥浆中氯离子含量不应超过水泥重量的 0.06%;

3)当采用普通灌浆工艺时,24 h 自由膨胀率不应大于 6%;当采用真空灌浆工艺时,24 h 自由膨胀率不应大于 3%。

检查数量:同一配合比检查一次。

检验方法:检查水泥浆性能试验报告。

(3)现场留置的灌浆用水泥浆试件的抗压强度不应低于 30 MPa。试件抗压强度检验应符合下列规定:

1)每组应留取 6 个边长为 70.7 mm 的立方体试件,并应标准养护 28 d;

2)试件抗压强度应取 6 个试件的平均值;当一组试件中抗压强度最大值或最小值与平均值相差超过 20% 时,应取中间 4 个试件强度的平均值。

检查数量：每工作班留置一组。

检验方法：检查试件强度试验报告。

(4)锚具的封闭保护措施应符合设计要求。当设计无具体要求时，外露锚具和预应力筋的混凝土保护层厚度不应小于：一类环境时 20 mm，二 a、二 b 类环境时 50 mm，三 a、三 b 类环境时 80 mm。

检查数量：在同一检验批内，抽查预应力筋总数的 5％，且不应少于 5 处。

检验方法：观察，尺量。

【一般项目】

后张法预应力筋锚固后，锚具外预应力筋的外露长度不应小于其直径的 1.5 倍，且不应小于 30 mm。

检查数量：在同一检验批内，抽查预应力筋总数的 3％，且不应少于 5 束。

检验方法：观察，尺量。

3. 质量通病及防治措施

(1)质量通病。预应力结构端部节点尺寸不够，配筋不足，当张拉时其端部锚固区承受不住垂直预应力钢筋方向的"劈裂拉应力"而产生沿预应力筋方向的纵向裂缝。

(2)防治措施。设计时应充分考虑在吊车梁、桁架、托架等构件的端部锚固区节点处增配钢筋网片或箍筋，并保证预应力筋外围混凝土有一定的厚度。如出现轻微的张拉裂缝，不影响承载力的可以不处理或采取涂刷环氧胶泥、粘贴环氧玻璃丝布等方法进行封闭处理；如出现严重的裂缝且明显降低结构刚度的，应通过设计单位，根据具体情况采取预应力加固或用钢套箍等方法加固处理。

四、混凝土工程

(一)材料要求

1. 质量控制

(1)水泥的选用应符合下列规定：

1)水泥品种与强度等级应根据设计、施工要求以及工程所处环境条件确定；

2)普通混凝土结构宜选用通用硅酸盐水泥；有特殊需要时，也可选用其他品种水泥；

3)对于有抗渗、抗冻融要求的混凝土，宜选用硅酸盐水泥或普通硅酸盐水泥；

4)处于潮湿环境的混凝土结构，当使用碱活性集料时，宜采用低碱水泥。

(2)粗集料宜选用粒形良好、质地坚硬的洁净碎石或卵石，并应符合下列规定：

1)粗集料最大粒径不应超过构件截面最小尺寸的 1/4，且不应超过钢筋最小净间距的 3/4；对实心混凝土板，粗集料的最大粒径不宜超过板厚的 1/3，且不应超过 40 mm；

2)粗集料宜采用连续粒级，也可用单粒级组合成满足要求的连续粒级；

3)含泥量、泥块含量指标应符合相关规范规定。

(3)细集料宜选用级配良好、质地坚硬、颗粒洁净的天然砂或机制砂，并应符合下列规定：

1)细集料宜选用Ⅱ区中砂。当选用Ⅰ区砂时，应提高砂率，并应保持足够的胶凝材料用量，满足混凝土的工作性要求；当采用Ⅲ区砂时，宜适当降低砂率。

2)混凝土细集料中氯离子含量应符合下列规定：

①对钢筋混凝土，按干砂的质量百分率计算不得大于 0.06％；

②对预应力混凝土，按干砂的质量百分率计算不得大于 0.02％；

3)含泥量、泥块含量指标应符合相关规范规定。

4)海砂应符合现行行业标准《海砂混凝土应用技术规范》(JGJ 206—2010)的有关规定。

(4)强度等级为 C60 及以上的混凝土所用集料除应符合上述(2)和(3)的规定外,还应符合下列规定:

1)粗集料压碎指标的控制值应经试验确定;

2)粗集料最大粒径不宜超过 25 mm,针片状颗粒含量不宜大于 8.0%,含泥量不应大于 0.5%,泥块含量不应大于 0.2%;

3)细集料细度模数宜控制为 2.6~3.0,含泥量不应大于 2.0%,泥块含量不应大于 0.5%。

(5)对于有抗渗、抗冻融或其他特殊要求的混凝土,宜选用连续级配的粗集料,最大粒径不宜大于 40 mm,含泥量不应大于 1.0%,泥块含量不应大于 0.5%;所用细集料含泥量不应大于 3.0%,泥块含量不应大于 1.0%。

(6)矿物掺合料的品种和等级应根据设计、施工要求以及工程所处环境条件确定,并应符合国家现行有关标准的规定。矿物掺合料的掺量应通过试验确定。

(7)外加剂的选用应根据混凝土原材料性能,设计施工要求以及工程所处环境条件和设计要求等因素通过试验确定,并应符合下列规定:

1)当使用碱活性集料时,由外加剂带入的碱含量(以当量氧化钠计)不宜超过 1.0 kg/m³,混凝土总碱含量尚应符合现行国家标准《混凝土结构设计规范(2015 年版)》(GB 50010—2010)等的有关规定;

2)不同品种外加剂首次复合使用时,应检验混凝土外加剂的相容性。

(8)混凝土拌和及养护用水应符合现行行业标准《混凝土用水标准》(JGJ 63—2006)的有关规定。

(9)未经处理的海水严禁用于钢筋混凝土和预应力混凝土拌制和养护。

(10)原材料进场后,应按种类、批次分开贮存与堆放,应标识明晰,并应符合下列规定:

1)散装水泥、矿物掺合料等粉体材料应采用散装罐分开储存。袋装水泥、矿物掺合料、外加剂等应按品种、批次分开码垛堆放,并应采取防雨、防潮措施,高温季节应有防晒措施。

2)集料应按品种、规格分别堆放,不得混入杂物,并应保持洁净与颗粒级配均匀。集料堆放场地的地面应做硬化处理,并应采取排水、防尘和防雨等措施。

3)液体外加剂应放置阴凉干燥处,应防止日晒、污染、浸水,使用前应搅拌均匀;如有离析、变色等现象,应经检验合格后再使用。

2. 质量验收

【主控项目】

(1)水泥进场时,应对其品种、代号、强度等级、包装或散装编号、出厂日期等进行检查,并应对水泥的强度、安定性和凝结时间进行检验,检验结果应符合现行国家标准《通用硅酸盐水泥》(GB 175—2007)等的相关规定。

检查数量:按同一厂家、同一品种、同一代号、同一强度等级、同一批号且连续进场的水泥,袋装不超过 200 t 为一批,散装不超过 500 t 为一批,每批抽样数量不应少于一次。

检验方法:检查质量证明文件和抽样检验报告。

(2)混凝土外加剂进场时,应对其品种、性能、出厂日期等进行检查,并应对外加剂的相关性能指标进行检验,检验结果应符合现行国家标准《混凝土外加剂》(GB 8076—2008)和《混凝土外加剂应用技术规范》(GB 50119—2013)等的规定。

检查数量:按同一厂家、同一品种、同一性能、同一批号且连续进场的混凝土外加剂,不超过 50 t 为一批,每批抽样数量不应少于一次。

检验方法:检查质量证明文件和抽样检验报告。

【一般项目】

(1)混凝土用矿物掺合料进场时，应对其品种、技术指标、出厂日期等进行检查，并应对矿物掺合料的相关技术指标进行检验，检验结果应符合国家现行有关标准的规定。

检查数量：按同一厂家、同一品种、同一技术指标、同一批号且连续进场的矿物掺合料，粉煤灰、石灰石粉、磷渣粉和钢铁渣粉不超过 200 t 为一批，粒化高炉矿渣粉和复合矿物掺合料不超过 500 t 为一批，沸石粉不超过 120 t 为一批，硅灰不超过 30 t 为一批，每批抽样数量不应少于一次。

检验方法：检查质量证明文件和抽样检验报告。

(2)混凝土原材料中的粗集料、细集料质量应符合现行行业标准《普通混凝土用砂、石质量及检验方法标准》(JGJ 52—2006)的规定，使用经过净化处理的海砂应符合现行行业标准《海砂混凝土应用技术规范》(JGJ 206—2010)的规定，再生混凝土集料应符合现行国家标准《混凝土用再生粗骨料》(GB/T 25177—2010)和《混凝土和砂浆用再生细骨料》(GB/T 25176—2010)的规定。

检查数量：按现行行业标准《普通混凝土用砂、石质量及检验方法标准》(JGJ 52—2006)的规定确定。

检验方法：检查抽样检验报告。

(3)混凝土拌制及养护用水应符合现行行业标准《混凝土用水标准》(JGJ 63—2006)的规定。采用饮用水时，可不检验；采用中水、搅拌站清洗水、施工现场循环水等其他水源时，应对其成分进行检验。

检查数量：同一水源检查不应少于一次。

检验方法：检查水质检验报告。

(二)混凝土拌合物

1. 施工质量控制

混凝土结构施工宜采用预拌混凝土。预拌混凝土应符合现行国家标准《预拌混凝土》(GB/T 14902—2012)的有关规定，现场搅拌混凝土宜采用具有自动计量装置的设备集中搅拌，当不具备条件时，应采用符合现行国家标准《混凝土搅拌机》(GB/T 9142—2000)的搅拌机进行搅拌，并应配备计量装置。

(1)混凝土配合比。

1)混凝土配合比设计应符合下列要求，并应经试验确定：

①应在满足混凝土强度、耐久性和工作性要求的前提下，减少水泥和水的用量；

②当有抗冻、抗渗、抗氯离子侵蚀和化学腐蚀等耐久性要求时，尚应符合现行国家标准《混凝土结构耐久性设计规范》(GB/T 50476—2008)的有关规定；

③应计入环境条件对施工及工程结构的影响；

④试配所用的原材料应与施工实际使用的原材料一致。

2)混凝土的配制强度应按下列规定计算：

①当设计强度等级小于 C60 时，配制强度应按下式计算：

$$f_{cu,0} \geqslant f_{cu,k} + 1.645\sigma \tag{3-4}$$

式中 $f_{cu,0}$ ——混凝土的配制强度(MPa)；

$f_{cu,k}$ ——混凝土强度标准值(MPa)；

σ ——混凝土的强度标准差(MPa)。

②当设计强度等级大于或等于 C60 时，配制强度应按下式计算：

$$f_{cu,0} \geqslant 1.15 f_{cu,k} \tag{3-5}$$

3)混凝土强度标准差应按下列规定确定：

①当具有近期(前一个月或三个月)的同一品种混凝土的强度资料时，其混凝土强度标准差 σ 应按下列公式计算：

$$\sigma = \sqrt{\frac{\sum_{i=1}^{n} f_{cu,i}^2 - n m_{f_{cu}}^2}{n-1}} \tag{3-6}$$

式中　$f_{cu,i}$——第 i 组的试件强度(MPa)；

　　　$m_{f_{cu}}$——n 组试件的强度平均值(MPa)；

　　　n——试件组数，n 值不应小于 30。

②按第①款计算混凝土强度标准差时，对于强度等级小于等于 C30 的混凝土，计算得到的 σ 大于等于 3.0 MPa 时，应按计算结果取值；计算得到的 σ 小于 3.0 MPa 时，σ 应取 3.0 MPa；对于强度等级大于 C30 且小于 C60 的混凝土，计算得到的 σ 大于等于 4.0 MPa 时，应按计算结果取值；计算得到的 σ 小于 4.0 MPa 时，σ 应取 4.0 MPa。

③当没有近期的同品种混凝土强度资料时，其混凝土强度标准差 σ 可按表 3-17 取用。

表 3-17　标准差 σ 值　　　　　　　　　　MPa

混凝土强度标准值	≤C20	C25～C45	C50～C55
σ	4.0	5.0	6.0

4)混凝土的工作性，应根据结构形式、运输方式和距离、泵送高度、浇筑和振捣方式以及工程所处环境条件等确定。

5)混凝土配合比设计中的最大水胶比和最小胶凝材料用量应符合现行国家标准《混凝土质量控制标准》(GB 50164—2011)等的有关规定。

6)当设计文件对混凝土耐久性有检验要求时，应在配合比设计中对耐久性参数进行检验。

7)大体积混凝土的配合比设计应符合下列规定：

①应在保证混凝土强度及坍落度要求的前提下，采用控制水泥用量，宜选用低、中水化热水泥，并宜掺加粉煤灰、矿渣粉；

②温度控制要求较高的大体积混凝土，其胶凝材料用量、品种等宜通过水化热和绝热温升试验确定；

③宜采用高性能减水剂。

8)混凝土配合比的试配、调整和确定应按下列步骤进行：

①采用工程实际使用的原材料和计算配合比进行试配，每盘混凝土试配量不应小于 20 L；

②进行试拌，并调整砂率和外加剂掺量等使拌合物满足工作性要求，提出试拌配合比；

③在试拌配合比的基础上，调整胶凝材料用量，提出不少于 3 个配合比进行试配。根据试件的试压强度和耐久性试验结果，选定设计配合比；

④应对选定的设计配合比进行生产适应性调整，确定施工配合比；

⑤对采用搅拌运输车运输的混凝土，当运输时间可能较长时，试配时应控制混凝土坍落度经时损失值。

9)施工配合比应经有关人员批准。混凝土配合比使用过程中，应根据反馈的混凝土动态质量信息，及时对配合比进行调整。

10)遇有下列情况时，应重新进行配合比设计：

①当混凝土性能指标有变化或有其他特殊要求时；

②当原材料品质发生显著改变时；

③同一配合比的混凝土生产间断三个月以上时。

（2）混凝土搅拌。

1）当粗、细集料的实际含水量发生变化时，应及时调整粗、细集料和拌合用水的用量。

2）混凝土搅拌时应对原材料用量准确计量，并应符合下列规定：

①计量设备的精度应符合现行国家标准《建筑施工机械与设备　混凝土搅拌站（楼）》（GB/T 10171—2016）的有关规定，并应定期校准。使用前设备应归零。

②原材料的计量应按重量计，水和外加剂溶液可按体积计，其允许偏差应符合表 3-18 的规定。

表 3-18　混凝土原材料计量允许偏差　　　　　　　　　　　　　　　　　　　　　　%

原材料品种	水泥	细集料	粗集料	水	掺合料	外加剂
每盘计量允许偏差	±2	±3	±3	±1	±2	±1
累计计量允许偏差	±1	±2	±2	±1	±1	±1

注：1. 现场搅拌时原材料计量允许偏差应满足每盘计量允许偏差要求；
　　2. 累计计量允许偏差指每一运输车中各盘混凝土的每种材料累计量称的偏差，该项指标仅适用于采用计算机控制计量的搅拌站；
　　3. 集料含水率应经常测定，雨、雪天施工应增加测定次数。

3）采用分次投料搅拌方法时，应通过试验确定投料顺序、数量及分段搅拌的时间等工艺参数。掺合料宜与水泥同步投料，液体外加剂宜滞后于水和水泥投料；粉状外加剂宜溶解后再投料。

4）混凝土宜采用强制式搅拌机搅拌，并应搅拌均匀。混凝土搅拌的最短时间可按表 3-19 采用，当能保证搅拌均匀时可适当缩短搅拌时间。搅拌强度等级 C60 及以上的混凝土时，搅拌时间应适当延长。

表 3-19　混凝土搅拌的最短时间　　　　　　　　　　　　　　　　　　　　　　　　s

混凝土坍落度/mm	搅拌机机型	搅拌机出料量/L		
		<250	250～500	>500
≤40	强制式	60	90	120
>40 且<100	强制式	60	60	90
≥100	强制式	60		

注：1. 混凝土搅拌时间是指全部材料装入搅拌筒中起，到开始卸料止的时间；
　　2. 当掺有外加剂与矿物掺合料时，搅拌时间应适当延长；
　　3. 采用自落式搅拌机时，搅拌时间宜延长 30 s；
　　4. 当采用其他形式的搅拌设备时，搅拌的最短时间也可按设备说明书的规定或经试验确定。

5）对首次使用的配合比应进行开盘鉴定，开盘鉴定应包括下列内容：

①混凝土的原材料与配合比设计所使用原材料的一致性；

②出机混凝土工作性与配合比设计要求的一致性；

③混凝土强度；

④混凝土凝结时间;

⑤有要求时,还应包括混凝土耐久性能。

2. 施工质量验收

【主控项目】

(1)预拌混凝土进场时,其质量应符合现行国家标准《预拌混凝土》(GB/T 14902—2012)的规定。

检查数量:全数检查。

检验方法:检查质量证明文件。

(2)混凝土拌合物不应离析。

检查数量:全数检查。

检验方法:观察。

(3)混凝土中氯离子含量和碱总含量应符合现行国家标准《混凝土结构设计规范(2015 年版)》(GB 50010—2010)的规定和设计要求。

检查数量:同一配合比的混凝土检查不应少于一次。

检验方法:检查原材料试验报告和氯离子、碱的总含量计算书。

(4)首次使用的混凝土配合比应进行开盘鉴定,其原材料、强度、凝结时间、稠度等应满足设计配合比的要求。

检查数量:同一配合比的混凝土检查不应少于一次。

检验方法:检查开盘鉴定资料和强度试验报告。

【一般项目】

(5)混凝土拌合物稠度应满足施工方案的要求。

检查数量:对同一配合比混凝土,取样应符合下列规定:

1)每拌制 100 盘且不超过 100 m³ 时,取样不得少于一次;

2)每工作班拌制不足 100 盘时,取样不得少于一次;

3)连续浇筑超过 1 000 m³ 时,每 200 m³ 取样不得少于一次;

4)每一楼层取样不得少于一次。

检验方法:检查稠度抽样检验记录。

(6)混凝土有耐久性指标要求时,应在施工现场随机抽取试件进行耐久性检验,其检验结果应符合国家现行有关标准的规定和设计要求。

检查数量:同一配合比的混凝土,取样不应少于一次,留置试件数量应符合国家现行标准《普通混凝土长期性能和耐久性能试验方法标准》(GB/T 50082—2009)和《混凝土耐久性检验评定标准》(JGJ/T 193—2009)的规定。

检验方法:检查试件耐久性试验报告。

(7)混凝土有抗冻要求时,应在施工现场进行混凝土含气量检验,其检验结果应符合国家现行有关标准的规定和设计要求。

检查数量:同一配合比的混凝土,取样不应少于一次,取样数量应符合现行国家标准《普通混凝土拌合物性能试验方法标准》(GB/T 50080—2016)的规定。

检验方法:检查混凝土含气量试验报告。

3. 质量通病及防治措施

(1)质量通病。大体积混凝土由于体量大,在混凝土硬化过程中产生的水化热不易散发,如不采取措施,会由于混凝土内外温差过大而出现混凝土裂缝。

(2)防治措施。配制大体积混凝土应先用水化热低的、凝结时间长的水泥,采用低水化热的水泥配制大体积混凝土是降低混凝土内部温度的可靠方法。应优先选用大坝水泥、矿渣水泥、粉煤灰硅酸盐水泥、火山灰质硅酸盐水泥。进行配合比设计应在保证混凝土强度及满足坍落度要求的前提下，提高掺合料和集料的含量以降低单方混凝土的水泥用量。大体积混凝土配合比确定后宜进行水化热的演算和测定，以了解混凝土内部水化热温度，控制混凝土的内外温差。在施工中必须使温差控制在设计要求以内，当设计无要求时，内外温差以不超过 25 ℃为宜。

(三)混凝土施工

1. 施工质量控制

(1)现浇结构施工。在现场原位支模并整体浇筑而成的混凝土结构，简称现浇结构。

1)一般规定。

①混凝土浇筑前应完成下列工作：

a. 隐蔽工程验收和技术复核；

b. 对操作人员进行技术交底；

c. 根据施工方案中的技术要求，检查并确认施工现场具备实施条件；

d. 施工单位应填报浇筑申请单，并经监理单位签认。

②浇筑前应检查混凝土送料单，核对混凝土配合比，确认混凝土强度等级，检查混凝土运输时间，测定混凝土坍落度，必要时还应测定混凝土扩展度，在确认无误后再进行混凝土浇筑。

③混凝土拌合物入模温度不应低于 5 ℃，且不应高于 35 ℃。

④混凝土运输、输送、浇筑过程中严禁加水；混凝土运输、输送、浇筑过程中散落的混凝土严禁用于结构浇筑。

⑤混凝土应布料均衡。应对模板及支架进行观察和维护，发生异常情况应及时进行处理。混凝土浇筑和振捣应采取防止模板、钢筋、钢构、预埋件及其定位件移位的措施。

2)混凝土输送。

①混凝土输送宜采用泵送方式。

②输送混凝土的管道、容器、溜槽不应吸水、漏浆，并应保证输送通畅。输送混凝土时应根据工程所处环境条件采取保温、隔热、防雨等措施。

③混凝土输送泵的选择及布置应符合下列规定：

a. 输送泵的选型应根据工程特点、混凝土输送高度和距离、混凝土工作性确定；

b. 输送泵的数量应根据混凝土浇筑量和施工条件确定，必要时宜设置备用泵；

c. 输送泵设置的位置应满足施工要求，场地应平整、坚实，道路应畅通；

d. 输送泵的作业范围不得有阻碍物；输送泵设置位置应有防范高空坠物的设施。

④混凝土输送泵管的选择与支架的设置应符合下列规定：

a. 混凝土输送泵管应根据输送泵的型号、拌合物性能、总输出量、单位输出量、输送距离以及粗集料粒径等进行选择；

b. 混凝土粗集料最大粒径不大于 25 mm 时，可采用内径不小于 125 mm 的输送泵管；混凝土粗集料最大粒径不大于 40 mm 时，可采用内径不小于 150 mm 的输送泵管；

c. 输送泵管安装接头应严密，输送泵管道转向宜平缓；

d. 输送泵管应采用支架固定，支架应与结构牢固连接，输送泵管转向处支架应加密；支架应通过计算确定，必要时还应对设置位置的结构进行验算；

e. 垂直向上输送混凝土时，地面水平输送泵管的直管和弯管总的折算长度不宜小于垂直输送高度的 0.2 倍，且不宜小于 15 m；

f. 输送泵管倾斜或垂直向下输送混凝土，且高差大于 20 m 时，应在倾斜或垂直管下端设置直管或弯管，直管或弯管总的折算长度不宜小于高差的 1.5 倍；

g. 输送高度大于 100 m 时，混凝土输送泵出料口处的输送泵管位置应设置截止阀；

h. 混凝土输送泵管及其支架应经常进行过程检查和维护。

⑤混凝土输送布料设备的选择和布置应符合下列规定：

a. 布料设备的选择应与输送泵相匹配；布料设备的混凝土输送管内径宜与混凝土输送泵管内径相同；

b. 布料设备的数量及位置应根据布料设备工作半径、施工作业面大小以及施工要求确定；

c. 布料设备应安装牢固，且应采取抗倾覆稳定措施；布料设备安装位置处的结构或施工设施应进行验算，必要时应采取加固措施。

d. 应经常对布料设备的弯管壁厚进行检查，磨损较大的弯管应及时更换；

e. 布料设备作业范围不得有阻碍物，并应有防范高空坠物的设施。

⑥输送泵输送混凝土应符合下列规定：

a. 应先进行泵水检查，并应湿润输送泵的料斗、活塞等直接与混凝土接触的部位；泵水检查后，应清除输送泵内积水；

b. 输送混凝土前，宜先输送水泥砂浆对输送泵和输送管进行润滑，然后开始输送混凝土；

c. 输送混凝土速度应先慢后快、逐步加速，应在系统运转顺利后再按正常速度输送；

e. 输送混凝土过程中，应设置输送泵集料斗网罩，并应保证集料斗有足够的混凝土余量。

⑦吊车配备斗容器输送混凝土时应符合下列规定：

a. 应根据不同结构类型以及混凝土浇筑方法选择不同的斗容器；

b. 斗容器的容量应根据吊车吊运能力确定；

c. 运输至施工现场的混凝土宜直接装入斗容器进行输送；

d. 斗容器宜在浇筑点直接布料。

⑧升降设备配备小车输送混凝土时应符合下列规定：

a. 升降设备和小车的配备数量、小车行走路线及卸料点位置应能满足混凝土浇筑需要；

b. 运输至施工现场的混凝土宜直接装入小车进行输送，小车宜在靠近升降设备的位置进行装料。

3)混凝土浇筑。

①浇筑混凝土前，应清除模板内或垫层上的杂物。表面干燥的地基、垫层、模板上应洒水湿润；现场环境温度高于 35 ℃时，宜对金属模板进行洒水降温；洒水后不得留有积水。

②混凝土浇筑应保证混凝土的均匀性和密实性。混凝土宜一次连续浇筑。

③混凝土浇筑过程应分层进行，分层厚度应符合《混凝土结构工程施工规范》（GB 50666—2011）第 8.4.6 条的规定，上层混凝土应在下层混凝土初凝之前浇筑完毕。

④混凝土运输、输送入模的过程宜连续进行，从运输到输送入模的延续时间不宜超过表 3-20 的规定，且不应超过表 3-21 的限值规定。掺早强型减水外加剂、早强剂的混凝土以及有特殊要求的混凝土，应根据设计及施工要求，通过试验确定允许时间。

表 3-20　运输到输送入模的延续时间　　　　　　　　　　　　min

条件	气温	
	≤25 ℃	>25 ℃
不掺外加剂	90	60
掺外加剂	150	120

表 3-21　运输、输送入模及其间歇总的时间限值　　　　　　　　　　min

条件	气温	
	≤25 ℃	>25 ℃
不掺外加剂	180	150
掺外加剂	240	210

⑤混凝土浇筑的布料点宜接近浇筑位置，应采取减少混凝土下料冲击的措施，并应符合下列规定：

a. 宜先浇筑竖向结构构件，后浇筑水平结构构件；

b. 浇筑区域结构平面有高差时，宜先浇筑低区部分再浇筑高区部分。

⑥柱、墙模板内的混凝土浇筑倾落高度应符合表 3-22 的规定；当不能满足表 3-25 的要求时，应加设串筒、溜管、溜槽等装置。

表 3-22　柱、墙模板内混凝土浇筑倾落高度限值　　　　　　　　　m

条件	浇筑倾落高度限值
粗集料粒径大于 25 mm	≤3
粗集料粒径小于等于 25 mm	≤6
注：当有可靠措施能保证混凝土不产生离析时，混凝土倾落高度可不受本表限制。	

⑦混凝土浇筑后，在混凝土初凝前和终凝前，宜分别对混凝土裸露表面进行抹面处理。

⑧柱、墙混凝土设计强度等级高于梁、板混凝土设计强度等级时，混凝土浇筑应符合下列规定：

a. 柱、墙混凝土设计强度比梁、板混凝土设计强度高一个等级时，柱、墙位置梁、板高度范围内的混凝土经设计单位同意，可采用与梁、板混凝土设计强度等级相同的混凝土进行浇筑；

b. 柱、墙混凝土设计强度比梁、板混凝土设计强度高两个等级及以上时，应在交界区域采取分隔措施。分隔位置应在低强度等级的构件中，且距高强度等级构件边缘不应小于 500 mm；

c. 宜先浇筑强度等级高的混凝土，后浇筑强度等级低的混凝土。

⑨泵送混凝土浇筑应符合下列规定：

a. 宜根据结构形状及尺寸、混凝土供应、混凝土浇筑设备、场地内外条件等划分每台输送泵浇筑区域及浇筑顺序；

b. 采用输送管浇筑混凝土时，宜由远而近浇筑；采用多根输送管同时浇筑时，其浇筑速度宜保持一致；

c. 润滑输送管的水泥砂浆用于湿润结构施工缝时，水泥砂浆应与混凝土浆液成分相同；接浆厚度不应大于 30 mm，多余水泥砂浆应收集后运出；

d. 混凝土泵送浇筑应保持连续；当混凝土供应不及时，应采取间歇泵送方式；

e. 混凝土浇筑后，应按要求完成输送泵和输送管的清理。

⑩施工缝或后浇带处浇筑混凝土应符合下列规定：

a. 结合面应采用粗糙面；结合面应清除浮浆、疏松石子、软弱混凝土层，并应清理干净；

b. 结合面处应采用洒水方法进行充分湿润，并不得有积水；

c. 施工缝处已浇筑混凝土的强度不应小于 1.2 MPa；

d. 柱、墙水平施工缝水泥砂浆接浆层厚度不应大于 30 mm，接浆层水泥砂浆应与混凝土浆液成分相同；

e. 后浇带混凝土强度等级及性能应符合设计要求；当设计无要求时，后浇带强度等级宜比两侧混凝土提高一级，并宜采用减少收缩的技术措施进行浇筑。

⑪超长结构混凝土浇筑应符合下列规定：

a. 可留设施工缝分仓浇筑，分仓浇筑间隔时间不应少于 7 d；

b. 当留设后浇带时，后浇带封闭时间不得少于 14 d；

c. 超长整体基础中调节沉降的后浇带，混凝土封闭时间应通过监测确定，差异沉降应趋于稳定后再封闭后浇带；

d. 后浇带的封闭时间尚应经设计单位认可。

⑫型钢混凝土结构浇筑应符合下列规定：

a. 混凝土粗集料最大粒径不应大于型钢外侧混凝土保护层厚度的 1/3，且不宜大于 25 mm；

b. 混凝土浇筑应有足够的下料空间，浇筑应能使混凝土充盈整个构件各部位；

c. 型钢周边混凝土浇筑宜同步上升，混凝土浇筑高差不应大于 500 mm。

⑬钢管混凝土结构浇筑应符合下列规定：

a. 宜采用自密实混凝土浇筑；

b. 混凝土应采取减少收缩的技术措施；

c. 在钢管适当位置应留有足够的排气孔，排气孔孔径不应小于 20 mm；浇筑混凝土应加强排气孔观察，并应在确认浆体流出和浇筑密实后再封堵排气孔；

d. 当采用粗集料粒径不大于 25 mm 的高流态混凝土或粗集料粒径不大于 20 mm 的自密实混凝土时，混凝土最大倾落高度不宜大于 9 m；倾落高度大于 9 m 时，应采用串筒、溜槽、溜管等辅助装置进行浇筑；

e. 混凝土从管顶向下浇筑时应符合下列规定：

（a）浇筑应有足够的下料空间，并应使混凝土充盈整个钢管；

（b）输送管端内径或斗容器下料口内径应小于钢管内径，且每边应留有不小于 100 mm 的间隙；

（c）应控制浇筑速度和单次下料量，并应分层浇筑至设计标高；

（e）混凝土浇筑完毕后应对管口进行临时封闭。

f. 混凝土从管底顶升浇筑时应符合下列规定：

（a）应在钢管底部设置进料输送管，进料输送管应设止流阀门，止流阀门可在顶升浇筑的混凝土达到终凝后拆除；

（b）应合理选择混凝土顶升浇筑设备，配备上下通信联络工具，并应采取可有效控制混凝土的顶升或停止的措施；

（c）应控制混凝土顶升速度，并均衡浇筑至设计标高。

⑭自密实混凝土浇筑应符合下列规定：

a. 应根据结构部位、结构形状、结构配筋等确定合适的浇筑方案；

b. 自密实混凝土粗集料最大粒径不宜大于 20 mm；

c. 浇筑应能使混凝土充填到钢筋、预埋件、预埋钢构周围及模板内各部位；

d. 自密实混凝土浇筑布料点应结合拌合物特性选择适宜的间距，必要时可通过试验确定混凝土布料点下料间距。

⑮清水混凝土结构浇筑应符合下列规定：

a. 应根据结构特点进行构件分区，同一构件分区应采用同批混凝土，并应连续浇筑；

b. 同层或同区内混凝土构件所用材料牌号、品种、规格应一致，并应保证结构外观色泽符合要求；

c. 竖向构件浇筑时应严格控制分层浇筑的间歇时间。

⑯基础大体积混凝土结构浇筑应符合下列规定：

a. 用多台输送泵接输送泵管浇筑时，输送泵管布料点间距不宜大于 10 m，并宜由远而近浇筑；

b. 用汽车布料杆输送浇筑时，应根据布料杆工作半径确定布料点数量，各布料点浇筑速度应保持均衡；

c. 宜先浇筑深坑部分再浇筑大面积基础部分；

d. 宜采用斜面分层浇筑方法，也可采用全面分层、分块分层浇筑方法，层与层之间混凝土浇筑的间歇时间应能保证整个混凝土浇筑过程的连续；

e. 混凝土分层浇筑应采用自然流淌形成斜坡，并应沿高度均匀上升，分层厚度不宜大于 500 mm；

f. 抹面处理应符合《混凝土结构工程施工规范》(GB 50666—2011)规定，抹面次数宜适当增加；

g. 应有排除积水或混凝土泌水的有效技术措施。

⑰预应力结构混凝土浇筑应符合下列规定：

a. 应避免成孔管道破损、移位或连接处脱落，并应避免预应力筋、锚具及锚垫板等构造；

b. 应采取保证预应力锚固区等配筋密集部位混凝土浇筑密实的措施；

c. 先张法预应力混凝土构件，应在张拉后及时浇筑混凝土。

4)混凝土振捣。

①混凝土振捣应能使模板内各个部位混凝土密实、均匀，不应漏振、欠振、过振。

②混凝土振捣应采用插入式振动棒、平板振动器或附着振动器，必要时可采用人工辅助振捣。

③振动棒振捣混凝土应符合下列规定：

a. 应按分层浇筑厚度分别进行振捣，振动棒的前端应插入前一层混凝土中，插入深度不应小于 50 mm；

b. 振动棒应垂直于混凝土表面并快插慢拔均匀振捣；当混凝土表面无明显塌陷、有水泥浆出现、不再冒气泡时，可结束该部位振捣；

c. 振动棒与模板的距离不应大于振动棒作用半径的 0.5 倍；振捣插点间距不应大于振动棒的作用半径的 1.4 倍。

④平板振动器振捣混凝土应符合下列规定：

a. 平板振动器振捣应覆盖振捣平面边角；

b. 平板振动器移动间距应覆盖已振实部分混凝土边缘；

c. 倾斜表面振捣时，应由低处向高处进行振捣。

⑤附着振动器振捣混凝土应符合下列规定：

a. 附着振动器应与模板紧密连接，设置间距应通过试验确定；

b. 附着振动器应根据混凝土浇筑高度和浇筑速度，依次从下往上振捣；

c. 模板上同时使用多台附着振动器时应使各振动器的频率一致，并应交错设置在相对面的模板上。

⑥混凝土分层振捣的最大厚度应符合表 3-23 的规定。

表 3-23　混凝土分层振捣的最大厚度

振捣方法	混凝土分层振捣最大厚度
振动棒	振动棒作用部分长度的 1.25 倍
平板振动器	200 mm
附着振动器	根据设置方式，通过试验确定

⑦特殊部位的混凝土应采取下列加强振捣措施：

a. 宽度大于 0.3 m 的预留洞底部区域应在洞口两侧进行振捣，并应适当延长振捣时间；宽度大于 0.8 m 的洞口底部，应采取特殊的技术措施；

b. 后浇带及施工缝边角处应加密振捣点，并应适当延长振捣时间；

c. 钢筋密集区域或型钢与钢筋结合区域应选择小型振动棒辅助振捣、加密振捣点，并应适当延长振捣时间；

d. 基础大体积混凝土浇筑流淌形成的坡顶和坡脚应适时振捣，不得漏振。

5）混凝土养护。

①混凝土浇筑后应及时进行保湿养护，保湿养护可采用洒水、覆盖、喷涂养护剂等方式。选择养护方式应考虑现场条件、环境温湿度、构件特点、技术要求、施工操作等因素。

②混凝土的养护时间应符合下列规定：

a. 采用硅酸盐水泥、普通硅酸盐水泥或矿渣硅酸盐水泥配制的混凝土，不应少于 7 d；采用其他品种水泥时，养护时间应根据水泥性能确定；

b. 采用缓凝型外加剂、大掺量矿物掺合料配制的混凝土，不应少于 14 d；

c. 抗渗混凝土、强度等级 C60 及以上的混凝土，不应少于 14 d；

d. 后浇带混凝土的养护时间不应少于 14 d；

e. 地下室底层墙、柱和上部结构首层墙、柱，宜适当增加养护时间；

f. 大体积混凝土养护时间应根据施工方案确定。

③洒水养护应符合下列规定：

a. 洒水养护宜在混凝土裸露表面覆盖麻袋或草帘后进行，也可采用直接洒水、蓄水等养护方式；洒水养护应保证混凝土处于湿润状态；

b. 洒水养护应符合《混凝土结构工程施工规范》（GB 50666—2011）第 7.2.9 条规定；

c. 当日最低温度低于 5 ℃时，不应采用洒水养护。

④覆盖养护应符合下列规定：

a. 覆盖养护宜在混凝土裸露表面覆盖塑料薄膜、塑料薄膜加麻袋、塑料薄膜加草帘进行；

b. 塑料薄膜应紧贴混凝土裸露表面，塑料薄膜内应保持有凝结水；

c. 覆盖物应严密，覆盖物的层数应按施工方案确定。

⑤喷涂养护剂养护应符合下列规定：

a. 应在混凝土裸露表面喷涂覆盖致密的养护剂进行养护；

b. 养护剂应均匀喷涂在结构构件表面，不得漏喷；养护剂应具有可靠的保湿效果，保湿效果可通过试验检验；

c. 养护剂使用方法应符合产品说明书的有关要求。

⑥基础大体积混凝土裸露表面应采用覆盖养护方式；当混凝土表面以内 40～80 mm 位置的温度与环境温度的差值小于 25 ℃时，可结束覆盖养护。覆盖养护结束但尚未到达养护时间要求时，可采用洒水养护方式直至养护结束。

⑦柱、墙混凝土养护方法应符合下列规定：

a. 地下室底层和上部结构首层柱、墙混凝土带模养护时间，不宜少于 3 d；带模养护结束后可采用洒水养护方式继续养护，必要时也可采用覆盖养护或喷涂养护剂养护方式继续养护；

b. 其他部位柱、墙混凝土可采用洒水养护；必要时，也可采用覆盖养护或喷涂养护剂养护。

⑧混凝土强度达到 1.2 MPa 前，不得在其上踩踏、堆放荷载、安装模板及支架。

⑨同条件养护试件的养护条件应与实体结构部位养护条件相同，并应妥善保管。

⑩施工现场应具备混凝土标准试件制作条件，并应设置标准试件养护室或养护箱。标准试

件养护应符合国家现行有关标准的规定。

6)混凝土施工缝与后浇带。

①施工缝和后浇带的留设位置应在混凝土浇筑之前确定。施工缝和后浇带宜留设在结构受剪力较小且便于施工的位置。受力复杂的结构构件或有防水抗渗要求的结构构件，施工缝留设位置应经设计单位确认。

②水平施工缝的留设位置应符合下列规定：

a. 柱、墙施工缝可留设在基础、楼层结构顶面，柱施工缝与结构上表面的距离宜为 0～100 mm，墙施工缝与结构上表面的距离宜为 0～300 mm；

b. 柱、墙施工缝也可留设在楼层结构底面，施工缝与结构下表面的距离宜为 0～50 mm；当板下有梁托时，可留设在梁托下 0～20 mm；

c. 高度较大的柱、墙、梁以及厚度较大的基础可根据施工需要在其中部留设水平施工缝；当因施工缝留设改变受力状态而需要调整构件配筋时，应征得设计单位确认；

d. 特殊结构部位留设水平施工缝应征得设计单位确认。

③垂直施工缝和后浇带的留设位置应符合下列规定：

a. 有主次梁的楼板施工缝应留设在次梁跨度中间的 1/3 范围内；

b. 单向板施工缝应留设在平行于板短边的任何位置；

c. 楼梯梯段施工缝宜设置在梯段板跨度端部的 1/3 范围内；

d. 墙的施工缝宜设置在门洞口过梁跨中 1/3 范围内，也可留设在纵横交接处；

e. 后浇带留设位置应符合设计要求；

f. 特殊结构部位留设垂直施工缝应征得设计单位同意。

④设备基础施工缝留设位置应符合下列规定：

a. 水平施工缝应低于地脚螺栓底端，与地脚螺栓底端的距离应大于 150 mm；当地脚螺栓直径小于 30 mm 时，水平施工缝可留设在深度不小于地脚螺栓埋入混凝土部分总长度的 3/4 处；

b. 垂直施工缝与地脚螺栓中心线的距离不应小于 250 mm，且不应小于螺栓直径的 5 倍。

⑤承受动力作用的设备基础施工缝留设位置应符合下列规定：

a. 标高不同的两个水平施工缝，其高低接合处应留设成台阶形，台阶的高宽比不应大于 1.0；

b. 在水平施工缝处继续浇筑混凝土前，应对地脚螺栓进行一次复核校正；

c. 垂直施工缝或台阶形施工缝的垂直面处应加插钢筋，插筋数量和规格应由设计确定；

d. 施工缝的留设应经设计单位认可。

⑥施工缝、后浇带留设界面应垂直于结构构件和纵向受力钢筋。结构构件厚度或高度较大时，施工缝或后浇带界面宜采用专用材料封挡。

⑦混凝土浇筑过程中，因特殊原因需临时设置施工缝时，施工缝留设应规整，并宜垂直于构件表面，必要时可采取增加插筋、事后修凿等技术措施。

⑧施工缝和后浇带应采取钢筋防锈或阻锈等保护措施。

7)大体积混凝土裂缝控制。

①大体积混凝土施工应合理选用混凝土配合比，宜选用水化热低的水泥，并宜掺加粉煤灰、矿渣粉和高性能减水剂，控制水泥用量，应加强混凝土养护工作。

②大体积混凝土宜采用后期强度作为配合比、强度评定的依据。基础混凝土可采用龄期为 60 d(56 d)、90 d 的强度等级；柱、墙混凝土强度等级不小于 C80 时，可采用龄期为 60 d(56 d) 的强度等级。采用混凝土后期强度应经设计单位认可。

③大体积混凝土施工温度控制应符合下列规定：

a. 混凝土入模温度不宜大于 30 ℃；混凝土最大绝热温升不宜大于 50 ℃；

b. 混凝土结构构件表面以内 40～80 mm 位置处的温度与混凝土结构构件内部的温度差值不宜大于 25 ℃，且与混凝土结构构件表面温度的差值不宜大于 25 ℃；

c. 混凝土降温速率不宜大于 2.0 ℃/d。

④基础大体积混凝土测温点设置应符合下列规定：

a. 宜选择具有代表性的两个竖向剖面进行测温，竖向剖面宜通过中部区域，竖向剖面的周边及内部应进行测温；

b. 竖向剖面上的周边及内部测温点宜上下、左右对齐；每个竖向位置设置的测温点不应少于 3 处，间距不宜大于 1.0 m；每个横向设置的测温点不应少于 4 处，间距不应大于 10 m；

c. 竖向剖面的中部区域应设置测温点；竖向剖面周边测温点应布置在基础表面内 40～80 mm 位置；

d. 覆盖养护层底部的测温点宜布置在代表性的位置，且不应少于 2 处；环境温度测温点不应少于 2 处，且应离开基础周边一定的距离；

e. 对基础厚度不大于 1.6 m，裂缝控制技术措施完善的工程可不进行测温。

⑤柱、墙、梁大体积混凝土测温点设置应符合下列规定：

a. 柱、墙、梁结构实体最小尺寸大于 2 m，且混凝土强度等级不小于 C60 时，宜进行测温；

b. 测温点宜设置在高度方向上的两个横向剖面中；横向剖面中的中部区域应设置测温点，测温点设置不应少于 2 点，间距不宜大于 1.0 m；横向剖面周边的测温点宜设置在距结构表面内 40～80 mm 位置处；

c. 环境温度测温点设置不宜少于 1 点，且应离开浇筑的结构边一定距离；

d. 可根据第一次测温结果，完善温度控制技术措施，后续工程可不进行测温。

⑥大体积混凝土测温应符合下列规定：

a. 宜根据每个测温点被混凝土初次覆盖时的温度确定各测点部位混凝土的入模温度；

b. 结构内部测温点、结构表面测温点、环境测温点的测温，应与混凝土浇筑、养护过程同步进行；

c. 应按测温频率要求及时提供测温报告，测温报告应包含各测温点的温度数据、温度变化曲线、温度变化趋势分析等内容；

d. 混凝土结构表面以内 40～80 mm 位置的温度与环境温度的差值小于 20 ℃ 时，可停止测温。

⑦大体积混凝土测温频率应符合下列规定：

a. 第一天至第四天，每 4 h 不应少于一次；

b. 第五天至第七天，每 8 h 不应少于一次；

c. 第七天至测温结束，每 12 h 不应少于一次。

（2）装配式混凝土结构施工。由预制混凝土构件或部件装配、连接而成的混凝土结构，简称装配式结构。

1）一般规定。

①装配式结构工程应编制专项施工方案。必要时，专业施工单位应根据设计文件进行深化设计。

②装配式结构正式施工前，宜选择有代表性的单元或部分进行试制作和试安装。

③预制构件的吊运应符合下列规定：

a. 应根据预制构件形状、尺寸、重量和作业半径等要求选择吊具和起重设备，所采用的吊具和起重设备及施工操作应符合国家现行有关标准及产品应用技术手册的有关规定；

b. 应采取措施保证起重设备的主钩位置、吊具及构件重心在竖直方向上重合；吊索与构件水平夹角不宜小于 60°，不应小于 45°；吊运过程应平稳，不应有偏斜和大幅度摆动；

c. 吊运过程中，应设专人指挥，操作人员应位于安全可靠位置，不应有人员随预制构件一同起吊。

④装配式结构的施工全过程应对预制构件设置可靠标识，并应采取防止预制构件破损或受到污染的措施。

⑤装配式结构施工中采用专用定型产品时，专用定型产品及施工操作均应符合国家现行有关标准及产品应用技术手册的有关规定。

2）施工验算。

①装配式混凝土结构施工前，应根据设计要求和施工方案进行必要的施工验算。

②预制构件在脱模、吊运、运输、安装等环节的施工验算，应将构件自重乘以脱模吸附系数或动力系数作为等效荷载标准值，并应符合下列规定：

a. 脱模吸附系数宜取为 1.5，并可根据构件和模具表面状况适当增减；对于复杂情况，脱模吸附系数宜根据试验确定；

b. 构件吊运、运输时，动力系数可取 1.5；构件翻转及安装过程中就位、临时固定时，动力系数可取 1.2。当有可靠经验时，动力系数可根据实际受力情况和安全要求适当增减。

③预制构件的施工验算宜符合下列规定：

a. 钢筋混凝土和预应力混凝土构件正截面边缘的混凝土法向压应力，应满足下式的要求：

$$\sigma_{cc} \leqslant 0.8 f'_{ck} \tag{3-7}$$

式中　σ_{cc}——各施工环节在荷载标准组合作用下产生的构件正截面边缘混凝土法向压应力（MPa），可按毛截面计算；

　　f'_{ck}——与各施工环节的混凝土立方体抗压强度相应的抗压强度标准值（N/mm²）。

b. 钢筋混凝土和预应力混凝土构件正截面边缘的混凝土法向拉应力，宜满足下式的要求：

$$\sigma_{ct} \leqslant 1.0 f'_{tk} \tag{3-8}$$

式中　σ_{ct}——各施工环节在荷载标准组合作用下产生的构件正截面边缘混凝土法向拉应力（MPa），可按毛截面计算；

　　f'_{tk}——与各施工环节的混凝土立方体抗压强度相应的抗拉强度标准值（MPa）。

c. 对预应力混凝土构件的端部正截面边缘的混凝土法向拉应力可适当放松，但不应大于 $1.2 f'_{tk}$。

d. 对施工过程中允许出现裂缝的钢筋混凝土构件，其正截面边缘混凝土法向拉应力限值可适当放松，但开裂截面处受拉钢筋的应力应满足下式的要求：

$$\sigma_s \leqslant 0.7 f_{yk} \tag{3-9}$$

式中　σ_s——各施工环节在荷载标准组合作用下的受拉钢筋应力，应按开裂截面计算（MPa）；

　　f_{yk}——受拉钢筋强度标准值（MPa）。

e. 叠合式受弯构件尚应符合现行国家标准《混凝土结构设计规范（2015 年版）》（GB 50010—2010）的有关规定。进行后浇叠合层施工阶段验算时，叠合板的施工活荷载可取 1.5 kN/mm²，叠合梁的施工活荷载可取 1.0 kN/mm²。

④预制构件中的预埋吊件及临时支撑宜按下式进行计算：

$$K_c S_c \leqslant R_c \tag{3-10}$$

式中　K_c——施工安全系数，可按表 3-24 的规定取值；当有可靠经验时，可根据实际情况适当增减；对复杂或特殊情况，宜通过试验确定；

　　S_c——施工阶段荷载标准组合作用下的效应值；

R_c——根据国家现行有关标准并按材料强度标准值计算或根据试验确定的预埋吊件、临时支撑、连接件的承载力。

表 3-24　预埋吊件及临时支撑的施工安全系数 K_c

项目	施工安全系数 K_c
临时支撑	2
临时支撑的连接件预制构件中用于连接临时支撑的预埋件	3
普通预埋吊件	4
多用途的预埋吊件	5

注：对采用 HPB300 级钢筋吊环形式的预埋吊件，应符合现行国家标准《混凝土结构设计规范（2015 年版）》（GB 50010—2010）的有关规定。

3）构件制作。

①制作预制构件的场地应平整、坚实，并应有排水措施。当采用台座生产预制构件时，台座表面应光滑平整，2 m 长度内表面平整度不应大于 2 mm，在气温变化较大的地区应设置伸缩缝。用于制作先张预应力构件的台座，端部应设置满足预应力筋张拉要求的可靠地锚措施。

②模具应具有足够的强度、刚度和整体稳定性，并应能满足预制构件预留孔、插筋、预埋吊件及其他预埋件的定位要求。模具设计时，应考虑预制构件质量要求、生产工艺、拆卸要求及周转次数等因素。对跨度较大的预制构件的模具应根据设计要求预设反拱。

③混凝土应采用机械振捣，可根据工艺要求选择插入式振捣棒、平板振动器、附着式振动器或振动台等方式。振捣混凝土不应影响模具的整体稳定性。

④当采用平卧重叠法制作预制构件时，应在下层构件的混凝土强度 5.0 MPa 后，再浇筑上层构件混凝土，并应采取措施保证上、下层构件有效隔离。

⑤预制构件可根据需要选择自然养护、蒸汽养护、电加热养护。采用蒸汽养护时，应合理控制升温、降温速度和最高温度，构件表面宜保持 90%～100% 的相对湿度。

⑥预制构件的饰面应符合设计要求。带饰面的预制构件宜采用反打成型法制作，也可采用后贴工艺法制作。

⑦带保温材料的预制构件宜采用水平浇筑方式成型。采用夹芯保温的预制构件，宜采用专用连接件连接内外两层混凝土，其数量和位置应符合设计要求。

⑧清水混凝土预制构件的制作应符合下列规定：

a. 预制构件的边角宜采用倒角或圆弧角；

b. 模具应满足清水表面设计精度要求；

c. 应控制原材料质量和混凝土配合比，并应保证每班生产构件的养护温度均匀一致；

d. 构件表面应采取保护和防污染措施。对出现的质量缺陷应采用专用材料修补，修补后的混凝土外观质量应满足设计要求。

⑨带门窗、预埋管线预制构件的制作应符合下列规定：

a. 门窗、预埋管线应在浇筑混凝土前预先放置并固定，固定时应采取防止窗破坏及污染窗体表面的保护措施；

b. 当采用铝窗框时，应采取避免铝窗框与混凝土直接接触发生电化学腐蚀的措施；

c. 应采取措施控制温度或受力变形对门窗产生的不利影响。

⑩预制构件与现浇结构的结合面应进行拉毛或凿毛处理，也可采用露集料粗糙面。露集料粗糙面可采用下列方法制作：

a. 在需要露集料部位的模板表面涂刷适量的缓凝剂；

b. 在混凝土初凝或脱模后，采取措施冲洗掉未凝结的水泥砂浆。

⑪预制构件脱模起吊时，同条件养护的混凝土立方体抗压强度不宜小于 15 MPa。

4）运输与存放。

①预制构件的运输应符合下列规定：

a. 预制构件的运输线路应根据道路、桥梁的实际条件确定，场内运输宜设置循环线路；

b. 运输车辆应满足构件尺寸和载重要求；

c. 装卸构件时应考虑车体平衡，避免造成车体倾覆；

d. 应采取防止构件移动或倾倒的绑扎固定措施；

e. 运输细长构件时应根据需要设置水平支架；

f. 对构件边角部或链索接触处的混凝土，宜采用垫衬加以保护。

②预制构件的堆放应符合下列规定：

a. 场地应平整、坚实，并应有良好的排水措施；

b. 应保证最下层构件垫实，预埋吊件宜向上，标识宜朝向堆垛间的通道；

c. 垫木或垫块在构件下的位置宜与脱模、吊装时的起吊位置一致。重叠堆放构件时，每层构件间的垫木或垫块应在同一垂直线上；

d. 堆垛层数应根据构件与垫木或垫块的承载能力及堆垛的稳定性确定，必要时应设置防止构件倾覆的支架；

e. 施工现场堆放的构件，宜按安装顺序分类堆放，堆垛宜布置在吊车工作范围内且不受其他工序施工作业影响的区域；

f. 预应力构件的堆放应考虑反拱的影响。

③墙板构件应根据施工要求选择堆放和运输方式。对于外观复杂墙板宜采用插放架或靠放架直立堆放、直立运输。插放架、靠放架应有足够的强度、刚度和稳定性。采用靠放架直立堆放的墙板宜对称靠放、饰面朝外，倾斜角度不宜小于 80°。

④吊运平卧制作的混凝土屋架时，宜平稳一次就位，并应根据屋架跨度、刚度确定吊索绑扎形式及加固措施。屋架堆放时，可将几榀屋架绑扎成整体以增加稳定性。

5）安装与连接。

①装配式结构安装现场应根据工期要求以及工程量、机械设备等现场条件，组织立体交叉、均衡有效的安装施工流水作业。预制构件应按设计文件、专项施工方案要求的顺序进行安装与连接。

②预制构件安装前的准备工作应符合下列规定：

a. 应核对已施工完成结构的混凝土强度、外观、尺寸等符合设计文件要求；

b. 应核对预制构件混凝土强度及预制构件和配件的型号、规格、数量等符合设计文件要求；

c. 应在已施工完成结构及预制构件上进行测量放线，并应设置安装定位标志；

d. 应确认吊装设备及吊具处于安全操作状态；

e. 应核实现场环境、天气、道路状况满足吊装施工要求。

③预制构件安装就位后应及时采取临时固定措施。预制构件与吊具的分离应在校准定位及临时固定措施安装完成后进行。临时固定措施的拆除应在装配式结构能达到后续施工要求的承载力、刚度及稳定性要求后进行。

④采用临时支撑时，应符合下列规定：

a. 每个预制构件的临时支撑不宜少于 2 道；

b. 对预制墙板的斜撑，其支撑点距离板底的距离不宜小于板高的 2/3，且不应小于板高的 1/2；

c. 构件安装就位后，可通过临时支撑对构件的位置和垂直度进行微调；

d. 临时支撑顶部标高应符合设计规定，尚应考虑支撑系统自身在施工荷载作用下的变形。

⑤装配式结构的连接施工除应符合《混凝土结构工程施工规范》(GB 50666—2011)的有关规定外，尚应符合下列规定：

a. 构件连接处浇筑用材料的强度及收缩性能应满足设计要求。如设计无要求，浇筑用材料的强度等级值不应低于连接处构件混凝土强度设计等级值的较大值；粗集料最大粒径不宜大于连接处最小尺寸的 1/4。

b. 浇筑前应清除浮浆、松散集料和污物，并宜浇水湿润。

c. 节点、水平缝应一次性浇筑密实；垂直缝可逐层浇筑，每层浇筑高度不宜大于 2 m。如需振捣时，宜采用微型振捣棒。

d. 建筑用材料的强度达到设计要求后方可承受全部设计荷载。

⑥装配式结构采用焊接或螺栓连接构件时，应符合设计要求或国家现行有关钢结构施工标准的规定，并应做好防腐和防火处理。采用焊接连接时，应采取避免损伤已施工完成结构、预制构件及配件的措施。

⑦装配式结构采用后张预应力筋连接构件时，应符合《混凝土结构施工规范》(GB 50666—2011)的有关规定。

⑧钢筋锚固及连接长度应满足设计要求，钢筋连接施工应符合国家现行有关标准的规定。

⑨简支梁、板类预制构件的安装施工应符合下列规定：

a. 构件两端支座处的搁置长度均应满足设计要求，支垫处的受力状态应保持均匀一致；

b. 施工荷载应符合设计规定，并应避免单个梁、板承受较大的集中荷载；不宜在施工现场对预制梁、板进行二次切割、开洞；

c. 梁、板支座的连接应按设计要求施工，支座应采取保证钢筋可靠锚固的措施。

⑩当设计对构件连接处有防水要求时，防水施工及材料性能应符合设计要求及国家现行有关标准的规定。

2. 施工质量验收

(1)混凝土施工。

【主控项目】

混凝土的强度等级必须符合设计要求。用于检验混凝土强度的试件应在浇筑地点随机抽取。

检查数量：对同一配合比混凝土，取样与试件留置应符合下列规定：

1)每拌制 100 盘且不超过 100 m³ 时，取样不得少于一次；

2)每工作班拌制不足 100 盘时，取样不得少于一次；

3)连续浇筑超过 1 000 m³ 时，每 200 m³ 取样不得少于一次；

4)每一楼层取样不得少于一次；

5)每次取样应至少留置一组试件。

检验方法：检查施工记录及混凝土强度试验报告。

【一般项目】

1)后浇带的留设位置应符合设计要求。后浇带和施工缝的留设及处理方法应符合施工方案要求。

检查数量：全数检查。

检验方法：观察。

2)混凝土浇筑完毕后应及时进行养护，养护时间以及养护方法应符合施工方案要求。

检查数量：全数检查。

检验方法：观察，检查混凝土养护记录。

（2）现浇结构工程。

1）外观质量。

【主控项目】

现浇结构的外观质量不应有严重缺陷。

对已经出现的严重缺陷，应由施工单位提出技术处理方案，并经监理单位认可后进行处理；对裂缝或连接部位的严重缺陷及其他影响结构安全的严重缺陷，技术处理方案还应经设计单位认可。对经处理的部位应重新验收。

检查数量：全数检查。

检验方法：观察，检查处理记录。

【一般项目】

现浇结构的外观质量不应有一般缺陷。

对已经出现的一般缺陷，应由施工单位按技术处理方案进行处理。对经处理的部位应重新验收。

检查数量：全数检查。

检验方法：观察，检查处理记录。

2）位置和尺寸偏差。

【主控项目】

现浇结构不应有影响结构性能或使用功能的尺寸偏差；混凝土设备基础不应有影响结构性能或设备安装的尺寸偏差。

对超过尺寸允许偏差且影响结构性能或安装、使用功能的部位，应由施工单位提出技术处理方案，并经监理、设计单位认可后进行处理。对经处理的部位应重新验收。

检查数量：全数检查。

检验方法：量测，检查处理记录。

【一般项目】

现浇结构的位置和尺寸偏差及检验方法应符合表 3-25 的规定。

检查数量：按楼层、结构缝或施工段划分检验批。在同一检验批内，对梁、柱和独立基础，应抽查构件数量的 10%，且不应少于 3 件；对墙和板，应按有代表性的自然间抽查 10%，且不应少于 3 间；对大空间结构，墙可按相邻轴线间高度 5 m 左右划分检查面，板可按纵、横轴线划分检查面，抽查 10%，且均不应少于 3 面；对电梯井，应全数检查。

表 3-25　现浇结构位置和尺寸允许偏差及检验方法

项目			允许偏差/mm	检验方法
轴线位置	整体基础		15	经纬仪及尺量
	独立基础		10	经纬仪及尺量
	柱、墙、梁		8	尺量
垂直度	层高	≤6 m	10	经纬仪或吊线、尺量
		>6 m	12	经纬仪或吊线、尺量
	全高(H)≤300 m		$H/30\ 000+20$	经纬仪、尺量
	全高(H)>300 m		$H/10\ 000≤80$	经纬仪、尺量

项目		允许偏差/mm	检验方法
标高	层高	±10	经纬仪或拉线、尺量
	全高	±30	经纬仪或拉线、尺量
截面尺寸	基础	+15, −10	尺量
	柱、梁、板、墙	+10, −5	尺量
	楼梯相邻踏步高差	6	尺量
电梯井	中心位置	10	尺量
	长、宽尺寸	+25, 0	尺量
表面平整度		8	2 m靠尺和塞尺量测
预埋件中心位置	预埋板	10	尺量
	预埋螺栓	5	尺量
	预埋管	5	尺量
	其他	10	尺量
预留洞、孔中心线位置		15	尺量

注：1. 检查柱轴线、中心线位置时，沿纵、横两个方向测量，并取其中偏差的较大值。
   2. H 为全高，单位为 mm。

③现浇设备基础的位置和尺寸应符合设计和设备安装的要求。其位置和尺寸偏差及检验方法应符合表 3-26 的规定。

检查数量：全数检查。

表 3-26　现浇设备基础位置和尺寸允许偏差及检验方法

项目		允许偏差/mm	检验方法
坐标位置		20	经纬仪及尺量
不同平面标高		0, −20	水准仪或拉线，尺量
平面外形尺寸		±20	尺量
凸台上平面外形尺寸		0, −20	尺量
凹槽尺寸		+20, 0	尺量
平面水平度	每米	5	水平尺、塞尺量测
	全长	10	水准仪或拉线，尺量
垂直度	每米	5	经纬仪或吊线，尺量
	全高	10	经纬仪或吊线，尺量
预埋地脚螺栓	中心位置	2	尺量
	顶标高	+20, 0	水准仪或拉线，尺量
	中心距	±2	尺量
	垂直度	5	吊线、尺量
预埋地脚螺栓孔	中心线位置	10	尺量
	截面尺寸	+20, 0	尺量
	深度	+20, 0	尺量
	垂直度	$h/100$ 且 ≤10	吊线、尺量

项目		允许偏差/mm	检验方法
预埋活动地脚螺栓锚板	中心线位置	5	尺量
	标高	+20, 0	水准仪或拉线，尺量
	带槽锚板平整度	5	直尺、塞尺量测
	带螺纹孔锚板平整度	2	直尺、塞尺量测

注：1. 检查坐标、中心线位置时，应沿纵、横两个方向测量，并取其中偏差的较大值。
　　2. h 为预埋地脚螺栓孔孔深，单位为 mm。

（3）装配式结构工程。

1）预制构件。

【主控项目】

①预制构件的质量应符合《混凝土结构工程施工质量验收规范》（GB 50204—2015）、国家现行有关标准的规定和设计的要求。

检查数量：全数检查。

检验方法：检查质量证明文件或质量验收记录。

②专业企业生产的预制构件进场时，预制构件结构性能检验应符合下列规定：

a. 梁板类简支受弯预制构件进场时应进行结构性能检验，并应符合下列规定：

（a）结构性能检验应符合国家现行有关标准的有关规定及设计的要求。

（b）钢筋混凝土构件和允许出现裂缝的预应力混凝土构件应进行承载力、挠度和裂缝宽度检验；不允许出现裂缝的预应力混凝土构件应进行承载力、挠度和抗裂检验。

（c）对大型构件及有可靠应用经验的构件，可只进行裂缝宽度、抗裂和挠度检验。

（d）对使用数量较少的构件，当能提供可靠依据时，可不进行结构性能检验。

b. 对其他预制构件，除设计有专门要求外，进场时可不作结构性能检验。

c. 对进场时不做结构性能检验的预制构件，应采取下列措施：

（a）施工单位或监理单位代表应驻厂监督生产过程。

（b）当无驻厂监督时，预制构件进场时应对其主要受力钢筋数量、规格、间距、保护层厚度及混凝土强度等进行实体检验。

检验数量：同一类型预制构件不超过 1 000 个为一批，每批随机抽取 1 个构件进行结构性能检验。

检验方法：检查结构性能检验报告或实体检验报告。

注："同类型"是指同一钢种、同一混凝土强度等级、同一生产工艺和同一结构形式。抽取预制构件时，宜从设计荷载最大、受力最不利或生产数量最多的预制构件中抽取。

③预制构件的外观质量不应有严重缺陷，且不应有影响结构性能和安装、使用功能的尺寸偏差。

检查数量：全数检查。

检验方法：观察，尺量；检查处理记录。

④预制构件上的预埋件、预留插筋、预埋管线等的规格和数量以及预留孔、预留洞的数量应符合设计要求。

检查数量：全数检查。

检验方法：观察。

【一般项目】

①预制构件应有标识。

检查数量：全数检查。

检验方法：观察。

②预制构件的外观质量不应有一般缺陷。

检查数量：全数检查。

检验方法：观察，检查处理记录。

③预制构件尺寸偏差及检验方法应符合表 3-27 的规定；设计有专门规定时，尚应符合设计要求。施工过程中临时使用的预埋件，其中心线位置允许偏差可取表 3-27 中规定数值的 2 倍。

检查数量：同一类型的构件，不超过 100 个为一批，每批应抽查构件数量的 5%，且不应少于 3 个。

表 3-27 预制构件尺寸允许偏差及检验方法

项目			允许偏差/mm	检验方法
长度	楼板、梁、柱、桁架	<12 m	±5	尺量
		≥12 m 且<18 m	±10	
		≥18 m	±20	
	墙板		±4	
宽度、高(厚)度	楼板、梁、柱、桁架		±5	尺量一端及中部，取其中偏差绝对值较大处
	墙板		±4	
表面平整度	楼板、梁、柱、墙板内表面		5	2 m 靠尺和塞尺量测
	墙板外表面		3	
侧向弯曲	楼板、梁、柱		L/750 且≤20	拉线、直尺量测最大侧向弯曲处
	墙板、桁架		L/1 000 且≤20	
翘曲	楼板		L/750	调平尺在两端量测
	墙板		L/1 000	
对角线	楼板		10	尺量两个对角线
	墙板		5	
预留孔	中心线位置		5	尺量
	孔尺寸		±5	
预留洞	中心线位置		10	尺量
	洞口尺寸、深度		±10	
预埋件	预埋板中心线位置		5	尺量
	预埋板与混凝土面平面高差		0，−5	
	预埋螺栓		2	
	预埋螺栓外露长度		+10，−5	
	预埋套筒、螺母中心线位置		2	
	预埋套筒、螺母与混凝土面平面高差		±5	
预留插筋	中心线位置		5	尺量
	外露长度		+10，−5	

项目		允许偏差/mm	检验方法
键槽	中心线位置	5	尺量
	长度、宽度	±5	
	深度	±10	

注：1. L 为构件长度，单位为 mm；
　　2. 检查中心线、螺栓和孔道位置偏差时，沿纵、横两个方向量测，并取其中偏差较大值。

④预制构件的粗糙面的质量及键槽的数量应符合设计要求。

检查数量：全数检查。

检验方法：观察。

2)安装与连接。

【主控项目】

①预制构件临时固定措施应符合施工方案的要求。

检查数量：全数检查。

检验方法：观察。

②钢筋采用套筒灌浆连接时，灌浆应饱满、密实，其材料及连接质量应符合国家现行行业标准《钢筋套筒灌浆连接应用技术规程》(JGJ 355—2015)的规定。

检查数量：按国家现行行业标准《钢筋套筒灌浆连接应用技术规程》(JGJ 355—2015)的规定确定。

检验方法：检查质量证明文件、灌浆记录及相关检验报告。

③钢筋采用焊接连接时，其接头质量应符合现行行业标准《钢筋焊接及验收规程》(JGJ 18—2012)的规定。

检查数量：按现行行业标准《钢筋焊接及验收规程》(JGJ 18—2012)的有关规定确定。

检验方法：检查质量证明文件及平行加工试件的检验报告。

④钢筋采用机械连接时，其接头质量应符合现行行业标准《钢筋机械连接技术规程》(JGJ 107—2016)的规定。

检查数量：按现行行业标准《钢筋机械连接技术规程》(JGJ 107—2016)的规定确定。

检验方法：检查质量证明文件、施工记录及平行加工试件的检验报告。

⑤预制构件采用焊接、螺栓连接等连接方式时，其材料性能及施工质量应符合国家现行标准《钢结构工程施工质量验收规范》(GB 50205—2001)和《钢筋焊接及验收规程》(JGJ 18—2012)的相关规定。

检查数量：按国家现行标准《钢结构工程施工质量验收规范》(GB 50205—2001)和《钢筋焊接及验收规程》(JGJ 18—2012)的规定确定。

检验方法：检查施工记录及平行加工试件的检验报告。

⑥装配式结构采用现浇混凝土连接构件时，构件连接处后浇混凝土的强度应符合设计要求。

检查数量：按《混凝土结构施工质量验收规范》(GB 50204—2015)的相关规定确定。

检验方法：检查混凝土强度试验报告。

⑦装配式结构施工后，其外观质量不应有严重缺陷，且不应有影响结构性能和安装、使用功能的尺寸偏差。

检查数量：全数检查。

检验方法：观察，量测；检查处理记录。

【一般项目】

①装配式结构施工后，其外观质量不应有一般缺陷。

检查数量：全数检查。

检验方法：观察，检查处理记录。

②装配式结构施工后，预制构件位置、尺寸偏差及检验方法应符合设计要求；当设计无具体要求时，应符合表3-28的规定。预制构件与现浇结构连接部位的表面平整度应符合表3-28的规定。

表3-28　装配式结构构件位置和尺寸允许偏差及检验方法

项目			允许偏差/mm	检验方法
构件轴线位置	竖向构件(柱、墙板、桁架)		8	经纬仪尺量
	水平构件(梁、楼板)		5	
标高	梁、柱、墙板楼板底面或顶面		±5	水准仪或拉线、尺量
构件垂直度	柱、墙板安装后的高度	≤6 m	5	经纬仪或吊线、尺量
		>6 m	10	
构件倾斜度	梁、桁架		5	经纬仪或吊线、尺量
相邻构件平整度	梁、楼板底面	外露	5	2 m靠尺和塞尺量测
		不外露	3	
	柱、墙板	外露	5	
		不外露	8	
构件搁置长度	梁、板		±10	尺量
支座、支垫中心位置	板、梁、柱、墙板、桁架		10	尺量
墙板接缝宽度			±5	尺量

检查数量：按楼层、结构缝或施工段划分检验批。在同一检验批内，对梁、柱和独立基础，应抽查构件数量的10%，且不应少于3件；对墙和板，应按有代表性的自然间抽查10%，且不应少于3间；对大空间结构，墙可按相邻轴线间高度5 m左右划分检查面，板可按纵、横轴线划分检查面，抽查10%，且均不应少于3面。

3. 质量通病及防治措施

(1)混凝土施工。

1)质量通病。混凝土结构构件浇筑脱模后，表面出现疏松、脱落等现象，表面强度比内部要低很多。

2)防治措施。

①表面较浅的疏松脱落，可将疏松部分凿去，洗刷干净充分湿润后，用1∶2或1∶2.5的水泥砂浆抹平压实。

②表面较深的疏松脱落，可将疏松和凸出颗粒凿去，刷洗干净充分湿润后支模，用比结构高一强度等级的细石混凝土浇筑，强力捣实，并加强养护。

(2)现浇结构外观质量。

1)质量通病。由于木模板在浇筑混凝土前未充分浇水湿润或湿润不够，浇筑后养护不好，棱角处混凝土的水分被模板大量吸收，造成混凝土脱水，强度降低，或模板吸水膨胀将边角拉裂，拆模时棱角被粘掉，造成截面不规则、棱角缺损。

2)防治措施。

①木模板在浇筑混凝土前应充分湿润，浇筑后应认真浇水养护。

②拆除侧面非承重模板时，混凝土强度应具有 1.2 MPa 以上。

③拆模时注意保护棱角，避免用力过猛、过急；吊运模板时，防止撞击棱角；运料时，通道处的混凝土阳角应用角钢、草袋等保护好，以免碰损。

④对混凝土结构缺棱掉角的，可按下列方法处理：

a. 对较小的缺棱掉角，可将该处松散颗粒凿除，用钢丝刷刷干净，清水冲洗并充分湿润后，用1∶2或1∶2.5的水泥砂浆抹补齐整。

b. 对较大的缺棱掉角，可将不实的混凝土和凸出的颗粒凿除，用水冲刷干净湿透，然后支模，用比原混凝土高一强度等级的细石混凝土填灌捣实，并认真养护。

(3)装配式结构施工。

1)质量通病。由于墙、梁搁置处轴线偏差较大，或安装人员操作不认真等原因，造成构件两端搁置长度不均匀，如一端搁置长度太短，连接焊缝长度达不到设计要求，影响结构强度和刚度。

2)防治措施。

①构件安装前，先在构件上标注中心线，两端画出搁置长度线；支承结构上弹出中心线，核对实际搁置尺寸。搁置长度按设计要求确定，如设计无具体要求，安装在砖墙上的不宜小于90 mm，安装在钢筋混凝土梁上的不宜小于60 mm。

②每层构件安装完，经复核无误后，应及时将预埋件焊牢固定，或板缝灌浆固定，以免后道工序操作时使构件移位。

本章小结

本章主要介绍了砌体结构工程、混凝土结构工程的质量控制要点、质量验收标准和各项工程施工过程中常见的质量通病及其防治措施，应重点掌握砌体结构工程、混凝土结构工程质量控制要点和质量验收标准规定。

习 题

一、填空题

1. 砌体的水平灰缝厚度和竖向灰缝宽度宜为，但不应小于_____，也不应大于_____。

2. 配筋砌体与普通砌体相比，具有更好的_____、_____能力和良好的延性。

3. 构造柱箍筋在楼层上下各_____ mm 范围内应进行加密，间距宜为_____ mm。

4. 混凝土结构按施工方法分为_____和_____。

5. 钢筋加工宜在_____进行。

6. 制作预应力筋时，钢管连接可采用_____或_____。

7. 后张法预应力筋张拉完毕并经检查合格后，应及时进行_____。

8. 灌浆水泥浆使用前应经筛孔尺寸不大于_____的筛网过滤。

9. 混凝土输送宜采用_____方式。

二、选择题

1. 采用铺浆法砌筑砌体，铺浆长度不得超过( )mm。

   A. 550　　　　　B. 650　　　　　C. 750　　　　　D. 850

2. 砖砌平拱过梁底应有( )的起拱。

   A. 1%　　　　　B. 2%　　　　　C. 3%　　　　　D. 4%

3. 砌体灰缝砂浆应密实饱满，砖墙水平灰缝的砂浆饱满度不得低于( )。

   A. 60%　　　　B. 70%　　　　C. 80%　　　　D. 90%

4. 构造柱、芯柱中箍筋直径不宜小于( )mm。

   A. 3　　　　　　B. 4　　　　　　C. 5　　　　　　D. 6

5. 蒸压加气混凝土砌块的含水率宜小于( )。

   A. 10%　　　　B. 20%　　　　C. 25%　　　　D. 30%

6. 水泥浆拌和后至灌浆完毕的时间不宜超过( )min。

   A. 30　　　　　B. 40　　　　　C. 50　　　　　D. 60

三、问答题

1. 夹心复合墙的砌筑应符合哪些规定？

2. 毛石、毛料石、粗料石、细料石砌体灰缝应符合哪些要求？

3. 配筋砖砌体施工应符合哪些规定？

4. 构造柱与墙体连接应符合哪些规定？

5. 支架立柱和竖向模板安装在基土上时，应符合哪些规定？

6. 受力钢筋弯折应符合哪些规定？

7. 同一连接区段内，纵向受力钢筋的接头面积百分率应符合哪些规定？

8. 钢筋绑扎的细部构造应符合哪些规定？

9. 制作预应力筋时，钢丝镦头及下料长度偏差应符合哪些规定？

10. 先张法预应力筋的放张顺序应符合哪些规定？

11. 混凝土结构工程施工时，如遇到哪些情况应重新进行配合比设计？

12. 如何进行混凝土输送泵的选择及布置？

第四章 钢结构工程施工质量控制

学习目标

掌握钢结构工程施工过程中所用原材料、钢结构焊接、紧固件连接、钢零件及钢部件加工、钢结构组装与预拼装、钢结构安装工程，压型金属板工程及钢结构涂装工程施工质量控制要点与质量验收标准规定。

能力目标

通过本章内容的学习，能够进行钢结构工程施工过程中所用原材料、钢结构焊接、紧固件连接、钢零件及钢部件加工、钢结构组装与预拼装、钢结构安装工程，压型金属板工程及钢结构涂装工程施工质量控制预验收，并能够及时采取措施对上述工程的常见质量通病有效预防。

第一节 原材料

一、钢材

1. 质量控制

(1)钢材的数量和品种应与订货合同相符。

(2)钢材的质量保证书应与钢材上打印的记号相符。每批钢材必须具备生产厂提供的材质证明书，写明钢材的炉号、钢号、化学成分和机械性能。对钢材的各项指标，可根据相关国家标准的规定进行核验。

(3)核对钢材的规格尺寸。各类钢材尺寸的允许偏差，可参照有关国标或冶标中的规定进行核对。

(4)钢材表面质量检验。无论扁钢、钢板还是型钢，其表面均不允许有结疤、裂纹、折叠和分层等缺陷。有上述缺陷的钢材应另行堆放，以便研究处理。钢材表面的锈蚀深度，不得超过其厚度负偏差值的1/2。

2. 质量验收

【主控项目】

(1)钢材、钢铸件的品种、规格、性能等应符合现行国家产品标准和设计要求。进口钢材产品的质量应符合设计和合同规定标准的要求。

检查数量：全数检查。

检验方法：检查质量合格证明文件、中文标志及检验报告等。

(2)对属于下列情况之一的钢材，应进行抽样复验，其复验结果应符合现行国家产品标准和设计要求。

1)国外进口钢材；

2)钢材混批;

3)板厚等于或大于 40 mm,且设计有 Z 向性能要求的厚板;

4)建筑结构安全等级为一级,大跨度钢结构中主要受力构件所采用的钢材;

5)设计有复验要求的钢材;

6)对质量有疑义的钢材。

检查数量:全数检查。

检验方法:检查复验报告。

【一般项目】

(1)钢板厚度及允许偏差应符合其产品标准的要求。

检查数量:每一品种、规格的钢板抽查 5 处。

检验方法:用游标卡尺量测。

(2)型钢的规格尺寸及允许偏差符合其产品标准的要求。

检查数量:每一品种、规格的型钢抽查 5 处。

检验方法:用钢尺和游标卡尺量测。

(3)钢材的表面外观质量除应符合国家现行有关标准的规定外,还应符合下列规定:

1)当钢材的表面有锈蚀、麻点或划痕等缺陷时,其深度不得大于该钢材厚度负允许偏差值的 1/2;

2)钢材表面的锈蚀等级应符合现行国家相关标准规定的 C 级及 C 级以上;

3)钢材端边或断口处不应有分层、夹渣等缺陷。

检查数量:全数检查。

检验方法:观察检查。

二、焊接材料

1. 质量控制

(1)钢结构手工焊接用焊条的质量,应符合现行国家标准《非合金钢及细晶粒钢焊条》(GB/T 5117—2012)或《热强钢焊条》(GB/T 5118—2012)的规定,选用的型号应与母材强度相匹配。为了使焊缝金属的机械性能与母材基本相同,选择的焊条强度应略低于母材强度。当不同强度等级的钢材焊接时,宜选用与低级强度钢材相适应的焊接材料。

(2)自动焊接或半自动焊接采用的焊丝和焊剂,应与母材强度相适应,焊丝应符合现行国家标准《熔化焊用钢丝》(GB/T 14957—1994)的规定。

(3)施工单位应按设计要求对采购的焊接材料进行验收,并经监理认可。

(4)焊接材料应存放在通风干燥、适温的仓库内,存放时间超过一年的,原则上应进行焊接工艺及机械性能复检。

2. 质量验收

【主控项目】

(1)焊接材料的品种、规格、性能等应符合现行国家产品标准和设计要求。

检查数量:全数检查。

检验方法:检查焊接材料的质量合格证明文件、中文标志及检验报告等。

(2)重要钢结构采用的焊接材料应进行抽样复验,复验结果应符合现行国家产品标准和设计要求。

检查数量:全数检查。

检验方法：检查复验报告。

（3）焊钉及焊接瓷环的规格、尺寸及偏差应符合现行国家标准《圆柱头焊钉》（GB/T 10433—2002）中的规定。

检查数量：按梁抽查 1%，且不应少于 10 套。

检验方法：用钢尺和游标卡尺量测。

（4）焊条外观不应有药皮脱落、焊芯生锈等缺陷；焊剂不应受潮结块。

检查数量：按量抽查 1%，且不应少于 10 包。

检验方法：观察检查。

三、连接用紧固件

1. 质量控制

（1）钢结构连接用的普通螺栓、高强度大六角头螺栓连接副、扭剪型高强度螺栓连接副等紧固件，应符合表 4-1 所列标准的规定。

表 4-1　钢结构连接用紧固件标准

标准编号	标准名称
GB/T 5780	《六角头螺栓 C 级》
GB/T 5781	《六角头螺栓 全螺纹 C 级》
GB/T 5782	《六角头螺栓》
GB/T 5783	《六角头螺栓 全螺纹》
GB/T 1228	《钢结构用高强度大六角头螺栓》
GB/T 1229	《钢结构用高强度大六角螺母》
GB/T 1230	《钢结构用高强度垫圈》
GB/T 1231	《钢结构用高强度大六角头螺栓、大六角螺母、垫圈技术条件》
GB/T 3632	《钢结构用扭剪型高强度螺栓连接副》
GB/T 3098.1	《紧固件机械性能　螺栓、螺钉和螺柱》

（2）高强度大六角头螺栓连接副和扭剪型高强度螺栓连接副，应分别有扭矩系数和紧固轴力（预拉力）的出厂合格检验报告，并随箱带。当高强度螺栓连接副保管时间超过 6 个月后使用时，应按相关要求重新进行扭矩系数或紧固轴力试验，并应在合格后再使用。

2. 质量验收

【主控项目】

（1）钢结构连接用高强度大六角螺栓连接副、扭剪型高强度螺栓连接副、钢网架用高强度螺栓、普通螺栓、铆钉、自攻钉、拉铆钉、射钉、锚栓（机械型和化学试剂型）、地脚锚栓等紧固标准件及螺母、垫圈等标准配件，其品种、规格、性能等应符合现行国家产品标准和设计要求。高强度大六角螺栓连接副和扭剪型高强度螺栓连接副出厂时应分别随箱带有扭矩系数和紧固轴力（预拉力）的检验报告。

检查数量：全数检查。

检验方法：检查产品的质量合格证明文件、中文标志及检验报告等。

（2）高强度大六角头螺栓连接副的扭矩系数及扭剪型高强度螺栓连接副的预拉力应符合《钢结构施工质量验收规范》（GB 50205—2001）的有关规定。

检查数量：《钢结构施工质量验收规范》(GB 50205—2001)的有关规定。

检验方法：检查复验报告。

【一般项目】

(1)高强度螺栓连接副，应按包装箱配套供货，包装箱上应标明批号、规格、数量及生产日期、螺栓、螺母、垫圈外观表面应涂油保护，不应出现生锈和沾染赃物，螺纹不应损伤。

检查数量：按包装箱数抽查 5%，且不应少于 3 箱。

检验方法：观察检查。

(2)对建筑结构安全等级为一级，跨度 40 m 及以上的螺栓球节点钢网架结构，其连接高强度螺栓应进行表面硬度试验，对 8.8 级的高强度螺栓其硬度为 HRC21～29；10.9 级高强度螺栓其硬度应为 HRC32～36，且不得有裂纹或损伤。

检查数量：按规格抽查 8 只。

检验方法：硬度计、10 倍放大镜或磁粉探伤。

四、其他材料

钢结构用其他材料质量验收要求如下：

【主控项目】

(1)钢结构用橡胶垫的品种、规格、性能等应符合现行国家产品标准和设计要求。

检查数量：全数检查。

检验方法：检查产品的质量合格证明文件、中文标志及检验报告等。

(2)钢结构工程涉及的其他特殊材料，其品种、规格、性能等应符合现行国家标准和设计要求。

检查数量：全数检查。

检验方法：检查产品的质量合格证明文件、中文标志及检验报告等。

第二节　钢结构焊接工程

一、钢构件焊接工程

1. 施工质量控制

(1)对焊接人员、无损检测人员的资格及能力进行鉴定，并对其进行必要的技术培训。

(2)焊缝裂纹。

1)钢结构焊缝一旦出现裂纹，焊工不得擅自处理，应及时通知焊接工程师，找有关单位的焊接专家及原结构设计人员进行分析采取处理措施，再进行返修，返修次数不宜超过两次。

2)受负荷的钢结构出现裂纹，应根据情况进行补强或加固：

①卸荷补强加固。

②负荷状态下进行补强加固，应尽量减少活荷载和恒载，通过验算其应力不大于设计的 80%，拉杆焊缝方向应与构件拉应力方向一致。

③轻钢结构不宜在负荷情况下进行焊接补强或加固，尤其对受拉构件更要禁止。

3)焊缝金属中的裂纹在修补前应用超声波探伤确定裂纹深度及长度，用碳弧气刨刨掉的实际长度应比实测裂纹长两端各加 50 mm，而后修补。若焊接母材中存在裂纹，原则上应更换母材。

（3）焊件变形。

1）焊接工件线膨胀系数不同，焊后焊缝收缩量的大小也随之有变化。

2）工件焊前根据经验及有关试验所得数据，按变形的反方向变形装配。

3）高层或超高层钢柱，构件大，刚性强，无法用人工反变形时，可在柱安装时人为预留偏差值。钢柱之间焊缝焊接过程发现钢柱偏向一方，可用两个焊工以不同焊接速度和焊接顺序来调整变形。

4）收缩量最大的焊缝必须先焊，因为先焊的焊缝收缩时阻力小，变形也小。

5）在焊接过程中除第一层和表面层外，其他各层焊缝用小锤敲击，可减小焊接变形和残余应力。

6）对接接头、T形接头和十字接头的坡口焊接，在工件放置条件允许或易于翻面的情况下，宜采用双面坡口对称顺序焊接；对于有对称截面的构件，宜采用对称于构件中和轴的顺序焊接。对双面非对称坡口焊接，宜采用先焊深坡口侧，后焊浅坡口侧的顺序。

7）在节点形式、焊缝布置、焊接顺序确定的情况下，宜采用熔化极气体保护电弧焊或药芯焊丝自保护电弧焊等能量密度相对较高的焊接方法，并采用较小的热输入。

8）对一般构件，可用定位焊固定同时限制变形；对大型、厚型构件，宜用刚性固定法增加结构焊接时的刚性。对于大型结构，宜采取分部组装焊接、分别矫正变形后再进行总装焊接或连接的施工方法。

2. 施工质量验收

【主控项目】

（1）焊条、焊丝、焊剂、电渣焊熔嘴等焊接材料与母材的匹配应符合设计要求及国家现行相关标准的规定。焊条、焊剂、药芯焊丝、熔嘴等在使用前，应按其产品说明书及焊接工艺文件的规定进行烘焙和存放。

检查数量：全数检查。

检验方法：检查质量证明书和烘焙记录。

（2）焊工必须经考试合格并取得合格证书。持证焊工必须在其考试合格项目及其认可范围内施焊。

检查数量：全数检查。

检验方法：检查焊工合格证及其认可范围、有效期。

（3）施工单位对其首次采用的钢材、焊接材料、焊接方法、焊后热处理等，应进行焊接工艺评定，并应根据评定报告确定焊接工艺。

检查数量：全数检查。

检验方法：检查焊接工艺评定报告。

（4）设计要求全焊透的一、二级焊缝应采用超声波探伤进行内部缺陷的检验，超声波探伤不能对缺陷作出判断时，应采用射线探伤，其内部缺陷分级及探伤方法应符合现行国家标准《焊缝无损检测 超声检测 技术、检测等级和评定》（GB/T 11345—2013）或《金属熔化焊焊接头射线照相》（GB/T 3323—2005）的规定。

焊接球节点网架焊缝、螺栓球节点网架焊缝及圆管 T 形、K 形、Y 形节点相关线焊缝，其内部缺陷分级及探伤方法应符合国家现行相关标准的规定。

一级、二级焊缝的质量等级及缺陷分级应符合表 4-2 的规定。

检查数量：全数检查。

检验方法：检查超声波或射线探伤记录。

表 4-2 一、二级焊缝质量等级及缺陷分级

焊缝质量等级		一级	二级
内部缺陷超声波探伤	评定等级	Ⅱ	Ⅲ
	检验等级	B级	B级
	探伤比例	100%	20%
内部缺陷射线探伤	评定等级	Ⅱ	Ⅲ
	检验等级	AB级	AB级
	探伤比例	100%	20%

注：探伤比例的计数方法应按以下原则确定：
　①对工厂制作焊缝，应按每条焊缝计算百分比，且探伤长度应不小于 200 mm，当焊缝长度不足 200 mm 时，应对整条焊缝进行探伤；
　②对现场安装焊缝，应按同一类型、同一施焊条件的焊缝条数计算百分比，探伤长度应不小于 200 mm，且不少于 1 条焊缝。

(5)T 形接头、十字接头、角接接头等要求熔透的对接和角对接组合焊缝，其焊脚尺寸不应小于 $t/4$[图 4-1(a)、(b)、(c)]；设计有疲劳验算要求的吊车梁或类似构件的腹板与上翼缘连接焊缝的焊脚尺寸为 $t/2$[图 4-1(d)]，且不应大于 10 mm。焊脚尺寸的允许偏差为 0～4 mm。

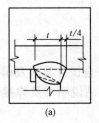 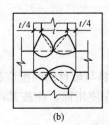 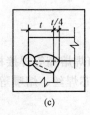 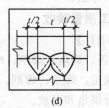

(a)　　　　　　(b)　　　　　　(c)　　　　　　(d)

图 4-1　焊脚尺寸

检查数量：资料全数检查；同类焊缝抽查 10%，且不应少于 3 条。

检验方法：观察检查，用焊缝量规抽查测量。

(6)焊缝表面不得有裂纹、焊瘤等缺陷。一级、二级焊缝不得有表面气孔、夹渣、弧坑裂纹、电弧擦伤等缺陷，且一级焊缝不得有咬边、未焊满、根部收缩等缺陷。

检查数量：每批同类构件抽查 10%，且不应少于 3 件；被抽查构件中，每一类型焊缝按条数抽查 5%，且不应少于 1 条；每条检查 1 处，总抽查数不应少于 10 处。

检验方法：观察检查或使用放大镜、焊缝量规和钢尺检查，当存在疑义时，采用渗透或磁粉探伤检查。

【一般项目】

(1)对于需要进行焊前预热或焊后热处理的焊缝，其预热温度或后热温度应符合国家现行有关标准的规定或通过工艺试验确定。预热区在焊道两侧，每侧宽度均应大于焊件厚度的 1.5 倍以上，且不应小于 100 mm；后热处理应在焊后立即进行，保温时间应根据板厚按每 25 mm 板厚 1 h 确定。

检查数量：全数检查。

检验方法：检查预热、后热施工记录和工艺试验报告。

(2)二级、三级焊缝外观质量标准应符合《钢结构工程施工质量验收规范》(GB 50205—2001)附录 A 中表 A.0.1 的规定，三级对接焊缝应按二级焊缝标准进行外观质量检验。

检查数量：每批同类构件抽查10%，且不应少于3件；被抽查构件中，每一类型焊缝按条数抽查5%，且不应少于1条；每条检查1处，总抽查数不应少于10处。

检验方法：观察检查或使用放大镜、焊缝量规和钢尺检查。

(3)焊缝尺寸允许偏差应符合《钢结构工程施工质量验收规范》(GB 50205—2001)附录A中表A.0.2的规定。

检查数量：每批同类构件抽查10%，且不应少于3件；被抽查构件中，每种焊缝按条数各抽查5%，但不应少于1条；每条检查1处，总抽查数不应少于10处。

检验方法：用焊缝量规检查。

(4)焊成凹形的角焊缝，焊缝金属与母材间应平缓过渡；加工成凹形角焊缝，不得在其表面留下切痕。

检查数量：每批同类构件抽查10%，且不应少于3件。

检验方法：观察检查。

(5)焊缝感观应达到：外形均匀、成形较好，焊道与焊道、焊道与基本金属间过渡较平滑，焊渣和飞溅物基本清除干净。

检查数量：每批同类构件抽查10%，且不应少于3件；被抽查构件中，每种焊缝按数量各抽查5%，总抽查处不应少于5处。

检验方法：观察检查。

3. 质量通病及防治措施

(1)质量通病。焊缝尺寸不符合要求，包括焊缝外形高低不平、焊波宽窄不齐、焊缝增高量过大或过小、焊缝宽度太宽或太窄、焊缝和母材之间的过渡不平滑等，如图4-2所示。

产生焊缝尺寸不符合要求的原因往往是焊接坡口角度不当或装配间隙不均匀、焊接参数选择不当、运条速度或操作不当以及焊条角度掌握不合适等。其会导致连接强度达不到规范要求、焊缝不美观等几个方面的缺陷。

(2)防治措施。对尺寸过小的焊缝应加焊到所要求的尺寸；坡口角度要合适，装配间隙要均匀；正确地选择焊接参数；焊条电弧焊操作人员要熟练地掌握运条速度和焊条角度，以获得成形美观的焊缝。

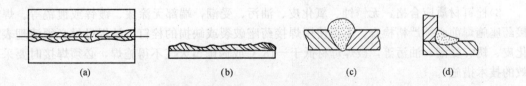

| (a) | (b) | (c) | (d) |

图4-2　焊缝尺寸不符合要求

(a)焊波宽窄不齐；(b)焊缝高低不平；

(c)焊缝与母材过渡不良；(d)焊脚尺寸相差过大

二、焊钉(栓钉)焊接工程

1. 施工质量控制

焊钉(栓钉)焊接应遵守以下规定：

(1)焊钉(栓钉)焊接前，必须按焊接参数调整好提升高度[即焊钉(栓钉)与母材间隙]，焊接金属凝固前，焊枪不能移动。

(2)焊钉(栓钉)焊接的电流大小、时间长短应严格按规范进行，焊枪移动路线要平滑。

（3）焊枪脱落时要直起不能摆动。

（4）母材材质应与焊钉匹配，栓钉与母材接触面必须彻底清除干净，低温焊接应通过低温焊接试验确定参数进行试焊，低温焊接不准立即清渣，应先及时保温后再清渣。

（5）控制好焊接电流，以防栓钉与母材未熔合或焊肉咬边。

（6）瓷环几何尺寸应符合标准，排气要好，栓钉与母材接触面必须清理干净。

2. 施工质量验收

【主控项目】

（1）施工单位对其采用的焊钉和钢材焊接应进行焊接工艺评定，其结果应符合设计要求和国家现行有关标准的规定。瓷环应按其产品说明书进行烘焙。

检查数量：全数检查。

检验方法：检查焊接工艺评定报告和烘焙记录。

（2）焊钉焊接后应进行弯曲试验检查，其焊缝和热影响区不应有肉眼可见的裂纹。

检查数量：每批同类构件抽查 10%，且不应少于 10 件；被抽查构件中，每件检查焊钉数量的 1%，但不应少于 1 个。

检验方法：焊钉弯曲 30°后用角尺检查和观察检查。

【一般项目】

焊钉根部焊脚应均匀，焊脚立面的局部未熔合或不足 360°的焊脚应进行修补。

检查数量：按总焊钉数量抽查 1%，且不应少于 10 个。

检验方法：观察检查。

3. 质量通病及防治措施

（1）质量通病。栓焊的抗剪与抗弯强度降低，根部出现裂纹。

（2）防治措施。

1）栓焊工必须经过培训考试，取得平焊、立焊、仰焊位置专业合格证者。

2）栓钉应采用自动定时的栓焊设备进行施焊，栓焊机必须连接在单独的电源上，电源变压器的容量应为 100～250 kV·A，容量应随焊钉直径的增大而增大，各项工作指数、灵敏度及精度要可靠。

3）栓钉材质应合格，无锈蚀、氧化皮、油污、受潮，端部无涂漆、镀锌或镀镉等。焊钉焊接药座施焊前必须严格检查，不得使用焊接药座破裂或缺损的栓钉。被焊母材必须清理表面氧化皮、锈、受潮、油污等，被焊母材低于 −18 ℃或遇雨雪天气不得施焊，必须焊接时要采取有效的技术措施。

4）对穿透式栓钉焊，压型钢板应定位焊于母材上，使其牢固，其间隙应控制在 1 mm 以内。被焊压型钢板在栓钉位置有锈蚀或镀锌层时，应采用角向砂轮打磨干净。

瓷环几何尺寸要符合规定，破裂和缺损瓷环不能使用，如瓷环已受潮，要经过 250 ℃烘焙 1 h 后再用。

5）栓钉弯曲检查采用锤敲击栓钉的方法，使其偏离母材法线方向 30°进行检查。主要选择焊层不足的栓钉和有焊层不连续的栓钉进行检查。弯曲方向取与缺陷相反的方向。若被检查栓钉焊缝和热影响区未出现肉眼可见的裂纹和断裂，即认为合格。检查数量：每批同类构件抽查 10%，且不应少于 10 件。被抽查构件中，每件检查焊钉数量的 1%，但不应少于 1 个。打弯的栓钉可不必弯直。检查焊层有开裂者为不合格者，应打掉重焊或补焊。补焊栓钉部位的底部不平处要磨平，母材损伤凹坑应补好；如焊脚不足 360°，可用合适的焊条用手工焊修，并做 30°弯曲试验。

第三节　紧固件连接工程

一、普通紧固件连接

1. 施工质量控制

(1)螺栓的布置应使各螺栓受力合理，同时要求各螺栓尽可能远离形心和中性轴，以便充分和均衡地利用各个螺栓的承载能力。螺栓或铆钉的最大、最小允许距离应符合表4-3的要求。

表4-3　螺栓或铆钉的最大、最小允许距离

名称	位置和方向			最大允许距离 （取两者的较小值）	最小允许距离
中心间距	外排（垂直内力方向或顺内力方向）			$8d_0$ 或 $12t$	$3d_0$
	中间排	垂直内力方向		$16d_0$ 或 $24t$	
		顺内力方向	构件受压力	$12d_0$ 或 $18t$	
			构件受拉力	$16d_0$ 或 $24t$	
	沿对角线方向				
中心至构件边缘距离	顺内力方向			$4d_0$ 或 $8t$	$2d_0$
	垂直内力方向	剪切边或手工气割边			$1.5d_0$
		轧制边、自动气割或锯割边	高强度螺栓		$1.5d_0$
			其他螺栓或铆钉		$1.2d_0$

注：1. d_0 为螺栓或铆钉的孔径，t 为外层较薄板件的厚度。

2. 钢板边缘与刚性构件（如角钢、槽钢等）相连的螺栓或最大间距，可按中间排的数值采用。

(2)螺栓孔加工。螺栓连接前，须对螺栓孔进行加工，可根据连接板的大小采用钻孔或冲孔加工。冲孔一般只用于较薄钢板和非圆孔的加工，而且要求孔径一般不小于钢板的厚度。

1)钻孔前，将工件按图样要求画线，检查后打样冲眼。样冲眼应打大些，使钻头不易偏离中心。在工件孔的位置画出孔径圆和检查圆，并在孔径圆上及其中心冲出小坑。

2)当螺栓孔要求较高，叠板层数较多，同类孔距也较多时，可采用钻模钻孔或预钻小孔，再在组装时扩孔的方法。预钻小孔直径的大小取决于叠板的层数，当叠板少于五层时，预钻小孔的直径一般小于 3 mm；当叠板层数大于五层时，预钻小孔直径应小于 6 mm。

3)对于精制螺栓(A、B级螺栓)，螺栓孔必须是Ⅰ类孔，并且具有 H12 的精度，孔壁表面粗糙度 Ra 不应大于 12.5 μm，为保证上述精度要求必须钻孔成形。

4)对于粗制螺栓(C级螺栓)螺栓孔为Ⅱ类孔，孔壁表面粗糙度 Ra 不应大于 25 μm，其允许偏差满足一定要求。

(3)螺栓的装配。普通螺栓的装配应符合下列要求：

1)螺栓头和螺母下面应放置平垫圈，以增大承压面积。

2)每个螺栓一端不得垫两个及以上的垫圈，并不得采用大螺母代替垫圈。螺栓拧紧后，外露丝扣不应少于两扣。螺母下的垫圈一般不应多于一个。

3)对于设计有要求防松动的螺栓、锚固螺栓应采用有防松装置的螺母(双螺母)或弹簧垫圈，或用人工方法采取防松措施(如将螺栓外露丝扣打毛)。

4)对于承受动荷载或重要部位的螺栓连接，应按设计要求放置弹簧垫圈，弹簧垫圈必须设置在螺母一侧。

5)对于工字钢、槽钢类型钢应尽量使用斜垫圈，使螺母和螺栓头部的支承面垂直于螺杆。

6)双头螺栓的轴心线必须与工件垂直，通常用角尺进行检验。

7)装配双头螺栓时，首先将螺纹和螺孔的接触面清理干净，然后用手轻轻地把螺母拧到螺纹的终止处；如果遇到拧不进的情况，不能用扳手强行拧紧，以免损坏螺纹。

8)螺母与螺钉装配时，螺母或螺钉与零件贴合的表面要光洁、平整，贴合处的表面应当经过加工，否则容易使连接件松动或使螺钉弯曲，螺母或螺钉和接触的表面之间应保持清洁，螺母孔内的脏物要清理干净。

2. 施工质量验收

【主控项目】

(1)普通螺栓作为永久性连接螺栓时，当设计有要求或对其质量有疑义时，应进行螺栓实物最小拉力载荷复验，试验方法见《钢结构工程施工质量验收规范》(GB 50205—2001)附录 B，其结果应符合现行国家标准《紧固件机械性能 螺栓、螺钉和螺柱》(GB/T 3098.1—2010)的规定。

检查数量：每一规格螺栓抽查 8 个。

检验方法：检查螺栓实物复验报告。

(2)连接薄钢板采用的自攻钉、拉铆钉、射钉等，其规格尺寸应与被连接钢板相匹配，其间距、边距等应符合设计要求。

检查数量：按连接节点数抽查 1%，且不应少于 3 个。

检验方法：观察和尺量检查。

【一般项目】

(1)永久性普通螺栓紧固应牢固、可靠，外露丝扣不应少于 2 扣。

检查数量：按连接节点数抽查 10%，且不应少于 3 个。

检验方法：观察和用小锤敲击检查。

(2)自攻螺钉、钢拉铆钉、射钉等与连接钢板应紧固密贴，外观排列整齐。

检查数量：按连接节点数抽查 10%，且不应少于 3 个。

检验方法：观察或用小锤敲击检查。

3. 质量通病及防治措施

(1)质量通病。螺栓的螺纹段损伤，使螺母无法旋入螺扣内；构件用螺栓连接后，螺栓伸出螺母外的长度部分锈蚀，降低连接结构的强度或缩短设计规定的正常使用期限。

(2)防治措施。

1)对高强度螺栓在储存、运输和施工过程中应防止其受潮生锈、沾污和碰伤。施工中剩余的螺栓必须按批号单独存放，不得与其他零部件混放在一起，以防撞击损伤螺纹。

2)领用高强度螺栓或使用前应检查螺纹有无损伤，并用钢丝刷清理螺纹段的油污、锈蚀等杂物，将螺母与螺栓配套顺畅通过螺纹段。配套的螺栓组件，使用时不宜互换。

3)为了防止螺纹损伤，对高强度螺栓不得作临时安装螺栓用；安装孔必须符合设计要求，使螺栓能顺畅穿入孔内，不得强行击入孔内；对连接构件不重合的孔，应进行修理，至达到符合要求后方可进行安装。

4)安装时为防止穿入孔内的螺纹被损伤，每个节点用的临时螺栓和冲钉不得少于安装孔总数的 1/3，且至少应穿两个临时螺栓；冲钉穿入的数量不宜多于临时螺栓的 30%。否则当其中一构件窜动时使孔位移，导致孔内螺纹被侧向水平力或垂直力作用剪切损伤，降低螺栓截面的受力强度。

5）为防止安装紧固后的螺栓被锈蚀、损伤，应将伸出螺母外的螺纹部分，涂上工业凡士林油或黄干油等作防腐保护；特殊重要部位的连接结构，为防止外露螺纹腐蚀、损伤，也可加装专用螺母，其顶端被具有防护盖的压紧螺母或防松副螺母保护，可避免腐蚀生锈和被外力损伤。

二、高强度螺栓连接

1. 施工质量控制

（1）高强度螺栓连接应对构件摩擦面进行喷砂、砂轮打磨或酸洗加工处理。

（2）高强度螺栓采用喷砂处理摩擦面，贴合面上喷砂范围应不小于 $4t$（t 为孔径）。喷砂面不得有毛刺、泥土和溅点，也不得涂刷油漆；采用砂轮打磨，打磨的方向应与构件受力方向垂直，打磨后的表面应呈铁色，并无明显不平。

（3）经表面处理的构件、连接件摩擦面应进行摩擦系数测定，其数值必须符合设计要求。安装前应组复验摩擦系数，合格后方可安装。

（4）处理后的摩擦面应在生锈前进行组装，或加涂无机富锌漆；也可在生锈后组装，组装时应用钢丝清除表面的氧化薄钢板、黑皮、泥土、毛刺等，至略呈赤锈色即可。

（5）高强度螺栓应顺畅穿入孔内，不得强行敲打，在同一连接面上穿入方向宜一致，以便于操作；对连接构件不重合的孔，应用钻头或绞刀扩或修孔，符合要求后方可进行安装。

（6）安装用临时螺栓可用普通螺栓，也可直接用高强度螺栓，其穿入数量不得少于安装孔总数的 1/3，且不少于两个螺栓，若穿入部分冲钉，则其数量不得多于临时螺栓的 30％。

（7）安装时先在安装临时螺栓余下的螺孔中投满高强度螺栓，并用扳手扳紧，然后将临时普通螺栓逐一换成高强度螺栓，并用扳手扳紧。

（8）高强度螺栓的紧固，应分二次拧紧（即初拧和终拧），每组拧紧顺序应从节点中心开始逐步向边缘两端施拧。整体结构的不同连接位置或同一节点的不同位置有两个连接构件时，应先紧主要构件，后紧次要构件。

（9）高强度螺栓紧固宜用电动扳手进行。扭剪型高强度螺栓初拧一般用 60％～70％轴力控制，以拧掉尾部梅花卡头为终拧结束。不能使用电动扳手的部位，则用测力扳手紧固，初拧扭矩值不得小于终拧扭矩值的 30％，终拧扭矩值 M_a（N·m）应符合设计要求。

（10）螺栓初拧、复拧和终拧后，要作出不同标记，以便识别，避免重拧或漏拧。高强度螺栓终拧后外露丝扣不得小于 2 扣。

（11）当日安装的螺栓应在当日终拧完毕，以防构件摩擦面、螺纹沾污、生锈和螺栓漏拧。

（12）高强度螺栓紧固后要求进行检查和测定。如发现欠拧、漏拧，应补拧；超拧时应更换。处理后的扭矩值应符合设计规定。

2. 施工质量验收

【主控项目】

（1）钢结构制作和安装单位应按《钢结构工程施工质量验收规范》（GB 50205—2001）附录 B 的规定分别进行高强度螺栓连接摩擦面的抗滑移系数试验和复验，现场处理的构件摩擦面应单独进行摩擦面抗滑移系数试验，其结果应符合设计要求。

检查数量：见《钢结构工程施工质量验收规范》（GB 50205—2001）附录 B。

检验方法：检查摩擦面抗滑移系数试验报告和复验报告。

（2）高强度大六角头螺栓连接副终拧完成 1 h 后、48 h 内应进行终拧扭矩检查，检查结果应符合《钢结构工程施工质量验收规范》(GB 50205—2001)附录 B 的规定。

检查数量：按节点数抽查 10%，且不应少于 10 个；每个被抽查节点按螺栓数抽查 10%，且不应少于 2 个。

检验方法：见《钢结构工程施工质量验收规范》(GB 50205—2001)附录 B。

(3)扭剪型高强度螺栓连接副终拧后，除因构造原因无法使用专用扳手终拧掉梅花头者外，未在终拧中拧掉梅花头的螺栓数不应大于该节点螺栓数的 5%。对所有梅花头未拧掉的扭剪型高强度螺栓连接副，应采用扭矩法或转角法进行终拧并作标记，且按《钢结构工程施工质量验收规范》(GB 50205—2001)第 6.3.2 条的规定进行终拧扭矩检查。

检查数量：按节点数抽查 10%，但不应少于 10 个节点，被抽查节点中梅花头未拧掉的扭剪型高强度螺栓连接副全数进行终拧扭矩检查。

检验方法：观察检查及《钢结构工程施工质量验收规范》(GB 50205—2001)附录 B。

【一般项目】

(1)高强度螺栓连接副的施拧顺序和初拧、复拧扭矩应符合设计要求和国家现行行业标准《钢结构高强度螺栓连接技术规程》(JGJ 82—2011)的规定。

检查数量：全数检查。

检验方法：检查扭矩扳手标定记录和螺栓施工记录。

(2)高强度螺栓连接副终拧后，螺栓丝扣外露应为 2~3 扣，其中允许有 10% 的螺栓丝扣外露 1 扣或 4 扣。

检查数量：按节点数抽查 5%，且不应少于 10 个。

检验方法：观察检查。

(3)高强度螺栓连接摩擦面应保持干燥、整洁，不应有飞边、毛刺、焊接飞溅物、焊疤、氧化铁皮、污垢等，除设计要求外，摩擦面不应涂漆。

检查数量：全数检查。

检验方法：观察检查。

(4)高强度螺栓应自由穿入螺栓孔。高强度螺栓孔不应采用气割扩孔，扩孔数量应征得设计部门同意，扩孔后的孔径不应超过 1.2d(d 为螺栓直径)。

检查数量：被扩螺栓孔全数检查。

检查方法：观察检查及用卡尺检查。

(5)螺栓球节点网架总拼完成后，高强度螺栓与球节点应紧固连接，高强度螺栓拧入螺栓球内的螺纹长度不应小于 1.0d(d 为螺栓直径)，连接处不应出现间隙、松动等未拧紧情况。

检查数量：按节点数抽查 5%，且不应少于 10 个。

检验方法：普通扳手及尺量检查。

3. 质量通病及防治措施

(1)质量通病。用摩擦型高强度螺栓连接的构件的摩擦接触面处理不符合设计要求或规范的规定。

(2)防治措施。

1)用高强度螺栓连接的钢结构工程，应按设计要求或现行施工规范规定，对连接构件接触表面的油污、锈蚀等杂物进行加工处理。处理后的表面摩擦因数，应符合设计要求的额定值，一般为 0.45~0.55。

2)为了使接触摩擦面处理后达到规定摩擦因数要求，应采用合理的施工工艺处理摩擦面。

3)处理完的构件摩擦面，应有保护措施，不得涂油漆或污损其表面；制作加工的构件摩擦面，出厂时应有三组与构件同材质、同处理方法的试件作为工地安装前的复验使用。

C 级螺栓孔（Ⅱ类孔），孔壁表面粗糙度 Ra 不应大于 25 μm，其允许偏差应符合表 4-4 的规定。

表 4-4　C 级螺栓孔的允许偏差 mm

项目	直径	圆度	垂直度
允许偏差	+1.0 0.0	2.0	0.03t，且不应大于 2.0

注：t 为构件的厚度。

螺栓孔孔距的允许偏差应符合表 4-5 的规定。

表 4-5　螺栓孔孔距的允许偏差 mm

螺栓孔孔距范围	≤500	501～1 200	1 201～3 000	>3 000
同一组内任意两孔间距离	±1.0	±1.5	—	—
相邻两组的端孔间距离	±1.5	±2.0	±2.5	±3.0

注：1. 在节点中连接板与一根杆件相连的所有螺栓孔为一组。
　　2. 对接接头在拼接板一侧的螺栓孔为一组。
　　3. 在两相邻节点或接头间的螺栓孔为一组，但不包括上述两款所规定的螺栓孔。
　　4. 受弯构件翼缘上的连接螺栓孔，每米长度范围内的螺栓孔为一组。

螺栓孔孔距的允许偏差超过表 4-3 规定的允许偏差时，应采用与母材材质相匹配的焊条补焊后重新制孔。

第四节　钢零件及钢部件加工工程

一、切割

1. 施工质量控制

(1)切割时，应清除钢材表面切割区域内的铁锈、油污等；切割后，断口上不得有裂纹和大于 1.0 mm 的缺棱，并应清除边缘上的熔瘤和飞溅物等。

(2)切割的质量要求：切割截面与钢材表面不垂直度应不大于钢材厚度的 10%，且不得大于 2.0；机械剪切割的零件，剪切线与号料线的允许偏差为 2 mm；断口处的截面上不得有裂纹和大于 1.0 mm 的缺棱；机械剪切的型钢，其端部剪切斜度不大于 2.0 mm，并均应清除毛刺；切割面必须整齐，对个别处出现的缺陷，要进行修磨处理。

(3)钢材在运输、装卸、堆放和切割过程中，有时会产生不同程度弯曲或波浪变形，当变形超过设计允许值时，必须在画线下料之前及切割之后予以平直矫正。

2. 施工质量验收

【主控项目】

钢材切割面或剪切面应无裂纹、夹渣、分层和大于 1 mm 的缺棱。

检查数量：全数检查。

检验方法：观察或用放大镜及百分尺检查，有疑义时作渗透、磁粉或超声波探伤检查。

【一般项目】

(1)气割的允许偏差应符合表 4-6 的规定。

检查数量：按切割面数抽查 10%，且不应少于 3 个。

检验方法：观察检查或用钢尺、塞尺检查。

表 4-6　气割的允许偏差　　　　　　　　　　mm

项目	允许偏差	项目	允许偏差
零件宽度、长度	±3.0	割纹深度	0.3
切割面平面度	0.05t，且不应大于 2.0	局部缺口深度	1.0

注：t 为切割面厚度。

(2)机械剪切的允许偏差应符合表 4-7 的规定。

检查数量：按切割面数抽查 10%，且不应少于 3 个。

检验方法：观察检查或用钢尺、塞尺检查。

表 4-7　机械剪切的允许偏差　　　　　　　　　mm

项目	允许偏差	项目	允许偏差
零件宽度、长度	±3.0	型钢端部垂直度	2.0
边缘缺棱	1.0		

3. 质量通病及防治措施

(1)质量通病。钢材切割后在切割面或剪切面出现裂纹、夹渣、分层和大于 1 mm 的缺棱等，会影响钢结构连接的力学性能和工程质量，尤其是承受动荷载的结构存在裂纹、夹渣、分层等缺陷，将会造成质量安全事故。

(2)防治措施。钢材经气割或机械切割后，应通过观察或用放大镜及百分尺全数检查切割面或剪切面。对有特殊要求的切割面或剪切面，或对外观检查有疑问时，应作渗透、磁粉或超声波探伤检查。

二、矫正和成型

1. 施工质量控制

在钢结构制作过程中，若原材料变形，气割、剪切变形，焊接变形，运输变形超出允许偏差，影响构件的制作及安装质量，必须对其进行矫正。矫正的方法很多，根据矫正时钢材的温度分冷矫正和热矫正两种。另外，根据矫正时作用外力的来源和性质来分，矫正可分为手工矫正、机械矫正、火焰矫正与高频热点矫正等。下面简单介绍一下角钢和槽钢手工矫正时的质量控制方法。

(1)角钢的矫正：首先要矫正角度变形，将其角度矫正后再矫直弯曲变形。

角钢角度变形的矫正：角钢批量角度变形的矫正时，可制成 90°角形凹凸模具用机械压、顶法矫正；少量的角钢角度局部变形，可与矫直一并进行。当其角度＞90°时，将一肢边立在平面上，直接用大锤击打另一肢边，至角度达到 90°时为止；其角度小于 90°时，将内角向上垂直放一平面上，将适合的角度锤或手锤放于内角，用大锤击打，扩开角度而达到 90°。

角钢弯曲手工矫正：可用大锤矫正角钢：将角钢放在矫架上，根据角钢的长度，一人或两人握紧角钢的端部，另一人用大锤击中角钢的立边面和角筋位置面，要求打准且稳。根据角钢各面弯曲和翻转变化以及打锤者所站的位置，大锤击打角钢各面时，其锤把应略有抬高或放低。锤面与角钢面的高、低夹角为 3°～10°。这样大锤对角钢具有推、拉作用力，以维持角钢受力时的重心平衡，不会把角钢打翻和避免发生振手的现象。

(2)槽钢的矫正：槽钢大、小面方向变形变曲的大锤矫正与角钢各面弯曲矫正方法相同。

槽钢翼缘内凸的矫正：槽钢翼缘向内凸起矫正时，将槽钢立起并使凹面向下与平台悬空；矫正方法应视变形程度而定。当凹变形小时，可用大锤由内向外直接击打；严重时可用火焰加热其凸处，并用平锤垫衬，大锤击打即可矫正。

槽钢翼缘面外凸矫正：将槽翼缘面仰放在平台上，一人用大锤顶紧凹面，另一人用大锤由外凸处向内击打，直到打平为止。

2. 施工质量验收

【主控项目】

(1)碳素结构钢在环境温度低于−16 ℃、低合金结构钢在环境温度低于−12 ℃时，不应进行冷矫正和冷弯曲。碳素结构钢和低合金结构钢在加热矫正时，加热温度不应超过 900 ℃。低合金结构钢在加热矫正后应自然冷却。

检查数量：全数检查。

检验方法：检查制作工艺报告和施工记录。

(2)当零件采用热加工成型时，加热温度应控制在 900 ℃～1 000 ℃；碳素结构钢和低合金结构钢在温度分别下降到 700 ℃和 800 ℃之前，应约束加工；低合金结构钢应自然冷却。

检查数量：全数检查。

检验方法：检查制作工艺报告和施工记录。

【一般项目】

(1)矫正后的钢材表面不应有明显的凹面或损伤，划痕深度不得大于 0.5 mm，且不应大于该钢材厚度允许偏差的 1/2。

检查数量：全数检查。

检验方法：观察检查和实测检查。

(2)冷矫正和冷弯曲的最小曲率半径与最大弯曲矢高应符合表 4-8 的规定。

检查数量：按冷矫正和冷弯曲的件数抽查 10%，且不应少于 3 个。

检验方法：观察检查和实测检查。

表 4-8　冷矫正和冷弯曲的最小曲率半径与最大弯曲矢高　　　　　　　　mm

钢材类别	图　例	对应轴	矫　正		弯　曲	
			r	f	r	f
钢板扁钢		$x-x$	$50t$	$\dfrac{l^2}{400t}$	$25t$	$\dfrac{l^2}{200t}$
		$y-y$(仅对扁钢轴线)	$100b$	$\dfrac{l^2}{800b}$	$50b$	$\dfrac{l^2}{400b}$
角钢		$x-x$	$90b$	$\dfrac{l^2}{720b}$	$45b$	$\dfrac{l^2}{360b}$

钢材类别	图 例	对应轴	矫 正		弯 曲	
			r	f	r	f
槽钢		$x-x$	$50h$	$\dfrac{l^2}{400h}$	$25h$	$\dfrac{l^2}{200h}$
		$y-y$	$90b$	$\dfrac{l^2}{720b}$	$45b$	$\dfrac{l^2}{360b}$
工字钢		$x-x$	$50h$	$\dfrac{l^2}{400h}$	$25h$	$\dfrac{l^2}{200h}$
		$y-y$	$50b$	$\dfrac{l^2}{400b}$	$25b$	$\dfrac{l^2}{200b}$

注：r 为曲率半径；f 为弯曲矢高；l 为弯曲弦长；t 为钢板厚度。

（3）钢材矫正后的允许偏差，应符合表4-9的规定。

检查数量：按矫正件数抽查10％，且不应少于3件。

检验方法：观察检查和实测检查。

表 4-9　钢材矫正后的允许偏差　　　　　　　　　　　mm

项　　目		允许偏差	图　例
钢板的局部平面度	$t \leqslant 14$	1.5	
	$t > 14$	1.0	
型钢弯曲矢高		$l/1\,000$ 且不应大于 5.0	
角钢肢的垂直度		$b/100$ 双肢栓接角钢的角度不得大于 90°	
槽钢翼缘对腹板的垂直度		$b/80$	
工字钢、H形钢翼缘对腹板的垂直度		$b/100$ 且不大于 2.0	

3. 质量通病及防治措施

(1)质量通病。热矫正达不到预期的效果。

(2)防治措施。

1)矫正加热区的位置要选择在构件变形的拱度处即"长纤维"处,如T形梁的角变形矫正[图4-3(a)],在T形梁背面两道焊缝的对应位置线,因焊缝收缩时,此部位的纤维被拉长,加热的宽度应小于焊角的宽度,加热的深度不应超过板厚。又如T形梁拱变形的矫正[图4-3(b)],热矫正采用三角形加热的方法,因焊缝收缩时,此处的纤维被拉长,烤三角形的同时,也可对焊缝稍加热,以增加焊缝的塑性,防止产生裂纹。

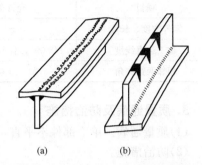

图4-3 T形梁变形的局部加热矫正
(a)角变形的矫正;(b)拱变形的矫正

2)按"矫正原理"可较快地选择变形构件的矫正位置,如薄板的凹凸不平及梁的弯曲矫正等,但对形状较复杂、属内应力引起的变形的构件,其变形有时不在应力集中区,而在与其有联系、刚度较弱的部位出现,此时则要进行具体区分。

三、边缘加工

1. 施工质量控制

(1)铲边。对加工质量要求不高,并且工作量不大的边缘加工,可以采用铲边。铲边有手工铲边和机械铲边两种。一般手工铲边和机械铲边的构件,其铲线尺寸与施工图纸尺寸要求不得相差1mm。铲边后的棱角垂直误差不得超过弦长的1/3 000,且不得大于2mm。

(2)刨边。刨边主要是用刨边机进行。刨边加工的余量随钢材的厚度、钢板的切割方法而不同,一般刨边加工余量为2~4mm。刨边机的刨边长度一般为3~15m。当构件长度大于刨削长度时,可用移动构件的方法进行刨边;当构件较薄时,则可采用多块钢板同时刨边的方法加工。对于侧弯曲较大的条形构件,刨边前先要矫直。气割加工的构件边缘必须把残渣除净,以便减少切削量和提高刀具寿命。对于条形构件刨边加工后,松开夹紧装置可能会出现弯曲变形,需在以后的拼接或组装中利用夹具进行处理。

(3)铣边。铣边机利用滚铣切削原理,对钢板焊前的坡口、斜边、直边、U形边能同时一次铣削成形,比刨边机提高工效1.5倍,且能耗少,操作维修方便。对于有些构件的端部,可采用铣边(端面加工)的方法以代替刨边。

铣边是为了保持构件的精度,如吊车梁、桥梁等接头部分,钢柱或塔架等的金属底承压部位,能使其力由承压面直接传至底板支座,以减少连接焊缝的焊脚尺寸,这种铣削加工,一般是在端面铣床或铣边机上进行的。

2. 施工质量验收

【主控项目】

气割或机械剪切的零件,需要进行边缘加工时,其刨削量不应小于2.0mm。

检查数量:全数检查。

检验方法:检查工艺报告和施工记录。

【一般项目】

边缘加工允许偏差应符合表4-10的规定。

检查数量:按加工面数抽查10%,且不应少于3件。

检验方法：观察检查和实测检查。

表 4-10　边缘加工的允许偏差　　　　　　　　　　　　　　mm

项目	允许偏差	项目	允许偏差
零件宽度、长度	±1.0	加工面垂直度	$0.025t$，且不应大于 0.5
加工边直线度	$l/3\,000$，且不应大于 2.0	加工面表面粗糙度	$\sqrt{\dfrac{50}{}}$
相邻两边夹角	±6′		

3. 质量通病及防治措施

(1)质量通病。单个部件不平直，出现弧度，弯曲加工部件出现裂纹。

(2)防治措施。

1)原材料进场后先进行初步矫正，一般做法即常温下机械法矫正，对较大变形的零部件，材质为碳素结构钢和低合金高强度结构钢，允许加热矫正，其加热温度严禁超过正火温度900 ℃。

用火焰矫正 Q345、Q390、35 号、45 号钢焊件，一定要在自然状态下冷却，严禁浇水冷却。

2)被加热的型钢温度控制在 880 ℃～1 050 ℃、碳素结构钢在 700 ℃、低合金高强度结构钢在 800 ℃时，构件不能进行热弯，冷弯半径应为材料厚度的 2 倍以上。

3)弯曲成形应按规定做样板或在胎具上进行，依次定位点焊、成形。如采用轧圆机和压力机在冷状态下进行矫正和弯曲时，其零部件最小曲率半径和最大弯曲矢高值，按有关规定进行。

四、管、球加工

1. 施工质量控制

管、球加工是钢网架制作的基础，网架结构零部件使用的钢材、连接材料(包括焊接材料、普通螺栓、高强度螺栓等)和涂装材料必须符合有关规定的要求。螺栓球节点制作时应注意以下几点：

(1)钢球、锥头、封板、套筒等原材料是圆钢采用锯床下料，下料后长度允许偏差为±2.0 mm，圆钢经加热温度控制在 900 ℃～1 100 ℃，分别在固定的锻模具上压制成型，对锻压件外观要求不得有裂纹或过烧。毛坯锥头、封板外径偏差±1.5 mm，钢球直径偏差±1.5 mm，当圆度偏差 D≤120 mm 时，为 1.5 mm；当 D>120 mm 时，为 2.0 mm。

(2)螺栓球(钢球)加工应在车床上进行，其加工程序第一是加工定位工艺孔，第二是加工各弦杆孔。相邻螺孔角度必须以专用的夹具架夹保证。螺纹按 6H 级精度加工，并符合国家标准《普通螺纹 公差》(GB/T 197—2003)的规定。球中心在螺孔端面距离偏差±0.2 mm，相邻螺孔角度允许偏差为±20′，螺纹有效长度为螺栓直径的 1.3 倍，同一轴线上两螺孔端面平行度≤0.2 mm，每个球必须检验合格，打上操作者标记和安装球号(图 4-4)，最后在螺纹处涂上黄油防锈。

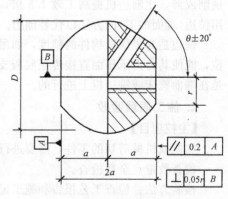

图 4-4　螺栓球

(3)高强度螺栓必须逐根进行表面硬度试验，一般采用 10.9 级高强度螺栓，其硬度为 32～36HRC，高强度螺栓的承载力试验数量按同规格螺栓 600 只为一批，不足 600 只仍按一批计，每批取 3 只复检抗拉强度，检验合格后方可投入使用。

(4)锥头、封板加工可在车床上进行，焊接处坡口角度宜取 30°，内孔 d 可比螺栓直径大 0.5 mm，内孔与外径同轴度 0.2 mm，底厚度 $H+0.2$ mm，锥头、封板与钢管杆件配合间隙 $b=2.0$ mm，以保证底层全部熔透。

(5)套筒外形尺寸应符合开口尺寸系列，要求经模锻后毛坯长度 L 为 $+3.0$ mm，六角对边 $S\pm1.5$ mm，六角对角 $D\pm2.0$ mm。套筒加工长度 L 允许偏差 ±0.2 mm，两端面的平行度为 0.3 mm，内孔 d 可比螺栓直径大 1.0 mm，套筒端部与紧固螺钉孔间距 l 不大于 1.5 倍小螺钉直径。

2. 施工质量验收

(1)焊接球。

【主控项目】

1)焊接球及制造焊接球所采用的原材料，其品种、规格、性能等应符合现行国家产品标准和设计要求。

检查数量：全数检查。

检验方法：检查产品的质量合格证明文件、中文标志及检验报告等。

2)焊接球焊缝应进行无损检验，其质量应符合设计要求，当设计无要求时应符合《钢结构施工质量验收规范》(GB 50205—2001)中规定的二级质量标准。

检查数量：每一规格按数量抽查 5%，且不应少于 3 个。

检验方法：超声波探伤或检查检验报告。

【一般项目】

1)焊接球直径、圆度、壁厚减薄量等尺寸及允许偏差应符合《钢结构施工质量验收规范》(GB 50205—2001)的规定。

检查数量：每一规格按数量抽查 5%，且不应少于 3 个。

检验方法：用卡尺和测厚仪检查。

2)焊接球表面应无明显波纹及局部凹凸不平不大于 1.5 mm。

检查数量：每一规格按数量抽查 5%，且不应少于 3 个。

检验方法：用弧形套模、卡尺和观察检查。

(2)螺栓球。

【主控项目】

1)螺栓球及制造螺栓球节点所采用的原材料，其品种、规格、性能等应符合现行国家产品标准和设计要求。

检查数量：全数检查。

检验方法：检查产品的质量合格证明文件、中文标志及检验报告等。

2)螺栓球不得有过烧、裂纹及褶皱。

检查数量：每种规格抽查 5%，且不应少于 5 只。

检验方法：用 10 倍放大镜观察和表面探伤。

【一般项目】

1)螺栓球螺纹尺寸应符合现行国家标准《普通螺纹 基本尺寸》(GB/T 196—2003)中粗牙螺纹的规定，螺纹公差必须符合现行国家标准《普通螺纹 公差》(GB/T 197—2003)中 6H 级精度的规定。

检查数量：每种规格抽查 5%，且不应少于 5 只。

检验方法：用标准螺纹规。

2)螺栓直径、圆度、相邻两螺栓孔中心线夹角等尺寸及允许偏差应符合《钢结构施工质量验收规范》(GB 50205—2001)的规定。

检查数量：每一规格按数量抽查 5%，且不应少于 3 个。

检验方法：用卡尺和分度头仪检查。

(3)封板、锥头和套筒。

【主控项目】

1)封板、锥头和套筒及制造封板、锥头和套筒所采用的原材料，其品种、规格、性能等应符合现行国家产品标准和设计要求。

检查数量：全数检查。

检验方法：检查产品质量合格证明文件、中文标志及检验报告等。

2)封板、锥头、套筒外观不得有裂纹、过烧及氧化皮。

检查数量：每种抽查 5%，且不应少于 10 只。

检验方法：用放大镜观察检查和表面探伤。

(4)管、球加工。

【主控项目】

1)螺栓球成型后，不应有裂纹、褶皱、过烧。

检查数量：每种规格抽查 10%，且不应少于 5 个。

检验方法：10 倍放大镜观察检查或表面探伤。

2)钢板压成半圆球后，表面不应有裂纹、褶皱；焊接球对接坡口应采用机械加工，对接焊缝表面应打磨平整。

检查数量：每种规格抽查 10%，且不应少于 5 个。

检验方法：10 倍放大镜观察或检查表面探伤。

【一般项目】

1)螺栓球加工的允许偏差应符合表 4-11 的规定。

检查数量：每种规格抽查 10%，且不应少于 5 个。

检验方法：见表 4-11。

表 4-11　螺栓球加工的允许偏差　　　　　　　　　　　　　　　　　mm

项目		允许偏差	检验方法
圆度	$d \leqslant 120$	1.5	用卡尺和游标卡尺检查
	$d > 120$	2.5	
同一轴线上两铣平面平行度	$d \leqslant 120$	0.2	用百分表 V 形块检查
	$d > 120$	0.3	
铣平面距球中心距离		±0.2	用游标卡尺检查
相邻两螺栓孔中心线夹角		±30′	用分度头检查
两铣平面与螺栓孔轴线垂直度		0.005r	用百分表检查
球毛坯直径	$d \leqslant 120$	+0.2 −1.0	用卡尺和游标卡尺检查
	$d > 120$	+3.0 −1.5	

2)焊接球加工的允许偏差应符合表 4-12 的规定。

检查数量：每种规格抽查 10%，且不应少于 5 个。

检验方法：见表 4-12。

表 4-12　焊接球加工的允许偏差　　　　　　mm

项目	允许偏差	检验方法
直径	±0.005d ±2.5	用卡尺和游标卡尺检查
圆度	2.5	用卡尺和游标卡尺检查
壁厚减薄量	0.13t，且不应大于 1.5	用卡尺和测厚仪检查
两半球对口错边	1.0	用套模和游标卡尺检查

3)钢网架(桁架)用钢管杆件加工的允许偏差应符合表 4-13 的规定。

检查数量：每种规格抽查 10%，且不应少于 5 根。

检验方法：见表 4-13。

表 4-13　钢网架(桁架)用钢管杆件加工和允许偏差　　　　　　mm

项目	允许偏差	检验方法
长度	±1.0	用钢尺和百分表检查
端面对管轴的垂直度	0.005r	用百分表 V 形块检查
管口曲线	1.0	用套模和游标卡尺检查

3. 质量通病及防治措施

(1)质量通病。螺栓球成形后出现裂纹、褶皱、过烧，使螺栓球力学性能降低，网架结构承载力和使用寿命下降，甚至会导致产生严重质量和安全事故。

(2)防治措施。

1)螺栓球是网架杆件互相连接的重要受力部件，锻造时要加强作业中的温度和操作控制，加强成形后的检查，不准存在裂纹、褶皱及过烧等缺陷。

2)认真检查，检查数量为每种规格抽查 10%，且不得少于 5 只。检查方法为用 10 倍放大镜观察和表面探伤。不符合要求的不得使用。

五、制孔

1. 施工质量控制

(1)钻孔。钻孔是钢结构制作中普遍采用的方法，能用于几乎任何规格的钢板、型钢的孔加工。钻孔的原理是切削，故孔壁损伤较小，孔的精度较高。钻孔通常在钻床上进行，对于构件因受场地限制，加工部位特殊，不便用钻床加工的，则可用电钻、风钻和磁座钻加工。

(2)冲孔。冲孔在冲孔机(冲床)上进行，一般只能在较薄的钢板或型钢上冲孔，但孔径一般不小于钢材的厚度，可用于不重要的节点板、垫板、加强板、角钢拉撑等小件孔加工，冲孔生产效率高，但由于孔的周围产生冷作硬化，孔壁质量差，有孔口下塌，孔的下方增大的倾向，所以，孔的质量要求不高时或作为预制孔(非成品孔)外，在钢结构制造中已较少直接采用。

(3)割孔。地脚螺栓孔与螺栓间的间隙较大，一般可用火焰割孔，当孔径超过 50 mm 时，也有用火焰割孔的。

2. 施工质量验收

【主控项目】

A、B 级螺栓孔(I类孔)应具有 H12 的精度，孔壁表面粗糙度 Ra 不应大于 12.5 μm。其孔径的允许偏差应符合表 4-14 的规定。

C 级螺栓孔(Ⅱ类孔),孔壁表面粗糙度 Ra 不应大于 25 μm,其允许偏差应符合表 4-14 的规定。

检查数量:按钢构件数量抽查 10%,且不应少于 3 件。

检验方法:用游标卡尺或孔径量规检查。

表 4-14 A、B 级螺栓孔的允许偏差　　　　　　　　　　mm

序 号	螺栓公称直径、螺栓孔直径	螺栓公称直径允许偏差	螺栓孔直径允许偏差
1	10～18	0.00 −0.21	+0.18 0.00
2	18～30	0.00 −0.21	+0.21 0.00
3	30～50	0.00 −0.25	+0.25 0.00

【一般项目】

(1)螺栓孔孔距允许偏差应符合表 4-14 的规定。

检查数量:按钢构件数量抽查 10%,且不应少于 3 件。

检验方法:用钢尺检查。

(2)螺栓孔孔距的允许偏差超过表 4-14 规定的允许偏差时,应采用与母材材质相匹配的焊条补焊后重新制孔。

检查数量:全数检查。

检验方法:观察检查。

第五节　钢构件组装与预拼装工程

一、钢构件组装

1. 施工质量控制

(1)组装应按工艺方法的组装次序进行。当有隐蔽焊缝时,必须先施焊,经检验合格后方可覆盖。当复杂部位不易施焊时,也须按工序次序分别先后组装和施焊。严禁不按次序组装和强力组对。

(2)为减少大件组装焊接的变形,一般应先采取小件组焊,经矫正后,再大部件组装。胎具及装出的首个成品须经过严格检验,方可大批进行组装工作。

(3)组装前,连接表面及焊缝每边 30～50 mm 范围内的铁锈、毛刺和油污及潮气等必须清除干净,并露出金属光泽。

(4)应根据金属结构的实际情况,选用或制作相应的装配胎具(如组装平台、铁凳、胎架等)和工(夹)具,应尽量避免在结构上焊接临时固定件、支撑件。工夹具及吊耳必须焊接固定在构件上时,材质与焊接材料应与该构件相同,用后需除掉时,不得用锤强力打击,应用气割去掉。对于残留痕迹应进行打磨、修整。

(5)除工艺要求外,板叠上所有螺栓孔、铆钉孔等应采用量规检查,其通过率应符合规定。用比孔的直径小 1.0 mm 的量规检查，应通过每组孔数的 85%；用比螺栓公称直径大 0.2～0.3 mm 的量规检查应全部通过；量规不能通过的孔，应经施工图编制单位同意后，方可扩钻或补焊后重新钻孔。扩钻后的孔径不得大于原设计孔径 2.0 mm；补孔应制定焊补工艺方案并经过审查批准，用与母材强度相应的焊条补焊，不得用钢块填塞，处理后应做好记录。

2. 施工质量验收

(1)焊接 H 型钢。

【一般项目】

1)焊接 H 型钢的翼缘板拼接缝和腹板拼接缝的间距不应小于 200 mm。翼缘板拼接长度不应小于 2 倍板宽；腹板拼装宽度不应小于 300 mm，长度不应小于 600 mm。

检查数量：全数检查。

检验方法：观察和用钢尺检查。

2)焊接 H 型钢的允许偏差应符合《钢结构工程施工质量验收规范》(GB 50205—2001)附录 C 中表 C.0.1 的规定。

检查数量：按钢构件数抽查 10%，且不应少于 3 件。

检验方法：用钢尺、角尺、塞尺等检查。

(2)钢构件组装。

【主控项目】

吊车梁和吊车桁架不应下挠。

检查数量：全数检查。

检验方法：构件直立，在两端支承后，用水准仪和钢尺检查。

【一般项目】

1)焊接连接组装的允许偏差应符合《钢结构工程施工质量验收规范》(GB 50205—2001)附表 C 中表 C.0.2 的规定。

检查数量：按构件数抽查 10%，且不应少于 3 个。

检验方法：用钢尺检验。

2)顶紧接触面应有 75% 以上的面积紧贴。

检查数量：按接触面的数量抽查 10%，且不应少于 10 个。

检验方法：用 0.3 mm 塞尺检查，其塞入面积应小于 25%，边缘间隙不应大于 0.8 mm。

3)桁架结构杆件轴线交点错位的允许偏差不得大于 3.0 mm，允许偏差不得大于 4.0 mm。

检查数量：按构件数抽查 10%，且不应少于 3 个，每个抽查构件按节点数抽查 10%，且不应少于 3 个节点。

检验方法：尺量检查。

(3)端部铣平及安装焊缝坡口。

【主控项目】

端部铣平的允许偏差应符合表 4-15 的规定。

检查数量：按铣平面数量抽查 10%，且不应少于 3 个。

检验方法：用钢尺、角尺、塞尺等检查。

表 4-15　端部铣平的允许偏差　　　　mm

项目	允许偏差	项目	允许偏差
两端铣平时构件长度	±2.0	铣平面的平面度	0.3
两端铣平时零件长度	±0.5	铣平面对轴线的垂直度	L/1 500

【一般项目】

1)安装焊缝坡口的允许偏差应符合表 4-16 的规定。

检查数量：按坡口数量抽查 10%，且不应少于 3 条。

检验方法：用焊缝量规检查。

表 4-16　安装焊缝坡口的允许偏差

项目	允许偏差	项目	允许偏差
坡口角度	±5°	钝边	±1.0 mm

2)外露铣平面应防锈保护。

检查数量：全数检查。

检验方法：观察检查。

(4)钢构件外形尺寸。

【主控项目】

钢构件外形尺寸主控项目的允许偏差应符合表 4-17 的规定。

检查数量：全数检查。

检验方法：用钢尺检查。

表 4-17　钢构件外形尺寸主控项目的允许偏差　　　　　　　　　　　　　mm

项　　目	允许偏差
单层柱、梁、桁架受力支托(支承面)表面至第一个安装孔距离	±1.0
多节柱铣平面至第一个安装孔距离	±1.0
实腹梁两端最外侧安装孔距离	±3.0
构件连接处的截面几何尺寸	±3.0
柱、梁连接处的腹板中心线偏移	2.0
受压构件(杆件)弯曲矢高	L/1 000，且不应大于 10.0

【一般项目】

钢构件外形尺寸一般项目的允许偏差应符合《钢结构工程施工质量验收规范》(GB 50205—2001)附录 C 中表 C.0.3～表 C.0.9 的规定。

检查数量：按构件数量抽查 10%，且不应少于 3 件。

检验方法：见《钢结构工程施工质量验收规范》(GB 50205—2001)附录 C 中表 C.0.3～表 C.0.9。

3. 质量通病及防治措施

(1)焊接 H 型钢质量通病及防治措施。

1)质量通病。焊接 H 型钢接缝过小，导致对安全构成隐患。

2)防治措施。

①下料和组对 H 型钢时，应注意按实际进料的情况进行排板后再下料，同时要满足设计要求的拼接位置。下料后要做好标记。

②焊接 H 型钢的翼缘板拼接缝和腹板拼接缝的间距不应小于 200 mm，翼缘板宽度不允许拼接，拼接长度不应小于 2 倍板宽；腹板拼接宽度不应小于 300 mm，长度不应小于 600 mm。拼接时要加强检查，检查数量为全数检查。检验方法为观察和用钢尺检查。

(2)钢构件组装质量通病及防治措施。

1)质量通病。有轴向力偏心产生或杆件连接焊缝重叠，应力集中，使桁架承载力下降，使用寿命减少。

2)防治措施。

①型钢桁架组装应按节点几何尺寸、受力情况、设计和规范要求仔细进行放样，并按放样尺寸在地胎上进行组装，在较大的杆件位置处焊上挡板定位，要保证各杆件的几何轴线交于一点。

②节点连接板的尺寸要按标准要求制作，节点板边界与杆件轴线的夹角不得小于20°。杆件的相互距离应不小于10～20 mm。

③受动荷载需经疲劳验算的桁架，其弦杆和腹杆与节点板的搭接焊缝应采用围焊，杆件焊缝之间间隔应不小于50 mm。

（3）端部铣平及安装焊缝坡口质量通病及防治措施。

1)质量通病。两端铣平时构件长度偏差过大，零件长度偏差过大；铣平面的平面度偏差超过0.3 mm，铣平面对轴线的垂直度超过L/500。

2)防治措施。

①对于有些构件的端部，可采用铣边（端面加工）的方法代替刨边。铣边是为了保持构件的精度，如吊车梁、桥梁等接头部分，钢柱或塔架等的金属抵承部位，能使其力由承压面直接传至底板支座，以减少连接焊缝的焊脚尺寸，这种铣削加工一般是在端面铣床或铣边机上进行的。端面铣削时要注意铣床型号的选择。施工人员必须具备职业资格，铣边时要认真。用钢尺、角尺、塞尺等抽查铣平面数量的10%，且不应少于3个。外露铣平面应防锈保护。

②端部铣平应作严格检查，检查数量按铣平面数量抽查10%，且不应少于3个。用钢尺、角尺、塞尺等检查。对于外露铣平面应进行防锈保护，检查数量为全数检查，用观察检查法。

③端部铣平，一般焊接结构构件的安装孔眼，大部分为成品钻孔，成品钻孔的方法和公差要求同于零件钻孔；安装节点构造复杂的构件，根据合同协议应在工厂进行节点试装或整体试装；零件钻孔可缩小1级（3 mm），在拼装定位后进行扩孔，扩到设计孔径。对精制螺栓的安装孔，在扩孔时应留0.1 mm左右的加工余量，以便进行铰孔，以此达到Ra6.3的光洁度；经过扩孔，对号入座节点的各部件在拆开以前必须予以编号；外露铣平面应涂防锈油保护。

（4）钢构件外形尺寸质量通病及防治措施。

1)质量通病。组装未注意控制外形尺寸和位置尺寸。

2)防治措施。

①部件报废，钢构件组装焊接时要做到准确、严谨、有序和严格监控。组装前要逐一核对零、部件的尺寸，检查零、部件的厚度及标注的材质是否与图纸相符，零部件的切割坡口和切割面的直线度是否符合规范规定。

②对直线度超差严重的，凸出部位应用砂轮打磨平整，凹洼较大时，应用与母材材质相匹配的小直径焊条进行补焊磨平。

③组装线画出后，要仔细进行检查。组装时宜采用工装胎具、夹具来保证零部件的组装外形尺寸、平面度，同时要控制好板与板之间的垂直度。

④对外形精度要求高、焊缝部位多、焊缝等级要求高、变形不易控制的构件，要考虑部分零部件进行机加工，如箱形梁的腹板、隔板、吊车梁的腹板等，严格控制、认真检查。

二、钢构件预拼装工程

1. 施工质量控制

（1）预拼装中所有构件均应符合施工图控制尺寸，各杆件的重心线应交会于节点中心，并完全处于自由状态，不允许有外力强制固定。单构件支承点无论柱、梁、支撑，应不少于两个支承点。

（2）预拼装后应用试孔器检查，当用比孔公称直径小 1.0 mm 的试孔器检查时，每组孔的通过率应不少于 85%；当用比螺栓公称直径大 0.3 mm 的试孔器检查时，通过率为 100%，试孔器必须垂直自由穿落。

（3）高强度螺栓连接件预拼装时，可使用冲钉定位和临时螺栓紧固。试装螺栓在一组孔内不得少于螺栓孔的 30%，且不少于 2 只。冲钉数不得多于临时螺栓的 1/3。

（4）预拼装构件控制基准，中心线应明确标示，并与平台基线和地面基线相对一致。控制基准应与设计要求基准一致，如需变换预拼基准位置，应取得工艺设计认可。

（5）所有需要进行预拼装的构件，必须是制作完毕经专检员验收，并符合质量标准的单构件。相同单构件，宜能互换，而不影响整体几何尺寸。

（6）在胎架上预拼全过程中，不得对构件动用火焰或机械等方式进行修正、切割，或使用重物压载、冲撞、锤击。

（7）预拼装检查。预拼装检查合格后，对上下定位中心线、标高基准线、交线中心点等应标注清楚、准确；对管结构、工地焊接连接处等，除应有上述标记外，还应焊接一定数量的卡具、角钢或钢板定位器等，以便按预拼装结果进行安装。

2. 施工质量验收

【主控项目】

高强度螺栓和普通螺栓连接的多层板叠，应采用试孔器进行检查，并应符合下列规定：

（1）当采用比孔公称直径小 1.0 mm 的试孔器检查时，每组孔的通过率不应小于 85%；

（2）当采用比螺栓公称直径大 0.3 mm 的试孔器检查时，通过率应为 100%。

检查数量：按预拼装单元全数检查。

检验方法：采用试孔器检查。

【一般项目】

预拼装的允许偏差应符合《钢结构工程施工质量验收规范》（GB 50205—2001）附录 D 表 D 的规定。

检查数量：按预拼装单元全数检查。

检验方法：见《钢结构工程施工质量验收规范》（GB 50205—2001）附录 D 表 D。

3. 质量通病及防治措施

（1）质量通病。钢构件预拼装的几何尺寸、对角线、拱度、弯曲矢高超过允许值，质量达不到设计要求。

（2）防治措施。

1）预拼装比例按合同和设计要求，一般按实际平面情况预装 10%~20%。

2）钢构件制作、预拼用的钢直尺必须经计量检验，并相互核对，测量时间宜在早晨日出前或下午日落后。

3）钢构件预拼装地面应坚实，胎架强度、刚度必须经设计计算确定，各支承点的水平精度可用已计量检验的各种仪器逐点测定调整。

4）高强度螺栓连接预拼装时，所使用冲钉的直径必须与孔径一致，每个节点要多于 3 只，临时普通螺栓数量一般为螺栓孔的 1/3。对孔径检测，试孔器必须垂直自由穿落。

5）在预拼装中，由于钢构件制作误差或预拼装状态误差造成预拼装不能在自由状态下进行时，应对预拼装状态及钢构件进行修正，确保预拼装在自由状态下进行，预拼装的允许偏差应符合相关规定。

第六节　钢结构安装工程

一、单层钢结构安装工程

1. 施工质量控制

（1）单层钢结构安装工程可按变形缝或空间刚度单元等划分成一个或若干个检验批。地下钢结构可按不同地下层划分检验批。

（2）钢结构安装检验批应在进场验收和焊接连接、紧固件连接、制作等分项工程验收合格的基础上进行验收。

（3）安装的测量校正、高强度螺栓安装、负温度下施工及焊接工艺等，应在安装前进行工艺试验或评定，并应在此基础上制订相应的施工工艺或方案。

（4）安装偏差的检测，应在结构形成空间刚度单元并连接固定后进行。

（5）安装时，必须控制屋面、楼面、平台等的施工荷载，施工荷载和冰雪荷载等严禁超过梁、桁架、楼面板、屋面板、平台铺板等的承载能力。

（6）在形成空间刚度单元后，应及时对柱底板和基础顶面的空隙进行细石混凝土、灌浆料等二次浇灌。

（7）吊车梁或直接承受动力荷载的梁，其受拉翼缘、吊车桁架或直接承受动力荷载的桁架的受拉弦杆上不得焊接悬挂物和卡具等。

2. 施工质量验收

（1）基础和支承面。

【主控项目】

1）建筑物的定位轴线、基础轴线和标高、地脚螺栓的规格及其紧固应符合设计要求。

检查数量：按柱基数抽查10%，且不应少于3个。

检验方法：用经纬仪、水准仪、全站仪和钢尺现场实测。

2）基础顶面直接作为柱的支承面和基础顶面预埋钢板或支座作为柱的支承面时，其支承面、地脚螺栓（锚栓）位置的允许偏差应符合表4-18的规定。

检查数量：按柱基数抽查10%，且不应少于3个。

检验方法：用经纬仪、水准仪、全站仪、水平尺和钢尺实测。

表 4-18　支承面、地脚螺栓（锚栓）位置的允许偏差　mm

项目		允许偏差
支承面	标高	±3.0
	水平度	$l/1\,000$
地脚螺栓（锚栓）	螺栓中心偏移	5.0
	预留孔中心偏移	10.0

3）采用坐浆垫板时，坐浆垫板的允许偏差应符合表4-19的规定。

检查数量：资料全数检查。按柱基数抽查10%，且不应少于3个。

检验方法：用水准仪、全站仪、水平尺和钢尺现场实测。

表 4-19　坐浆垫板的允许偏差　　　　　　　　　mm

项目	允许偏差
顶面标高	0.0 −3.0
水平度	$l/1\,000$
位置	20.0

4)采用杯口基础时，杯口尺寸的允许偏差应符合表 4-20 的规定。

检查数量：按基础数抽查 10%，且不应少于 4 处。

检查方法：观察及尺量检查。

表 4-20　杯口尺寸的允许偏差　　　　　　　　　mm

项目	允许偏差
底面标高	0.0 −5.0
杯口深度 H	±5.0
杯口垂直度	$H/100$，且不应大于 10.0
位置	10.0

【一般项目】

地脚螺栓(锚栓)尺寸的偏差应符合表 4-21 的规定。地脚螺栓(锚栓)的螺纹应受到保护。

检查数量：按柱基数抽查 10%，且不应少于 3 个。

检查方法：用钢尺现场实测。

表 4-21　地脚螺栓(锚栓)尺寸的允许偏差　　　　　mm

项目	允许偏差
螺栓(锚柱)露出长度	+30.0 0.0
螺纹长度	+30.0 0.0

(2)单层钢结构安装和校正。

【主控项目】

1)钢构件应符合设计要求和《钢结构工程施工质量验收规范》(GB 50205—2001)的规定。运输、堆放和吊装等造成的钢构件变形及涂层脱落，应进行矫正和修补。

检查数量：按构件数抽查 10%，且不应少于 3 个。

检验方法：用拉线、钢尺现场实测或观察。

2)设计要求顶紧的节点，接触面不应少于 70%紧贴，且边缘最大间隙不应大于 0.8 mm。

检查数量：按节点数抽查 10%，且不应少于 3 个。

检验方法：用钢尺及 0.3 mm 和 0.8 mm 厚的塞尺现场实测。

3)钢屋(托)架、桁架、梁及受压杆件的垂直度和侧向弯曲矢高的允许偏差应符合表 4-22 的规定。

检查数量：按同类构件数抽查10%，且不应少于3个。

检验方法：用吊线、拉线、经纬仪和钢尺现场实测。

表4-22 钢屋(托)架、桁架、梁及受压杆件的垂直度和侧向弯曲矢高的允许偏差   mm

项目	允许偏差		图例
跨中的垂直度/mm	$h/250$，且不应大于15.0		
侧向弯曲矢高 f	$l \leqslant 30$ m	$l/1\,000$，且不应大于10.0	
	30 m $< l \leqslant 60$ m	$l/1\,000$，且不应大于30.0	
	$l > 60$ m	$l/1\,000$，且不应大于50.0	

4)单层钢结构主体结构的整体垂直度和整体平面弯曲的允许偏差应符合表4-23的规定。

检查数量：对主要立面全部检查。对每个所检查的立面，除两列角柱外，还应至少选取一列中间柱。

检验方法：采用经纬仪、全站仪等测量。

表4-23 整体垂直度和整体平面弯曲的允许偏差   mm

项目	允许偏差	图例
主体结构的整体垂直度	$H/1\,000$，且不应大于25.0	
主体结构的整体平面弯曲	$L/1\,500$，且不应大于25.0	

【一般项目】

1)钢柱等主要构件的中心线及标高基准点等标记应齐全。

检查数量：按同类构件数抽查10%，且不应少于3件。

检验方法：观察检查。

2)当钢桁架（或梁）安装在混凝土柱上时，其支座中心对定位轴线的偏差不应大于 10 mm；当采用大型混凝土屋面板时，钢桁架（或梁）间距的偏差不应大于 10 mm。

检查数量：按同类构件数抽查 10%，且不应少于 3 榀。

检验方法：用拉线和钢尺现场实测。

3)钢柱安装的允许偏差应符合《钢结构工程施工质量验收规范》（GB 50205—2001）附录 E 中表 E.0.1 的规定。

检查数量：按钢柱数抽查 10%，且不应少于 3 件。

检验方法：见《钢结构工程施工质量验收规范》（GB 50205—2001）附录 E 中表 E.0.1。

4)钢吊车梁或直接承受动力荷载的类似构件，其安装的允许偏差应符合《钢结构工程施工质量验收规范》（GB 50205—2001）附录 E 中表 E.0.2 的规定。

检查数量：按钢吊车梁数抽查 10%，且不应少于 3 榀。

检验方法：见《钢结构工程施工质量验收规范》（GB 50205—2001）附录 E 中表 E.0.2。

5)檩条、墙架等次要构件安装的允许偏差应符合《钢结构工程施工质量验收规范》（GB 50205—2001）附录 E 中表 E.0.3 的规定。

检查数量：按同类构件数抽查 10%，且不应少于 3 件。

检验方法：见《钢结构工程施工质量验收规范》（GB 50205—2001）附录 E 中 E.0.3。

6)钢平台、钢梯、栏杆安装应符合现行国家标准《固定式钢梯及平台安全要求 第 1 部分：钢直梯》（GB 4053.1—2009）、《固定式钢梯及平台安全要求 第 2 部分：钢斜梯》（GB 4053.2—2009）、《固定式钢梯及平台安全要求 第 3 部分：工业防护栏杆及钢平台》（GB 4053.3—2009）的规定。钢平台、钢梯和防护栏杆安装的允许偏差应符合《钢结构工程施工质量验收规范》（GB 50205—2001）附录 E 中 E.0.4 的规定。

检查数量：按钢平台总数抽查 10%，栏杆、钢梯按总长度各抽查 10%，但钢平台不应少于 1 个，栏杆不应少于 5 m，钢梯不应少于 1 跑。

检验方法：见《钢结构工程施工质量验收规范》（GB 50205—2001）附录 E 中表 E.0.4。

7)现场焊缝组对间隙的允许偏差应符合表 4-24 的规定。

检查数量：按同类节点数抽查 10%，且不应少于 3 个。

检验方法：尺量检查。

表 4-24　现场焊缝组对间隙的允许偏差　　　　　　　　　　　　　　　　　　mm

项目	允许偏差
无垫板间隙	+3.0 0.0
有垫板间隙	+3.0 −2.0

8)钢结构表面应干净，结构主要表面不应有疤痕、泥砂等污垢。

检查数量：按同类构件数抽查 10%，且不应少于 3 件。

检验方法：观察检查。

3. 质量通病及防治措施

(1)基础和支承面质量通病及防治措施。

1)质量通病。基础的定位轴线和支撑钢柱面标高超过规范允许偏差值。

2)防治措施。

①保证测量中使用的仪器精度准确，使用前必须校核或经计量部门检定，发现问题及时调

整，以防止失误或产生累积误差，造成轴线和标高超过允许偏差。

②确保基础模板支设的牢固程度。在浇筑混凝土下料和振捣时，要防止撞击模板，产生位移。在浇筑混凝土过程中，如发现偏差，应停止浇筑、振捣，经加固调整排除后再进行。

混凝土终凝前，基础混凝土表面应经二次抹压、找平。对预埋钢板或支座应经二次找正标高、水平度，并保证底部混凝土密实。基础支撑柱钢板或支座应设置必要的固定装置，以保证位置和标高正确。

基础标高的调整应根据钢柱的长度、钢牛腿和柱脚距离来决定基础标高的调整数值。通常，基础标高调整时，双肢柱设 2 个点，单肢柱设 1 个点，其调整方法如下：

根据标高调整数值，用压缩强度为 55 MPa 的无收缩水泥砂浆制成无收缩水泥砂浆标高控制块，进行调整，如图 4-5 所示。

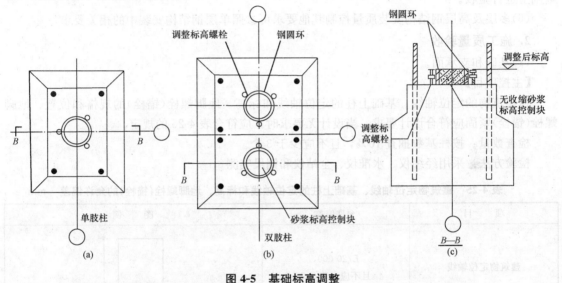

图 4-5　基础标高调整

(a)单肢柱基础标高调整；(b)双肢柱基础标高调整；(c)基础标高调整剖面

用无收缩水泥砂浆标高控制块进行调整，标高调整的精度较高(偏差为±1 mm)。

(2)单层钢结构安装和校正质量通病及防治措施。

1)质量通病。钢柱底部预留孔与预埋螺栓不对中，造成安装困难。

2)防治措施。

①在浇筑混凝土前，预埋螺栓应用定型卡盘卡住，以免浇筑混凝土时发生错位。

②钢柱底部预留孔应放大样，确定孔位后再做预留孔。

③发生预留孔与螺栓不对中，应根据情况，经设计人员许可，沿偏差方向将孔扩大为椭圆孔，然后换用加大的垫圈进行安装；如果螺栓孔相对位移较大，经设计人员同意可将螺栓割除，将根部螺栓焊于预埋钢板上，附上一块与预埋钢板等厚的钢板，再与预埋钢板采取铆钉塞焊法焊接，然后根据设计要求焊接新螺栓(图 4-6)。

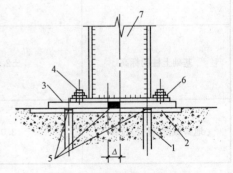

图 4-6　预埋螺栓位移处理

1—预埋螺栓；2—预埋钢板；
3—新附加钢板；4—新附加螺栓；
5—塞焊；6—螺栓坡口围焊；7—钢柱

二、多层及高层钢结构安装工程

1. 施工质量控制

(1)多层及高层钢结构安装工程可按楼层或施工段等划分为一个或若干个检验批。地下钢结构可按不同地下层划分检验批。

(2)柱、梁、支撑等构件的长度尺寸应包括焊接收缩余量等变形值。

(3)安装柱时，每节柱的定位轴线应从地面控制轴线直接引上，不得从下层柱的轴线引上。

(4)结构的楼层标高可按相对标高或设计标高进行控制。

(5)钢结构安装检验批应在进场验收和焊接连接、紧固件连接、制作等分项工程验收合格的基础上进行验收。

(6)多层及高层钢结构安装质量控制其他要求可参照单层钢结构安装中的相关要求。

2. 施工质量验收

(1)基础和支承面。

【主控项目】

1)建筑物的定位轴线、基础上柱的定位轴线和标高、地脚螺栓(锚栓)的规格和位置、地脚螺栓(锚栓)紧固应符合设计要求。当设计无要求时，应符合表 4-25 的规定。

检查数量：按柱基数抽查 10%，且不应少于 3 个。

检验方法：采用经纬仪、水准仪、全站仪和钢尺实测。

表 4-25　建筑物定位轴线、基础上柱的定位轴线和标高、地脚螺栓(锚栓)的允许偏差　mm

项　目	允许偏差	图　例
建筑物定位轴线	$L/20\,000$，且不应大于 3.0	
基础上柱的定位轴线	1.0	
基础上柱的标高	±2.0	基准点
地脚螺栓(锚栓)位移	2.0	

2)多层建筑以基础顶面直接作为柱的支承面，或以基础顶面预埋钢板或支座作为柱的支承面时，其支承面、地脚螺栓(锚栓)位置的允许偏差应符合表 4-18 的规定。

检查数量：按柱基数抽查 10%，且不应少于 3 个。

检验方法：用经纬仪、水准仪、全站仪、水平尺和钢尺实测。

3)多层建筑采用坐浆垫板时，坐浆垫板的允许偏差应符合表 4-19 的规定。

检查数量：资料全数检查。按柱基数抽查 10％，且不应少于 3 个。

检验方法：用水准仪、全站仪、水平尺和钢尺实测。

4)当采用杯口基础时，杯口尺寸的允许偏差应符合表 4-20 的规定。

检查数量：按基础数抽查 10％，且不应少于 4 处。

检验方法：观察及尺量检查。

【一般项目】

地脚螺栓(锚栓)尺寸的允许偏差应符合表 4-21 的规定。地脚螺栓(锚栓)的螺纹应受到保护。

检查数量：按柱基数抽查 10％，且不应少于 3 个。

检验方法：用钢尺现场实测。

(2)多层及高层钢结构安装和校正。

【主控项目】

1)钢构件应符合设计要求和《钢结构工程施工质量验收规范》(GB 50205—2001)的规定。运输、堆放和吊装等造成的钢构件变形及涂层脱落，应进行矫正和修补。

检查数量：按构件数抽查 10％，且不应少于 3 个。

检验方法：用拉线、钢尺现场实测或观察。

2)柱子安装的允许偏差应符合表 4-26 的规定。

检查数量：标准柱全部检查；非标准柱抽查 10％，且不应少于 3 根。

检验方法：用全站仪或激光经纬仪和钢尺实测。

表 4-26 柱子安装的允许偏差   mm

项 目	允许偏差	图 例
底层柱柱底轴线对定位轴线偏移	3.0	
柱子定位轴线	1.0	
单节柱的垂直度	$h/1\,000$，且不应大于 10.0	

3)设计要求顶紧的节点，接触面不应少于 70％紧贴，且边缘最大间隙不应大于 0.8 mm。

检查数量：按节点数抽查 10％，且不应少于 3 个。

检验方法：用钢尺及 0.3 mm 和 0.8 mm 厚的塞尺现场实测。

4)钢主梁、次梁及受压杆件的垂直度和侧向弯曲矢高的允许偏差应符合表 4-22 中有关钢屋(托)架允许偏差的规定。

检查数量：按同类构件数抽查 10%，且不应少于 3 个。

检验方法：用吊线、拉线、经纬仪和钢尺现场实测。

5)多层及高层钢结构主体的整体垂直度和整体平面弯曲的允许偏差应符合表 4-27 的规定。

检查数量：对主要立面全部检查。对所检查的每个立面，除两列角柱外，还应至少选取一列中间柱。

检验方法：对于整体垂直度，可采用激光经纬仪、全站仪测量，也可根据各节柱的垂直度允许偏差累计(代数和)计算。对于整体平面弯曲，可按产生的允许偏差累计(代数和)计算。

表 4-27　整体垂直度和整体平面弯曲的允许偏差　　　　　　　　mm

项　目	允许偏差	图　例
主体结构的整体垂直度	$H/2\,500+10.0$，且不应大于 50.0	
主体结构的整体平面弯曲	$L/1\,500$，且不应大于 25.0	

【一般项目】

1)钢结构表面应干净，结构主要表面不应有疤痕、泥砂等污垢。

检查数量：按同类构件数抽查 10%，且不应少于 3 件。

检验方法：观察检查。

2)钢柱等主要构件的中心线及标高基准点等标记应齐全。

检查数量：按同类构件数抽查 10%，且不应少于 3 件。

检验方法：观察检查。

3)钢构件安装的允许偏差应符合《钢结构工程施工质量验收规范》(GB 50205—2001)附录 E 中表 E.0.5 的规定。

检查数量：按同类构件或节点数抽查 10%。其中柱和梁各不应少于 3 件，主梁与次梁连接节点不应少于 3 个，支承压型金属板的钢梁长度不应少于 5 m。

检验方法：见《钢结构工程施工质量验收规范》(GB 50205—2001)附录 E 中表 E.0.5。

4)主体结构总高度的允许偏差应符合《钢结构工程施工质量验收规范》(GB 50205—2001)附录 E 中表 E.0.6 的规定。

检查数量：按标准柱列数抽查 10%，且不应少于 4 列。

检验方法：采用全站仪、水准仪和钢尺实测。

5)当钢构件安装在混凝土柱上时，其支座中心对定位轴线的偏差不应大于 10 mm；当采用大型混凝土屋面板时，钢梁(或桁架)间距的偏差不应大于 10 mm。

检查数量：按同类构件数抽查 10%，且不应少于 3 榀。

检验方法：用拉线和钢尺现场实测。

6)多层及高层钢结构中钢吊车梁或直接承受动力荷载的类似构件，其安装的允许偏差应符合《钢结构工程施工质量验收规范》(GB 50205—2001)附录 E 中表 E.0.2 的规定。

检查数量：按钢吊车梁数抽查 10%，且不应少于 3 榀。

检验方法：见《钢结构工程施工质量验收规范》(GB 50205—2001)附录 E 中表 E.0.2。

7)多层及高层钢结构中檩条、墙架等次要构件安装的允许偏差应符合《钢结构工程施工质量验收规范》(GB 50205—2001)附录 E 中 E.0.3 的规定。

检查数量：按同类构件数抽查 10%，且不应少于 3 件。

检验方法：见《钢结构工程施工质量验收规范》(GB 50205—2001)附录 E 中表 E.0.3。

8)多层及高层钢结构中钢平台、钢梯、栏杆安装应符合现行国家标准《固定式钢梯及平台安全要求 第 1 部分：钢直梯》(GB 4053.1—2009)、《固定式钢梯及平台安全要求 第 2 部分：钢斜梯》(GB 4053.2—2009)、《固定式钢梯及平台安全要求 第 3 部分：工业防护栏杆及钢平台》(GB 4053.3—2009)的规定。钢平台、钢梯和防护栏杆安装的允许偏差应符合《钢结构工程施工质量验收规范》(GB 50205—2001)附录 E 中表 E.0.4 的规定。

检查数量：按钢平台总数抽查 10%，栏杆、钢梯按总长度各抽查 10%，但钢平台不应少于 1 个，栏杆不应少于 5 m，钢梯不应少于 1 跑。

检验方法：见《钢结构工程施工质量验收规范》(GB 50205—2001)附录 E 中表 E.0.4。

9)多层及高层钢结构中现场焊缝组对间隙的允许偏差应符合表 4-24 的规定。

检查数量：按同类节点数抽查 10%，且不应少于 3 个。

检验方法：尺量检查。

3. 质量通病及防治措施

(1)基础和支承面质量通病及防治措施。

1)质量通病。基础定位轴线位移，超过允许偏差值。

2)防治措施。

①确保测量放线仪器的精度，操作应精心，并经严格复测检查，发现较大偏差及时调整改正，以防止失误或产生积累偏差。

②钢筋绑扎、模板支设要牢靠，浇灌混凝土和振捣操作方法应正确，对下料高度应控制在 2 m 以内，防止撞击和振捣砸撞钢筋、模板。在浇筑过程中应随时用相关量具检查。

③当基础纵、横基准轴线及预埋地脚螺栓位置产生超差时，视情况采取相关处理措施。当超差较小时，可在安装钢柱时，将预埋地脚螺栓稍煨弯或调整扩大底板螺栓孔处理。当超差较大无法调整处理时，应会同有关部门研究，定出可行修理方案后再进行处理。

(2)多层及高层钢结构安装和校正质量通病及防治措施。

1)多层及高层钢结构安装时，上节柱的定位轴线直接从下节柱的轴线引出。

①质量通病。上节柱的定位轴线直接从下节柱的轴线引出，会使定位轴线引出基准不断变化，造成累积误差，影响钢结构安装精度。

②防治措施。钢柱安装时，上节柱的定位轴线应从地面的控制定位轴线上引出，不得从下节柱的定位轴线上直接引出。

2)钢柱安装高度超差。

①质量通病。安装后的钢柱高度尺寸或相对位置标高尺寸超差，使各柱总高度、牛腿处的高度偏差数值不一致。由于超差，造成与它连接的构件安装、调整困难，矫正难度很大，费工费时。

②防治措施。

a.基础施工时，应严格控制标高尺寸，保证标高准确。对基础上表面标高尺寸，应结合钢柱的实际长度或牛腿支承面的标高尺寸进行调整处理，使安装后各钢柱的高度、标高尺寸达到一致。

b. 多层及高层钢结构安装中，建筑物高度可以按相对标高控制，也可以按设计标高控制。无论采用何种方法，事前应统一标准，避免施工中混用。

（a）用相对标高控制时，不考虑焊缝收缩变形和荷载对柱的压缩变形，只考虑柱全长的累计偏差不得大于分段制作允许偏差再加上荷载对柱子的压缩变形和柱焊接收缩值的总和。采用这种方法安装比较简便。

（b）用设计标高控制时，每节柱的调整都可以地面上第一节柱的柱底标高为基准点进行柱标高的调整，要预留焊缝收缩量、荷载对柱的压缩量。

无论采用何种方法，必须重视安装过程中楼层水平标高控制，并及时调整水平标高误差，避免误差过多积累。当楼层水平标高误差达到 5 mm 时，在对下节钢柱网的各柱顶标高进行调整后，方可进行上节钢柱的安装。

三、钢网架结构安装工程

1. 施工质量控制

（1）网架安装前，应对照构件明细表核对进场的各种节点、杆件及连接件规格、品种和数量；查验各节点、杆件、连接件和焊接材料的原材料质量保证书和试验报告；复验工厂预装的小拼单元的质量验收合格证明书。

（2）网架安装方法应根据网架受力的构造特点、施工技术条件，在满足质量的前提下综合确定。常用的安装方法有高空散装法、分条或分块安装法、高空滑移法、整体吊装法、整体提升法、整体顶升法。

（3）安装方法确定后，施工单位应会同设计单位按安装方法分别对网架的吊点（支点）反力、挠度、杆件内力、风荷载作用下提升或顶升时支承柱的稳定性和风载作用的网架水平推力等项进行验算，必要时应采取加固措施。

（4）当网架采用螺栓球节点连接时，须注意下列几点：

1）拼装过程中，必须使网架杆件始终处于非受力状态，严禁强迫就位或不按设计规定的受力状态加载。

2）拼装过程中，不宜将螺栓一次拧紧，须待沿建筑物纵向（横向）安装好一排或两排网架单元后，经测量复验并校正无误后方可将螺栓球节点全部拧紧到位。

3）在网架安装过程中，要确保螺栓球节点拧到位，若出现销钉高出六角套筒面外时，应及时查明原因，调整或调换零件使之达到设计要求。

（5）屋面板安装必须待网架结构安装完毕后再进行，铺设屋面板时应按对称要求进行，否则，须经验算后方可实施。

（6）当组合网架结构分割成条（块）状单元时，必须单独进行承载力和刚度的验算，单元体的挠度不应大于形成整体结构后该处挠度值。

（7）曲面网架施工前应在专用胎架上进行预拼装，以确保网架各节点空间位置偏差在允许范围内。

（8）柱面网架安装顺序：先安装两个下弦球及系杆，拼装成一个简单的曲面结构体系，并及时调整球节点的空间位置，再进行上弦球和腹杆的安装，宜从两边支座向中间进行。

（9）柱面网架安装时，应严格控制网架下弦的挠度、平面位移和各节点缝隙。

（10）球面网架安装，其顺序宜先安装一个基准圈，校正固定后再安装与其相邻的圈。原则上从外圈到内圈逐步向内安装，以减小封闭尺寸误差。球面网架焊接时，应控制变形和焊接应力，严禁在同一杆件两端同时施焊。

2. 施工质量验收

（1）支承面顶板和支承垫块。

【主控项目】

1）钢网架结构支座定位轴线的位置、支座锚栓的规格应符合设计要求。

检查数量：按支座数抽查10%，且不应少于4处。

检验方法：用经纬仪和钢尺实测。

2）支承面顶板的位置、标高、水平度以及支座锚栓位置的允许偏差应符合表4-28的规定。

表 4-28　支承面顶板、支座锚栓位置的允许偏差　　　　　　　　　　　　mm

项目		允许偏差
支承面顶板	位置	15.0
	顶面标高	0 −3.0
	顶面水平度	$L/1\ 000$
支座锚栓	中心偏移	±5.0

检查数量：按支座数抽查10%，且不应少于4处。

检验方法：用经纬仪、水准仪、水平尺和钢尺实测。

3）支承垫块的种类、规格、摆放位置和朝向，必须符合设计要求和国家现行有关标准的规定。橡胶垫块与刚性垫块之间或不同类型刚性垫块之间不得互换使用。

检查数量：按支座数抽查10%，且不应少于4处。

检验方法：观察和用钢尺实测。

4）网架支座锚栓的紧固应符合设计要求。

检查数量：按支座数抽查10%，且不应少于4处。

检验方法：观察检查。

【一般项目】

支座锚栓尺寸的允许偏差应符合表4-21的规定。支座锚栓的螺纹应受到保护。

检查数量：按支座数抽查10%，且不应少于4处。

检验方法：用钢尺实测。

（2）钢网架总拼与安装。

【主控项目】

1）小拼单元的允许偏差应符合表4-29的规定。

检查数量：按单元数抽查5%，且不应少于5个。

检验方法：用钢尺和拉线等辅助量具实测。

表 4-29　小拼单元的允许偏差　　　　　　　　　　　　　　　　mm

项目		允许偏差
节点中心偏移		2.0
焊接球节点与钢管中心的偏移		1.0
杆件轴线的弯曲矢高		$L_1/1\ 000$，且不应大于5.0
锥体型小拼单元	弦杆长度	±2.0
	锥体高度	±2.0
	上弦杆对角线长度	±3.0

项目	允许偏差		
平面桁架型小拼单元	跨长	≤24 m	+3.0 −7.0
		>24 m	+5.0 −10.0
	跨中高度		±3.0
	跨中拱度	设计要求起拱	±L/5 000
		设计未要求起拱	+10.0

注：1. L_1 为杆件长度。
　　2. L 为跨长。

2)中拼单元的允许偏差应符合表 4-30 的规定。

检查数量：全数检查。

检验方法：用钢尺和辅助量具实测。

表 4-30　中拼单元的允许偏差　　　　　　　　　　　mm

项目		允许偏差
单元长度≤20 m， 拼接长度	单跨	±10.0
	多跨连续	±5.0
单元长度>20 m， 拼接长度	单跨	±20.0
	多跨连续	±10.0

3)对建筑结构安全等级为一级，跨度 40 m 及以上的公共建筑钢网架结构，且设计有要求时，应按下列项目进行节点承载力试验，其结果应符合以下规定：

①焊接球节点应按设计指定规格的球及其匹配的钢管焊接成试件，进行轴心拉、压承载力试验，其试验破坏荷载值大于或等于 1.6 倍设计承载力为合格。

②螺栓球节点应按设计指定规格的球最大螺栓孔螺纹进行抗拉强度保证荷载试验，当达到螺栓的设计承载力时，螺孔、螺纹及封板仍完好无损为合格。

检查数量：每项试验做 3 个试件。

检验方法：在万能试验机上进行检验，检查试验报告。

4)钢网架结构总拼完成后及屋面工程完成后应分别测量其挠度值，且所测的挠度值不应超过相应设计值的 1.15 倍。

检查数量：跨度 24 m 及以下钢网架结构测量下弦中央 1 点；跨度 24 m 以上钢网架结构测量下弦中央 1 点及各向下弦跨度的四等分点。

检验方法：用钢尺和水准仪实测。

【一般项目】

1)钢网架结构安装完成后，其节点及杆件表面应干净，不应有明显的疤痕、泥砂和污垢。螺栓球节点应将所有接缝用油腻子填嵌严密，并应将多余螺孔封口。

检查数量：按节点及杆件数抽查 5%，且不应少于 10 个节点。

检验方法：观察检查。

2)钢网架结构安装完成后，其安装的允许偏差应符合表 4-31 的规定。

检查数量：除杆件弯曲矢高按杆件数抽查5%外，其余全数检查。

检验方法：见表4-31。

表4-31 钢网架结构安装的允许偏差   mm

项目	允许偏差	检验方法
纵向、横向长度	$L/2\ 000$，且不应大于 30.0 $-L/2\ 000$，且不应小于 -30.0	用钢尺实测
支座中心偏移	$L/3\ 000$，且不应大于 30.0	用钢尺和经纬仪实测
周边支承网架相邻支座高差	$L/400$，且不应大于 15.0	
支座最大高差	30.0	用钢尺和水准仪实测
多点支承网架相邻支座高差	$L_1/800$，且不应大于 30.0	

注：1. L 为纵向、横向长度。
　　2. L_1 为相邻支座间距。

3. 质量通病及防治措施

(1)支承面顶板和支承垫块质量通病及防治措施。

1)质量通病。球管焊接根部未焊透，影响结构承载力。

2)防治措施。

①钢管壁厚 4～9 mm 时，坡口必须大于或等于 45°。由于局部未焊透，所以，加强部位高度要大于或等于 3 mm。钢管壁厚大于或等于 10 mm 时采用圆弧形坡口(图4-7)，钝边小于或等于 2 mm，单面焊接双面成型易焊透。

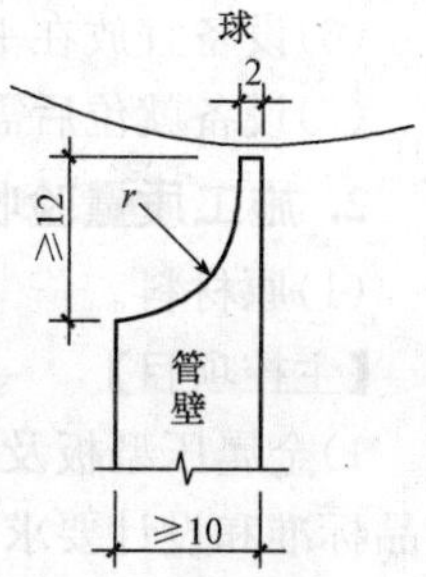

②为保证焊缝质量，对于等强焊缝必须符合《钢结构工程施工质量验收规范》(GB 50205—2001)二级焊缝的质量要求，除进行外观检验外，对大中跨度钢管网架的拉杆与球的对接焊缝，应作无损探伤检验，其抽样数不应少于焊口总数的20%。

图4-7 圆弧形坡口

(2)钢网架总拼与安装质量通病及防治措施。

1)质量通病。整体提升支撑柱的强度、刚度不够，受力后容易失稳。

2)防治措施。

①在应用整体提升法之前，对支撑柱的稳定性都应进行严格的稳定性验算，不符合稳定要求时，应进行加固。网架提升吊点，尽量与设计受力状况相接近，避免变号使杆件失稳。每台提升设备所受荷载尽量保持平衡。提升负荷能力，群顶或群机作业，按额定能力乘以一定折减系数：电力螺杆升板机为 0.7～0.8，穿心升千斤顶为 0.5～0.6。

②网架提升不同步的升差值对柱的稳定性影响很大，必须按以下要求控制：

a. 当用升板机时，允许差值为相邻提升点距离的 1/400，且不大于 15 mm；

b. 当用穿心式千斤顶时，为相邻提升点距离的 1/250，且不大于 25 mm。

③提升设置放在柱顶或放在被升物上应尽量减少偏心距。网架提升过程中，为预防大风影响，导致柱倾覆，应在网架四角设置缆风，平时放松。风力超过 5 级应停止提升，拉紧缆风绳。

④下部结构应形成稳定的框架结构体系后方可进行提升法施工，柱间设置水平支撑及垂直支撑，独立柱应根据提升受力情况进行验算。当采用升网滑模法施工时，提升速度应与混凝土强度相适应，混凝土强度等级必须达到C10级以上。

第七节　压型金属板工程

一、压型金属板制作

1. 施工质量控制

(1)压型金属板成型后，其基板不应有裂纹。

(2)有涂层、镀层压型金属板成型后，涂、镀层不应有肉眼可见的裂纹、剥落和擦痕等缺陷。

(3)压型金属板成型后，表面应干净，不应有明显凹凸和皱褶。

(4)现场加工的场地应选在屋面板的起吊点处。设备的纵轴方向应与屋面板的板长方向相一致。加工后的板材放置位置靠近起吊点。

(5)加工的原材料(彩板卷)应放置在设备附近，以利更换彩板卷。彩板卷上应有防雨设施，堆放地不得选在低洼处，彩板卷下应设垫木。

(6)设备宜放在平整的水泥地面上，并应有防雨设施。

(7)设备就位后需作调试，并作试生产，产品经检验合格后方可成批生产。

2. 施工质量验收

(1)原材料。

【主控项目】

1)金属压型板及制造金属压型板所采用的原材料，其品种、规格、性能等应符合现行国家产品标准和设计要求。

检查数量：全数检查。

检验方法：检查产品的质量合格证明文件、中文标志及检验报告等。

2)压型金属泛水板、包角板和零配件的品种、规格以及防水密封材料的性能应符合现行国家产品标准和设计要求。

检验数量：全数检查。

检验方法：检查产品的质量合格证明文件、中文标志及检验报告等。

【一般项目】

压型金属板的规格尺寸及允许偏差、表面质量、涂层质量等应符合设计要求和《钢结构施工质量验收规范》(GB 50205—2001)的规定。

检查数量：每种规格抽查5％，且不应少于3件。

检验方法：观察和用10倍放大镜检查及尺量。

(2)压型金属板制作。

【主控项目】

1)压型金属板成型后，其基板不应有裂纹。

检查数量：按计件数抽查5％，且不应少于10件。

检验方法：观察和用10倍放大镜检查。

2)有涂层、镀层压型金属板成型后，涂、镀层不应有肉眼可见的裂纹、剥落和擦痕等缺陷。

检查数量：按计件数抽查5％，且不应少于10件。

检验方法：观察检查。

【一般项目】

1)压型金属板的尺寸允许偏差应符合表 4-32 的规定。

检查数量：按计件数抽查 5％，且不应少于 10 件。

检验方法：用拉线和钢尺检查。

表 4-32　压型金属板的尺寸允许偏差　　　　　　　　　　　　mm

项目			允许偏差
波距			±2.0
波高	压型钢板	截面高度≤70	±1.5
		截面高度>70	±2.0
侧向弯曲	在测量长度 l_1 的范围内		20.0
注：l_1 为测量长度，指板长扣除两端各 0.5 m 后的实际长度(小于 10 m)或扣除后任选的 10 m 长度。			

2)压型金属板成型后，表面应干净，不应有明显凹凸和皱褶。

检查数量：按计件数抽查 5％，且不应少于 10 件。

检验方法：观察检查。

3)压型金属板施工现场制作的允许偏差应符合表 4-33 的规定。

检查数量：按计件数抽查 5％，且不应少于 10 件。

检验方法：用钢尺、角尺检查。

表 4-33　压型金属板施工现场制作的允许偏差　　　　　　　　mm

项目		允许偏差
压型金属板的覆盖宽度	截面高度≤70	+10.0，−2.0
	截面高度>70	+6.0，−2.0
板长		±9.0
横向剪切偏差		6.0
泛水板、包角板尺寸	板长	±6.0
	折弯面宽度	±3.0
	折弯面夹角	2°

3. 质量通病及防治措施

(1)压型金属板厚度不够。

1)质量通病。组合用的压型金属板净厚度不够，工程质量无法保证。

2)防治措施。

①加强监理及质量监督工作，严格控制制造质量，不合格产品绝不允许用于受力结构上。

②用于组合板的压型金属板净厚度(不包括镀锌层或饰面层厚度)不应小于 0.75 mm，仅作模板用的压型金属板厚度不小于 0.5 mm。

③压型金属板已用于工程上的，如果单纯用作模板，厚度不够可采取支顶措施解决；如果用于模板并受拉力，则应通过设计进行核算。如超过设计应力，必须采取加固措施。

(2)压型金属板尺寸超差。

1)质量通病。压型金属板制作尺寸(包括波距、波高、侧向弯曲、覆盖宽度、板长、横向剪切偏差等)超过规范允许偏差值。由于尺寸超差会造成安装困难，板支承、搭接尺寸超差则会降低板的刚度，影响板的承载力。

2）防治措施。压型金属板制作应严格控制尺寸，出厂应有质量合格证明文件，其尺寸允许偏差应符合相关规定。压型金属板材进场应按要求进行抽查。施工现场制作的压型金属板允许偏差应符合相关规定。

二、压型金属板安装

1. 施工质量控制

（1）安装压型板屋面和墙前必须编制施工排放图，根据设计文件核对各类材料的规格、数量，检查压型钢板及零配件的质量，发现质量不合格的要及时修复或更换。

（2）铺设压型板，铺设到变截面梁处，一般从梁中向两端进行，到端部调整补缺；等截面梁处则可从一端开始，至另一端补缺。压型板铺设后，将两端点焊于钢梁上翼缘上，并用指定的焊枪进行剪力栓焊接。

（3）固定采光板紧固件下应增设面积较大的彩板钢垫，以避免在长时间的风荷载作用下将玻璃钢的连接孔洞扩大，以致失去连接和密封作用。

（4）保温屋面需设双层采光板时，应将双层采光板的四个侧面密封，否则保温效果会减弱，以至于出现结露和滴水现象。

（5）在安装墙板和屋面板时，墙梁和檩条应保持平直。

（6）屋面板的接缝方向应避开主要视角。当主风向明显时，应将屋面板搭接边朝向下风方向；压型钢板的纵向搭接长度应能防止漏水和腐蚀，可采用200～250 mm；屋面板搭接处均应设置胶条；纵横方向搭接边设置的胶条应连续；胶条本身应拼接；檐口的搭接除胶条外还应设置与压型钢板剖面相配合的堵头。

（7）压型钢板应自屋面或墙面的一端开始依序铺设，应边铺设、边调整位置、边固定。山墙檐口包角板与屋脊板的搭接处，应先安装包角板，后安装屋脊板。

（8）在压型钢板屋面、墙面上开洞时，必须核实其尺寸和位置，可安装压型钢板后再开洞，也可先在压型钢板上开洞，然后再安装。

2. 施工质量验收

【主控项目】

（1）压型金属板、泛水板和包角板等应固定可靠、牢固，防腐涂料涂刷和密封材料敷设应完好，连接件数量、间距应符合设计要求和国家现行有关标准规定。

检查数量：全数检查。

检验方法：观察检查及尺量。

（2）压型金属板应在支承构件上可靠搭接，搭接长度应符合设计要求，且不应小于表4-34所规定的数值。

检查数量：按搭接部位总长度抽查10%，且不应少于10 m。

检验方法：观察和用钢尺检查。

表 4-34　压型金属板在支承构件上的搭接长度　　　　　　　　　　mm

项目		搭接长度
截面高度＞70		375
截面高度≤70	屋面坡度＜1/10	250
	屋面坡度≥1/10	200
墙面		120

（3）组合楼板中压型钢板与主体结构（梁）的锚固支承长度应符合设计要求，且不应小于 50 mm，端部锚固件连接应可靠，设置位置应符合设计要求。

检查数量：沿连接纵向长度抽查 10%，且不应少于 10 m。

检验方法：观察和用钢尺检查。

【一般项目】

（1）压型金属板安装应平整、顺直，板面不应有施工残留物和污物。

檐口和墙面下端应呈直线，不应有未经处理的错钻孔洞。

检查数量：按面积抽查 10%，且不应小于 10 m²。

检验方法：观察检查。

（2）压型金属板安装的允许偏差应符合表 4-35 的规定。

检查数量：檐口与屋脊的平行度：按长度抽查 10%，且不应少于 10 m。其他项目：每 20 m 长度应抽查 1 处，不应少于 2 处。

检验方法：用拉线、吊线和钢尺检查。

表 4-35　压型金属板安装的允许偏差　　　　　　　mm

项目		允许偏差
屋面	檐口与屋脊的平行度	12.0
	压型金属板波纹线对屋脊的垂直度	$L/800$，且不应大于 25.0
	檐口相邻两块压型金属板端部错位	6.0
	压型金属板卷边板件最大波浪高	4.0
墙面	墙板波纹线的垂直度	$H/800$，且不应大于 25.0
	墙板包角板的垂直度	$H/800$，且不应大于 25.0
	相邻两块压型金属板的下端错位	6.0

注：1. L 为屋面半坡或单坡长度。
　　2. H 为墙面高度。

3. 质量通病及防治措施

（1）质量通病。压型金属板安装偏差过大，不符合设计和规范要求，导致压型金属板功能降低。

（2）防治措施。

1）高层钢结构建筑的楼面一般均为钢-混凝土组合结构，而且多数是用压型钢板与钢筋混凝土组成的组合楼层，其构造形式为：压型板＋栓钉＋钢筋＋混凝土。这样，楼层结构由栓钉将钢筋混凝土压型钢板和钢梁组合成整体。压型钢板是用 0.7 mm 和 0.9 mm 两种厚度的镀锌钢板压制而成，宽 640 mm，板肋高 51 mm。在施工期间同时起永久性模板作用，可避免漏浆并减少支拆模工作，加快施工速度。压型板在钢梁上的搁置情况如图 4-8 所示。

2）栓钉是组合楼层结构的剪力连接件，用以传递水平荷载到梁柱框架上，它的规格、数量按楼面与钢梁连接处的剪力大小确定。栓钉直径有 13 mm、16 mm、19 mm、22 mm 四种。

3）铺设至变截面梁处，一般从梁中向两端进行，至端部调整补缺；等截面梁处则可从一端开始，至另一端调整补缺。压型板铺设后，将两端点焊于钢梁上翼缘上，并用指定的焊枪进行剪力栓焊接。

4）因结构梁是由钢梁通过剪力栓与混凝土楼面结合而成的组合梁，在浇捣混凝土并达到一定强度前抗剪强度和刚度较差，为解决钢梁和永久模板的抗剪强度不足，以支撑施工期间楼面

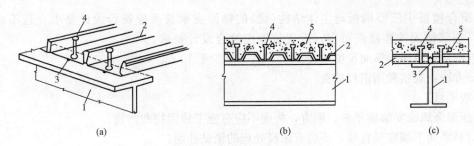

图 4-8　压型钢板搁置在钢梁上

(a)示意图；(b)俯视图；(c)剖面图

1—钢梁；2—压型板；3—点焊；4—剪力栓；5—楼板混凝土

混凝土的自重，通常需设置简单钢管排架支撑或桁架支撑。采用连续四层楼面支撑的方法，使四个楼面的结构梁共同支撑楼面混凝土的自重。

5)楼面施工程序是由下而上，逐层支撑，顺序浇筑。施工时钢筋绑扎和模板支撑可同时交叉进行。混凝土宜采用泵送浇筑。

第八节　钢结构涂装工程

一、涂装材料

1. 涂装材料类型

(1)防腐涂料。钢结构防腐涂料是一种含油或不含油的胶体溶液，将它涂敷在钢结构构件的表面，可结成涂膜以防钢结构构件被锈蚀。防腐涂料具有良好的绝缘性，能阻止铁离子的运动，所以不易产生腐蚀电流，从而起到保护钢材的作用。

(2)防火涂料。钢结构的防火保护材料，应选择绝热性好，具有一定抗冲击振动能力，能牢固地附着在钢构件上，又不腐蚀钢材的防火涂料或不燃性板型材。选用的防火材料，应具有国家检测机构提供的理化、力学和耐火极限试验检测报告。防火材料的种类主要有：热绝缘材料；能量吸收(烧蚀)材料；膨胀涂料。

2. 质量验收

【主控项目】

(1)钢结构防腐涂料、稀释剂和固化剂等材料的品种、规格、性能等应符合现行国家产品标准和设计要求。

检查数量：全数检查。

检验方法：检查产品的质量合格证明文件、中文标志及检验报告等。

(2)钢结构防火涂料的品种和技术性能应符合设计要求，并应经过具有资质的检测机构检测符合国家现行有关标准的规定。

检查数量：全数检查。

检验方法：检查产品的质量合格证明文件、中文标志及检验报告等。

【一般项目】

防腐涂料和防火涂料的型号、名称、颜色及有效期应与其质量证明文件相符。开启后，不应存在结皮、结块、凝胶等现象。

检查数量：按桶数抽查 5%，且不应少于 3 桶。

检验方法：观察检查。

二、钢结构防腐涂料涂装

1. 施工质量控制

(1)涂刷宜在晴天和通风良好的室内进行，作业温度方面，室内宜在 5 ℃～38 ℃；室外宜在 15 ℃～35 ℃；气温低于 5 ℃或高于 35 ℃时不宜涂刷。

(2)涂装前要除去钢材表面的污垢、油脂、铁锈、氧化皮、焊渣和已失效的旧漆膜，且在钢材表面形成合适的"粗糙度"。

(3)涂漆前应对基层进行彻底清理，并保持干燥，在不超过 8 h 内，尽快涂头道底漆。

(4)涂刷底漆时，应根据面积大小来选用适宜的涂刷方法。不论采用喷涂法还是手工涂刷法，其涂刷顺序均为：先上后下、先难后易、先左后右、先内后外。要保持厚度均匀一致，以做到不漏涂、不流坠为好。待第一遍底漆充分干燥后(干燥时间一般不少于 48 h)，用砂布、水砂纸打磨，除去表面浮漆粉再刷第二遍底漆。

(5)涂刷面漆时，应按设计要求的颜色和品种的规定来进行，涂刷方法与底漆涂刷方法相同。对于前一遍漆面上留有的砂粒、漆皮等，应用铲刀刮去。若前一遍漆表面过分光滑或干燥后停留时间过长(如两遍漆之间超过 7 d)，为了防止离层应将漆面打磨清理后再涂漆。

(6)应正确配套使用稀释剂。当油漆黏度过大需用稀释剂稀释时，应正确控制用量，以防掺用过多，导致涂料内固体含量下降，使漆膜厚度和密实性不足，影响涂层质量。同时应注意稀释剂与油漆之间的配套问题，油基漆、酚醛漆、长油度醇酸磁漆、防锈漆等用松香水(即 200 号溶剂汽油)、松节油；中油度醇酸漆用松香水与二甲苯 1∶1(质量比)的混合溶剂；短油度醇酸漆用二甲苯调配；过氯乙烯采用溶剂性强的甲苯、丙酮来调配。如果错用就会发生沉淀离析、咬底或渗色等病害。

2. 施工质量验收

【主控项目】

(1)涂装前钢材表面除锈应符合设计要求和国家现行有关标准的规定。处理后的钢材表面不应有焊渣、焊疤、灰尘、油污、水和毛刺等。当设计无要求时，钢材表面除锈等级应符合表 4-36 的规定。

检查数量：按构件数抽查 10%，且同类构件不应少于 3 件。

检验方法：用铲刀检查和用现行国家标准《涂覆涂料前钢材表面处理 表面清洁度的目视评定 第 1 部分：未涂覆过的钢材表面和全面清除原有涂层后的钢材表面的锈蚀等级和处理等级》(GB 8923.1—2011)规定的图片对照观察检查。

表 4-36 各种底漆或防锈漆要求最低的除锈等级

涂料品种	除锈等级
油性酚醛、醇酸等底漆或防锈漆	St2
高氯化聚乙烯、氯化橡胶、氯磺化聚乙烯、环氧树脂、聚氨酯等底漆或防锈漆	Sa2
无机富锌、有机硅、过氯乙烯等底漆	Sa2$\frac{1}{2}$

(2)涂料、涂装遍数、涂层厚度均应符合设计要求。当设计对涂层厚度无要求时，涂层干漆膜总厚度方面，室外应为 150 μm，室内应为 125 μm，其允许偏差为 -25 μm。每遍涂层干漆膜厚度的允许偏差为 -5 μm。

检查数量：按构件数抽查 10%，且同类构件不应少于 3 件。

检验方法：用干漆膜测厚仪检查。每个构件检测 5 处，每处的数值为 3 个相距 50 mm 测点涂层干漆膜厚度的平均值。

【一般项目】

(1)构件表面不应误涂、漏涂，涂层不应脱皮和返锈等。涂层应均匀、无明显皱皮、流坠、针眼和气泡等。

检查数量：全数检查。

检验方法：观察检查。

(2)当钢结构处在有腐蚀介质环境或外露且设计有要求时，应进行涂层附着力测试，在检测处范围内，当涂层完整程度达到 70％以上时，涂层附着力达到合格质量标准的要求。

检查数量：按构件数抽查 1％，且不应少于 3 件，每件测 3 处。

检验方法：按照现行国家标准《漆膜附着力测定法》(GB 1720—1979)或《色漆和清漆 漆膜的划格试验》(GB/T 9286—1998)执行。

(3)涂装完成后，构件的标志、标记和编号应清晰完整。

检查数量：全数检查。

检验方法：观察检查。

3. 质量通病及防治措施

(1)质量通病。在不应涂装的部位(如高强度螺栓连接、焊接部位等)误涂装会影响后道工序作业，造成质量隐患。如在高强度螺栓连接部位误涂装油漆，会严重影响连接面的抗滑移系数，对连接节点造成严重的质量隐患。同样，在焊接部位误涂油漆，在涂过油漆的钢材表面上施焊，焊缝根部会出现密集气泡而影响焊缝质量。

(2)防治措施。在施工图中注明不涂装的部位，不得随意涂装。钢构件不应涂装的部位包括：高强度螺栓连接面，安装焊缝处 30～50 mm 范围内，拼接部位，钢柱脚埋入基础混凝土内±0.000 m 以下部分。为防止误涂，应加强技术交底，并在不刷涂料部位作出明显标记或采取有效保护措施(如用宽胶带纸将不刷涂料部位贴住，以后再揭下来)。若发生误涂装，应按构件表面原除锈方法对误涂装部位进行处理，达到要求后，方可进行下道工序作业。

三、钢结构防火涂料涂装

1. 施工质量控制

(1)按照有关规范对钢结构耐火极限的要求，并根据标准耐火试验数据设计规定相应的涂层厚度。薄涂型防火涂料的涂层厚度应符合有关耐火极限的设计要求。厚涂型防火涂料涂层的厚度，80％及以上面积应符合有关耐火极限的设计要求，且最薄处厚度不应低于设计要求的 85％。

(2)根据钢结构防火涂料进行 3 次以上耐火试验所取得的数据作曲线图，确定出试验数据范围内某一耐火极限的涂层厚度。

(3)直接选择工程中有代表性的型钢喷涂防火涂料做耐火试验，根据实测耐火极限确定待喷涂涂层厚度。

(4)设计防火涂层时，对保护层厚度的确定应以安全第一为原则，耐火极限留有余地，涂层适当厚一些。如某种薄涂型钢结构防火涂料标准耐火试验时，涂层厚度为 5.5 mm，刚好达到 1.5 h 的耐火极限，采用该涂料喷涂保护耐火等级为一级的建筑，钢屋架宜规定喷涂涂层厚度不低于 6 mm。

2. 施工质量验收

【主控项目】

(1)防火涂料涂装前钢材表面除锈及防锈底漆涂装应符合设计要求和国家现行有关标准的

规定。

检查数量：按构件数抽查 10%，且同类构件不应少于 3 件。

检验方法：表面除锈用铲刀检查和用现行国家标准《涂覆涂料前钢材表面处理 表面清洁度的目视评定 第 1 部分：未涂覆过的钢材表面和全面清除原有涂层后的钢材表面的锈蚀等级和处理等级》(GB 8923.1—2011)规定的图片对照观察检查。底漆涂装用干漆膜测厚仪检查，每个构件检测 5 处，每处的数值为 3 个相距 50 mm 测点涂层干漆膜厚度的平均值。

(2)钢结构防火涂料的粘结强度、抗压强度应符合国家现行标准《钢结构防火涂料应用技术规范》(CEC S24—1990)的规定。检验方法应符合现行国家标准《建筑构件耐火试验方法 第 1 部分：通用要求》(GB/T 9978.1—2008)的规定。

检查数量：每使用 100 t 或不足 100 t 薄涂型防火涂料应抽检一次粘结强度；每使用 500 t 或不足 500 t 厚涂型防火涂料应抽检一次粘结强度和抗压强度。

检验方法：检查复检报告。

(3)薄涂型防火涂料的涂层厚度应符合有关耐火极限的设计要求。厚涂型防火涂料涂层的厚度，80%及以上面积应符合有关耐火极限的设计要求，且最薄处厚度不应低于设计要求的 85%。

检查数量：按同类构件数抽查 10%，且均不应少于 3 件。

检验方法：用涂层厚度测量仪、测针和钢尺检查。

(4)薄涂型防火涂料涂层表面裂纹宽度不应大于 0.5 mm；厚涂型防火涂料涂层表面裂纹宽度不应大于 1 mm。

检查数量：按同类构件数抽查 10%，且均不应少于 3 件。

检验方法：观察和用尺量检查。

【一般项目】

(1)防火涂料涂装基层不应有油污、灰尘和泥砂等污垢。

检查数量：全数检查。

检验方法：观察检查。

(2)防火涂料不应有误涂、漏涂，涂层应闭合无脱层、空鼓、明显凹陷、粉化松散和浮浆等外观缺陷，乳突已剔除。

检查数量：全数检查。

检验方法：观察检查。

3. 质量通病及防治措施

(1)涂料涂层厚度不符合要求。

1)质量通病。涂层厚度是保证其耐火性的重要指标，涂层厚度不足会影响涂层的使用年限，对钢结构的防腐产生不良影响。

2)防治措施。钢构件涂装时，采用的涂料及涂层厚度均应符合设计和规范要求。当设计对涂层厚度无要求时，涂层干漆膜总厚度：室外应为 150 μm，室内应为 125 μm，其允许偏差为−25 μm。涂层层数宜为 4 或 5 层，每层涂层干漆膜厚度的允许偏差为−5 μm，各层涂层涂刷时，上一涂层的涂刷应在下一层干燥后方可进行。涂装时应严格认真检查，不符合要求的部位应进行补涂刷。

(2)防火涂料涂层表面裂缝宽度超差。

1)质量通病。钢结构防火涂料涂层表面裂缝宽度超过设计和规范允许值。由于涂层表面裂缝宽度超差会在使用中发展，影响涂层的整体性和绝缘性，从而会降低涂层的耐火极限等级和使用寿命。

2)防治措施。防火涂料涂层表面的裂缝宽度：对薄涂型防火涂料涂层不应大于 0.5 mm，对厚涂型防火涂料涂层不应大于 1 mm。涂装时应加强监控和检查，发现裂缝宽度超差，应用同类涂料抹压修补。

本章小结

本章主要介绍了钢结构工程施工过程中所用原材料、钢结构焊接、紧固件连接、钢零件及钢部件加工、钢结构组装与预拼装、钢结构安装工程，压型金属板工程及钢结构涂装工程的质量控制要点、质量验收标准和工程中常见的质量通病及其防治措施，应重点掌握各项工程质量控制要点和质量验收标准规定。

习　题

一、填空题

1. 焊缝感观应达到：_____。

2. 焊钉焊接后应进行_____检查。

3. 刨边机的刨边长度一般为_____。

4. 螺栓球(钢球)加工应在车床上进行，其加工程序第一是_____，第二是_____。

5. 栓钉直径有_____、_____、_____、_____四种。

参考答案

二、选择题

1. 钢材表面的锈蚀深度，不得超过其厚度负偏差值的(　　)。
A. 1/2　　　　　B. 1/3　　　　　C. 1/4　　　　　D. 1/5

2. 焊钉根部焊脚应均匀，焊脚立面的局部未熔合或不足(　　)的焊脚应进行修补。
A. 180°　　　　　B. 270°　　　　　C. 360°　　　　　D. 90°

3. 扭剪型高强螺栓初拧一般用(　　)轴力控制，以拧掉尾部梅花卡头为终拧结束。
A. 40%～50%　　B. 50%～60%　　C. 60%～70%　　D. 70%～80%

4. 当零件采用热加工成型时，加热温度应控制在(　　)。
A. 600 ℃～700 ℃　　　　　　　　　B. 700 ℃～800 ℃
C. 800 ℃～900 ℃　　　　　　　　　D. 900 ℃～1 000 ℃

5. 焊接球表面应无明显波纹及局部凹凸不平不大于(　　)mm。
A. 0.5　　　　　B. 1.5　　　　　C. 2.5　　　　　D. 3.5

6. 钢构件组装施工时，顶紧接触面应有(　　)以上的面积紧贴。
A. 55%　　　　　B. 65%　　　　　C. 75%　　　　　D. 85%

三、问答题

1. 在哪些情况下，需要对钢材进行复验？

2. 焊钉(栓钉)焊接应遵守哪些规定？

3. 普通螺栓的装配应符合哪些要求？

4. 网架采用螺栓球节点连接时，应符合哪些要求？

5. 什么是钢结构防腐涂料，其特点是什么？

第五章　建筑工程施工质量验收

了解建筑工程质量验收组织。熟悉建筑工程质量验收划分原则和建筑工程质量验收程序，掌握建筑工程质量验收的划分内容和建筑工程质量验收要求。

能力目标

通过本章内容的学习，能够对建筑工程质量验收进行划分并能够按要求和程序进行检验批、分部工程、分项工程、单位工程的质量验收。

第一节　建筑工程质量验收的划分

建筑工程施工质量验收应划分为单位工程、分部工程、分项工程和检验批。

一、建筑工程质量验收划分原则

(1)单位工程应按下列原则划分：

1)具备独立施工条件并能形成独立使用功能的建筑物或构筑物为一个单位工程；

2)对于规模较大的单位工程，可将其能形成独立使用功能的部分划分为一个子单位工程。

(2)分部工程应按下列原则划分：

1)可按专业性质、工程部位确定；

2)当分部工程较大或较复杂时，可按材料各类、施工特点、施工程序、专业系统及类别将分部工程划分为若干子分部工程。

(3)分项工程可按主要工种、材料、施工工艺、设备类别进行划分。

(4)检验批可根据施工、质量控制和专业验收的需要，按工程量、楼层、施工段、变形缝进行划分。

二、建筑工程质量验收划分内容

建筑工程中地基与基础、主体结构工程的划分见表 5-1。施工前，应由施工单位制订分项工程和检验批的划分方案，并由监理单位审核。对于表 5-1 相关专业验收规范未涵盖的分项工程和检验批，可由建设单位组织监理、施工等单位协商确定。

表 5-1　地基与基础、主体结构工程的划分

序号	分部工程	子分部工程	分项工程
1	地基与基础	地基	素土，灰土地基，砂和砂石地基，土工合成材料地基，粉煤灰地基，强夯地基，注浆地基，预压地基，砂石桩复合地基，高压旋喷注浆地基，水泥土搅拌桩地基，土和灰土挤密桩复合地基，水泥粉煤灰碎石桩复合地基，夯实水泥土桩复合地基
		基础	无筋扩展基础，钢筋混凝土扩展基础，筏形与箱形基础，钢结构基础，钢管混凝土结构基础，型钢混凝土结构基础，钢筋混凝土预制桩基础，泥浆护壁成孔灌注桩基础，干作业成孔桩基础，长螺旋钻孔压灌桩基础，沉管灌注桩基础，钢桩基础，锚杆静压桩基础，岩石锚杆基础，沉井与沉箱基础
		基坑支护	灌注桩排桩围护墙，板桩围护墙，咬合桩围护墙，型钢水泥土搅拌墙，土钉墙，地下连续墙，水泥土重力式挡墙，内支撑，锚杆，与主体结构相结合的基坑支护
		地下水控制	降水与排水，回灌
		土方	土方开挖，土方回填，场地平整
		边坡	喷锚支护，挡土墙，边坡开挖
		地下防水	主体结构防水，细部构造防水，特殊施工法结构防水、排水、注浆
2	主体结构	混凝土结构	模板，钢筋，混凝土，预应力，现浇结构，装配式结构
		砌体结构	砖砌体，混凝土小型空心砌块砌体，石砌体，配筋砌体，填充墙砌体
		钢结构	钢结构焊接，紧固件连接，钢零部件加工，钢构件组装及预拼装，单层钢结构安装，多层及高层钢结构安装，钢管结构安装，预应力钢索和膜结构，压型金属板，防腐涂料涂装，防火涂料涂装
		钢管混凝土结构	构件现场拼装，构件安装，钢管焊接，构件连接，钢管内钢筋骨架，混凝土
		型钢混凝土结构	型钢焊接，紧固件连接，型钢与钢筋连接，型钢构件组装及预拼装，型钢安装，模板，混凝土
		铝合金结构	铝合金焊接，紧固件连接，铝合金零部件加工，铝合金构件组装，铝合金构件预拼装，铝合金框架结构安装，铝合金空间网格结构安装，铝合金面板，铝合金幕墙结构安装，防腐处理
		木结构	方木与原木结构，胶合木结构，轻型木结构，木结构的防护

第二节　建筑工程质量验收的组织和程序

一、建筑工程质量验收组织

（1）检验批应由专业监理工程师组织施工单位项目专业质量检查员、专业工长等进行验收。

（2）分项工程应由专业监理工程师组织施工单位项目专业技术负责人等进行验收。

（3）分部工程应由总监理工程师组织施工单位项目负责人和项目技术负责人等进行验收。勘察、设计单位项目负责人和施工单位技术、质量部门负责人应参加地基与基础分部工程的验收。设计单位项目负责人和施工单位技术、质量部门负责人应参加主体结构、节能分部工程的验收。

二、建筑工程质量验收程序

(1)单位工程中的分包工程完工后,分包单位应对所承包的工程项目进行自检,并应按《建筑工程施工质量验收统一标准》(GB 50300—2013)规定的程序进行验收。验收时,总包单位应派人参加。分包单位应将所分包工程的质量控制资料整理完整,并移交给总包单位。

(2)单位工程完工后,施工单位应组织有关人员进行自检。总监理工程师应组织各专业监理工程师对工程质量进行竣工预验收。存在施工质量问题时,应由施工单位整改。整改完毕后,由施工单位向建设单位提交工程竣工报告,申请工程竣工验收。

(3)建设单位收到工程竣工报告后,应由建设单位项目负责人组织监理、施工、设计、勘察等单位项目负责人进行单位工程验收。

第三节 建筑工程质量验收要求

一、一般要求

(1)建筑工程施工质量应按下列要求进行验收:

1)工程质量验收均应在施工单位自检合格的基础上进行;

2)参加工程施工质量验收的各方人员应具备相应的资格;

3)检验批的质量应按主控项目和一般项目验收;

4)对涉及结构安全、节能、环境保护和主要使用功能的试块、试件及材料,应在进场时或施工中按规定进行见证检验;

5)隐蔽工程在隐蔽前应由施工单位通知监理单位进行验收,并应形成验收文件,验收合格后方可继续施工;

6)对涉及结构安全、节能、环境保护和使用功能的重要分部工程,应在验收前按规定进行抽样检验;

7)工程的观感质量应由验收人员现场检查,并应共同确认。

(2)建筑工程施工质量验收合格应符合下列规定:

1)符合工程勘察、设计文件的要求;

2)符合《建筑工程施工质量验收统一标准》(GB 50300—2013)和相关专业验收规范的规定。

二、检验批质量验收

检验批是指按相同的生产条件或按规定的方式汇总起来供抽样检验用的,由一定数量样本组成的检验体。

1. 检验批质量检验

检验批的质量检验,可根据检验项目的特点在下列抽样方案中选取:

(1)计量、计数或计量-计数的抽样方案;

(2)一次、二次或多次抽样方案;

(3)对重要的检验项目,当有简易快速的检验方法时,选用全数检验方案;

(4)根据生产连续性和生产控制稳定性情况,采用调整型抽样方案;

(5)经实践证明有效的抽样方案。

2. 检验批抽样样本

检验批抽样样本应随机抽取，满足分布均匀、具有代表性的要求，抽样数量应符合有关专业验收规范的规定。当采用计数抽样时，最小抽样数量应符合表 5-2 的要求。明显不合格的个体可不纳入检验批，但应进行处理，使其满足有关专业验收规范的规定，对处理的情况应予以记录并重新验收。

表 5-2 检验批最小抽样数量

检验批的容量	最小抽样数量	检验批的容量	最小抽样数量
2~15	2	151~280	13
16~25	3	281~500	20
26~50	5	501~1 200	32
51~90	6	1 201~3 200	50
91~150	8	3 201~10 000	80

3. 检验批质量验收合格标准

检验批质量验收合格应符合下列规定：

(1)主控项目的质量经抽样检验均应合格；

(2)一般项目的质量经抽样检验合格。当采用计数抽样时，合格点率应符合有关专业验收规范的规定，且不得存在严重缺陷。对于计数抽样的一般项目，正常检验一次、二次抽样可按《建筑工程施工质量验收统一标准》(GB 50300—2013)中附录 D 判定；

(4)具有完整的施工操作依据、质量验收记录。

三、分部、分项工程质量验收

分部工程是单位工程的组成部分，分部工程一般是按单位工程的结构形式、工程部位、构件性质、使用材料、设备种类等的不同而划分的工程项目。分项工程是分部工程的组成部分，是施工图预算中最基本的计算单位，它又是概预算定额的基本计量单位，故也称为工程定额子目或工程细目。它是按照不同的施工方法、不同材料的不同规格等将分部工程进一步划分的。

(1)分部工程质量验收合格应符合下列规定：

1)所含分项工程的质量均应验收合格；

2)质量控制资料应完整；

3)有关安全、节能、环境保护和主要使用功能的抽样检验结果应符合相应规定；

4)观感质量应符合要求。

(2)分项工程质量验收合格应符合下列规定：

1)所含检验批的质量均应验收合格；

2)所含检验批的质量验收记录应完整。

四、单位工程质量验收

单位工程是指具有独立的设计文件，具备独立施工条件并能形成独立使用功能，但竣工后不能独立发挥生产能力或工程效益的工程，是构成单项工程的组成部分。

单位工程质量验收合格应符合下列规定：

(1)所含分部工程的质量均应验收合格；

(2)质量控制资料应完整；

（3）所含分部工程中有关安全、节能、环境保护和主要使用功能的检验资料应完整；

（4）主要使用功能的抽查结果应符合相关专业验收规范的规定；

（5）观感质量应符合要求。

五、建筑工程施工质量不符合要求时的处理

当建筑工程施工质量不符合要求时，应按下列规定进行处理：

（1）经返工或返修的检验批，应重新进行验收；

（2）经有资质的检测机构检测鉴定能够达到设计要求的检验批，应予以验收；

（3）经有资质的检测机构检测鉴定达不到设计要求、但经原设计单位核算认可能够满足安全和使用功能的检验批，可予以验收；

（4）经返修或加固处理的分项、分部工程，满足安全及使用功能要求时，可按技术处理方案和协商文件的要求予以验收。

 本章小结

建筑工程施工质量验收应划分为单位工程、分部工程、分项工程和检验批。检验批应由专业监理工程师组织施工单位项目专业质量检查员、专业工长等进行验收。分项工程应由专业监理工程师组织施工单位项目专业技术负责人等进行验收。分部工程应由总监理工程师组织施工单位项目负责人和项目技术负责人等进行验收。本章应重点掌握建筑工程质量验收划分的内容和建筑工程质量验收程序、要求。

习　题

一、填空题

1. _____为一个单位工程。

2. 施工前，应由_____制订分项工程和检验批的划分方案，并由_____审核。

3. 单位工程完工后，_____应组织有关人员进行自检。

4. _____应组织各专业监理工程师对工程质量进行竣工预验收。

5. 分部工程是_____的组成部分。

参考答案

二、问答题

1. 建筑工程质量验收的划分原则是什么？

2. 建筑工程施工质量验收应符合哪些要求？

3. 分部工程质量验收合格应符合哪些规定？

4. 分项工程质量验收合格应符合哪些规定？

5. 单位工程质量验收合格应符合哪些规定？

6. 当建筑工程施工质量不符合要求时，应如何处理？

第六章　建筑工程质量事故处理

了解建筑工程质量事故的分类和特点，熟悉建筑工程质量事故的概念，掌握建筑工程质量事故处理原则、程序、要求、方法及质量事故处理应急措施。

能力目标

通过本章内容的学习，能够作出建筑工程质量事故处理方案，并能够按程序、按要求选用正确的方式、方法处理建筑工程质量事故。

第一节　建筑工程事故的概念、分类及特点

一、建筑工程事故的概念

1. 事故

事故是指人们在进行有目的的活动过程中，突然发生的违反人们意愿，并可能使有目的的活动发生暂时性或永久性中止，造成人员伤亡或财产损失的意外事件。简单来说，凡是引起人身伤害、导致生产中断或国家财产损失的所有事件统称为事故。

事故的特征包括以下几项：

(1)事故是一种发生在人类生产、生活活动中的特殊事件，人类的任何生产、生活活动过程中都可能发生事故。

(2)事故是一种突然发生的、出乎人们意料的意外事件。由于导致事故发生的原因非常复杂，往往包括许多偶然因素，因而事故的发生具有随机性。在一起事故发生之前，人们无法准确地预测什么时候、什么地方会发生什么样的事故。

(3)事故是一种迫使进行着的生产、生活活动暂时或永久停止的事件。事故中断、终止人们正常活动的进行，必然给人们的生产、生活带来某种形式的影响。因此，事故是一种违背人们意志的事件，是人们不希望发生的事件。

2. 建筑工程事故

任何建筑工程项目，几乎都要经历策划、规划、勘察、设计、施工和竣工验收等各个环节，最终提供给人们使用。那么，在实施的各个阶段，都可能造成质量事故，即使在建成后，使用不当或灾害也会造成工程事故。

简单来说，工程质量事故是指不符合规定的质量标准或设计要求，它包括由于设计错误、材料设备不合格、施工方法错误、指挥不当等原因所造成的各种质量事故。

建筑物在建造和使用过程中，不可避免地会遇到质量低下的现象。轻则看到种种缺陷，重则发生各种破坏、甚至出现局部或整体倒塌的重大事件。建筑工程中的缺陷，是由人为的（勘

察、设计、施工、使用)或自然的(地质、气候)原因使建筑物出现影响正常使用、承载力、耐久性、整体稳定性的种种不足的统称。它按照严重程度不同，又可分为轻微缺陷、使用缺陷、危及承载力缺陷三类。三类缺陷一旦有所发展，后果可能很严重，缺陷的发展是破坏。

建筑结构的破坏，是结构构件或构件截面在荷载、变形作用下承载和使用性能失效的人为的协议标志。因此，结构构件或构件截面的受力和变形必须处于设计规范允许值和协议破坏标志的范围内。破坏本身是指结构构件从临近破坏到破坏，再由破坏到即将倒塌，进而倒塌的过程。

建筑结构的倒塌，是建筑结构在多种荷载和变形共同作用下稳定性和整体性完全丧失的表现。其中，若只有部分结构丧失稳定性和整体性的，称为局部倒塌；整个结构物丧失稳定性和整体性的，称为整体倒塌。倒塌具有突发性，是不可修复的，它的发生一般都伴随着人员的伤亡和经济上的巨大损失。

建筑结构的缺陷和事故是两个不同的概念，缺陷变现为具有影响正常使用、承载力、耐久性、完整性的种种隐藏的和显露的不足；事故变现为建筑结构局部或整体的临近破坏、破坏和倒塌；建筑结构的临近破坏、破坏和倒塌，统称质量事故，简称事故。但是，缺陷和事故又是同一类事物的两种程度不同的表现，缺陷是产生事故的直接或间接原因；而事故往往是缺陷的质变或经久不加处理的发展。

为了研究和阐述的方便，我们将建筑工程质量事故归纳为：建筑工程在决策、规划、设计、材料、设备、施工、使用、维护等实施所有环节上明确的或隐含的不符合有关规定、规范、技术标准、设计文件和合同的要求，未达到安全、适用的目的的所有过程和行为，均属建筑工程质量事故。

二、建筑工程事故的分类

当建筑结构因工程质量低下而不能满足要求时，会造成质量事故。小的质量事故，影响建筑物的使用性能和耐久性，造成浪费；严重的质量事故会使构件破坏，甚至引起房屋倒塌，造成人员伤亡和严重的财产损失。

事故的分类方法很多。按事故发生的阶段分，有施工过程中发生的事故、使用过程中发生的事故和改建时或改建后引起的事故。

按事故发生的部位来分，有地基基础事故、主体结构事故、装修工程事故等。

按结构类型分，有砌体结构事故、混凝土结构事故、钢结构事故和组合结构事故等。

按事故的责任原因分，有因指导失误而造成的质量事故，如下令赶进度而降低质量要求；有施工人员不按规程或标准实施操作而造成的质量事故，如浇筑混凝土随意加水导致混凝土强度不足。

在事故分类中，按事故产生后果的严重程度分是比较重要的，对于施工质量事故可以分为：

(1)一般质量事故，凡具备下列条件之一者为一般事故：

1)直接经济损失在5 000元(含5 000元)以上，不满5万元的；

2)影响使用功能和工程结构安全，造成永久质量缺陷的。

(2)严重质量事故。凡具备下列条件之一者为严重质量事故：

1)直接经济损失在5万元(含5万元)以上，不满10万元的；

2)严重影响使用功能或工程结构安全，存在重大隐患的；

3)事故性质恶劣或造成2人以下重伤的。

(3)重大质量事故。造成经济损失10万元以上或重伤3人以上或死亡2人以上的事故称为重大施工质量事故。重大质量事故是工程建设重大事故的起因之一。

住房和城乡建设部将由因质量及安全问题而导致人员伤亡或重大经济损失的事故称为工程

建设重大事故，并将重大工程事故分为四级：

一级：死亡 30 人以上或直接经济损失 300 万元以上。

二级：死亡人数 10～29 人或直接经济损失 100～300 万元。

三级：死亡人数 3～9 人或重伤 20 人以上或直接经济损失 30～100 万元。

四级：死亡人数 2 人以下或重伤 3～19 人或直接经济损失 10～30 万元。

(4)特别重大事故。凡具备国务院发布的《特别重大事故调查程序暂行规定》所列发生一次死亡 30 人及以上，或直接经济损失达 500 万元及以上，或其他性质特别严重，上述影响三个之一均属特别重大事故。

(5)直接经济损失在 5 000 元以上的列为质量问题。

三、建筑工程事故的特点

对建筑工程中出现质量事故的实例进行比对和分析，建筑工程质量事故主要具有复杂性、严重性、多变性和多发性等特点。

1. 复杂性

在建筑业产品中，为满足各种特定的使用功能要求，适应自然和人文环境的需要，其种类繁多。我国幅员辽阔，各地区气候、地质、水文等条件相差很大，同种类型的建筑工程，由于所处地区不同、施工条件不同，可形成诸多复杂的技术问题和工程质量事故。尤其需要注意的是，导致工程质量事故发生的原因往往错综复杂，同一种类的工程质量事故，其原因也可能截然不同，因此对其处理的原则和方法也不尽相同。另外，建筑物在使用中也存在各种问题，所有这些复杂的影响因素，必然导致工程质量事故的性质、表现形式、危害和处理方法均比较复杂。例如，建筑物的开裂，其原因是多方面的，设计构造不合理、计算错误、地基沉降过大或出现不均匀沉降、温度变形、材料干缩过大、材料质量低劣、施工质量差、使用不当或周围环境的变化等，其中一个或几个原因均可导致质量事故的发生。

2. 严重性

工程质量事故的发生，往往会给相关单位带来诸多困难，会影响工程施工的继续进行、会给工程留下隐患、会缩短建筑物使用年限、会使建筑物成为危房或影响建筑物的安全使用甚至不能使用，最为严重的是使建筑物发生倒塌，造成人员伤亡和巨大的经济损失。

3. 多变性

建筑工程中的质量问题，多数是随时间、环境、施工条件等变化而发展变化的。例如，钢筋混凝土大梁上出现的裂缝，其数量、宽度和长度会随着周围环境温度、湿度的变化而变化，或随着荷载大小和荷载持续时间而变化，甚至有的细微裂缝也可能逐步发展成构件的断裂，以致造成工程倒塌。

因此，一方面要及时发现工程存在质量问题；另一方面应及时对工程质量问题进行调查分析，以作出正确的判断，对不断发生变化，而可能发展成为断裂倒塌事故的工程或部位，要及时采取应急补救措施。

4. 多发性

工程质量事故的多发性有两层含义，一是有些工程质量事故像"常见病""多发病"一样经常发生，被称为工程质量通病。这些问题不会引起构件断裂、建筑物倒塌等严重的后果，但由于其影响建筑产品的正常使用，也应予以充分重视。例如，混凝土裂缝、砂浆强度不足、预制构件开裂、房屋卫生间和房顶的渗漏等。二是有些表征相同或相近的严重工程质量事故重复发生。例如，悬挑结构断裂倒塌事故，近几年在湖南、贵州、云南、江西、湖北、甘肃、广西、上海、浙江、江苏等地先后发生数十次，给国家带来巨大的经济损失。

第二节　建筑工程事故处理原则、程序与方法

一、建筑工程事故处理原则

事故发生后，尤其是重大事故、倒塌事故发生后，必须要进行调查、处理。对于事故处理，因涉及单位信誉、经济赔偿及法律责任，为各方所关注。事故有关单位或个人常常企图影响调查人员，甚至干扰调查工作。所以，参加事故调查分析，一定要排除各种干扰，以规范、规程为准绳，以事实为依据，按正确、公正的原则进行。

(1)安全可靠、不留隐患的原则。在确定处理方案时，应根据工程特点、事故特点、事故原因分析以及事故的现实情况，采取恰当的措施和方法，且须满足安全、可靠的要求，并有可靠的防范措施。对有可能再次发生的危害加以预防，以免重蹈覆辙。

(2)经济合理的原则。处理一项质量事故，如有多个方案可选，则应通过综合比较，从中优选出最经济合理的方案。在确定各可选方案的过程中，应尽量使用原有可使用部分，力求做到既安全可靠，又经济合理。

(3)满足使用要求的原则。在进行事故的处理过程中，所采取的一切措施和方法，除另有要求或使用方认可可以降低有关功能外，一般必须保证它的使用功能。

(4)利用现有条件及方便施工的原则。在确定处理方案时，除保证按上述各原则实施外，还应考虑施工的可能性和能够尽量使用现有的技术力量、机械设备和材料等。

二、建筑工程事故处理程序

工程事故处理的一般程序为：基本情况调查→结构及材料检测→复核分析→专家会商→调查报告。

1. 基本情况调查

基本情况调查包括对建筑的勘察、设计和施工以及有关资料的收集，向施工现场的管理人员、质检人员、设计代表、工人等进行咨询和访问。一般包括以下几项：

(1)工程概况。包括建筑所在场地特征，如地形、地貌；环境条件，如酸、碱、盐腐蚀性条件等；建筑结构主要特征，如结构类型、层数、基础形式等；事故发生时工程进度情况或使用情况。

(2)事故情况。包括发生事故的时间、经过、见证人及人员伤亡和经济损失情况。可以采用照相、录像等手段获得现场实况资料。

(3)地质水文资料。包括有关勘测报告。重点查看勘察情况与实际情况是否相符，有无异常情况。

(4)设计资料。包括任务委托书、设计单位的资质、主要负责人及设计人员的水平，设计依据的有关规范、规程、设计文件及施工图。重点查看计算简图是否妥当，各种荷载取值及不利组合是否合理，计算是否正确，构造处理是否合理。

(5)施工记录。包括施工单位及其等级水平，具体技术负责人水平及资历；施工时间、气温、风雨、日照等记录，施工方法，施工质检记录，施工日记(如打桩记录、地基处理记录、混凝土施工记录、预应力张拉记录、设计变更洽商记录、特殊处理记录等)，施工进度，技术措施，质量保证体系。

(6)使用情况。包括房屋用途，使用荷载，使用变更、维修记录，腐蚀性条件，有无发生过

灾害等。

调查时，要根据事故情况和工程特点确定重点调查项目。如对砌体结构，应重点查看砌筑质量；对混凝土结构，则应重点检查混凝土的质量、钢筋配置的数量及位置；对构件缺陷，应重点调查项目；对钢结构，应侧重检查连接处，如焊接质量、螺栓质量及杆件加工的平直度等。有时，调查可分两步进行，在初步调查以后，先作分析判断，确定事故最可能发生的一种或几种原因。然后，有针对性地作进一步深入细致的调查和检测。

2. 结构及材料检测

在初步调查研究的基础上，往往需要进一步作必要的检验和测试工作，甚至做模拟试验。一般包括以下几项：

（1）对没有直接钻孔的地层剖面而又有怀疑的地基应进行补充勘测。基础如果用了桩基，则要进行测试，检测是否有断桩、孔洞等不良缺陷。

（2）测定建筑物中所用材料的实际性能，对构件所用的原材料（如水泥、钢材、焊条、砌块等）可抽样复查；对无产品合格证明或假证明的材料，更应从严检测；考虑到施工中采用混凝土强度等级及预留的试块未必能真实反映结构中混凝土的实际强度，可用回弹法、声波法、取芯法等非破损或微破损方法测定构件中混凝土的实际强度。对于钢筋，可从构件中截取少量样品进行必要的化学成分分析和强度试验。对砌体结构，要测定砖或砌块及砂浆的实际强度。

（3）建筑物表面缺陷的观测。对结构表面裂缝，要测量裂缝宽度、长度及深度，并绘制裂缝分布图。

（4）对结构内部缺陷的检查。可用锤击法、超声探伤仪、声发射仪器等检查构件内部的孔洞、裂纹等缺陷。可用钢筋探测仪测定钢筋的位置、直径和数量。对砌体结构，应检查砂浆饱满程度、砌体的搭接错缝情况，遇到砖柱的包心砌法及砌体、混凝土组合构件，尤应重点检查其芯部及混凝土部分的缺陷。

（5）必要时，可做模型试验或现场加载试验，通过试验检查结构或构件的实际承载力。

3. 复核分析

在一般调查及实际测试的基础上，选择有代表性的或初步判断有问题的构件进行复核计算。这时，应注意按工程实际情况选取合理的计算简图，按构件材料的实际强度等级、断面的实际尺寸和结构实际所受荷载或外加变形作用，按有关规范、规程进行复核计算。这是评判事故的重要根据。

4. 专家会商

在调查、测试和分析的基础上，为避免偏差，可召开专家会议，对事故发生原因进行认真分析、讨论，然后给出结论。会商过程中，专家应听取与事故有关单位人员的申诉与答辩，综合各方面意见后下最后结论。

5. 调查报告

事故的调查必须真实地反映事故的全部情况，要以事实为根据，以规范、规程为准绳，以科学分析为基础，以实事求是和公正公平的态度写好调查报告。报告一定要准确可靠，重点突出，真正反映实际情况，让各方面专家信服。调查报告的内容一般应包括以下几项：

（1）工程概况。重点介绍与事故有关的工程情况。

（2）事故情况。事故发生的时间、地点、事故现场情况及所采取的应急措施；与事故有关单位、人员情况等。

（3）事故调查记录。

（4）现场检测报告（若有模拟试验，还应有试验报告）。

（5）复核分析，事故原因推断，明确事故责任。

（6）对工程事故的处理建议。

（7）必要的附录（如事故现场照片、录像、实测记录，专家会商的记录，复核计算书，测试记录等）。

三、建筑工程事故处理方法

1. 直接处理法

（1）用同种材料处理。选用的处理材料与要处理的工程部位材料性能相同或相近；砂浆、混凝土等一般要比原结构材料高一个级别；两种材料之间应有可靠的粘结，结构类加固一般要达到整体共同工作的要求。

（2）用异种材料处理。例如，用环氧树脂等胶合料对砌体或混凝土结构裂缝注浆，用预应力提高原钢筋混凝土结构构件的承载力和刚度，用钢板、型钢乃至钢桁架与原钢筋混凝土结构构件形成组合结构共同受力等，但两种材料必须结合牢固，能够共同工作。

2. 间接加固法

间接加固是指通过减轻负荷、增加支撑点与连接点、增设支撑构件以及发挥构件潜力、减小破坏概率等措施，达到治理结构缺陷，提高原结构或构件的承载力的目的。

四、质量事故处理应急措施

工程中的质量事故具有可变性，往往随时间、环境、施工情况等变化而变化，有的细微裂缝，可能逐步发展成构件断裂；有的局部沉降、变形，可能致使房屋倒塌。为此，在处理质量问题前，应及时对事故的性质进行分析，作出判断，对那些随着时间、温度、湿度、荷载条件变化的变形、裂缝，要认真观测记录，寻找变化规律及可能产生的恶果；对那些表面的质量问题，要进一步查明问题的性质是否会转化；对那些可能发展成为构件断裂、房屋倒塌的恶性事故，更要及时采取应急补救措施。

在拟定应急措施时，一般应注意以下事项：

（1）对危险性较大的质量事故，首先应予以封闭或设立警戒区，只有在确认不可能倒塌或进行可靠支护后，方准许进入现场处理，以免造成人员的伤亡。

（2）对需要进行部分拆除的事故，应充分考虑事故对相邻区域结构的影响，以免事故进一步扩大，且应制订可靠的安全措施和拆除方案，要严防对原有事故的处理引发新的事故，如偷梁换柱，稍有疏忽将会引起整幢房屋倒塌。

（3）凡涉及结构安全的，都应对处理阶段的结构强度、刚度和稳定性进行验算，提出可靠的防护措施，并在处理中严密监视结构的稳定性。

（4）在不卸荷条件下进行结构加固时，要注意加固方法和施工荷载对结构承载力的影响。

（5）要充分考虑对事故处理中所产生的附加内力对结构的作用，以及由此引起的不安全因素。

第三节　建筑工程质量事故处理方案与要求

一、建筑工程质量事故处理方案

质量事故处理方案，应当在正确分析和判断质量问题原因的基础上进行。对于工程质量问题，通常可以根据质量事故的情况，作出以下四类不同性质的处理方案：

（1）修补处理。这是最常采用的一类处理方案。通常当工程某些部分的质量虽未达到规定的规范、标准或设计要求，存在一定的缺陷，但经过修补后还可达到标准的要求，又不影响使用功能或外观要求时，在此情况下，可以作出进行修补处理的决定。

属于修补处理的具体方案很多，诸如封闭保护、复位纠偏、结构补强、表面处理等。例如，某些混凝土结构表面出现蜂窝麻面，经调查分析，该部位经修补处理后，不会影响其使用及外观；某些结构混凝土发生表面裂缝，根据其受力情况，仅作表面封闭保护即可等。

（2）返工处理。当工程质量未达到规定的标准或要求，有明显的严重质量问题，对结构的使用和安全有重大影响，而又无法通过修补的办法纠正所出现的缺陷时，可以作出返工处理的决定。例如，某防洪堤坝的填筑压实后，其压实土的干密度未达到规定的要求干密度值，核算将影响土体的稳定和抗渗要求，可以进行返工处理，即挖除不合格土，重新填筑。又如某工程预应力按混凝土规定张力系数为 1.3，但实际仅为 0.8，属于严重的质量缺陷，也无法修补，即需作出返工处理的决定。十分严重的质量事故甚至要作出整体拆除的决定。

（3）限制使用。当工程质量问题按修补方案处理无法保证达到规定的使用要求和安全，而又无法返工处理的情况下，不得已时可以作出诸如结构卸荷或减荷以及限制使用的决定。

（4）不作处理。某些工程质量问题虽然不符合规定的要求或标准，但如其情况不严重，对工程或结构的使用及安全影响不大，经过分析、论证和慎重考虑后，也可作出不作专门处理的决定。可以不作处理的情况一般有以下几种：

1）不影响结构安全和使用要求的。例如，有的建筑物出现放线定位偏差，若要纠正则会造成重大经济损失，若其偏差不大，不影响使用要求，在外观上也无明显影响，经分析论证后，可不作处理。又如，某些隐蔽部位的混凝土表面裂缝，经检查分析，属于表面养护不够的干缩微裂，不影响使用及外观，也可不作处理。

2）有些不严重的质量问题，经过后续工序是可以弥补的。例如，混凝土的轻微蜂窝麻面或墙面，可通过后续的抹灰、喷涂或刷白等工序弥补，可以不对该缺陷进行专门处理。

3）出现的质量问题，经复核验算，仍能满足设计要求者。例如，某一结构断面做小了，但复核后仍能满足设计的承载能力，可考虑不再处理。这种做法实际上是挖掘设计潜力或降低设计的安全系数，因此需要慎重处理。

二、建筑工程质量事故处理的要求

（1）处理应达到安全可靠，不留隐患，满足生产、使用要求，施工方便，经济合理的目的。

（2）重视消除事故的原因。这不仅是一种处理方向，也是防止事故重演的重要措施，如地基由于浸水沉降引起的质量问题，则应消除浸入的原因，制定防治浸水的措施。

（3）注意综合治理。既要防止原有事故的处理引发新的事故；又要注意处理方法的综合应用，如结构承载能力不足时，则可采取结构补强、卸荷，增设支撑、改变结构方案等方法的综合应用。

（4）正确确定处理范围。除直接处理事故发生的部位外，还应检查事故对相邻区域及整个结构的影响，以正确确定处理范围。

（5）正确选择处理时间和方法。发现质量问题后，一般均应及时分析处理。但并非所有质量问题的处理都是越早越好，如裂缝、沉降等变形尚未稳定就匆忙处理，往往不能达到预期的效果，而常会需要进行重复处理。处理方法的选择，应根据质量问题的特点，综合考虑安全可靠、技术可行、经济合理、施工方便等因素，经分析比较，择优选定。

（6）加强事故处理的检查验收工作。从施工准备到竣工，均应根据有关规范的规定和设计要求的质量标准进行检查验收。

(7)认真复查事故的实际情况。在事故处理中若发现事故情况与调查报告中所述的内容差异较大时，应停止施工，待查清问题的实质，采取相应的措施后再继续施工。

(8)确保事故处理期的安全。事故现场中不安全因素较多，应事先采取可靠的安全技术措施和防护措施，并严格检查、执行。

本章小结

工程质量事故是指不符合规定的质量标准或设计要求，它包括由于设计错误、材料设备不合格、施工方法错误、指挥不当等原因所造成的各种质量事故。建筑工程质量事故主要具有复杂性、严重性、多变性和多发性等特点。工程事故处理的一般程序为：基本情况调查→结构及材料检测→复核分析→专家会商→调查报告。处理方法包括直接处理法和间接加固法。本章应重点掌握建筑工程质量事故的处理原则、程序、要求、方法及质量事故应急处理措施。

习 题

一、填空题

1. 建筑结构的_____，是建筑结构在多种荷载和变形共同作用下稳定性和整体性完全丧失的表现。

2. 建筑工程缺陷按照严重程度不同，可分为_____、_____、_____三类。

3. 直接经济损失在_____的列为质量问题。

参考答案

二、选择题

1. 下列关于严重质量事故的描述错误的是(   )。
   A. 直接经济损失在 5 万元(含 5 万元)以上，不满 10 万元的
   B. 严重影响使用功能或工程结构安全，存在重大隐患的
   C. 事故性质恶劣或造成 2 人以下重伤的
   D. 影响使用功能和工程结构安全，造成永久质量缺陷的

2. 造成经济损失 10 万元以上或(   )的事故称为重大施工质量事故。
   A. 重伤 3 人以上或死亡 2 人以上　　B. 重伤 1 人以上或死亡 2 人以上
   C. 重伤 3 人以上或死亡 1 人以上　　D. 重伤 1 人以上或死亡 1 人以上

三、问答题

1. 简述建筑事故和建筑缺陷的关系。

2. 重大工程事故是如何分级的？

3. 如何理解建筑工程质量事故的多发性特点？

4. 建筑工程质量事故处理的原则是什么？

5. 建筑工程质量事故调查报告的内容是什么？

下篇 建筑工程安全控制

第七章 安全生产管理

学习目标

了解安全生产的特点，熟悉安全生产的含义和安全生产组织机构的设置，掌握各单位、部门安全生产职责，并掌握安全生产管理及安全生产教育管理的方法、措施。

能力目标

通过本章内容的学习，能够明确各单位安全生产责任，并能够进行安全生产管理和安全生产教育管理。

第一节 安全生产的含义和特点

一、安全生产的含义

安全是指预知人类在生产和生活各个领域存在的固有的或潜在的危险，并且为消除这些危险所采取的各种方法、手段和行动的总称。

安全生产是指在劳动生产过程中，通过努力改善劳动条件，克服不安全因素，防止伤亡事故发生，使劳动生产在保障劳动者安全健康和国家财产及人民生命财产不受损失的前提下顺利进行。它涵盖了对象、范围和目的三个方面。

(1)安全生产的对象包含人和设备等一切不安全因素，其中人是第一位的。消除危害人身安全健康的一切不良因素，保障职工的安全和健康，使其舒适地工作，称为人身安全；消除损害设备、产品和其他财产的一切危险因素，保证生产正常进行，称为设备安全。

(2)安全生产的范围覆盖了各个行业、各种企业以及生产、生活中的各个环节。

(3)安全生产的目的，是使生产在保证劳动者安全健康和国家财产及人民生命财产安全的前提下顺利进行，从而实现经济的可持续发展，树立企业文明生产的良好形象。

二、施工项目安全生产的特点

(1)随着建筑业的发展，超高层、高层及结构复杂、性能特别、造型奇异的建筑产品不断出现，这给建筑施工带来了新的挑战，同时也给安全管理和安全防护技术不断地提出新的课题。

(2)施工现场受季节气候、地理环境的影响较大，如雨期、冬期及台风、高温等因素都会给施工现场的安全带来很大威胁；同时，施工现场的地质、地理、水文及现场内外水、电、路等环境条件也会影响到施工现场的安全。

（3）施工生产的流动性要求安全管理举措必须及时、到位。当某一建筑产品完成后，施工队伍就必须转移到新的工作地点去，即要从刚熟悉的生产环境转入另一陌生的环境重新开始工作，脚手架等设备设施、施工机械都要重新搭设和安装，这些流动因素时常孕育着不安全因素，是施工项目安全管理的难点和重点。

（4）生产工艺复杂多变，要求有配套和完善的安全技术措施予以保证。建筑安全技术涉及面广，涵盖高危作业、电气、起重、运输、机械加工和防火、防爆、防尘、防毒等多工种、多专业，组织安全技术培训难度较大。

（5）施工场地窄小，建筑施工多为多工种立体作业，人员多，工种复杂。施工人员多为季节工、临时工等，没有受过专业培训，技术水平低，安全观念淡薄，施工中由于违反操作规程而引发的安全事故较多。

（6）施工周期长，劳动作业条件恶劣。由于建筑产品的体积特别庞大，故而施工周期较长。从基础、主体、屋面到室外装修等整个工程的70％均需在露天进行作业，劳动者要忍受春夏秋冬的风雨交加、酷暑严寒的气候变化，环境恶劣，工作条件差，容易导致伤亡事故的发生。

（7）施工作业场所的固化使安全生产环境受到局限。建筑产品坐落在一个固定的位置上，产品一经完成就不可能再进行搬移，这就导致了必须在有限的场地和空间上集中大量的人力、物资、机具来进行交叉作业，因而容易产生物体打击等伤亡事故。

通过上述特点可以看出，项目施工的安全隐患多存在于高处作业、交叉作业、垂直运输以及使用电气工具上，因此，施工项目安全管理的重点和关键点是对项目流动资源和动态生产要素的管理。

第二节　安全生产管理组织机构及其主要职责

一、安全生产管理组织机构

保证安全生产，领导是关键。企业应建立健全专管成线、群管成网的安全管理组织机构。

1. 公司安全管理机构

建筑企业要设专职安全管理机构，配备专职人员。企业安全管理部门是企业的一个重要的生产管理部门，是企业经理贯彻执行安全生产方针、政策和法规，实行安全目标管理的具体工作部门，是领导的参谋和助手。

2. 分公司（项目处）安全管理机构

公司下属分公司（项目处）是组织和指挥生产的单位，对管生产、管安全具有极为重要的影响。分公司（项目处）经理为本单位安全生产工作第一责任者，应根据本单位的施工规模及职工人数设置安全管理机构或配备专职安全员，并建立分公司（项目处）领导干部安全生产值班制度。

3. 工地安全管理机构

工地应成立以项目经理为负责人的安全生产管理小组，施工现场按工程项目大小配备专职安全人员。可按建筑面积1万平方米以下的工地至少有一名专职人员；1万平方米以上的工地设2～3名专职人员；5万平方米以上的大型工地，按不同专业组成安全管理组进行安全监督检查。

二、安全生产管理组织机构主要职责

(1)建立健全本单位安全生产责任制;

(2)组织制定本单位安全生产规章制度和操作规程;

(3)保证本单位安全生产投入的有效实施;

(4)督促、检查本单位的安全生产工作,及时消除生产安全事故隐患;

(5)组织制订并实施本单位的生产安全事故应急救援预案;

(6)及时、如实报告生产安全事故。

(7)组织制订并实施本单位安全生产教育和培训计划.

第三节　安全生产目标及管理措施

一、安全生产目标

安全生产管理目标主要是:按合同约定履行安全职责,严格执行国家、行业及地方现行的有关施工安全管理方面的法律、法规及规章制度,同时严格执行发包人的安全生产管理方面的规章制度、安全检查程序及施工安全管理要求,以及监理人有关安全工作的指示,坚决贯彻"安全第一,预防为主,综合治理"的方针,坚持"管生产必须管安全"的原则,保证规范施工场所的各项安全防护设施,坚决治理施工人员的违章行为,做到岗位无隐患,个人无违章。

具体安全生产目标如下:

(1)不发生人身死亡事故;

(2)不发生重大施工机械设备损坏事故;

(3)不发生重大火灾事故;

(4)不发生重大交通事故;

(5)不发生重大环境污染和垮塌事故;

(6)人员工伤事故重伤率为零,尽量减少轻伤事故,年度人身轻伤事故频率控制在5‰以内。

二、安全生产管理措施

1. 组织保证

健全项目部的安全生产管理网络,即在项目部安全生产领导小组的全面领导下,以项目部安全生产管理职能部门为主导,以施工作业队安全员为依托,以施工班组兼职安全员为基础,使安全管理工作纵向到底;同时,注重党委、工会、团委全方位的监督保证作用,使安全管理工作横向到边,形成安全生产工作党、政、工、团齐抓共管的局面。安全环保部设专职安全员,各施工队设专职安全员1名,各班组设兼职安全员1名。

2. 制度保证

建立以项目部《安全生产责任制》为核心的各项安全施工规章制度,并不断完善,保证实施。

3. 措施保证

根据本工程的实际安全施工要求,编制施工安全技术措施,报监理人和发包人批准。该施工安全技术措施包括(但不限于)施工安全保障体系,安全生产责任制,安全生产管理规章制度,安全防护施工方案,施工现场临时用电方案,施工作业安全风险评估,安全预控及保证措施方案，紧急应变措施，安全标识、警示和围护方案等。

对关键的施工作业，根据监理人要求，编制专项施工方案和安全措施方案，并附安全验算结果，须经总工程师审批盖章后，报监理人和发包人批准实施，由专职安全生产管理人员进行现场监督。每天开工前，通过站班会进行安全技术交底。施工现场要应用施工作业指导书和安全施工作业票。

4. 费用保证

在编制投标报价时按照国家现行法律法规及定额标准计入相应的安全生产措施费，项目部按合同的要求和工程项目施工实际的需要，编制安全生产技术措施计划，并列出主要安全设施表、安全生产施工措施费专款专用报表，用于安全生产措施和设施，以及安全生产宣传、培训、应急设备、演练等费用。

5. 落实责任

项目部实行层层签订年度"安全生产责任书"制度。即项目部经理与施工队负责人、施工队负责人与班组长、班组长与个人均签订"安全生产责任书"，使安全生产责任落到实处。

6. 定期检查

做好项目部定期安全施工检查工作，项目部每月组织一次全工地安全施工检查，施工队每半个月进行一次安全施工检查，班组实行班前安全检查。同时做好季节性、阶段性、专业性安全检查，并做好整改措施落实情况的验证记录。

7. 防护手册

及时、认真编制工程施工《安全防护手册》，发至全体施工人员，同时报业主和监理人备案。该手册应着重就防护服、安全帽、防护鞋袜及防护用品、施工机械、汽车驾驶、用电、机修作业、高空作业、焊接作业的安全以及意外事故、火灾、自然灾害的救护程序、措施等方面作出规定，同时明确信号和告警的有关要求。

8. 广泛教育

对所有进场人员均进行三级安全教育，提高施工人员的安全生产素质，并建立个人教育档案。

9. 活动多样

不拘形式，广泛开展各项安全活动，积极参加全国"安全生产月"活动，努力提高施工人员的安全生产意识。

10. 严格考核

项目部根据各单位"安全生产责任书"的履行情况，对所属施工队进行年度安全生产考核奖罚。

11. 评比表彰

及时总结安全施工工作经验，对在安全生产工作中作出突出贡献的人和集体及时进行表彰，营造良好的安全施工氛围。

12. 安措计划

为提供符合职业安全卫生标准的劳动条件，针对工程施工进程，以机械设备安全防护装置、施工现场安全防护设施、安全生产教育培训活动等为主要内容，编制项目部年度安全生产技术措施计划。

第四节 安全生产责任制

一、总包、分包单位的安全责任

1. 总包单位的职责

(1)项目经理是项目安全生产的第一负责人,必须认真贯彻执行国家和地方的有关安全法律法规、规范标准,严格按文明安全工地标准组织施工生产,确保实现安全控制指标和文明安全工地达标计划。

(2)建立健全安全生产保证体系,根据安全生产组织标准和工程规模设置安全生产机构,配备安全检查人员,并设置5~7人(含分包)的安全生产委员会或安全生产领导小组,定期召开会议(每月不少于一次),负责对本工程项目安全生产工作的重大事项及时作出决策,组织督促检查实施,并将分包的安全人员纳入总包管理,统一活动。

(3)根据工程进度情况,除进行不定期、季节性的安全检查外,工程项目经理部每半月由项目执行经理组织一次检查,每周由安全部门组织各分包方进行专业(或全面)检查。对查到的隐患,责成分包方和有关人员立即或限期进行消除整改。

(4)工程项目部(总包方)与分包方应在工程实施之前或进场的同时及时签订含有明确安全目标和职责条款划分的经营(管理)合同或协议书,当不能按期签订时,必须签订临时安全协议。

(5)根据工程进展情况和分包进场时间,应分别签订年度或一次性的安全生产责任书或责任状,做到总分包在安全管理上责任划分明确,有奖有罚。

(6)项目部实行"总包方统一管理,分包方各负其责"的施工现场管理体制,负责对发包方、分包方和上级各部门或政府部门的综合协调管理工作。工程项目经理对施工现场的管理工作负全面领导责任。

(7)项目部有权限期责令分包方将不能尽责的施工管理人员调离本工程,重新配备符合总包要求的施工管理人员。

2. 分包单位的职责

(1)分包单位的项目经理、主管副经理是安全生产管理工作的第一责任人,必须认真贯彻执行总包方执行的有关规定、标准及总包方的有关决定和指示,按总包方的要求组织施工。

(2)建立健全安全保障体系。根据安全生产组织标准设置安全机构,配备安全检查人员,每50人要配备一名专职安全人员,不足50人的要设置兼职安全人员,并接受工程项目安全部门的业务管理。

(3)分包方在编制分包项目或单项作业的施工方案或冬期、雨期方案措施时,必须同时编制安全消防技术措施,并经总包方审批后方可实施,如改变原方案时必须重新报批。

(4)分包方必须执行逐级安全技术交底制度和班组长班前安全活动交底制度,并跟踪检查管理。

(5)分包方必须按规定执行安全防护设施、设备验收制度,履行书面验收手续,并建档存查。

(6)分包方必须接受总包方及其上级主管部门的各种安全检查并接受奖罚。在生产例会上应先检查、汇报安全生产情况。在施工生产过程中切实把好安全教育、检查、措施、交底、防护、文明、验收七关,做到预防为主。

（7）对安全管理纰漏多、施工现场管理混乱的分包单位除进行罚款处理外，对问题严重、屡禁不止，甚至不服管理的分包单位，予以解除经济合同。

3. 业主指定分包单位的职责

（1）必须具备与分包工程相应的企业资质，并具备《建筑施工企业安全生产许可证》。

（2）建立健全安全生产管理机构，配备安全员；接受总包方的监督、协调和指导，实现总包的安全生产目标。

（3）独立完成安全技术措施方案的编制、审核和审批；对自行施工范围内的安全措施、设施进行验收。

（4）对分包范围内的安全生产负责，对所辖职工的身体健康负责，为职工提供安全的作业环境，自带设备与手持电动工具的安全装置齐全、灵敏、可靠。

（5）履行与总包方和业主签订的总、分包合同及《安全管理责任书》中的有关安全生产条款。

（6）自行完成所辖职工的合法用工手续。

（7）自行开展总包方规定的各项安全活动。

二、租赁双方的安全责任

1. 大型机械（塔式起重机、外用电梯等）租赁、安装、维修单位的职责

（1）必须具备相应资质。

（2）所租赁的设备必须具备统一编号，且机械性能良好，安全装置齐全、灵敏、可靠。

（3）在当地施工时，租赁外埠塔式起重机和施工用电梯或外地分包自带塔式起重机和施工用电梯，使用前必须在本地建委登记备案并取得统一临时编号。

（4）租赁、维修单位对设备的自身质量和安装质量负责，并定期维修、保养。

（5）租赁单位向使用单位配备合格的司机。

2. 承租方对施工过程中设备的使用安全负责

承租方对施工过程中设备的使用安全责任应参照相关安全生产管理条例的规定。

三、项目部的安全生产责任

1. 项目经理部安全生产职责

（1）项目经理部是安全生产工作的载体，具体组织和实施项目安全生产、文明施工、环境保护工作，其对本项目工程的安全生产负全面责任。

（2）贯彻落实各项安全生产的法律法规、规章制度，组织实施各项安全管理工作，完成各项考核指标。

（3）建立并完善项目部安全生产责任制和安全考核评价体系，积极开展各项安全活动，监督、控制分包队伍执行安全规定，履行安全职责。

（4）发生伤亡事故要及时上报，并保护好事故现场，积极抢救伤员，认真配合事故调查组开展伤亡事故的调查和分析，按照"四不放过"原则（事故原因未查清不放过；事故责任人未处理不放过；事故责任人和相关人员没有受到教育不放过；未采取防范措施不放过），落实整改防范措施，对责任人员进行处理。

2. 项目部各级人员安全生产职责

（1）工程项目经理。

1）工程项目经理是项目工程安全生产的第一责任人，对项目工程经营生产全过程中的安全负全面领导责任。

2)工程项目经理必须经过专门的安全培训考核,取得项目管理人员安全生产资格证书,方可上岗。

3)贯彻落实各项安全生产规章制度,结合工程项目特点及施工性质,制定有针对性的安全生产管理办法和实施细则,并贯彻落实。

4)在组织项目施工、聘用业务人员时,要根据工程特点、施工人数、施工专业等情况,按规定配备一定数量和素质的专职安全员,确定安全管理体系;明确各级人员和分承包方的安全责任和考核指标,并制定考核办法。

5)健全和完善用工管理手续,录用外协施工队伍必须及时向人事劳务部门、安全部门申报,必须事先审核其注册、持证等情况,对工人进行三级安全教育后,方准入场上岗。

6)负责施工组织设计、施工方案、安全技术措施的组织落实工作,组织并督促工程项目安全技术交底制度、设施设备验收制度的实施。

7)领导、组织施工现场每旬一次的定期安全生产检查,发现施工中的不安全问题,组织制订整改措施并及时解决;对上级提出的安全生产与管理方面的问题,要在限期内定时、定人、定措施予以解决;接到政府部门安全监察指令书和重大安全隐患通知单,应立即停止施工,组织力量进行整改。隐患消除后,必须经上级部门验收合格,才能恢复施工。

(2)工程项目生产副经理。

1)对工程项目的安全生产负直接领导责任,协助工程项目经理认真贯彻执行国家安全生产方针、政策、法规,落实各项安全生产规范、标准和工程项目的各项安全生产管理制度。

2)组织实施工程项目总体和施工各阶段安全生产工作规划以及各项安全技术措施、方案的组织实施工作,组织落实工程项目各级人员的安全生产责任制。

3)负责工程项目安全生产管理机构的领导工作,认真听取、采纳安全生产的合理化建议,支持安全生产管理人员的业务工作,保证工程项目安全生产,保证体系的正常运转。

4)工地发生伤亡事故时,负责事故现场保护、职工教育、防范措施落实,并协助做好事故调查分析的具体组织工作。

(3)项目安全总监。

1)在项目经理的直接领导下履行项目安全生产工作的监督管理职责。

2)宣传贯彻安全生产方针政策、规章制度,推动项目安全组织保证体系的运行。

3)督促实施施工组织设计、安全技术措施;实现安全管理目标;对项目各项安全生产管理制度的贯彻与落实情况进行检查与具体指导。

4)组织分承包商安排专、兼职人员开展安全监督与检查工作。

5)查处违章指挥、违章操作、违反劳动纪律的行为和人员,对重大事故隐患采取有效的控制措施,必要时可采取局部甚至全部停工的非常措施。

6)督促开展周一安全活动和项目安全讲评活动。

7)负责办理与发放各级管理人员的安全资格证书和操作人员安全上岗证。

8)参与事故的调查与处理。

(4)工程项目技术负责人。

1)对工程项目生产经营中的安全生产负技术责任。

2)贯彻落实国家安全生产方针、政策,严格执行安全技术规程、规范、标准;结合工程特点,进行项目整体安全技术交底。

3)参加或组织编制施工组织设计。在编制、审查施工方案时,必须制订、审查安全技术措施,保证其具有可行性和针对性,并认真监督实施情况,发现问题及时解决。

4)主持制订技术措施计划和季节性施工方案的同时,必须制订相应的安全技术措施并监督执行，及时解决执行中出现的问题。

5)参加安全生产定期检查。对施工中存在的事故隐患和不安全因素，从技术上提出整改意见和消除办法。

6)参加或配合工伤及重大未遂事故的调查，从技术上分析事故发生的原因，提出防范措施和整改意见。

（5）工长、施工员。

1)工长、施工员是所管辖区域范围内安全生产的第一责任人，对所管辖范围内的安全生产负直接领导责任。

2)认真贯彻落实上级有关规定，监督执行安全技术措施及安全操作规程，针对生产任务特点，向班组(外协施工队伍)进行书面安全技术交底，履行签字手续，并对规程、措施、交底要求的执行情况进行经常性检查，随时纠正违章作业。

3)负责组织落实所管辖施工队伍的三级安全教育、常规安全教育、季节转换及针对施工各阶段特点等进行的各种形式的安全教育，负责组织落实所管辖施工队伍特种作业人员的安全培训工作和持证上岗的管理工作。

4)经常检查所管辖区域的作业环境、设备和安全防护设施的安全状况，发现问题及时纠正解决。对重点特殊部位施工，必须检查作业人员及各种设备和安全防护设施的技术状况是否符合安全标准要求，认真做好书面安全技术交底，落实安全技术措施，并监督其执行，做到不违章指挥。

5)负责组织落实所管辖班组(外协施工队伍)开展各项安全活动，学习安全操作规程，接受安全管理机构或人员的安全监督检查，及时解决其提出的不安全问题。

6)对工程项目中应用的新材料、新工艺、新技术严格执行申报、审批制度，发现不安全问题，及时停止施工，并上报领导或有关部门。

7)发生因工伤亡及未遂事故的，必须停止施工，保护现场，立即上报。对重大事故隐患和重大未遂事故，必须查明事故发生的原因，落实整改措施，经上级有关部门验收合格后方准恢复施工，不得擅自撤除现场保护设施，强行复工。

（6）班组长。

1)班组长是本班组安全生产的第一责任人，应认真执行安全生产规章制度及安全技术操作规程，合理安排班组人员的工作，对本班组人员在施工生产中的安全和健康负直接责任。

2)经常组织班组人员开展各项安全生产活动和学习安全技术操作规程，监督班组人员正确使用个人劳动防护用品和安全设施、设备，不断提高安全自保能力。

3)认真落实安全技术交底要求，做好班前交底，严格执行安全防护标准，不违章指挥，不冒险蛮干。

4)经常检查班组作业现场的安全生产状况和工人的安全意识、安全行为，发现问题及时解决，并上报有关领导。

5)发生因工伤亡及未遂事故，保护好事故现场，并立即上报有关领导。

（7）工人。

1)工人是本岗位安全生产的第一责任人，在本岗位作业中对自己、对环境、对他人的安全负责。

2)认真学习并严格执行安全操作规程，严格遵守安全生产规章制度。

3)积极参加各项安全生产活动，认真落实安全技术交底要求，不违章作业，不违反劳动纪律，虚心服从安全生产管理人员的监督、指导。

4)发扬团结友爱精神，在安全生产方面做到互相帮助，互相监督，维护一切安全设施、设备，做到正确使用，不随意拆改，对新工人负起传、带、帮的责任。

5) 对不安全的作业要求要提出意见，有权拒绝违章指令。

6) 发生因工伤亡事故，要保护好事故现场并立即上报。

7) 在作业时要严格做到"眼观六面、安全定位，措施得当、安全操作"。

3. 项目部各职能部门安全生产责任

(1) 安全部。

1) 安全部是项目安全生产的责任部门，是项目安全生产领导小组的办公机构。安全部行使项目安全工作的监督检查职权。

2) 协助项目经理开展各项安全生产业务活动，监督项目安全生产保证体系的正常运转。

3) 定期向项目安全生产领导小组汇报安全情况，通报安全信息，及时传达项目安全决策，并监督实施。

4) 组织、指导项目分包安全机构和安全人员开展各项业务工作，定期进行项目安全性测评。

(2) 工程管理部。

1) 在编制项目总工期控制进度计划及年、季、月计划时，必须树立"安全第一"的思想，综合平衡各生产要素，保证安全工程与生产任务协调一致。

2) 对于改善劳动条件、预防伤亡事故的项目，要视同生产项目优先安排；对于施工中重要的安全防护设施、设备的施工要纳入正式工序，予以时间保证。

3) 在检查生产计划实施情况的同时，检查安全措施项目的执行情况。

4) 负责编制项目文明施工计划，并组织具体实施。

5) 负责现场环境保护工作的具体组织和落实。

6) 负责项目大、中、小型机械设备的日常维护、保养和安全管理。

(3) 技术部。

1) 负责编制项目施工组织设计中安全技术措施方案，编制特殊、专项安全技术方案。

2) 参加项目安全设备、设施的安全验收，从安全技术角度进行把关。

3) 检查施工组织设计和施工方案的实施情况的同时，检查安全技术措施的实施情况，对施工中涉及的安全技术问题，提出解决办法。

4) 对项目使用的新技术、新工艺、新材料、新设备，制订相应的安全技术措施和安全操作规程，并负责工人的安全技术教育。

(4) 物资部。

1) 重要劳动防护用品的采购和使用必须符合国家标准和有关规定，执行本系统重要劳动防护用品定点使用管理规定。同时，会同项目安全部门进行验收。

2) 加强对在用机具和防护用品的管理，对自有及协力自备的机具和防护用品定期进行检验、鉴定，对不合格品及时报废、更新，确保使用安全。

3) 负责施工现场材料堆放和物品储运的安全。

(5) 机电部。

1) 选择机电分承包方时，要考核其安全资质和安全保证能力。

2) 平衡施工进度，交叉作业时，确保各方安全。

3) 负责机电安全技术培训和考核工作。

(6) 合约部。

1) 分包单位进场前签订总分包安全管理合同或安全管理责任书。

2) 在经济合同中应分清总分包安全防护费用的划分范围。

3) 在每月工程款结算单中扣除由于违章而被处罚的罚款。

(7)办公室。

1)负责项目全体人员安全教育培训的组织工作。

2)负责现场企业形象 CI 管理的组织和落实。

3)负责项目安全责任目标的考核。

4)负责现场文明施工与各相关方的沟通。

4. 责任追究制度

(1)对因安全责任不落实、安全组织制度不健全、安全管理混乱、安全措施经费不到位、安全防护失控、违章指挥、缺乏对分承包方安全控制力度等主要原因导致的因工伤亡事故的发生，除对有关人员按照责任状进行经济处罚外，对主要领导责任者给予警告、记过处分，对重要领导责任者给予警告处分。

(2)对因上述主要原因导致重大伤亡事故发生的，除对有关人员按照责任状进行经济处罚外，对主要领导责任者给予记过、记大过、降级、撤职处分，对重要领导责任者给予警告、记过、记大过处分。

(3)构成犯罪的，由司法机关依法追究刑事责任。

四、交叉施工(作业)的安全责任

(1)总包和分包的工程项目负责人，对工程项目中的交叉施工(作业)负总的指挥、领导责任。总包对分包、分包对分项承包单位或施工队伍，要加强安全消防管理，科学组织交叉施工，在没有针对性的书面技术交底、方案和可靠防护措施的情况下，禁止上下交叉施工作业，防止和避免发生事故。

(2)总包与分包、分包与分项外包的项目工程负责人，除在签署合同或协议中明确交叉施工(作业)各方的责任外，还应签订安全消防协议书或责任状，划分交叉施工中各方的责任区和各方的安全消防责任，同时应建立责任区及安全设施的交接和验收手续。

(3)交叉施工作业上部施工单位应为下部施工作业人员提供可靠的隔离防护措施，确保下部施工作业人员的安全。在隔离防护设施未完善之前，下部施工作业人员不得进行施工。隔离防护设施完善后，经过上、下方责任人和有关人员进行验收合格后才能施工作业。

(4)工程项目或分包的施工管理人员在交叉施工之前对交叉施工的各方作出明确的安全责任交底，各方必须在交底后组织施工作业。安全责任交底中应对各方的安全消防责任、安全责任区的划分，安全防护设施的标准、维护等内容作出明确要求，并经常检查执行情况。

(5)交叉施工作业中的隔离防护设施及其他安全防护设施由安全责任方提供，当安全责任方因故无法提供防护设施时，可由非责任方提供，责任方负责日常维护和支付租赁费用。

(6)交叉施工作业中的隔离防护设施及其他安全防护设施的完善和可靠性由责任方负责。由于隔离防护设施或安全防护存在缺陷而导致的人身伤害及设备、设施、料具的损失责任，由责任方承担。

(7)工程项目或施工区域出现交叉施工作业安全责任不清或安全责任区划分不明确时，总包和分包应积极主动地进行协调和管理。各分包单位之间进行交叉施工，其各方应积极主动配合，在责任不清、意见不统一时由总包的工程项目负责人或工程调度部门出面协调、管理。

(8)在交叉施工作业中防护设施完善验收后，非责任方不经总包、分包或有关责任方同意不准任意改动(如电梯井门、护栏、安全网、坑洞口盖板等)。因施工作业必须改动时，写出书面报告，需经总、分包和有关责任方同意，才准改动，但必须采取相应的防护措施。工作完成或下班后必须恢复原状，否则非责任方负一切后果责任。

(9)电气焊割作业严禁与油漆、喷漆、防水、木工等进行交叉作业，在工序安排上应先安排焊割等明火作业。如果必须先进行油漆、防水作业，施工管理人员在确认排除燃爆可能的情况下，再安排电气焊割作业。

(10) 凡进总包施工现场的各分包单位或施工队伍，必须严格执行总包方所执行的标准、规定、条例、办法，按标准化文明安全工地组织施工；对于不按总包方要求组织施工，现场管理混乱，隐患严重，影响文明安全工地整体达标的或给交叉施工作业的其他单位造成不安全问题的分包单位或施工队伍，总包方有权给予经济处罚或终止合同，清出现场。

第五节 安全生产教育管理

一、安全生产教育的对象

(1) 工程项目经理、项目执行经理、项目技术负责人：工程项目主要管理人员必须经过当地政府或上级主管部门组织的安全生产专项培训，培训时间不得少于 24 小时，经考核合格后，持《安全生产资质证书》上岗。

(2) 工程项目基层管理人员：施工项目基层管理人员每年必须接受公司安全生产年审，经考试合格后，持证上岗。

(3) 分包负责人、分包队伍管理人员：必须接受政府主管部门或总包单位的安全培训，经考试合格后持证上岗。

(4) 特种作业人员：必须经过专门的安全理论培训和安全技术实际训练，经理论和实际操作的双项考核，合格者持《特种作业操作证》上岗作业。

(5) 操作工人：新入场工人必须经过三级安全教育，考试合格后持上岗证上岗作业。

二、安全生产教育的内容

1. 安全生产思想教育

安全生产思想教育如图 7-1 所示。

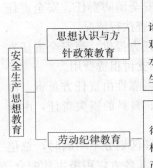

一是提高各级管理人员和广大职工群众对安全生产重要意义的认识，从思想上、理论上认识搞好安全生产的重要意义，以增强关心人、保护人的责任感，树立牢固的群众观点；二是通过安全生产方针、政策教育，提高各级技术、管理人员和广大职工的政策水平，使他们正确、全面地理解党和国家的安全生产方针、政策，严肃认真地执行安全生产方针、政策和法规

主要是使广大职工懂得严格执行劳动纪律对实现安全生产的重要性，企业的劳动纪律是劳动者进行共同劳动时必须遵守的法则和秩序，反对违章指挥，反对违章作业，严格执行安全操作规程。遵守劳动纪律是贯彻安全生产方针、减少伤害事故、实现安全生产的重要保证

安全生产思想教育 — 思想认识与方针政策教育 / 劳动纪律教育

图 7-1 安全生产思想教育

2. 安全生产知识教育

企业所有职工必须具备安全生产基本知识，因此，全体职工都必须接受安全生产知识教育和每年按规定学时进行安全培训。安全生产基本知识教育的主要内容包括：企业的基本生产概况；施工（生产）流程、方法；企业施工（生产）危险区域及其安全防护的基本知识和注意事项；

机械设备、厂（场）内运输的有关安全知识；有关电气设备（动力照明）的基本安全知识；高处作业安全知识；生产（施工）中使用的有毒、有害物质的安全防护基本知识；消防制度及灭火器材使用的基本知识；个人防护用品的正确使用知识等。

3. 安全生产技能教育

安全生产技能教育，就是结合本工种专业特点，实现安全操作、安全防护所必须具备的基本技术知识要求。每个职工都要熟悉本工种、本岗位的专业安全技术知识。安全生产技能知识是比较专门、细致和深入的知识，它包括安全技术、劳动卫生和安全操作规程。国家规定建筑登高架设、起重、焊接、电气、爆破、压力容器、锅炉等特种作业人员必须进行专门的安全技术培训。宣传先进经验，既是教育职工找差距的过程，又是学、赶先进的过程；事故教育可以从事故教训中吸取有益的东西，防止以后类似事故的重复发生。

4. 安全生产法制教育

法制教育就是要采取各种有效形式，对全体职工进行安全生产法规和法制教育，从而提高职工遵纪守法的自觉性，以达到安全生产的目的。

三、常见安全生产教育的形式

1. 新工人"三级安全教育"

三级安全教育是企业必须坚持的安全生产基本教育制度。对新工人（包括新招收的合同工、临时工、学徒工、农民工及实习和代培人员）必须进行公司、项目、作业班组三级安全教育，时间不得少于 40 小时。

三级安全教育由安全、教育和劳资等部门配合组织进行，经教育考试合格者才准许进入生产岗位，不合格者必须补课、补考。对新工人的三级安全教育情况，要建立档案（印制职工安全生产教育卡）。新工人工作一个阶段后还应接受重复性的安全再教育，以加深对安全的感性、理性知识的认识。

三级安全教育的主要内容包括以下三个方面：

(1)公司进行安全基本知识、法规、法制教育，主要内容包括以下几个方面：

1)党和国家的安全生产方针、政策。

2)安全生产法规、标准和法制观念。

3)本单位施工（生产）过程及安全生产规章制度、安全纪律。

4)本单位安全生产形势、历史上发生的重大事故及应吸取的教训。

5)发生事故后如何抢救伤员、排险、保护现场和及时进行报告。

(2)项目进行现场规章制度和遵章守纪教育，主要内容包括以下几个方面：

1)本单位（工区、工程处、车间、项目）施工（生产）特点及施工（生产）安全基本知识。

2)本单位（包括施工、生产场地）安全生产制度、规定及安全注意事项。

3)本工种的安全技术操作规程。

4)机械设备、电气安全及高处作业等安全基本知识。

5)防火、防雷、防尘、防爆知识及紧急情况安全处置和安全疏散知识。

6)防护用品发放标准及防护用具、用品使用的基本知识。

(3)班组安全生产教育由班组长主持进行，或由班组安全员及指定的技术熟练、重视安全生产的老工人讲解本工种岗位安全操作规程及班组安全制度、纪律教育，主要内容包括以下几个方面：

1)本班组作业特点及安全操作规程。

2）班组安全活动制度及纪律。

3）爱护和正确使用安全防护装置（设施）及个人劳动防护用品。

4）本岗位易发生事故的不安全因素及其防范对策。

5）本岗位的作业环境及使用的机械设备、工具的安全要求。

2. 特种作业安全教育

从事特种作业的人员必须经过专门的安全技术培训，经考试合格取得操作证后方准独立作业。

3. 班前安全活动交底（班前讲话）

班前安全讲话作为施工队伍经常性安全教育活动之一，各作业班组长于每班工作开始前（包括夜间工作前）必须对本班组全体人员进行不少于 15 分钟的班前安全活动交底。班组长要将班前安全活动交底内容记录在专用的记录本上，各成员在记录本上签名。

班前安全活动交底的内容应包括以下三个方面：

（1）本班组安全生产须知。

（2）本班组工作中的危险点和应采取的对策。

（3）上一班组工作中存在的安全问题和应采取的对策。

在特殊性、季节性和危险性较大的作业前，责任工长要参加班前安全讲话并对工作中应注意的安全事项进行重点交底。

4. 周一安全活动

周一安全活动作为施工项目经常性安全活动之一，每周一开始工作前应对全体在岗工人开展至少 1 小时的安全生产及法制教育活动。活动形式可采取看录像、听报告、分析事故案例、图片展览、急救示范、智力竞赛、热点辩论等形式进行。工程项目主要负责人要进行安全讲话，主要包括以下内容：

（1）上周安全生产形势、存在问题及对策。

（2）最新安全生产信息。

（3）重大和季节性的安全技术措施。

（4）本周安全生产工作的重点、难点和危险点。

（5）本周安全生产工作的目标和要求。

5. 季节性施工安全教育

进入雨期及冬期施工前，在现场经理的部署下，由各区域责任工程师负责组织本区域内施工的分包队伍管理人员及操作工人进行专门的季节性施工安全技术教育，时间不得少于 2 小时。

6. 节假日安全教育

节假日前后应特别注意各级管理人员及操作者的思想动态，有意识、有目的地进行教育，稳定他们的思想情绪，预防事故的发生。

7. 特殊情况安全教育

施工项目出现以下几种情况时，工程项目经理应及时安排有关部门和人员对施工工人进行安全生产教育，时间不得少于 2 小时。

（1）因故改变安全操作规程。

（2）实施重大和季节性安全技术措施。

（3）更新仪器、设备和工具，推广新工艺、新技术。

（4）发生因工伤亡事故、机械损坏事故及重大未遂事故。

（5）出现其他不安全因素，安全生产环境发生了变化。

本章小结

安全生产是指在劳动生产过程中，通过努力改善劳动条件，克服不安全因素，防止伤亡事故发生，使劳动生产在保障劳动者安全健康和国家财产及人民生命财产不受损失的前提下顺利进行。它包含对象、范围和目的三个方面的内容。企业应建立健全专管成线、群管成网的安全管理组织机构，明确各单位、部门安全管理职责，并适时对企业员工进行安全生产教育培训。本章应重点掌握安全生产管理的措施、安全生产目标管理、安全生产教育管理及各单位、部门安全生产职责。

习题

一、填空题

1. _____是企业必须坚持的安全生产基本教育制度。

2. 从事_____的人员必须经过专门的安全技术培训，经考试合格取得操作证后方准独立作业。

二、选择题

参考答案

1. 下列关于安全生产的描述错误的是（　　）。

　A. 安全生产涵盖了对象、范围和目的三个方面

　B. 安全生产的范围覆盖了各个行业、各种企业以及生产、生活中的各个环节

　C. 项目经理部是安全生产工作的载体

　D. 安全生产的对象包含人和设备等一切不安全因素，其中设备是第一位的

2. 工程项目主要管理人员必须经过当地政府或上级主管部门组织的安全生产专项培训，培训时间不得少于（　　）小时。

　A. 12　　　　　　B. 24　　　　　　C. 36　　　　　　D. 48

三、问答题

1. 安全生产的目的是什么？

2. 简述安全生产组织机构设置。

3. 安全生产组织机构的职责是什么？

4. 安全生产的目标是什么？

5. 业主指定分包单位的职责包括哪些内容？

6. 安全生产基本知识教育的主要内容是什么？

第八章　建筑工程施工安全技术

学习目标

掌握土石方工程、脚手架工程、砌体工程、混凝土工程施工安全技术及脚手架、施工机械设备安全使用方法。

能力目标

通过本章内容的学习，具备土石方工程、脚手架工程、砌体工程、混凝土工程施工现场安全管理和控制能力，能够编制脚手架施工方案，能够正确安装和拆除脚手架、施工机械设备等，以确保施工安全，并能根据《建筑施工安全检查标准》(JGJ 59—2011)中的安全检查评分表进行检查及评分。

第一节　土石方工程安全技术

一、场地平整

(1)场地内有洼坑或暗沟时，应在平整时填埋压实。未及时填实的，必须设置明显的警示标志。

(2)雨期施工时，现场应根据场地泄排量设置防洪排涝设施。

(3)施工区域不宜积水。当积水坑深度超过 0.5 m 时，应设安全防护措施。

(4)在爆破施工的场地应设置保证人员安全撤离的通道和场所。

(5)房屋旧基础或设备旧基础的开挖清理应符合下列规定：

1)当旧基础埋置深度大于 2 m 时，不宜采用人工开挖和清除。

2)对旧基础进行爆破作业时，应按相关标准的规定执行。

3)土质均匀且地下水水位低于旧基础底部，开挖深度不超过下列限值时，其挖方边坡可做成直立壁不加支撑。开挖深度超过下列限值时，应采取支护措施：

①稍密的杂填土、素填土、碎石类土、砂土 　　　　　　1 m
②密实的碎石类土(充填物为黏土) 　　　　　　　　　1.25 m
③可塑状的黏性土 　　　　　　　　　　　　　　　　1.5 m
④硬塑状的黏性土 　　　　　　　　　　　　　　　　2 m

(6)当现场堆积物高度超过 1.8 m 时，应在四周设置警示标志或防护栏；清理时严禁掏挖。

(7)在河、沟、塘、沼泽地(滩涂)等场地施工时，应了解淤泥、沼泽的深度和成分，并应符合下列规定：

1)施工中应做好排水工作；对有机质含量较高、有刺激性臭味及淤泥厚度大于 1 m 的场地，不得采用人工清淤。

2)根据淤泥、软土的性质和施工机械的重量，可采用抛石挤淤或木(竹)排(筏)铺垫等措施，确保施工机械移动作业安全。

3)施工机械不得在淤泥、软土上停放、检修。

4)第一次回填土的厚度不得小于 0.5 m。

(8)围海造地填土时，应遵守下列安全技术规定：

1)填土的方法、回填顺序应根据冲(吹)填方案和降排水要求进行。

2)配合填土作业人员，应在冲(吹)填作业范围外工作。

3)第一次回填土的厚度不得小于 0.8 m。

二、基坑开挖

(1)在电力管线、通信管线、燃气管线 2 m 范围内及上下水管线 1 m 范围内挖土时，应有专人监护。

(2)基坑支护结构必须在达到设计要求的强度后，方可开挖下层土方，严禁提前开挖和超挖。施工过程中，严禁设备或重物碰撞支撑、腰梁、锚杆等基坑支护结构，也不得在支护结构上放置或悬挂重物。

(3)基坑边坡的顶部应设排水措施。基坑底四周宜设排水沟和集水井，以及时排除积水。基坑挖至坑底时应及时清理基底并浇筑垫层。

(4)对人工开挖的狭窄基槽或坑井，开挖深度较大并存在边坡塌方危险时，应采取支护措施。

(5)地质条件良好、土质均匀且无地下水的自然放坡的坡率允许值应根据地方经验确定。当无经验时，可参照表 8-1 的规定。

表 8-1　自然放坡的坡率允许值

边坡土体类别	状态	坡率允许值(高宽比)	
		坡高小于 5 m	坡高 5~10 m
碎石土	密实	1:0.35~1:0.50	1:0.50~1:0.75
	中密	1:0.50~1:0.75	1:0.75~1:1.00
	精密	1:0.75~1:1.00	1:1.00~1:1.25
黏性土	坚硬	1:0.75~1:1.00	1:1.00~1:1.25
	硬塑	1:1.00~1:1.25	1:1.25~1:1.50

(6)在软土场地上挖土，当机械不能正常行走和作业时，应对挖土机械行走路线用铺设渣土或砂石等方法进行硬化。

(7)场地内有孔洞时，土方开挖前应将其填实。

(8)遇异常软弱土层、流砂(土)、管涌，应立即停止施工，并及时采取措施。

(9)除基坑支护设计允许外，基坑边不得堆土、堆料、放置机具。

(10)采用井点降水时，井口应设置防护盖板或围栏，设置明显的警示标志。降水完成后，应及时将井填实。

(11)施工现场应采用防水型灯具，夜间施工的作业面及进出道路应有足够的照明措施和安全警示标志。

三、边坡工程

(1)临时性挖方边坡坡率可按表 8-1 的要求执行。

(2)对土石方开挖后不稳定或欠稳定的边坡应根据边坡的地质特征和可能发生的破坏形态，

采取有效处置措施。

（3）土石方开挖应按设计要求自上而下分层实施，严禁随意开挖坡脚。

（4）开挖至设计坡面及坡脚后，应及时进行支护施工，并尽量减少暴露时间。

（5）在山区挖填方时，应遵守下列规定：

1）土石方开挖应按设计要求自上而下分层分段依次进行，并应确保施工作业面不积水。

2）在挖方的上侧和回填土尚未压实或临时边坡不稳定的地段不得停放、检修施工机械和搭建临时建筑。

3）在挖方的边坡上如发现岩（土）内有倾向挖方的软弱夹层或裂隙面时，应立即停止施工，并应采取防止岩（土）下滑措施。

（6）山区挖填方工程不宜在雨期施工。当需在雨期施工时，应编制雨期施工方案，并应遵守下列规定：

1）随时掌握天气变化情况，暴雨前应采取防止边坡坍塌的措施。

2）雨期施工前，应对施工现场原有排水系统进行检查、疏浚或加固，并采取必要的防洪措施。

3）雨期施工中，应随时检查施工场地和道路的边坡被雨水冲刷情况，做好防止滑坡、坍塌工作，保证施工安全；道路路面应根据需要加铺炉渣、砂砾或其他防滑材料，确保施工机械作业安全。

（7）在滑坡及可能产生滑坡地段挖方时，应符合下列规定：

1）宜遵循先整治后开挖的施工程序。

2）不应破坏挖方上方的自然植被和排水系统。

3）应先做好地面和地下排水设施。

4）严禁在可能发生滑坡的滑坡体上部弃土、堆放材料、停放施工机械或建筑临时设施。

5）一般应遵循由上至下的开挖顺序，严禁在可能发生滑坡地段的抗滑段通长大断面开挖。

6）爆破施工时，应防止因爆破震动影响可能发生滑坡地段的稳定。

（8）冬期施工应及时清除冰雪，采取有效的防冻、防滑措施。

（9）人工开挖时应遵守下列规定：

1）作业人员相互之间应保持安全作业距离。

2）打锤与扶钎者不得对面工作，打锤者应戴防滑手套。

3）作业人员严禁站在石块滑落的方向撬挖或上、下层同时开挖。

4）作业人员在陡坡上作业应系安全绳。

第二节　脚手架工程安全技术

一、门式钢管脚手架

门式钢管脚手架也称门式脚手架，属于框组式钢管脚手架的一种，20世纪80年代初由国外引入我国，是国际上应用最为普遍的脚手架之一。门式钢管脚手架是由门架、交叉支撑、连接棒、挂扣式脚手板或水平架、锁臂等组成基本结构，再设置水平加固杆、剪刀撑、扫地杆、封口杆、托座与底座，并采用连墙件与建筑物主体结构相连的一种标准化钢管脚手架，如图8-1所示。

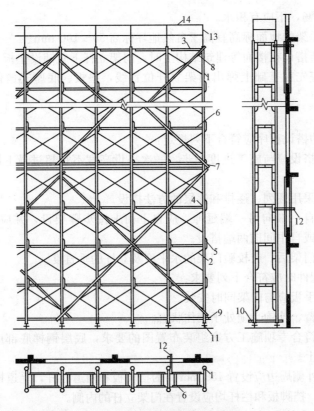

图 8-1　门式钢管脚手架的组成

1—门架；2—交叉支撑；3—脚手架；4—连接棒；5—锁臂；6—水平架；7—水平加固杆；

8—剪刀撑；9—扫地杆；10—封口杆；11—底座；12—连墙件；13—栏杆；14—扶手

1. 地基与基础要求

(1)门式脚手架的地基承载力应经计算确定，在不同地基土质和搭设高度条件下搭设时，应符合表 8-2 的规定。

表 8-2　地基要求

搭设高度 /m	地基土质		
	中低压缩性且压缩性均匀	回填土	高压缩性或压缩性不均匀
≤24	夯实原土，干重力密度要求为 15.5 kN/m³。立杆底座置于面积不小于 0.075 m² 的垫木上	土夹石或素土回填夯实，立杆底座置于面积不小于 0.10 m² 的垫木上	夯实原土，铺设通长垫木
>24 且≤40	垫木面积不小于 0.10 m²，其余同上	砂夹石回填夯实，其余同上	夯实原土，在搭设地面满铺 C15 混凝土，厚度不小于 150 mm
>40 且≤55	垫木面积不小于 0.15 m² 或铺通长垫木，其余同上	砂夹石回填夯实，垫木面积不小于 0.15 m² 或铺通长垫木	夯实原土，在搭设地面满铺 C15 混凝土，厚度不小于 200 mm
注：垫木厚度不小于 50 mm；宽度不小于 200 mm；通长垫木的长度不小于 1 500 mm。			

(2)门式脚手架的搭设场地必须平整坚实，并应符合下列规定：

1)回填土应分层回填，逐层夯实。

2)场地排水应顺畅，不应有积水。

（3）搭设门式脚手架的地面标高宜高于自然地坪标高50～100 mm。

（4）当门式脚手架搭设在楼面等建筑结构上时，门架立杆下宜铺设垫板。

（5）在搭设前，应先在基础上弹出门架立杆位置线，垫板、底座安放位置应准确，标高应一致。

2. 脚手架搭设

（1）门式脚手架的搭设程序应符合下列规定：

1)门式脚手架的搭设应与施工进度同步，一次搭设高度不宜超过最上层连墙件两步，且自由高度不应大于4 m。

2)满堂脚手架应采用逐列、逐排和逐层的方法搭设。

3)门架的组装应自一端向另一端延伸，应自下而上按步骤架设，并应逐层改变搭设方向；不应自两端相向搭设或自中间向两端搭设。

4)每搭设完两步门架后，应校验门架的水平度及立杆的垂直度。

（2）搭设门架及配件时应符合下列要求：

1)交叉支撑、脚手板应与门架同时安装。

2)连接门架的锁臂、挂钩必须处于锁住状态。

3)钢梯的设置应符合专项施工方案组装布置图的要求，底层钢梯底部应加设钢管并应采用扣件扣紧在门架立杆上。

4)在施工作业层外侧周边应设置180 mm高的挡脚板和两道栏杆，上道栏杆高度应为1.2 m，下道栏杆应居中设置。挡脚板和栏杆均应设置在门架立杆的内侧。

（3）加固杆的搭设应符合下列要求：

1)水平加固杆、剪刀撑等加固杆件必须与门架同步搭设。

2)水平加固杆应设于门架立杆内侧，剪刀撑应设于门架立杆外侧。

（4）门式脚手架连墙件的安装必须符合下列规定：

1)连墙件的安装必须随脚手架搭设同步进行，严禁滞后安装。

2)当脚手架操作层高出相邻连墙件以上两步时，在连墙件安装完毕前必须采用确保脚手架稳定的临时拉结措施。

（5）加固杆、连墙件等杆件与门架采用扣件连接时，应符合下列规定：

1)扣件规格应与所连接钢管的外径相匹配。

2)扣件螺栓拧紧扭力矩值应为40～65 N·m。

3)杆件端头伸出扣件盖板边缘长度不应小于100 mm。

（6）在搭设悬挑脚手架前应检查预埋件和支承型钢悬挑梁的混凝土强度。

（7）门式脚手架通道口的搭设应符合要求，斜撑杆、托架梁及通道口两侧的门架立杆加强杆件应与门架同步搭设，严禁滞后安装。

（8）满堂脚手架的可调底座、可调托座宜采取防止砂浆、水泥浆等污物填塞螺纹的措施。

3. 脚手架拆除

（1）架体的拆除应按拆除方案施工，并应在拆除前做好下列准备工作：

1)应对将拆除的架体进行拆除前的检查。

2)根据拆除前的检查结果补充完善拆除方案。

3)清除架体上的材料、杂物及作业面的障碍物。

（2）拆除作业必须符合下列规定：

1)架体的拆除应从上而下逐层进行，严禁上下同时作业。

2）同一层的构配件和加固杆件必须按先上后下、先外后内的顺序进行拆除。

3）连墙件必须随脚手架逐层拆除，严禁先将连墙件整层或数层拆除后再拆架体。拆除作业过程中，当架体的自由高度大于两步时，必须加设临时拉结。

4）连接门架的剪刀撑等加固杆件必须在拆卸该门架时拆除。

（3）拆卸连接部件时，应先将止退装置旋转至开启位置，然后拆除，不得硬拉，严禁敲击。拆除作业中，严禁使用手锤等硬物击打、撬别。

（4）当门式脚手架需分段拆除时，架体不拆除部分的两端应按规定采取加固措施后再拆除。

（5）门架与配件应采用机械或人工搬运方式运至地面，严禁抛投。

（6）拆卸的门架与配件、加固杆等不得集中堆放在未拆架体上，并应及时检查、整修与保养，并宜按品种、规格分别存放。

二、工具式脚手架

（一）附着式升降脚手架

1. 附着式升降脚手架的安装

（1）附着式升降脚手架的安装，应按专项施工方案进行，可采用单片式主框架的架体（图8-2），也可采用空间桁架式主框架的架体（图8-3）。

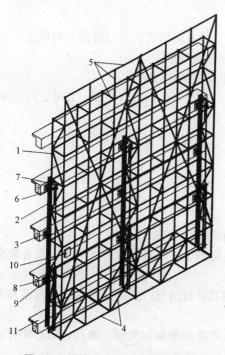

图8-2 单片式主框架的架体示意

1—竖向主框架（单片式）；2—导轨；3—附墙支座
（含防倾覆、防坠落装置）；4—水平支承桁架；
5—架体构架；6—升降设备；7—升降上吊挂件；
8—升降下吊点（含荷载传感器）；9—定位装置；
10—同步控制装置；11—工程结构

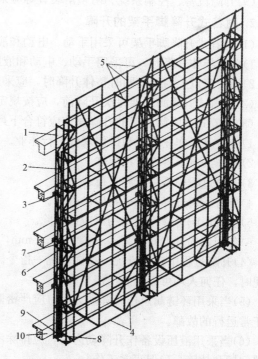

图8-3 空间桁架式主框架的架体示意

1—竖向主框架（空间桁架式）；2—导轨；3—悬臂梁
（含防倾覆装置）；4—水平支承桁架；5—架体构架；
6—升降设备；7—悬吊梁；8—下提升点；
9—防坠落装置；10—工程结构

（2）附着式升降脚手架在首层安装前应设置安装平台，安装平台应有保障施工人员安全的防护设施，安装平台的水平精度和承载能力应满足架体安装的要求。

（3）安装时应符合下列规定：

1）相邻竖向主框架的高差不应大于 20 mm。

2）竖向主框架和防倾导向装置的垂直偏差不应大于 5‰，且不得大于 60 mm。

3）预留穿墙螺栓孔和预埋件应垂直于建筑结构外表面，其中心误差应小于 15 mm。

4）连接处所需要的建筑结构混凝土强度应由计算确定，但不应小于 C10。

5）升降机构件连接应正确且牢固可靠。

6）安全控制系统的设置和试运行效果应符合设计要求。

7）升降动力设备工作正常。

（4）附着支承结构的安装应符合设计规定，不得少装和使用不合格螺栓及连接件。

（5）安全保险装置应全部合格，安全防护设施应齐备，且应符合设计要求，并应设置必要的消防设施。

（6）电源、电缆及控制柜等的设置应符合现行行业标准《施工现场临时用电安全技术规范》（JGJ 46—2005）的有关规定。

（7）采用扣件式脚手架搭设的架体构架，其构造应符合现行行业标准《建筑施工扣件式钢管脚手架安全技术规范》（JGJ 130—2011）的要求。

（8）升降设备、同步控制系统及防坠落装置等专项设备，均应采用同一厂家的产品。

（9）升降设备、控制系统、防坠落装置等应采取防雨、防砸、防尘等措施。

2. 附着式升降脚手架的升降

（1）附着式升降脚手架可采用手动、电动和液压三种升降形式，并应符合下列规定：

1）单跨架体升降时，可采用手动、电动和液压三种升降形式。

2）当两跨以上的架体同时整体升降时，应采用电动或液压设备。

（2）附着式升降脚手架每次升降前，应按规定进行检查，经检查合格后，方可进行升降。

（3）附着式升降脚手架的升降操作应符合下列规定：

1）应按升降作业程序和操作规程进行作业。

2）操作人员不得停留在架体上。

3）升降过程中不得有施工荷载。

4）所有妨碍升降的障碍物应已拆除。

5）所有影响升降作业的约束应已解除。

6）各相邻提升点间的高差不得大于 30 mm，整体架最大升降差不得大于 80 mm。

（4）升降过程中应实行统一指挥、统一指令。升降指令应由总指挥一人下达；当有异常情况出现时，任何人均可立即发出停止指令。

（5）当采用环链葫芦作升降动力时，应严密监视其运行情况，及时排除翻链、铰链和其他影响正常运行的故障。

（6）当采用液压设备作升降动力时，应排除液压系统的泄漏、失压、颤动、油缸爬行和不同步等问题和故障，确保正常工作。

（7）架体升降到位后，应及时按使用状况要求进行附着固定；在没有完成架体固定工作前，施工人员不得擅自离岗或下班。

（8）附着式升降脚手架架体升降到位且固定后，应按规定进行检查，合格后方可使用；遇 5 级及以上大风和大雨、大雪、浓雾和雷雨等恶劣天气时，不得进行升降作业。

3. 附着式升降脚手架的使用

（1）附着式升降脚手架应按设计性能指标进行使用，不得随意扩大使用范围；架体上的施工荷载应符合设计规定，不得超载，不得放置影响局部杆件安全的集中荷载。

(2)架体内的建筑垃圾和杂物应及时清理干净。

(3)附着式升降脚手架在使用过程中不得进行下列作业：

1)利用架体吊运物料。

2)在架体上拉结吊装缆绳(或缆索)。

3)在架体上推车。

4)任意拆除结构件或松动连接件。

5)拆除或移动架体上的安全防护设施。

6)利用架体支撑模板或卸料平台。

7)其他影响架体安全的作业。

(4)当附着式升降脚手架停用超过 3 个月时，应提前采取加固措施。

(5)当附着式升降脚手架停用超过 1 个月或遇 6 级及以上大风后复工时，应进行检查，确认合格后方可使用。

(6)螺栓连接件、升降设备、防倾覆装置、防坠落装置、电控设备、同步控制装置等应每月进行维护保养。

4. 附着式升降脚手架的拆除

(1)附着式升降脚手架的拆除工作应按专项施工方案及安全操作规程的有关要求进行。

(2)应对拆除作业人员进行安全技术交底。

(3)拆除时应有可靠的防人员或物料坠落的措施，拆除的材料及设备不得抛扔。

(4)拆除作业应在白天进行。遇 5 级及以上大风和大雨、大雪、浓雾和雷雨等恶劣天气时，不得进行拆除作业。

(二)高处作业吊篮

1. 高处作业吊篮的安装

(1)高处作业吊篮安装时应按专项施工方案，在专业人员的指导下实施。

(2)安装作业前，应划定安全区域，并应排除作业障碍。

(3)高处作业吊篮组装前应确认结构件、紧固件已配套且完好，其规格型号和质量应符合设计要求。

(4)高处作业吊篮所用的构配件应是同一厂家的产品。

(5)在建筑物屋面上进行悬挂机构的组装时，作业人员应与屋面边缘保持 2 m 以上的距离。组装场地狭小时应采取防坠落措施。

(6)悬挂机构宜采用刚性连接方式进行拉结固定。

(7)悬挂机构前支架严禁支撑在女儿墙上、女儿墙外或建筑物挑檐边缘。

(8)前梁外伸长度应符合高处作业吊篮使用说明书的规定。

(9)悬挑横梁应前高后低，前后水平高差不应大于横梁长度的 2%。

(10)配重件应稳定、可靠地安放在配重架上，并应有防止随意移动的措施。严禁使用破损的配重件或其他替代物。

(11)安装时钢丝绳应沿建筑物立面缓慢下放至地面，不得抛掷。

(12)当使用两个以上的悬挂机构时，悬挂机构吊点水平间距与吊篮平台的吊点间距应相等，其误差不应大于 50 mm。

(13)悬挂机构前支架应与支撑面保持垂直，脚轮不得受力。

(14)安装任何形式的悬挑结构，其施加于建筑物或构筑物支承处的作用力，均应符合建筑结构的承载能力，不得对建筑物和其他设施造成破坏和不良影响。

(15)高处作业吊篮安装和使用时，在 10 m 范围内如有高压输电线路，应按照现行行业标准《施工现场临时用电安全技术规范》(JGJ 46—2005)的规定，采取隔离措施。

2. 高处作业吊篮的使用

(1)高处作业吊篮应设置作业人员专用的挂设安全带的安全绳及安全锁扣。安全绳应固定在建筑物可靠位置上，不得与吊篮上任何部位有连接，并应符合下列规定：

1)安全绳应符合现行国家标准《安全带》(GB 6095—2009)的要求，其直径应与安全锁扣的规格相一致。

2)安全绳不得有松散、断股、打结现象。

3)安全锁扣的配件应完好、齐全，规格和方向标志应清晰可辨。

(2)吊篮宜安装防护棚，防止高处坠物造成作业人员伤害。

(3)吊篮应安装上限位装置，宜安装下限位装置。

(4)使用吊篮作业时，应排除影响吊篮正常运行的障碍。在吊篮下方可能造成坠落物伤害的范围，应设置安全隔离区和警告标志，人员或车辆不得停留、通行。

(5)在吊篮内从事安装、维修等作业时，操作人员应佩戴工具袋。

(6)使用境外吊篮设备时应有中文使用说明书；产品的安全性能应符合我国的行业标准。

(7)不得将吊篮作为垂直运输设备，不得采用吊篮运送物料。

(8)吊篮内的作业人员不应超过 2 人。

(9)吊篮正常工作时，人员应从地面进入吊篮内，不得从建筑物顶部、窗口等处或其他孔洞处出入吊篮。

(10)在吊篮内的作业人员应佩戴安全帽，系安全带，并应将安全锁扣正确挂置在独立设置的安全绳上。

(11)吊篮平台内应保持荷载均衡，不得超载运行。

(12)吊篮作升降运行时，工作平台两端高差不得超过 150 mm。

(13)使用离心触发式安全锁的吊篮在空中停留作业时，应将安全锁锁定在安全绳上；空中启动吊篮时，应先提升吊篮，使安全绳松弛后再开启安全锁。不得在安全绳受力时强行扳动安全锁开启手柄；不得将安全锁开启手柄固定于开启位置。

(14)吊篮悬挂高度在 60 m 及以下的，宜选用长边不大于 7.5 m 的吊篮平台；悬挂高度在 100 m 及以下的，宜选用长边不大于 5.5 m 的吊篮平台；悬挂高度在 100 m 以上的，宜选用不大于 2.5 m 的吊篮平台。

(15)进行喷涂作业或使用腐蚀性液体进行清洗作业时，应对吊篮的提升机、安全锁、电气控制柜采取防污染保护措施。

(16)悬挑结构平行移动时，应将吊篮平台降落全地面，并应使其钢丝绳处于松弛状态。

(17)在吊篮内进行电焊作业时，应对吊篮设备、钢丝绳、电缆采取保护措施。不得将电焊机放置在吊篮内；电焊缆线不得与吊篮任何部位接触；电焊钳不得搭挂在吊篮上。

(18)在高温、高湿等不良气候和环境条件下使用吊篮时，应采取相应的安全技术措施。

(19)当吊篮施工遇有雨雪、大雾、风沙及 5 级以上大风等恶劣天气时，应停止作业，并应将吊篮平台停放至地面，应对钢丝绳、电缆进行绑扎固定。

(20)当施工中发现吊篮设备故障和安全隐患时，应及时排除，对可能危及人身安全时，应停止作业，并应由专业人员进行维修。维修后的吊篮应重新进行检查验收，合格后方可使用。

(21)下班后不得将吊篮停留在半空中，应将吊篮放至地面。人员离开吊篮、进行吊篮维修或每日收工后应将主电源切断，并应将电气柜中各开关置于断开位置并加锁。

3. 高处作业吊篮的拆除

(1)高处作业吊篮拆除时应按照专项施工方案，并应在专业人员的指挥下实施。

(2)拆除前应将吊篮平台下落至地面，并应将钢丝绳从提升机、安全锁中退出，切断总电源。

(3)拆除支承悬挂机构时，应对作业人员和设备采取相应的安全措施。

(4)拆卸分解后的构配件不得放置在建筑物边缘，应采取防坠落的措施；零散物品应放置在容器中；不得将吊篮任何部件从屋顶处抛下。

(三)外挂防护架

1. 外挂防护架的安装

(1)应根据专项施工方案的要求，在建筑结构上设置预埋件。预埋件应经验收合格后方可浇筑混凝土，并应做好隐蔽工程记录。

(2)安装防护架时，应先搭设操作平台。

(3)防护架应配合施工进度搭设，一次搭设的高度不应超过相邻连墙件以上2个步距。

(4)每搭完一步架后，应校正步距、纵距、横距及立杆的垂直度，确认合格后方可进行下道工序。

(5)竖向桁架安装宜在起重机械辅助下进行。

(6)同一片防护架的相邻立杆的对接扣件应交错布置，在高度方向错开的距离不宜小于500 mm；各接头中心至主节点的距离不宜大于步距的1/3。

(7)纵向水平杆应通长设置，不得搭接。

(8)当安装防护架的作业层高出辅助架2步时，应搭设临时连墙杆，待防护架提升时方可拆除。临时连墙杆可采用2.5～3.5 m长钢管，一端与防护架第三步相连，一端与建筑结构相连。每片架体与建筑结构连接的临时连墙杆不得少于2处。

(9)防护架应将设置在桁架底部的三角臂和上部的刚性连墙件及柔性连墙件分别与建筑物上的预埋件相连接。根据不同的建筑结构形式，防护架的固定位置可在建筑结构边梁处、檐板处和剪力墙处(图8-4)。

2. 外挂防护架的提升

(1)防护架的提升索具应使用现行国家标准《重要用途钢丝绳》(GB 8918—2006)规定的钢丝绳。钢丝绳直径不应小于12.5 mm。

(2)提升防护架的起重设备能力应满足要求，公称起重力矩值不得小于400 kN·m，其额定起升重量的90%应大于架体重量。

(3)钢丝绳与防护架的连接点应在竖向桁架的顶部，连接处不得有尖锐凸角等。

(4)提升钢丝绳的长度应能保证提升平稳。

(5)提升速度不得大于3.5 m/min。

(6)在防护架从准备提升到提升到位交付使用前，操作人员以外的其他人员不得从事临边防护等作业。操作人员应佩戴安全带。

(7)当防护架提升、下降时，操作人员必须站在建筑物内或相邻的架体上，严禁站在防护架上操作；架体安装完毕前，严禁上人。

(8)每片架体均应分别与建筑物直接连接；不得在提升钢丝绳受力前拆除连墙件；不得在施工过程中拆除连墙件。

(9)当采用辅助架时，第一次提升前应在钢丝绳收紧受力后，才能拆除连墙杆件及与辅助架相连接的扣件。指挥人员应持证上岗，信号工、操作工应服从指挥、协调一致，不得缺岗。

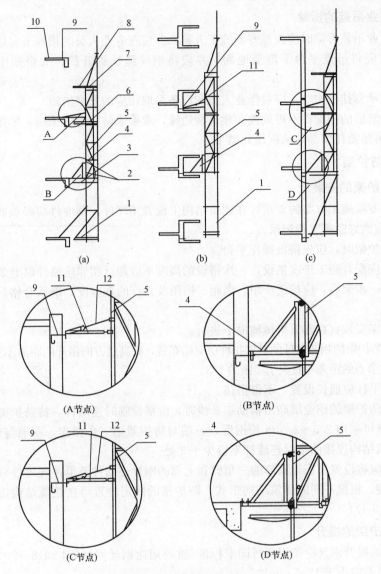

图 8-4　防护架固定位置示意

1—架体；2—连接在桁架底部的双钢管；3—水平软防护；4—三角臂；5—竖向桁架；
6—水平硬防护；7—相邻桁架之间连接钢管；8—施工层水平防护；
9—预埋件；10—建筑物；11—刚性连墙件；12—柔性连墙件

(10)防护架在提升时，必须按照"提升一片、固定一片、封闭一片"的原则进行，严禁提前拆除两片以上的架体、分片处的连接杆、立面及底部封闭设施。

(11)在每次防护架提升后，必须逐一检查扣件紧固程度；所有连接扣件拧紧力矩必须达到40～65 N·m。

3. 外挂防护架的拆除

(1)拆除防护架的准备工作应符合下列规定：

1)对防护架的连接扣件、连墙件、竖向桁架、三角臂应进行全面检查，并应符合构造要求。

2)应根据检查结果补充完善专项施工方案中的拆除顺序和措施，并应经总包和监理单位批准后方可实施。

3)应对操作人员进行拆除安全技术交底。

4)应清除防护架上杂物及地面障碍物。

(2)拆除防护架时,应符合下列规定:

1)应采用起重机械把防护架吊运到地面进行拆除。

2)拆除的构配件应按品种、规格随时码堆存放,不得抛掷。

三、碗扣式钢管脚手架

碗扣式钢管脚手架是一种采用定型钢管杆件和碗扣接头连接的承插锁固式钢管脚手架,是一种新型多功能脚手架。碗扣式钢管脚手架的核心部件是连接各杆件的带齿碗扣接头,它由钢管立杆、横杆、碗扣接头等组成。其基本构造形式和组成如图 8-5 所示。碗扣接头由上碗扣、下碗扣、横杆接头和上碗扣的限位销等组成;在立杆上焊接下碗扣和上碗扣的限位销,将上碗扣套入立杆内;在横杆和斜杆上焊接插头;组装时,将横杆和斜杆插入下碗扣内,压紧和旋转上碗扣,利用限位销固定上碗扣。

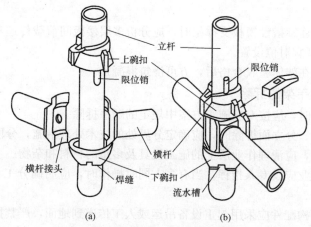

图 8-5 碗扣式脚手架的构造与组成

(a)连接前;(b)连接后

1. 地基与基础的处理

(1)脚手架基础施工应符合专项施工方案要求,应根据地基承载力要求按现行国家标准《建筑地基基础工程施工质量验收规范》(GB 50202—2002)的规定进行验收。

(2)当地基土不均匀或原位土承载力不满足要求或基础为软弱地基时,应进行处理。压实土地基应符合现行国家标准《建筑地基基础设计规范》(GB 50007—2011)的规定;灰土地基应符合现行国家标准《建筑地基基础工程施工质量验收规范》(GB 50202—2002)的规定。

(3)地基施工完成后,应检查地基表面平整度,平整度偏差不得大于 20 mm。

(4)当脚手架基础为楼面等既有建筑结构或贝雷梁、型钢等临时支撑结构时,对不满足承载力要求的既有建筑结构应按方案设计的要求进行加固,对贝雷梁、型钢等临时支撑结构应按相关规定对临时支撑结构进行验收。

(5)地基和基础经验收合格后,应按专项施工方案的要求放线定位。

2. 碗扣式钢管脚手架的搭设

(1)脚手架立杆垫板、底座应准确放置在定位线上,垫板应平整、无翘曲,不得采用已开裂的垫板,底座的轴心线应与地面垂直。

（2）脚手架应按顺序搭设，并应符合下列规定：

1）双排脚手架搭设应按立杆、水平杆、斜杆、连墙件的顺序配合施工进度逐层搭设。一次搭设高度不应超过最上层连墙件两步，且自由长度不应大于 4 m；

2）模板支撑架应按先立杆、后水平杆、再斜杆的顺序搭设形成基本架体单元，并应以基本架体单元逐排、逐层扩展搭设成整体支撑架体系，每层搭设高度不宜大于 3 m；

3）斜撑杆、剪刀撑等加固件应随架体同步搭设，不得滞后安装。

（3）双排脚手架连墙件必须随架体升高及时在规定位置处设置；当作业层高出相邻连墙件以上两步时，在上层连墙件安装完毕前，必须采取临时拉结措施。

（4）碗扣节点组装时，应通过限位销将上碗扣锁紧水平杆。

（5）脚手架每搭完一步架体后，应校正水平杆步距、立杆间距、立杆垂直度和水平杆水平度。架体立杆在 1.8 m 高度内的垂直度偏差不得大于 5 mm，架体全高的垂直度偏差应小于架体搭设高度的 1/600，且不得大于 35 mm；相邻水平杆的高差不应大于 5 mm。

（6）当双排脚手架内外侧加挑梁时，在一跨挑梁范围内不得超过 1 名施工人员操作，严禁堆放物料。

（7）在多层楼板上连续搭设模板支撑架时，应分析多层楼板间荷载传递对架体和建筑结构的影响，上下层架体立杆宜对位设置。

（8）模板支撑架应在架体验收合格后，方可浇筑混凝土。

3. 碗扣式钢管脚手架的拆除

（1）当脚手架拆除时，应按专项施工方案中规定的顺序拆除。

（2）当脚手架分段、分立面拆除时，应确定分界处的技术处理措施，分段后的架体应稳定。

（3）脚手架拆除前，应清理作业层上的施工机具及多余的材料和杂物。

（4）脚手架拆除作业应设专人指挥，当有多人同时操作时，应明确分工、统一行动，且应具有足够的操作面。

（5）拆除的脚手架构配件应采用起重设备吊运或人工传递到地面，严禁抛掷。

（6）拆除的脚手架构配件应分类堆放，并应便于运输、维护和保管。

（7）双排脚手架的拆除作业，必须符合下列规定：

1）架体拆除应自上而下逐层进行，严禁上、下层同时拆除；

2）连墙件应随脚手架逐层拆除，严禁先将连墙件整层或数层拆除后再拆除架体；

3）拆除作业过程中，当架体的自由端高度大于两步时，必须增设临时拉结件。

（8）双排脚手架的斜撑杆、剪刀撑等加固件应在架体拆除至该部位时，才能拆除。

（9）模板支撑架的拆除应符合下列规定：

1）架体拆除应符合现行国家标准《混凝土结构工程施工质量验收规范》（GB 50204—2015）、《混凝土结构工程施工规范》（GB 50666—2011）中混凝土强度的规定，拆除前应填写拆模申请单；

2）预应力混凝土构件的架体拆除应在预应力施工完成后进行；

3）架体的拆除顺序、工艺应符合专项施工方案的要求。当专项施工方案无明确规定时，应符合下列规定：

①应先拆除后搭设的部分，后拆除先搭设的部分；

②架体拆除必须自上而下逐层进行，严禁上下层同时拆除作业，分段拆除的高度不应大于两层；

③梁下架体的拆除，宜从跨中开始，对称地向两端拆除；悬臂构件下架体的拆除，宜从悬臂端向固定端拆除。

第三节　砌体、混凝土工程安全技术

一、砌体工程

1. 砌筑砂浆

(1)砂浆搅拌机械必须符合《建筑机械使用安全技术规程》(JGJ 33—2012)及《施工现场临时用电安全技术规范》(JGJ 46—2005)的有关规定，施工中应定期对其进行检查、维修，保证机械使用安全。

(2)落地砂浆应及时回收，回收时不得夹有杂物，并应及时运至拌和地点，掺入新砂浆中拌和使用。

2. 填充墙砌体工程

(1)砌体施工脚手架要搭设牢固。

(2)外墙施工时，必须有外墙防护及施工脚手架，墙与脚手架间的间隙应封闭，以防高空坠物伤人。

(3)严禁站在墙上进行画线、吊线、清扫墙面、支设模板等施工作业。

(4)在脚手架上，堆放普通砖不得超过2层。

(5)操作时精神要集中，不得嬉笑打闹，以防意外事故发生。

(6)现场实行封闭化施工，有效控制噪声、扬尘、废物、废水等的排放。

二、模板工程

1. 模板安装

(1)模板安装前必须做好下列安全技术准备工作：

1)应审查模板结构设计与施工说明书中的荷载、计算方法、节点构造和安全措施，设计审批手续应齐全。

2)应进行全面的安全技术交底，操作班组应熟悉设计与施工说明书，并应做好模板安装作业的分工准备。采用爬模、飞模、隧道模等特殊模板施工时，所有参加作业人员必须经过专门技术培训，考核合格后方可上岗。

3)应对模板和配件进行挑选、检测，不合格者应剔除，并运至工地指定地点堆放。

4)备齐操作所需的一切安全防护设施和器具。

(2)模板构造与安装应符合下列规定：

1)模板安装应按设计与施工说明书顺序拼装。木杆、钢管、门架等支架立柱不得混用。

2)竖向模板和支架立柱支承部分安装在基土上时，应加设垫板。垫板应有足够强度和支承面积，且应中心承载。基土应坚实，并应有排水措施。对湿陷性黄土应有防水措施；对特别重要的结构工程可采用混凝土、打桩等措施防止支架柱下沉；对冻胀性土应有防冻融措施。

3)当满堂或共享空间模板支架立柱高度超过8 m时，若地基土达不到承载要求，无法防止立柱下沉，则应先施工地面下的工程，再分层回填夯实基土，浇筑地面混凝土垫层，达到强度后方可支模。

4)模板及其支架在安装过程中，必须设置防倾覆的有效临时固定设施。

5)现浇钢筋混凝土梁、板，当跨度大于4 m时，模板应起拱；当设计无具体要求时，起拱高度宜为全跨长度的 1/1 000～3/1 000。

6)现浇多层或高层房屋和构筑物，安装上层模板及其盘架应符合下列规定：

①下层楼板应具有承受上层施工荷载的承载能力，否则应加设立撑支架；

②上层支架立柱应对准下层支架立柱，并应在立柱底铺设垫板；

③当采用悬臂吊模板、桁架支模方法时，其支撑结构的承载能力和刚度必须符合设计构造要求。

7)当层间高度大于 5 m 时，应选用桁架盘模或钢臂立柱支模。当层间高度小于或等于 5 m 时，可采用木立柱支模。

(3)安装模板应保证工程结构和构件各部分形状、尺寸和相互位置的正确，防止漏浆，构造应符合模板设计要求。模板应具有足够的承载能力、刚度和稳定性，应能可靠承受新浇混凝土自重和侧压力以及施工过程中所产生的荷载。

(4)拼装高度为 2 m 以上的竖向模板，不得站在下层模板上拼装上层模板。安装过程中应设置临时固定设施。

(5)当承重焊接钢筋骨架和模板一起安装时，应符合下列规定：

1)梁的侧模、底模必须固定在承重焊接钢筋骨架的节点上。

2)安装钢筋模板组合体时，吊索应按模板设计的吊点位置绑扎。

(6)当支架立柱成一定角度倾斜，或其支架立柱的顶表面倾斜时，应采取可靠措施确保支点稳定，支撑底脚必须有防滑移的可靠措施。

(7)除设计图另有规定者外，所有垂直支架柱应保证其垂直。

(8)对梁和板安装二次立撑前，其上不得有施工荷载，支撑的位置必须正确，安装后所传给支撑或连接件的荷载不应超过其允许值。

(9)支撑梁、板的支架立柱构造与安装应符合下列规定：

1)梁和板的立柱，其纵横向间距应相等或成倍数。

2)木立柱底部应设垫木，顶部应设支撑头。钢管立柱底部应设垫木和底座，顶部应设可调支托，U 形支托与楞梁两侧间如有间隙，必须楔紧，其螺杆伸出钢管顶部不得大于 200 mm，螺杆外径与立柱钢管内径的间隙不得大于 3 mm，安装时应保证上下同心。

3)在立柱底距地面 200 mm 高处，沿纵横水平方向应按纵下横上的程序设扫地杆。可调支托底部的立柱顶端应沿纵横向设置一道水平拉杆。扫地杆与顶部水平拉杆之间的间距，在满足模板设计所确定的水平拉杆步距要求条件下，进行平均分配确定步距后，在每一步距处纵横向应各设一道水平拉杆。当层高在 8～20 m 时，在最顶步距两水平拉杆中间应加设一道水平拉杆；当层高大于 20 m 时，在最顶两步距水平拉杆中间应分别增加一道水平拉杆。所有水平拉杆的端部均应与四周建筑物顶紧顶牢。无处可顶时，应在水平拉杆端部和中部沿竖向设置连续式剪刀撑。

4)木立柱的扫地杆、水平拉杆、剪刀撑应采用 40 mm×50 mm 木条或 25 mm×80 mm 的木板条与木立柱钉牢。钢管立柱的扫地杆、水平拉杆、剪刀撑应采用 ϕ48 mm×3.5 mm 钢管，用扣件与钢管立柱扣牢。木扫地杆、水平拉杆、剪刀撑应采用搭接，并应采用铁钉钉牢。钢管扫地杆、水平拉杆应采用对接，剪刀撑应采用搭接，搭接长度不得小于 500 mm，并应采用 2 个旋转扣件分别在离杆端不小于 100 mm 处进行固定。

(10)施工时，已安装好的模板上的实际荷载不得超过设计值。已承受荷载的支架和附件，不得随意拆除或移动。

(11)组合钢模板、滑升模板等的构造与安装，还应符合现行国家标准《组合钢模板技术规范》(GB/T 50214—2013)和《滑动模板工程技术规范》(GB 50113—2005)的相应规定。

(12)安装模板时，安装所需各种配件应置于工具箱或工具袋内，严禁散放在模板或脚手板上，安装所用工具应系挂在作业人员身上或置于所佩戴的工具袋中，不得掉落。

(13)当模板安装高度超过 3 m 时，必须搭设脚手架，除操作人员外，脚手架下不得站其他人。

(14)吊运模板时，必须符合下列规定：

1)作业前应检查绳索、卡具、模板上的吊环，必须完整有效，在升降过程中应设专人指挥，统一信号，密切配合。

2)吊运大块或整体模板时，竖向吊运不应少于 2 个吊点，水平吊运不应少于 4 个吊点。吊运必须使用卡环连接，并应稳起稳落，待模板就位连接牢固后，方可摘除卡环。

3)吊运散装模板时必须码放整齐，待捆绑牢固后方可起吊。

4)严禁起重机在架空输电线路下面工作。

5)遇 5 级及以上大风时，应停止一切吊运作业。

(15)木料应堆放在下风向，离火源不得小于 30 m，且料场四周应设置灭火器材。

2. 模板拆除

(1)模板的拆除措施应经技术主管部门或负责人批准，拆除模板的时间可按现行国家标准《混凝土结构工程施工质量验收规范》(GB 50204—2015)的有关规定执行。冬期施工时拆模应符合专门规定。

(2)当混凝土未达到规定强度或已达到设计规定强度，需提前拆模或承受部分超设计荷载时，必须经过计算和技术主管确认其强度足够承受此荷载后，方可拆除。

(3)在承重焊接钢筋骨架作配筋的结构中，承受混凝土重量的模板，在混凝土达到设计强度的 25% 后方可拆除承重模板。当在已拆除模板的结构上加置荷载时，应另行核算。

(4)大体积混凝土的拆模时间除应满足混凝土强度要求外，还应使混凝土内外温差降低到 25 ℃ 以下时方可拆模，否则应采取有效措施防止产生温度裂缝。

(5)后张预应力混凝土结构的侧模宜在施加预应力前拆除，底模应在施加预应力后拆除。当设计有规定时，应按规定执行。

(6)拆模前应检查确定所使用的工具有效、可靠，扳手等工具必须装入工具袋或系挂在身上，并应检查拆模场所范围内的安全措施。

(7)模板的拆除工作应设专人指挥。作业区应设围栏，其内不得有其他工种作业，并应设专人负责监护。拆下的模板、零配件严禁抛掷。

(8)拆模的顺序和方法应按模板的设计规定进行。当设计无规定时，可按照先支的后拆、后支的先拆，先拆非承重模板、后拆承重模板的顺序，从上而下进行拆除。拆下的模板不得抛扔，应按指定地点堆放。

(9)多人同时操作时，应明确分工、统一信号或行动，应具有足够的操作面，人员应站在安全处。

(10)高处拆除模板时，应符合有关高处作业的规定。严禁使用大锤和撬棍，操作层上临时拆下的模板堆放不能超过 3 层。

(11)在提前拆除互相搭连并涉及其他后拆模板的点撑时，应补设临时支撑。拆模时应逐块拆卸，不得成片撬落或拉倒。

(12)拆模如遇中途停歇，应将已拆松动、悬空、浮吊的模板或支架进行牢固临时支撑或稳固相互连接。对活动部件必须一次拆除。

(13)已拆除模板的结构，在混凝土强度达到设计强度值后方可承受全部设计荷载。在未达到设计强度、需在结构上加置施工荷载时，应另行核算；强度不足时，应应加设临时支撑。

(14)遇 6 级或 6 级以上大风时，应暂停室外的高处作业。雨、雪、霜后应先清扫施工现场，然后方可进行工作。

(15)拆除有洞口模板时，应采取防止操作人员坠落的措施。洞口模板拆除后，应按现行行业标准《建筑施工高处作业安全技术规范》(JGJ 80—2016)的有关规定及时进行防护。

三、钢筋工程

(1)钢筋调直、切断、弯曲、除锈、冷拉等各道工序的加工机械必须遵守现行行业标准《建筑机械使用安全技术规程》(JGJ 33—2012)的规定，保证安全装置齐全有效，动力线路用钢管从地坪下引入，机壳要有保护零线。

(2)施工现场用电必须符合现行行业标准《施工现场临时用电安全技术规范》(JGJ 46—2005)的规定。

(3)制作成型钢筋时，场地要平整，工作台要稳固，照明灯具必须加网罩。

(4)钢筋加工场地必须设专人看管，非钢筋加工制作人员不得擅自进入钢筋加工场地。

(5)各种加工机械在作业人员下班后一定要拉闸断电。

(6)加工好的钢筋现场堆放应平稳、分散，防止倾倒、塌落伤人。

(7)搬运钢筋时，应防止钢筋碰撞障碍物，防止在搬运中碰撞电线，发生触电事故。

(8)多人运送钢筋时，起、落、转、停动作要一致，人工上下传递时不得在同一垂直线上。

(9)对从事钢筋挤压连接和钢筋直螺纹连接施工的有关人员应经培训、考核后持证上岗，并经常进行安全教育，防止发生人身和设备安全事故。

(10)在高处进行挤压操作，必须遵守现行行业标准《建筑施工高处作业安全技术规范》(JGJ 80—2016)的规定。

(11)在建筑物内的钢筋要分散堆放，高空绑扎、安装钢筋时，不得将钢筋集中堆放在模板或脚手架上。

(12)在高空、深坑绑扎钢筋和安装骨架，必须搭设脚手架和马道。

(13)绑扎 3 m 以上的柱钢筋必须搭设操作平台，不得站在钢箍上绑扎。已绑扎的柱骨架应用临时支撑拉牢，以防倾倒。

(14)绑扎圈梁、挑檐、外墙、边柱钢筋时，应搭设外脚手架或悬挑架，并按规定挂好安全网。脚手架的搭设必须由专业架子工搭设且应符合安全技术操作规程。

(15)绑扎筒式结构(如烟囱、水池等)，不得站在钢筋骨架上操作或上下。

(16)雨、雪、风力 6 级以上(含 6 级)天气不得露天作业。清除积水、积雪后方可作业。

四、混凝土工程

(1)采用手推车运输混凝土时，不得争先抢道，装车不应过满；卸车时应有挡车措施，不得用力过猛或撒把，以防车把伤人。

(2)使用井架提升混凝土时，应设制动装置，升降应有明确信号，操作人员未离开提升台时，不得发升降信号。提升台内停放手推车要平衡，车把不得伸出台外，车轮前后应挡牢。

(3)混凝土浇筑前，应对振动器进行试运转，振动器操作人员应穿绝缘靴、戴绝缘手套；振动器不能挂在钢筋上，湿手不能接触电源开关。

(4)混凝土运输、浇筑部位应有安全防护栏杆、操作平台。

(5)现场施工负责人应为机械作业提供道路、水电、机棚或停机场地等必备的条件，并消除对机械作业有妨碍或不安全的因素。夜间作业应设置充足的照明设备。

(6)机械进入作业地点后，施工技术人员应向操作人员进行施工任务和安全技术措施交底。

操作人员应熟悉作业环境和施工条件，听从指挥，遵守现场安全规则。

(7)操作人员在作业过程中应集中精力正确操作，注意机械工况，不得擅自离开工作岗位或将机械交给其他无证人员操作。严禁无关人员进入作业区或操作室内。

(8)当使用机械与安全生产要求发生矛盾时，必须首先服从安全生产要求。

第四节　主要施工机械设备安全技术

一、塔式起重机

1. 塔式起重机的安装

(1)安装前应根据专项施工方案，对塔式起重机基础的下列项目进行检查，确认合格后方可实施：

1)基础的位置、标高、尺寸。

2)基础的隐蔽工程验收记录和混凝土强度报告等相关资料。

3)安装辅助设备的基础、地基承载力、预埋件等。

4)基础的排水措施。

(2)安装作业，应根据专项施工方案要求实施。安装作业人员应分工明确、职责清楚。安装前应对安装作业人员进行安全技术交底，交底人和被交底人双方应在交底书上签字，专职安全员应监督整个交底过程。

(3)安装辅助设备就位后，应对其机械和安全性能进行检验，合格后方可作业。实际应用中，经常发现因安装辅助设备的安全性能出现故障而发生塔式起重机安全事故，所以要对安装辅助设备的机械性能进行检查，合格后方可使用。

(4)安装所使用的钢丝绳、卡环、吊钩和辅助支架等起重机具均应符合规定，并应经检查合格后方可使用。

(5)安装作业中应统一指挥，明确指挥信号。当视线受阻、距离过远时，应采用对讲机或多级指挥。

(6)自升式塔式起重机的顶升加节，应符合下列要求：

1)顶升系统必须完好。

2)结构件必须完好。

3)顶升前，塔式起重机下支座与顶升套架应可靠连接。

4)顶升前，应确保顶升横梁搁置正确。

5)顶升前，应将塔式起重机调平；顶升过程中，应确保塔式起重机的平衡。

6)顶升加节的顺序，应符合产品说明书的规定。

7)顶升过程中，不应进行起升、回转、变幅等操作。

8)顶升结束后，应将标准节与回转下支座可靠连接。

9)塔式起重机加节后需进行附着的，应按照先装附着装置、后顶升加节的顺序进行，附着装置的位置和支撑点的强度应符合要求。

(7)塔式起重机的独立高度、悬臂高度应符合产品说明书的要求。

(8)雨、雪、浓雾天气严禁进行安装作业。安装塔式起重机时最大高度处的风速应符合产品说明书的要求，且风速不得超过 12 m/s。

(9)塔式起重机不宜在夜间进行安装作业；特殊情况下，必须在夜间进行塔式起重机安装和拆卸作业时，应保证提供足够的照明。

（10）特殊情况，当安装作业不能连续进行时，必须将已安装的部位固定牢靠并达到安全状态，经检查确认无隐患后，方可停止作业。

（11）电气设备应按产品说明书的要求进行安装，安装所用的电源线路应符合现行行业标准《施工现场临时用电安全技术规范》（JGJ 46—2005）的要求。

（12）塔式起重机的安全装置必须齐全，并应按程序调试合格。

（13）连接件及其防松防脱件应符合规定要求，严禁用其他代用品代用。连接件及其防松防脱件应使用力矩扳手或专用工具紧固连接螺栓，使预紧力矩达到规定要求。

（14）安装完毕后，应及时清理施工现场的辅助用具和杂物。

2. 塔式起重机的使用

（1）塔式起重机的起重司机、起重信号工、司索工等操作人员应取得特种作业人员资格证书，严禁无证上岗。

（2）塔式起重机使用前，应对起重司机、起重信号工、司索工等作业人员进行安全技术交底。

（3）塔式起重机的力矩限制器、重量限制器、变幅限位器、行走限位器、高度限位器等安全保护装置不得随意调整和拆除，严禁用限位装置代替操纵机构。

（4）塔式起重机回转、变幅、行走、起吊动作前应示意警示。起吊时应统一指挥，明确指挥信号；当指挥信号不清楚时，不得起吊。

（5）塔式起重机起吊前，当吊物与地面或其他物件之间存在吸附力或摩擦力而未采取处理措施时，不得起吊。

（6）塔式起重机起吊前，应对安全装置进行检查，确认合格后方可起吊；安全装置失灵时，不得起吊。

（7）塔式起重机起吊前，应按要求对吊具与索具进行检查，确认合格后方可起吊；吊具与索具不符合相关规定的，不得用于起吊作业。

（8）塔式起重机与架空输电线的安全距离应符合表8-3的规定。

表8-3　塔式起重机与架空输电线的安全距离

安全距离	电压/kV				
	＜1	1～15	20～40	60～110	＞220
沿垂直方向/m	1.5	3.0	4.0	5.0	6.0
沿水平方向/m	1.0	1.5	2.0	4.0	6.0

（9）作业中遇突发故障，应采取措施将吊物降落到安全地点，严禁吊物长时间悬挂在空中。

（10）遇有风速在12 m/s及以上的大风或大雨、大雪、大雾等恶劣天气时，应停止作业。雨雪过后，应先经过试吊，确认制动器灵敏可靠后方可进行作业。夜间施工应有足够的照明，照明的安装应符合现行行业标准《施工现场临时用电安全技术规范》（JGJ 46—2005）的要求。

（11）塔式起重机不得起吊重量超过额定荷载的吊物，并不得起吊重量不明的吊物。

（12）在吊物荷载达到额定荷载的90%时，应先将吊物吊离地面200～500 mm后，检查机械状况、制动性能、物件绑扎情况等，确认无误后方可起吊。对于晃动的物件，必须拴拉溜绳使之稳固。

（13）物件起吊时应绑扎牢固，不得在吊物上堆放或悬挂其他物件；零星材料起吊时，必须用吊笼或钢丝绳绑扎牢固。当吊物上站有人时不得起吊。

(14)标有绑扎位置或记号的物件，应按标明位置绑扎。钢丝绳与物件的夹角宜为 45°～60°。吊索与吊物棱角之间应有防护措施；未采取防护措施的，不得起吊。

(15)作业完毕后，应松开回转制动器，各部件应置于非工作状态，控制开关应置于零位，并应切断总电源。

(16)行走式塔式起重机停止作业时，应锁紧夹轨器。

(17)塔式起重机使用高度超过 30 m 时应配置障碍灯，起重臂根部铰点高度超过 50 m 时应配备风速仪。

(18)严禁在塔式起重机塔身上附加广告牌或其他标语牌。

(19)每班作业应做好例行保养，并应做好记录。记录的主要内容应包括结构件外观、安全装置、传动机构、连接件、制动器、索具、夹具、吊钩、滑轮、钢丝绳、液位、油位、油压、电源、电压等。

(20)实行多班作业的设备，应执行交接班制度，认真填写交接班记录，接班司机经检查确认无误后，方可开机作业。

(21)塔式起重机应实施各级保养。转场时，应做转场保养，并有记录。

(22)塔式起重机的主要部件和安全装置等应进行经常性检查，每月不得少于一次，并应留有记录，发现有安全隐患时应及时进行整改。

(23)当塔式起重机使用周期超过一年时，应按要求进行一次全面检查，确认合格后方可继续使用。

(24)使用过程中塔式起重机发生故障时，应及时维修，维修期间应停止作业。

3. 塔式起重机的拆卸

(1)塔式起重机拆卸作业宜连续进行；当遇特殊情况，拆卸作业不能继续时，应采取措施保证塔式起重机处于安全状态。

(2)当用于拆卸作业的辅助起重设备设置在建筑物上时，应明确设置位置、锚固方法，并应对辅助起重设备的安全性及建筑物的承载能力等进行验算。

(3)拆卸前应检查下列项目：主要结构件、连接件、电气系统、起升机构、回转机构、变幅机构、顶升机构等。发现隐患应采取措施，解决后方可进行拆卸作业。

(4)附着式塔式起重机应明确附着装置的拆卸顺序和方法。

(5)自升式塔式起重机每次降节前，应检查顶升系统和附着装置的连接等，确认完好后方可进行作业。

(6)拆卸时应先降节、后拆除附着装置。塔式起重机的自由端高度应符合规定要求。

(7)拆卸完毕后，为塔式起重机拆卸作业而设置的所有设施应拆除，并清理场地上作业时所用的吊索具、工具等各种零配件和杂物。

二、施工升降机

1. 施工升降机的安装

(1)安装作业人员应按施工安全技术交底内容进行作业。

(2)安装单位的专业技术人员、专职安全生产管理人员应进行现场监督。

(3)施工升降机的安装作业范围应设置警戒线及明显的警示标志。非作业人员不得进入警戒范围。任何人不得在悬吊物下方行走或停留。

(4)进入现场的安装作业人员应佩戴安全防护用品，高处作业人员应系安全带，穿防滑鞋。作业人员严禁酒后作业。

(5)安装作业中应统一指挥,明确分工。危险部位安装时应采取可靠的防护措施。当指挥信号传递困难时,应使用对讲机等通信工具进行指挥。

(6)当遇大雨、大雪、大雾或风速大于13 m/s等恶劣天气时,应停止安装作业。

(7)电气设备安装应按施工升降机使用说明书的规定进行,安装用电应符合现行行业标准《施工现场临时用电安全技术规范》(JGJ 46—2005)的规定。

(8)施工升降机金属结构和电气设备金属外壳均应接地,接地电阻不应大于4 Ω。

(9)安装时应确保施工升降机运行通道内无障碍物。

(10)安装作业时必须将按钮盒或操作盒移至吊笼顶部操作。当导轨架或附墙架上有人员作业时,严禁开动施工升降机。

(11)传递工具或器材不得采用投掷的方式。

(12)在吊笼顶部作业前应确保吊笼顶部护栏齐全完好。

(13)吊笼顶上所有的零件和工具应放置平稳,不得超出安全护栏。

(14)安装作业过程中,安装作业人员和工具等总荷载不得超过施工升降机的额定安装载重量。

(15)当安装吊杆上有悬挂物时,严禁开动施工升降机。严禁超载使用安装吊杆。

(16)层站应为独立受力体系,不得搭设在施工升降机附墙架的立杆上。

(17)当需安装导轨架加厚标准节时,应确保普通标准节和加厚标准节的安装部位正确,不得用普通标准节替代加厚标准节。

(18)导轨架安装时,应对施工升降机导轨架的垂直度进行测量校准。施工升降机导轨架安装垂直度偏差应符合使用说明书和表8-4的规定。

表8-4　安装垂直度偏差

导轨架架设高度 h/m	$h \leqslant 70$	$70 < h \leqslant 100$	$100 < h \leqslant 150$	$150 < h \leqslant 200$	$h > 200$
垂直度偏差/mm	不大于 h/1 000	$\leqslant 70$	$\leqslant 90$	$\leqslant 110$	$\leqslant 130$
	对钢丝绳式施工升降机,垂直度偏差不大于 $1.5h$/1 000				

(19)接高导轨架标准节时,应按使用说明书的规定进行附墙连接。

(20)每次加节完毕后,应对施工升降机导轨架的垂直度进行校正,且应按规定及时重新设置行程限位和极限限位,经验收合格后方能运行。

(21)连接件和连接件之间的防松防脱件应符合使用说明书的规定,不得用其他物件代替。对有预紧力要求的连接螺栓,应使用扭力扳手或专用工具,按规定的拧紧次序将螺栓准确地紧固到规定的扭矩值。安装标准节连接螺栓时,宜螺杆在下,螺母在上。

(22)施工升降机最外侧边缘与外面架空输电线路的边线之间,应保持安全操作距离。最小安全操作距离应符合表8-5的规定。

表8-5　最小安全操作距离

外电线电路电压/kV	<1	$1\sim10$	$35\sim110$	220	$330\sim500$
最小安全操作距离/m	4	6	8	10	15

(23)当发现故障或危及安全的情况时,应立刻停止安装作业,采取必要的安全防护措施,应设置警示标志并报告技术负责人。在故障或危险情况未排除之前,不得继续安装作业。

(24)当遇意外情况不能继续安装作业时,应使已安装的部件达到稳定状态并固定牢靠,经确认合格后方能停止作业。作业人员下班离岗时,应采取必要的防护措施,并应设置明显的警示标志。

(25)安装完毕后应拆除为施工升降机安装作业而设置的所有临时设施,清理施工场地上作业时所用的索具、工具、辅助用具、各种零配件和杂物等。

(26)钢丝绳式施工升降机的安装还应符合下列规定:

1)卷扬机应安装在平整、坚实的地点,且应符合使用说明书的要求。

2)卷扬机、曳引机应按使用说明书的要求固定牢靠。

3)应按规定配备防坠安全装置。

4)卷扬机卷筒、滑轮、曳引轮等应有防脱绳装置。

5)每天使用前应检查卷扬机制动器,动作应正常。

6)卷扬机卷筒与导向滑轮中心线应垂直对正,钢丝绳出绳偏角大于2°时应设置排绳器。

7)卷扬机的传动部位应安装牢固的防护罩;卷扬机卷筒旋转方向应与操纵开关上指示方向一致。卷扬机钢丝绳在地面上运行区域内应有相应的安全保护措施。

2. 施工升降机的使用

(1)不得使用有故障的施工升降机。

(2)严禁施工升降机使用超过有效标定期的防坠安全器。

(3)施工升降机额定载重量、额定乘员数标牌应置于吊笼醒目位置。严禁在超过额定载重量或额定乘员数的情况下使用施工升降机。

(4)当电源电压值与施工升降机额定电压值的偏差超过±5%,或供电总功率小于施工升降机的规定值时,不得使用施工升降机。

(5)应在施工升降机作业范围内设置明显的安全警示标志,并在集中作业区做好安全防护。

(6)当建筑物超过2层时,施工升降机地面通道上方应搭设防护棚。当建筑物高度超过24 m时,应设置双层防护棚。

(7)使用单位应根据不同的施工阶段、周围环境、季节和气候,对施工升降机采取相应的安全防护措施。

(8)使用单位应在现场设置相应的设备管理机构或配备专职的设备管理人员,并指定专职设备管理人员、专职安全生产管理人员进行监督检查。

(9)当遇大雨、大雪、大雾等恶劣天气,或施工升降机顶部风速大于20 m/s,或导轨架、电缆表面结有冰层时,不得使用施工升降机。

(10)严禁用行程限位开关作为停止运行的控制开关。

(11)使用期间,使用单位应按使用说明书的要求对施工升降机定期进行保养。

(12)在施工升降机基础周边水平距离5 m以内,不得开挖井沟,不得堆放易燃易爆物品及其他杂物。

(13)施工升降机运行通道内不得有障碍物。不得利用施工升降机的导轨架、横竖支撑、层站等牵拉或悬挂脚手架、施工管道、绳缆标语、旗帜等。

(14)施工升降机安装在建筑物内部井道中时,应在运行通道四周搭设封闭屏障。

(15)安装在阴暗处或夜班作业的施工升降机,应在全行程装设明亮的楼层编号标志灯。夜间施工时作业区应有足够的照明,照明应满足现行行业标准《施工现场临时用电安全技术规范》(JGJ 46—2005)的要求。

(16)施工升降机不得使用脱皮、裸露的电线、电缆。

(17)施工升降机吊笼底板应保持干燥整洁。各层站通道区域不得有物品长期堆放。

(18)施工升降机司机严禁酒后作业。工作时间内司机不应与其他人员闲谈,不应有妨碍施工升降机运行的行为。

(19)施工升降机司机应遵守安全操作规程和安全管理制度。

(20)实行多班作业的施工升降机,应执行交接班制度。接班司机应进行班前检查,确认无误后,方能开机作业。

(21)施工升降机每天第一次使用前,司机应将吊笼升离地面 1~2 m,停车检验制动器的可靠性。当发现问题,应经修复合格后方能运行。

(22)施工升降机每 3 个月应进行 1 次 1.25 倍额定重量的超载试验,确保制动器性能安全可靠。

(23)工作时间内司机不得擅自离开施工升降机。当有特殊情况需离开时,应将施工升降机停到最底层,关闭电源并锁好吊笼门。

(24)操作手动开关的施工升降机时,不得利用机电联锁开动或停止施工升降机。

(25)层门门闩宜设置在靠施工升降机一侧,且层门应处于常闭状态。未经施工升降机司机许可,不得启闭层门。

(26)施工升降机专用开关箱应设置在导轨架附近便于操作的位置,配电容量应满足施工升降机直接启动的要求。

(27)施工升降机使用过程中,运载物料的尺寸不应超过吊笼的界限。

(28)散状物料运载时应装入容器、进行捆绑或使用织物袋包装,堆放时应使荷载分布均匀。

(29)运载融化沥青、强酸、强碱、溶液、易燃物品或其他特殊物料时,应由相关技术部门做好风险评估和采取安全措施,且应向施工升降机司机、相关作业人员书面交底后方能载运。

(30)当使用搬运机械向施工升降机吊笼内搬运物料时,搬运机械不得碰撞施工升降机。卸料时,物料放置速度应缓慢。

(31)当运料小车进入吊笼时,车轮处的集中荷载不应大于吊笼底板底和层站底板的允许承载力。

(32)吊笼上的各类安全装置应保持完好有效。经过大雨、大雪、台风等恶劣天气后应对各安全装置进行全面检查,确认安全有效后方能使用。

(33)当在施工升降机运行中发现异常情况时,应立即停机,直到排除故障后方能继续运行。

(34)当在施工升降机运行中由于断电或其他原因中途停止时,可进行手动下降。吊笼手动下降速度不得超过额定运行速度。

(35)作业结束后应将施工升降机返回最底层停放,将各控制开关拨到零位,切断电源,锁好开关箱,吊笼门和地面防护围栏门。

(36)钢丝绳式施工升降机的使用还应符合下列规定:

1)钢丝绳应符合现行国家标准《起重机 钢丝绳 保养、维护、检验和报废》(GB/T 5972—2016)的规定。

2)施工升降机吊笼运行时钢丝绳不得与遮掩物或其他物件发生碰触或摩擦。

3)当吊笼位于地面时,最后缠绕在卷扬机卷筒上的钢丝绳不应少于 3 圈,且卷扬机卷筒上钢丝绳应无乱绳现象。

4)卷扬机工作时,卷扬机上部不得放置任何物件。

5)不得在卷扬机、曳引机运转时进行清理或加油。

3. 施工升降机的拆卸

(1)拆卸前应对施工升降机的关键部件进行检查,当发现问题时,在问题解决后方能进行拆卸作业。

(2)施工升降机拆卸作业应符合拆卸工程专项施工方案的要求。

(3)应有足够的工作面作为拆卸场地,应在拆卸场地周围设置警戒线和醒目的安全警示标志，并应派专人监护。拆卸施工升降机时，不得在拆卸作业区域内进行与拆卸无关的其他作业。

（4）夜间不得进行施工升降机的拆卸作业。

（5）拆卸附墙架时施工升降机导轨架的自由端高度应始终满足使用说明书的要求。

（6）应确保与基础相连的导轨架在最后一个附墙架拆除后，仍能保持各方向的稳定性。

（7）施工升降机拆卸应连续作业。当拆卸作业不能连续完成时，应根据拆卸状态采取相应的安全措施。

（8）吊笼未拆除之前，非拆卸作业人员不得在地面防护围栏内、施工升降机运行通道内、导轨架内以及附墙架上等区域活动。

三、物料提升机

1. 物料提升机的安装与拆除

（1）安装、拆除物产提升机的单位应具备以下条件：

1）安装、拆除单位应具有起重机械安拆资质及安全生产许可证。

2）安装、拆除作业人员必须经专门培训，取得特种作业资格证。

（2）物料提升机安装、拆除前，应根据工程实际情况编制专项安装、拆除方案，且应经安装、拆除单位技术负责人审批后实施。

（3）安装作业前的准备应符合下列规定：

1）物料提升机安装前，安装负责人应依据专项安装方案对安装作业人员进行安全技术交底。

2）应确认物料提升机的结构、零部件和安全装置经出厂检验，并符合要求。

3）应确认物料提升机的基础已验收，并符合要求。

4）应确认辅助安装起重设备及工具经检验检测，并符合要求。

5）应明确作业警戒区，并设专人监护。

（4）基础的位置应保证视线良好，物料提升机任意部位与建筑物或其他施工设备间的安全距离不应小于 0.6 m；与外电线路的安全距离应符合《施工现场临时用电安全技术规范》（JGJ 46—2005）的规定。

（5）卷扬机的安装应符合下列规定：

1）卷扬机安装位置宜远离危险作业区，且视线良好。

2）卷扬机卷筒的轴线应与导轨架底部导向轮的中线垂直，垂直度偏差不宜大于 2°，其垂直距离不宜小于 20 倍卷筒宽度；当不能满足条件时，应设排绳器。

3）卷扬机宜采用地脚螺栓与基础固定牢固；当采用地锚固定时，卷扬机前端应设置固定止挡。

（6）导轨架的安装程序应按专项方案要求执行。紧固件的紧固力矩应符合使用说明书要求。安装精度应符合下列规定：

1）导轨架的轴心线对水平基准面的垂直度偏差不应大于导轨架高度的 0.15%。

2）标准节安装时导轨结合面对接应平直，错位形成的阶差应符合下列规定：

①吊笼导轨不应大于 1.5 mm；

②对重导轨、防坠器导轨不应大于 0.5 mm。

3）标准节截面内，两对角线长度偏差不应大于最大连长的 0.3%。

（7）钢丝绳宜设防护槽，槽内应设滚动托架，且应采用钢板网将槽口封盖。钢丝绳不得拖地或浸泡在水中。

（8）拆除作业前，应对物料提升机的导轨架、附墙架等部位进行检查，确认无误后方能进行拆除作业。

(9)拆除作业应先挂吊具、后拆除附墙架或缆风绳及地脚螺栓。拆除作业中，不得抛掷构件。

(10)拆除作业宜在白天进行，夜间作业应有良好的照明。

2. 物料提升机的使用

(1)物料提升机必须由取得特种作业操作证的人员操作。

(2)物料提升机严禁载人。

(3)物料应在吊笼内均匀分布，不应过度偏载。

(4)不得装载超出吊笼空间的超长物料，不得超载运行。

(5)在任何情况下，不得使用限位开关代替控制开关运行。

(6)物料提升机每班作业前司机应进行作业前检查，确认无误后方可作业。应检查确认下列内容：

1)制动器可靠有效。

2)限位器灵敏完好。

3)停层装置动作可靠。

4)钢丝绳磨损在允许范围内。

5)吊笼及对重导向装置无异常。

6)滑轮、卷筒防钢丝绳脱槽装置可靠有效。

7)吊笼运行通道内无障碍物。

(7)当发生防坠安全器制停吊笼的情况时，应查明制停原因，排除故障。并应检查吊笼、导轨架及钢丝绳，应确认无误并重新调整防坠安全器后运行。

(8)物料提升机夜间施工应有足够照明，照明用电应符合《施工现场临时用电安全技术规范》(JGJ 46—2005)的规定。

(9)遭遇大雨、大雾、风速 13 m/s 及以上大风等恶劣天气时，物料提升机必须停止运行。

(10)作业结束后，应将吊笼放回最底层停放，控制开关应扳至零位，并应切断电源，锁好开关箱。

第五节　高处作业安全防护技术

一、一般规定

按照现行国家标准《高处作业分级》(GB/T 3608—2008)的规定，"在距坠落高度基准面 2 m 及 2 m 以上有可能坠落的高处进行的作业"，均称为高处作业。在建筑施工中，常常出现高于 2 m 的临边、洞口、攀登和悬空等作业，高处坠落的事故也屡见不鲜。因此，应严格按照安全技术规范要求施工。

(1)高处作业的安全技术措施及其所需料具，必须列入工程的施工组织设计。

(2)施工前应逐级进行安全技术教育及交底，落实所有安全技术措施和人身防护用品，未经落实不得进行施工。

(3)高处作业中的安全标志、工具、仪表、电气设施和各种设备，必须在施工前加以检查，确认完好后，方能投入使用。

(4)攀登和悬空高处作业人员以及搭设高处作业安全设施的人员，必须经过专业技术培训及专业考试合格，持证上岗，并必须定期进行体格检查。

(5)遇恶劣天气不得进行露天攀登与悬空高处作业。

(6)用于高处作业的防护设施,不得擅自拆除,确因作业需要临时拆除必须经项目经理部施工负责人同意,并采取相应的可靠措施,作业后应立即恢复。

(7)高处作业的防护门设施在搭拆过程中应相应设置警戒区并派人监护,严禁上、下同时拆除。

(8)高处作业安全设施的主要受力杆件,力学计算按一般结构力学公式,强度及刚度计算不考虑塑性影响,构造上应符合现行相应规范的要求。

二、洞口作业

(1)楼板、屋面和平台等面上短边尺寸小于25 cm但大于2.5 cm的洞口,必须设坚实盖板并能防止挪动移位。

(2)楼板面等处边长为25~50 cm的洞口,必须设置固定盖板,保持四周搁置均衡,并有固定其位置的措施。

(3)边长为50~150 cm的洞口,必须预埋通长钢筋网片,纵横钢筋间距不得大于20 cm;或满铺脚手板,脚手板应绑扎固定,任何人未经许可不得随意移动。

(4)边长在150 cm以上的洞口,四周必须搭设围护架,并设双道防护栏杆,洞口中间支挂水平安全网,网的四周要拴挂牢固、严密。

(5)位于车辆行驶道路旁的洞口、深沟、管道、坑、槽等,所加盖板应能承受不小于当地额定卡车后轮有效承载力两倍的荷载。

(6)墙面等处的竖向洞口,凡落地的洞口应设置防护门或绑防护栏杆,下设挡脚板。低于80 cm的竖向洞口,应加设1.2 m高的临时护栏。

(7)电梯井必须设不低于1.2 m的金属防护门,井内首层和首层以上每隔10 m设一道水平安全网,安全网应封闭。未经上级主管技术部门批准,电梯井内不得做垂直运输通道和垃圾通道。

(8)洞口必须按规定设置照明装置和安全标志。

三、临边作业

(1)尚未安装栏杆或挡脚板的阳台周边、无外架防护的屋面周边、框架结构楼层周边、雨篷与挑檐边、水箱与水塔周边、斜道两侧边、卸料平台外侧边,必须设置1.2 m高的两道护身栏杆并设置固定高度不低于18 cm的挡脚板或搭设固定的立网防护。

(2)护栏除经设计计算外,横杆长度大于2 m时,必须加设栏杆柱。栏杆柱的固定及其与横杆的连接,其整体构造在任何一处应能经受来自任何方向的1 000 N的外力。

(3)当临边的外侧面临街道时,除防护栏杆外,敞口立面必须采取满挂小眼安全网或其他可靠措施作全封闭处理。

(4)分层施工的楼梯口、梯段边及休息平台处必须安装临时护栏,顶层楼梯口应随工程结构进度安装正式防护栏杆。回转式楼梯间应支设首层水平安全网,每隔4层设一道水平安全网。

(5)阳台栏板应随工程结构进度及时进行安装。

四、高险作业

1. 攀登作业

(1)攀登用具,结构构造上必须牢固可靠;移动式梯子均应按现行的国家标准验收,以保证其质量。

（2）梯脚底部应坚实，不得垫高使用，梯子的上端应有固定措施。

（3）立梯工作角度以 75°±5° 为宜，踏板上下间距以 30 cm 为宜，并不得有缺档。折梯使用时上部夹角以 35°～45° 为宜，铰链必须牢固，并有可靠的拉撑措施。

（4）使用直爬梯进行攀登作业时，攀登高度以 5 m 为宜，超出 2 m 宜加设护笼，超过 8 m 必须设置梯间平台。

（5）作业人员应从规定的通道上下，不得在阳台之间等非规定通道进行攀登，上、下梯子时，必须面向梯子，且不得手持器物。

（6）供人上下的踏板的使用荷载不应大于 1 100 N/m²。当梯面上有特殊作业，重量超过上述荷载时，应按实际情况加以验算。

2. 悬空作业

（1）悬空作业处应有牢靠的立足处，并必须视具体情况配置防护栏网、栏杆或其他安全设施。

（2）悬空作业所用的索具、脚手板、吊篮、吊笼、平台等设备，均需经过技术鉴定或验证后方可使用。

（3）高空吊装预应力钢筋混凝土屋架、桁架等大型构件前，应搭设悬空作业中所需的安全设施。

（4）吊装中的大模板、预制构件以及石棉水泥板等屋面板上，严禁站人和行走。

（5）支设模板应按规定的工艺进行，严禁在连接件和支撑件上攀登，并严禁在同一垂直面上装、拆模板。支设高度在 3 m 以上的柱模板四周应设斜撑，并应设立操作平台。

（6）绑扎钢筋和安装钢筋骨架时，必须搭设脚手架和马凳。绑扎立柱和墙体钢筋时，不得站在钢筋骨架上或攀登骨架上下，绑扎 3 m 以上的柱钢筋，必须搭设操作平台。

（7）浇筑离地 2 m 以上框架、过梁、雨篷和小平台时，应有操作平台，不得直接站在模板或支撑件上操作。

（8）悬空进行门窗作业时，严禁操作人员站在橙子、阳台栏板上操作，操作人员的重心应位于室内，不得在窗台上站立。

（9）特殊情况下如无可靠的安全设施，必须系好安全带并扣好保险钩。

（10）预应力张拉区域应标示明显的安全标志，禁止非操作人员进入。张拉钢筋的两端必须设置挡板。挡板应距所张拉钢筋的端部 1.5～2 m，且应高出最上一组张拉钢筋 0.5 m，其宽度应距张拉钢筋两外侧各不小于 1 m。

五、交叉作业

（1）支模、粉刷、砌墙等各工种进行上下立体交叉作业时，不得在同一垂直方向上操作。下层操作必须在上层高度确定的可能坠落半径范围以外，不能满足要求时，应设置硬隔离防护层。

（2）钢模板、脚手架等拆除时，下方不得有其他人员操作，并应设专人监护。

（3）钢模板拆除后，其临时堆放处离楼层边沿不应小于 1 m，且堆放高度不得超过 1 m。楼层边口、通道口、脚手架边缘处，严禁堆放任何拆下的物件。

（4）结构施工自二层起，凡人员进出的通道口（包括井架、施工用电梯的进出通道口），均应搭设安全防护棚。高度超过 24 m 的层次上的交叉作业，应设双层防护。

本章小结

安全生产管理不仅要监督检查安全计划和制度的贯彻实施，还应了解建筑施工中主要安全技术和安全控制的基本知识。本章应重点掌握土石方工程，脚手架工程，砌体、混凝土工程等常用建筑工程的安全施工技术及主要施工机械设备安全技术及高处(临边)作业安全技术。

习　题

一、填空题

1. 搭设门式脚手架的地面标高宜＿＿＿＿＿＿自然地坪标高。

2. 吊篮作升降运行时，工作平台两端高差不得超过＿＿＿＿＿＿。

3. 同一片防护架的相邻立杆的对接扣件应交错布置，在高度方向错开的距离不宜小于＿＿＿＿＿＿。

4. 在脚手架上，堆放普通砖不得超过＿＿＿＿＿＿层。

5. 攀登作业时，供人上下的踏板的使用荷载不应大于＿＿＿＿＿＿。

参考答案

二、选择题

1. 土石方施工区域不宜积水，当积水坑深度超过(　　)m时，应设安全防护措施。
   A. 0.5　　　　　B. 0.8　　　　　C. 1.5　　　　　D. 1.5

2. 当旧基础埋置深度大于(　　)m时，不宜采用人工开挖和清除。
   A. 0.5　　　　　B. 0.8　　　　　C. 1.5　　　　　D. 2

3. 在建筑物屋面上进行悬挂机构的组装时，作业人员应与屋面边缘保持(　　)m以上的距离。
   A. 0.5　　　　　B. 0.8　　　　　C. 1.5　　　　　D. 2

4. 外挂防护架的提升速度不得大于(　　)m/min。
   A. 0.5　　　　　B. 1.5　　　　　C. 2.5　　　　　D. 3.5

5. 在承重焊接钢筋骨架作配筋的结构中，承受混凝土重量的模板，在混凝土达到设计强度的(　　)后方可拆除承重模板。
   A. 15%　　　　　B. 25%　　　　　C. 35%　　　　　D. 45%

6. 施工升降机金属结构和电气设备金属外壳均应接地，接地电阻不应大于(　　)Ω。
   A. 4　　　　　B. 6　　　　　C. 8　　　　　D. 10

三、问答题

1. 为保证施工安全，在河、沟、塘、沼泽地(滩涂)等场地施工时，应了解哪些内容？
2. 门式脚手架的搭设程序应符合哪些规定？
3. 如何安全拆除门式钢管脚手架？
4. 外观防护架拆除前应做好哪些准备工作？
5. 如何安全吊运模板？
6. 如何进行自升式塔式起重机的顶升加节？

第九章　建筑工程施工现场安全保证

熟悉安全检查的内容和形式，掌握安全检查评分方法，掌握文明施工和施工现场环境管理及防火防爆管理。

通过本章内容的学习，能计算检查评分汇总表中各分项项目实得分值，懂得如何进行文明施工及施工现场的环境保护，并能够做好施工现场防火防爆管理。

第一节　安全检查

安全检查是保持安全环境，改正不安全操作，保持操作便利，防止事故的一种重要手段。

一、安全检查的内容

(1)查思想，即检查各级生产管理人员对安全生产的认识，对安全生产的方针政策、法规和各项规定的贯彻情况；

(2)查管理，即查安全管理的各项具体工作的实行情况。如安全生产责任制和其他安全管理规章制度是否健全，安全教育、安全技术措施、伤亡事故管理等的实施状况；

(3)查隐患，即查施工条件、生产设备、安全设施是否符合安全要求，职工在生产中的不安全行为的情况等；

(4)查整改，即查曾经检查出的隐患是否已采取了相应的改正措施。

二、安全检查的形式

安全检查的形式多样，主要有上级检查、定期检查、专业性检查、经常性检查、季节性检查以及自行检查等。

(1)上级检查。上级检查是指主管各级部门对下属单位进行的安全检查。这种检查能发现本行业安全施工存在的共性和主要问题，具有针对性、调查性，也具有批评性。同时通过检查总结，扩大(积累)安全施工经验，对基层推动作用较大。

(2)定期检查。建筑公司内部必须建立定期安全检查制度。公司级定期安全检查可每季度组织一次，工程处可每月或每半月组织一次检查，施工队要每周检查一次。定期检查属全面性和考核性的检查。

(3)专业性检查。专业安全检查应由公司有关业务分管部门单独组织，有关人员针对安全工作存在的突出问题，对某项专业(如施工机械、脚手架、电气、塔式起重机、锅炉、防尘防毒等)存在的普遍性安全问题进行单项检查。这类检查针对性强，能有的放矢，对提高某项专业安全技术水平有很大帮助作用。

（4）经常性检查。经常性的安全检查主要是为了提高大家的安全意识，督促员工时刻牢记安全，在施工中安全操作，及时发现、消除安全隐患，保证施工的正常进行。

（5）季节性检查。季节性安全检查是针对气候特点(如夏季、冬季、风季、雨季等)可能给施工安全和施工人员健康带来危害而组织的安全检查。

（6）自行检查。施工人员在施工过程中还要经常进行自检、互检和交接检查。自检是施工人员工作前、后对自身所处的环境和工作程序进行安全检查，以随时消除安全隐患。互检是指班组之间、员工之间开展的安全检查，以便互相帮助，共同防止事故发生。交接检查是指上道工序完毕，交给下道工序使用前，在工地负责人组织工长、安全员、班组及其他相关人员参与情况下，由上道工序施工人员进行安全交底，并一起进行安全检查和验收，认为合格后方能交给下道工序使用。

三、安全检查的方法

随着安全管理科学化、标准化、规范化的发展，目前，安全检查基本上都采用安全检查表和安全检查一般方法，进行定性、定量的安全评价。

（1）安全检查表是一种初步的定性分析方法，它通过事先拟定的安全检查明细清单，对安全生产进行初步的诊断和控制。

（2）安全检查一般方法主要是通过看、听、嗅、问、查、测、验、析等手段进行检查。

四、安全检查评分

（1）安全检查评定的项目。对建筑施工中易发生伤亡事故的主要环节、工艺流程等的完成情况作安全检查评价时，应采用检查评分表的形式。

（2）检查评分方法。

1)建筑施工安全检查评定中，保证项目应全数检查。

2)检查评分表应分为安全管理、文明施工、脚手架、基坑工程、模板支架、高处作业、施工用电、物料提升机与施工升降机、塔式起重机与起重吊装、施工机具共 10 项分项检查评分表和 1 张检查评分汇总表。

3)各评分表的评分应符合下列规定：

①分项检查评分表和检查评分汇总表的满分分值均应为 100 分，评分表的实得分值应为各检查项目所得分值之和。

②评分应采用扣减分值的方法，扣减分值总和不得超过该检查项目的应得分值。

③当按分项检查评分表评分时，保证项目中有一项未得分或保证项目小计得分不足 40 分，此分项检查评分表不应得分。

④检查评分汇总表中各分项项目实得分值应按下式计算：

$$A_1 = \frac{B \times C}{100}$$

式中　A_1——汇总表各分项项目实得分值；

　　　B——汇总表中该项应得满分值；

　　　C——该项检查评分表实得分值。

⑤当评分遇有缺项时，分项检查评分表或检查评分汇总表的总得分值应按下式计算：

$$A_2 = \frac{D}{E} \times 100$$

式中　A_2——遇有缺项时总得分值；

　　　D——实查项目在该表的实得分值之和；

　　　E——实查项目在该表的应得满分值之和。

⑥脚手架、物料提升机与施工升降机、塔式起重机与起重吊装项目的实得分值，应为所对应专业的分项检查评分表实得分值的算术平均值。

(3)安全检查评定等级。

1)应按汇总表(表 9-1)的总得分和分项检查评分表的得分，将建筑施工安全检查评定划分为优良、合格、不合格三个等级。

表 9-1　建筑施工安全检查评分汇总表

企业名称：　　　　　　　　　　　　　　资质等级：　　　　　　　　　　　年　月　日

单位工程(施工现场名称)	建筑面积/m²	结构类型	总计得分(满分100分)	项目名称及分值									
				安全管理(满分10分)	文明施工(满分15分)	脚手架(满分10分)	基坑工程(满分10分)	模板支架(满分10分)	高处作业(满分10分)	施工用电(满分10分)	物料提升机与施工升降机(满分10分)	塔式起重机与起重吊装(满分10分)	施工机具(满分5分)
评语：													
检查单位				负责人		受检项目						项目经理	

2)建筑施工安全检查评定的等级划分应符合下列规定：

①优良：分项检查评分表无零分，汇总表得分值应在 80 分及以上。

②合格：分项检查评分表无零分，汇总表得分值应在 80 分以下，70 分及以上。

③不合格：当汇总表分值不足 70 分或当有一分项检查评分表为零时。

3)当建筑施工安全检查评定的等级为不合格时，必须限期整改达到合格。

第二节　施工现场防火防爆

一、防火防爆基本规定

(1)重点工程和高层建筑应编制防火防爆技术措施并履行报批手续，一般工程在拟定施工组织设计的同时，要拟定现场防火防爆措施。

(2)按规定在施工现场配置消防器材、设施和用品，并建立消防组织。

(3)施工现场明确划定用火和禁火区域，并设置明显安全标志。

（4）现场动火作业必须履行审批制度，动火操作人员必须经考试合格持证上岗。

（5）施工现场应定期进行防火检查，及时消除火灾隐患。

二、施工现场消防器材管理

（1）各种消防梯经常保持完整完好。

（2）水枪经常检查，保持开关灵活、喷嘴畅通，附件齐全无锈蚀。

（3）水带充水后防骤然折弯，不被油类污染，用后清洗晾干，收藏时应单层卷起，竖放在架上。

（4）各种管接口和扪盖应接装灵便、松紧适度、无泄漏，不得与酸、碱等化学品混放，使用时不得摔压。

（5）按室内、室外（地上、地下）的不同要求，对消火栓定期进行检查和及时加注润滑油，消火栓井应经常清理，冬季应采取防冻措施。

（6）工地设有火灾探测和自动报警灭火系统时，应由专人管理，保证其处于完好状态。

三、防火防爆安全管理制度

（1）建立防火防爆知识宣传教育制度。组织施工人员认真学习《中华人民共和国消防法》，教育参加施工的全体职工认真贯彻执行消防法规，增强全员的法律意识。

（2）建立定期消防技能培训制度。定期对职工进行消防技能培训，使所有施工人员都懂得基本防火防爆知识，掌握安全技术，能熟练使用工地上配备的防火防爆器具，掌握正确的灭火方法。

（3）建立现场明火管理制度。施工现场未经主管领导批准，任何人不准擅自动用明火。从事电、气焊的作业人员要持证上岗（用火证），在批准的范围内作业。要从技术上采取安全措施，消除火源。

（4）存放易燃易爆材料的库房建立严格管理制度。现场的临建设施和仓库要严格管理。存放易燃液体和易燃易爆材料的库房，要设置专门的防火防爆设备，采取消除静电措施，防止火灾、爆炸等恶性事故的发生。

（5）建立定期防火检查制度。定期检查施工现场设置的消防器具，存放易燃易爆材料的库房、施工重点防火部位和重点工种的施工操作，不合格者责令整改，及时消除火灾隐患。

四、施工现场重点部位防火防爆管理

1. 料场仓库

（1）易着火的仓库应设在工地下风方向、水源充足和消防车能驶到的地方。

（2）易燃露天仓库四周应有 6 m 宽平坦空地的消防通道，禁止堆放障碍物。

（3）储存量大的易燃仓库应设两个以上的大门，并将堆放区与有明火的生活区、生活辅助区分开布置，至少应保持 30 m 的防火距离，有飞火的烟囱应布置在仓库的下风方向。

（4）易燃仓库和堆料场应分组设置堆垛，堆垛之间应有 3 m 宽的消防通道，各种堆垛的面积不得大于下列数值：木材（板材）300 m²、稻草 150 m²、锯木 200 m²。

（5）库存物品应分类分堆储存编号，对危险物品应加强入库检验，易燃易爆物品应使用不发火的工具、设备搬运和装卸。

（6）库房内防火设施齐全，应分组布置种类适合的灭火器，每组不得少于 4 个，组间距不得大于 30 m，重点防火区应每 25 m² 布置 1 个灭火器。

(7)库房内不得兼作加工、办公等其他用途。

(8)库房内严禁使用碘钨灯,电气线路和照明应符合安全规定。

(9)易燃材料堆垛应保持通风良好,应经常检查其温、湿度,防止自燃起火。

(10)拖拉机不得进入仓库和料场进行装卸作业;其他车辆进入易燃料场仓库时,应安装符合要求的火星熄灭器。

(11)露天油桶堆放场应有醒目的禁火标志和防火防爆措施,润滑油桶应双行并列卧放,桶底相对,桶口朝外,出口向上;轻质油桶应与地面成75°鱼鳞相靠式斜放,各堆之间应保持防火安全距离。

(12)各种气瓶均应单独设库存放。

2. 油漆料库和调料间

(1)油漆料库与调料间应分开设置,油漆料库和调料间应与散发火花的场所保持一定的防火间距。

(2)性质相抵触、灭火方法不同的品种,应分库存放。

(3)涂料和稀释剂的存放和管理,应符合《仓库防火安全管理规则》的要求。

(4)调料间应有良好的通风,并应采用防爆电器设备,室内禁止一切火源,调料间不能兼作更衣室和休息室。

(5)调料人员应穿不易产生静电的工作服、不带钉子的鞋。使用开启涂料和稀释剂包装的工具,应采用不易产生火花型的工具。

(6)调料人员应严格遵守操作规程,调料间内不应存放超过当日加工所用的原料。

3. 木工操作间

(1)操作间建筑应采用阻燃材料搭建。

(2)操作间冬季宜采用暖气(水暖)供暖,如用火炉取暖时,必须在四周采取挡火措施;不应用燃烧劈柴、刨花代煤取暖。

(3)每个火炉都要有专人负责,下班时要将余火彻底熄灭。

(4)电气设备的安装要符合要求。抛光、电锯等部位的电气设备应采用密封式或防爆式。刨花、锯末较多部位的电动机,应安装防尘罩。

(5)操作间内严禁吸烟和用明火作业。

4. 喷灯作业现场

(1)作业开始前,要将作业现场下方和周围的易燃、可燃物清理干净,无法清除的易燃、可燃物要采取浇湿、隔离等可靠的安全措施。作业结束时,要认真检查现场,在确无余热引起燃烧危险时,才能离开。

(2)在相互连接的金属工件上使用喷灯烘烤时,要防止由于热传导作用,将靠近金属工件上的易燃、可燃物烤着引起火灾。喷灯火焰与带电导线的距离如下:10 kV 及以下的 1.5 m;20～35 kV 的 3 m;110 kV 及以上的 5 m,并应用石棉布等绝缘隔热材料将绝缘层、绝缘油等可燃物遮盖,防止烤着。

(3)电话电缆,常常需要干燥芯线,但干燥时严禁用喷灯直接烘烤,应在蜡中去潮,熔蜡不应在工程车上进行,烘烤蜡锅的喷灯周围应设三面挡风板,控制温度不要过高。熔蜡时,容器内放入的蜡不要超过容积的3/4,防止熔蜡渗漏,避免蜡液外溢遇火燃烧。

(4)在易燃易爆场所或在其他禁火的区域使用喷灯烘烤时,事先必须制订相应的防火、灭火方案,办理动火审批手续,未经批准不得动用喷灯烘烤。

(5)作业现场要准备一定数量的灭火器材,一旦起火便能及时扑灭。

第三节 文明施工

文明施工是指保持施工场地整洁、卫生，施工组织科学，施工程序合理的一种施工活动。实现文明施工，不仅要着重做好现场的场容管理工作，而且还要相应做好现场材料、机械、安全、技术、保卫、消防和生活卫生等方面的管理工作。一个工地的文明施工水平是该工地乃至所在企业各项管理工作综合水平的体现。

一、文明施工的基本要求

（1）工地主要入口要设置简朴规整的大门，门旁必须设立明显的标牌，标明工程名称、施工单位和工程负责人姓名等内容。

（2）施工现场建立文明施工责任制，划分区域，明确管理负责人，实行挂牌制，做到现场清洁整齐。

（3）施工现场场地平整，道路坚实畅通，有排水措施，基础、地下管道施工完后要及时回填平整，清除积土。

（4）现场施工临时水电要有专人管理，不得有长流水、长明灯。

（5）施工现场的临时设施，包括生产、办公、生活用房、仓库、料场、临时上下水管道以及照明、动力线路，要严格按施工组织设计确定的施工平面图布置、搭设或埋设整齐。

（6）工人操作地点和周围必须清洁整齐，做到活完脚下清、工完场地清，丢洒在楼梯、楼板上的砂浆混凝土要及时清除，落地灰要回收过筛后使用。

（7）砂浆、混凝土在搅拌、运输、使用过程中要做到不洒、不漏、不剩，使用地点盛放砂浆、混凝土必须有容器或垫板，如有洒、漏要及时清理。

（8）要有严格的成品保护措施，严禁损坏污染成品，堵塞管道。高层建筑要设置临时便桶，严禁在建筑物内大小便。

（9）建筑物内清除的垃圾渣土，要通过临时搭设的竖井或利用电梯井或采取其他措施稳妥下卸，严禁从门、窗口向外抛掷。

（10）施工现场不准乱堆垃圾及余物，应在适当地点设置临时堆放点，并定期外运。清运渣土垃圾及流体物品，要采取遮盖防漏措施，运送途中不得遗撒。

（11）根据工程性质和所在地区的不同情况，采取必要的围护和遮挡措施，并保持外观整洁。

（12）针对施工现场情况设置宣传标语和黑板报，并适时更换内容，以切实起到表扬先进、促进后进的作用。

（13）施工现场严禁居住家属，严禁居民、家属、小孩在施工现场穿行、玩耍。

（14）现场使用的机械设备，要按平面布置规划固定点存放，遵守机械安全规程，经常保持机身及周围环境清洁，机械的标记、编号明显，安全装置可靠。

（15）清洗机械排出的污水要有排放措施，不得随地流淌。

（16）在用的搅拌机、砂浆机旁必须设有沉淀池，不得将浆水直接排入下水道及河流等处。

（17）塔式起重机轨道按规定铺设整齐稳固，塔边要封闭，道渣不外溢，路基内外排水畅通。

（18）施工现场应建立不扰民措施，针对施工特点设置防尘和防噪声设施，夜间施工必须经当地主管部门批准。

二、现场文明施工措施

1. 现场管理

(1)工地现场应设置大门和连续、密闭的临时围护设施，且牢固、安全、整齐美观；围护外部色彩应与周围环境相协调。

(2)严格按照相关文件规定的尺寸和规格制作各类工程标志标牌，如施工总平面图、工程概况牌、文明施工管理牌、组织网络牌、安全记录牌、防火须知牌等。其中，工程概况牌设置在工地大门入口处，标明项目名称、规模、开竣工日期、施工许可证号、建设单位、设计单位、施工单位、监理单位和联系电话等。

(3)场内道路要平整、坚实、畅通，有完善的排水措施；严格按施工组织设计中平面布置图划定的位置整齐堆放原材料和机具、设备。

(4)施工现场场地应有排水坡度、排水管、热电厂水沟等排水设施，做到排水畅通、无堵塞、无积水。

(5)施工现场应设污水沉淀池，防止污水、泥浆不经处理直接外排造成下水道堵塞，污染环境。

(6)施工现场不准随意吸烟，应设专用吸烟室，既要方便作业人员吸烟，又要防止火灾发生。

(7)施工区和生活、办公区要有明确的划分；责任区分片包干，岗位责任制健全，各项管理制度健全并上墙；施工区内废料和垃圾及时清理，成品保护措施健全有效。

2. 材料管理

(1)工地的材料、设备、库房等按平面图规定地点、位置设置；材料、设备分规格存放整齐、有标识，管理制度、资料齐全并有台账。

(2)料场、库房整齐，易燃、易爆物品单独存放，库房有防火器材。活完料净脚下清，施工垃圾集中存放、回收、清运。

(3)材料堆放应做到整齐，并按下列规定堆放：

1)钢筋堆放垫高 30 cm，一头齐，并按不同型号分开放置。

2)钢模板堆放垫高 20～30 cm，一竖一丁，成方扣放，不得仰放。

3)钢管堆放垫高 20～30 cm，一头齐，并按不同型号分开堆放。

4)机砖堆放应成丁成排，堆放高度不得超过 10 层。

5)砂、石堆放在砌高 60～80 cm 高的池子内，池内外壁抹水泥砂浆。

6)袋装水泥堆放：水泥库要有门有锁，有防潮措施，堆放高度小于 10 层，远离墙壁 10～20 cm，并应挂设品名标牌。

7)建筑废旧材料应集中堆放于废旧材料堆放场，堆放场应封闭挂牌。

3. 环卫管理

(1)建立卫生管理制度，明确卫生责任人，划分责任区，有卫生检查记录。

(2)施工现场各区域整齐清洁、无积水，运输车辆必须冲洗干净后才能离场上路行驶。

(3)生活区宿舍整洁，不随意泼污水、倒污物，生活垃圾按指定地点集中，及时清理。

(4)食堂应符合卫生标准，加工、保管生熟食品要分开，炊事员上岗须穿戴工作服帽，持有效的健康证明。

(5)卫生间屋顶、墙壁严密，门窗齐全有效，按规定采用水冲洗或加盖措施，每日有专人负责清扫、保洁、灭蝇蛆。

(6)应设茶水亭和茶水桶，做到有盖、加锁和有标志，夏季施工备有防暑降温措施；配备药箱，购置必要的急救、保健药品。

第四节　环境保护

一、现场环境保护基本规定

(1)把环保指标以责任书的形式层层分解到有关单位和个人，列入承包合同和岗位责任制，建立一支懂行善管的环保自我监控体系。

(2)要加强检查，加强对施工现场粉尘、噪声、废气的监测和监控工作。要与文明施工现场管理一起检查、考核、奖罚，及时采取措施消除粉尘、废气和污水的污染。

(3)施工单位要制订有效措施，控制人为噪声、粉尘的污染和采取技术措施控制烟尘、污水、噪声污染。建设单位应该负责协调外部关系，同当地居委会、村委会、办事处、派出所、居民、施工单位、环保部门加强联系。

(4)要有技术措施，严格执行国家的法律、法规。在编制施工组织设计时，必须有环境保护的技术措施。在施工现场平面布置和组织施工过程中，均要执行国家、地区、行业和企业有关防治空气污染、水源污染、噪声污染等环境保护的法律、法规和规章制度。

(5)建筑工程施工由于技术、经济条件限制，对环境的污染不能控制在规定范围内的，建设单位应当同施工单位事先报请当地人民政府住房城乡建设主管部门和环境行政主管部门批准。

二、现场环境保护措施

1. 防止大气污染的措施

(1)高层建筑物和多层建筑物清理施工垃圾时，要搭设封闭式专用垃圾道，采用容器吊运或将永久性垃圾道随结构安装好以供施工使用，严禁凌空随意抛撒。

(2)施工现场道路采用焦渣、级配砂石、粉煤灰级配砂石、沥青混凝土或水泥混凝土等铺设，有条件的可利用永久性道路，并指定专人定期洒水清扫，形成制度，防止道路扬尘。

(3)袋装水泥、白灰、粉煤灰等易飞扬的细颗散粒材料，应库内存放。室外临时露天存放时，必须下垫上盖，严密遮盖，防止扬尘。

(4)散装水泥、粉煤灰、白灰等细颗粉状材料，应存放在固定容器(散灰罐)内。没有固定容器时，应设封闭式专库存放，并具备可靠的防扬尘措施。

(5)运输水泥、粉煤灰、白灰等细颗粉状材料时，要采取遮盖措施，防止沿途遗撒、扬尘。卸运时，应采取措施，以减少扬尘。

(6)车辆不带泥砂出现场措施包括：可在大门口铺一段石子，定期过筛清理；做一段水沟冲刷车轮；人工拍土，清扫车轮、车帮；挖土装车时不超装；车辆行驶不猛拐，不急刹车，防止撒土；卸土后注意关好车厢门；场区和场外安排人清扫洒水，基本做到不撒土、不扬尘，减少对周围环境的污染。

(7)除设有符合规定的装置外，禁止在施工现场焚烧油毡、橡胶、塑料、皮革、树叶、枯草、各种包装等，以及其他会产生有毒、有害烟尘和恶臭气体的物质。

(8)机动车都要安装 PCA 阀，对那些尾气排放超标的车辆要安装净化消声器，确保不冒黑烟。

(9)工地茶炉、大灶、锅炉，尽量采用消烟除尘型茶炉、锅炉和消烟节能回风灶，烟尘降至允许排放的范围。

(10)工地搅拌站除尘是治理的重点。有条件的要修建集中搅拌站，由计算机控制进料、搅拌、输送全过程，在进料仓上方安装除尘器，可使水泥、砂、石中的粉尘降低99％以上。

(11)工地采用普通搅拌站，先将搅拌站封闭严密，尽量不使粉尘、扬尘外泄污染环境，并在搅拌机拌筒出料口安装活动胶皮罩，通过高压静电除尘器或旋风滤尘器等除尘装置将风尘分开净化，达到除尘目的。最简单易行的是将搅拌站封闭后，在拌筒的出料口上方和地上料斗侧面装几组喷雾器喷头，利用水雾除尘。

(12)拆除旧有建筑物时，应适当洒水，防止扬尘。

2. 防止水污染的措施

(1)禁止将有毒、有害废弃物作土方回填。

(2)施工现场搅拌站废水、现制水磨石的污水、电石(碳化钙)的污水须经沉淀池沉淀后再排入城市污水管道或河流。最好采取措施将沉淀水回收利用，可用于工地洒水降尘。上述污水未经处理不得直接排入城市污水管道或河流中。

(3)现场存放油料时，必须对库房地面进行防渗处理，如采用防渗混凝土地面、铺油毡等。使用时要采取措施，防止油料跑、冒、滴、漏，污染水体。

(4)施工现场100人以上的临时食堂，排放杂物时可设置简易有效的隔油池，定期掏油和杂物，防止污染。

(5)工地临时厕所、化粪池应采取防渗漏措施。中心城市施工现场的临时厕所可采取水冲式厕所、蹲坑上加盖，并有防蝇、灭蝇措施，防止污染水体和环境。

(6)化学药品、外加剂等要妥善保管，库内存放，防止污染环境。

3. 防止噪声污染的措施

(1)严格控制人为噪声，进入施工现场不得高声喊叫、无故甩打模板、乱吹哨，限制高音喇叭的使用，最大限度地减少噪声扰民。

(2)凡在人口稠密区进行强噪声作业时，须严格控制作业时间，一般晚10点到次日早6点之间停止强噪声作业。确是特殊情况必须昼夜施工时，尽量采取降低噪声措施，并会同建设单位与当地居委会、村委会或当地居民协调，发出安民告示，取得群众谅解。

(3)尽量选用低噪声设备和工艺代替高噪声设备与加工工艺，如低噪声振捣器、风机、电动空压机、电锯等。

(4)在声源处安装消声器消声，即在通风机、鼓风机、压缩机、燃气轮机、内燃机及各类排气放空装置等进、出风管的适当位置设置消声器。常用的消声器有阻性消声器、抗性消声器、阻抗复合消声器、穿微孔板消声器等。具体选用何种消声器，应根据所需消声量、噪声源频率特性和消声器的声学性能及空气动力特性等因素而定。

(5)采取吸声、隔声、隔振和阻尼等声学处理的方法来降低噪声。

1)吸声是利用吸声材料(如玻璃棉、矿渣棉、毛毡、泡沫塑料、吸声砖、木丝板、干蔗板等)和吸声结构(如穿孔共振吸声结构、微穿孔板吸声结构、薄板共振吸声结构等)吸收通过的声音，减少室内噪声的反射来降低噪声。

2)隔声是把发声的物体、场所用隔声材料(如砖、钢筋混凝土、钢板、厚木板、矿棉板等)封闭起来与周围隔绝。常用的隔声结构有隔声间、隔声机罩、隔声屏等，分单层隔声和双层隔声两种。

3)隔振就是防止振动能量从振源传递出去。隔振装置主要包括金属弹簧、隔振器、隔振垫

（如剪切橡胶、气垫）等。常用的材料还有软木、矿渣棉、玻璃纤维等。

4)阻尼就是用内摩擦损耗大的一些材料来消耗金属板的振动能量，使之变成热能散失掉，从而抑制金属板的弯曲振动，使辐射噪声大幅度地消减。常用的阻尼材料有沥青、软橡胶和其他高分子涂料等。

本章小结

安全检查是保持安全环境，改正不安全操作，保持操作便利，防止事故的一种重要手段。目前，安全检查基本上都采用安全检查表和安全检查一般方法，进行定性定量的安全评价。除具备安全检查评分能力外，本章应重点掌握文明施工、现场环境保护措施及施工现场防火防爆安全技术。

习 题

一、填空题

1. 安全检查的形式主要有_____、_____、_____、_____、_____以及_____等。

2. 安全检查一般方法主要是通过_____等手段进行检查。

3. 涂料和稀释剂的存放和管理，应符合_____的要求。

4. 易燃露天仓库四周应有_____宽平坦空地的消防通道，禁止堆放障碍物。

参考答案

二、问答题

1. 安全检查的内容是什么？

2. 木工操作间应符合哪些安全规定？

3. 工地材料堆放应符合哪些规定？

第十章　建筑工程安全事故及其处理

了解建筑工程事故常见类型，熟悉建筑工程事故的定义，掌握建筑工程安全事故现场急救与应急处理措施，并掌握安全事故的预防和善后处理。

通过本章内容的学习，能够对施工现场所发生的各类安全施工作出及时、正确的处理，并及时上报相关部门，做好事故的善后工作。

第一节　建筑工程安全事故定义与分类

一、事故的定义

事故是指人们在进行有目的的活动过程中，发生了违背人们意愿的不幸事件，使其有目的的行动暂时或永久地停止。

伤亡事故是指职工在劳动生产过程中发生的人身伤害、急性中毒事故。

二、事故的分类

按照我国《企业职工伤亡事故分类》(GB 6441)的标准规定，职业伤害事故分为 20 类：

(1)物体打击：指落物、滚石、锤击、碎裂、崩块、砸伤等造成的人身伤害，不包括因爆炸而引起的物体打击。

(2)车辆伤害：指被车辆挤、压、撞和车辆倾覆等造成的人身伤害。

(3)机械伤害：指被机械设备或工具绞、碾、碰、割、戳等造成的人身伤害，不包括车辆、起重设备引起的伤害。

(4)起重伤害：指从事各种起重作业时发生的机械伤害事故，不包括上、下驾驶室时发生的坠落伤害，起重设备引起的触电及检修时制动失灵造成的伤害。

(5)触电：由于电流经过人体导致的生理伤害，包括雷击伤害。

(6)淹溺：由于水或液体大量从口、鼻进入肺内，导致呼吸道阻塞，发生急性缺氧而窒息死亡。

(7)灼烫：指火焰引起的烧伤、高温物体引起的烫伤、强酸或强碱引起的灼伤、放射线引起的皮肤损伤，不包括电烧伤及火灾事故引起的烧伤。

(8)火灾：在火灾时造成的人体烧伤、窒息、中毒等。

(9)高处坠落：由于危险势能差引起的伤害，包括从架子、屋架上坠落以及平地坠入坑内等。

(10)坍塌：指建筑物、堆置物倒塌以及土石塌方等引起的事故伤害。

(11)冒顶片帮：指矿井作业面、巷道侧壁由于支护不当、压力过大造成的坍塌（片帮）以及顶板垮落（冒顶）事故。

(12)透水：指从矿山、地下开采或其他坑道作业时，地下水意外大量涌入而造成的伤亡事故。

(13)放炮：指由于放炮作业引起的伤亡事故。

(14)火药爆炸：指在火药的生产、运输、储藏过程中发生的爆炸事故。

(15)瓦斯爆炸：指可燃气体、瓦斯、煤粉与空气混合，接触火源时引起的化学爆炸事故。

(16)锅炉爆炸：指锅炉由于内部压力超出炉壁的承受能力而引起的物理性爆炸事故。

(17)容器爆炸：指压力容器内部压力超出容器壁所能承受的压力引起的物理爆炸，容器内部可燃气体泄漏与周围空气混合遇火源而发生的化学爆炸。

(18)其他爆炸：化学爆炸、炉膛、钢水包爆炸等。

(19)中毒和窒息：指煤气、油气、沥青、化学、一氧化碳中毒等。

(20)其他伤害：包括扭伤、跌伤、冻伤、野兽咬伤等。

第二节　建筑工程安全事故处理

一、预防安全事故措施

1. 预防事故一般方式

(1)约束人的不安全行为。

(2)消除物的不安全状态。

(3)同时采取约束人的不安全行为与消除物的不安全状态的措施。

(4)采取隔离防护措施，使人的不安全行为与物的不安全状态不相遇。

2. 建立安全管理制度

(1)约束人的不安全行为的制度。

1)安全生产责任制度，包括各级、各类人员的安全生产责任及各横向相关部门的安全生产责任。

2)安全生产教育制度，包括新工人入场三级安全教育、转场安全教育、变换工种安全教育、特种作业安全教育、班前安全讲话、周安全活动及各级管理人员的安全教育等。

3)特种作业管理制度，包括特种作业人员的分类、取证、培训及复审等。

(2)消除物的不安全状态的制度。

1)安全防护管理制度，包括脚手架作业、洞口临边作业、高空作业、料具存放及化学危险品存放等的安全防护要求。

2)机械安全管理制度，包括塔式起重机及主要施工机械的安全防护技术管理要求。

3)临时用电安全管理制度，包括临时用电的安全管理要求，配电线路、配电箱、各类用电设备和照明的安全技术要求。

4)安全技术管理，包括安全技术措施及方案编制、审核、审批的基本要求，安全技术交底要求，各类安全防护用品、工具、设施、临时用电工程以及机械设备等验收要求，新技术、新工艺推广的安全要求。

(3)起隔离防护作用的制度。

1)安全生产组织管理制度，包括安全生产管理体系、安全生产管理机构的设置及人员的配备、安全生产方针和目标管理等。

2)劳动保护管理制度。

3)安全评价制度。

4)评价制度的支持系统，包括因工伤亡事故报告、统计、调查及处理制度，安全生产奖罚制度，安全生产资料管理制度。

3. 事故应急预案

项目经理部应针对可能发生的事故制订相应的应急预案，准备应急救援物资，并在事故发生时组织实施，防止事故扩大，以减少与之有关的伤害和不利环境影响。

应急预案的要求如下：

(1)成立突发事件领导小组，由项目部经理任组长，安全总监、总工程师任副组长，组员由相关部门和各施工队主要负责人组成，突发事件由领导小组统一协调指挥；

(2)制订生产安全事故的应急救援预案，应急救援预案应能随时紧急调动应对人员，救援专职人员应定期组织演练。

(3)应按应急救援要求，配备必需的应急救援器材和设备，并及时将应急救援的措施报告提交监理人。

(4)突发安全事故时，立即向业主报告，及时组织抢险，指导现场施工人员离开危险区，维护现场秩序，做好事故现场的保护和善后处理工作。

(5)强化安全责任制，预防事故发生，安全工作责任重于泰山，防范胜于救灾，项目部应制定完善的规章制度，落实职责，组织职工学习有关文件和安全知识，提高认识，加强督查，杜绝失职渎职行为发生，确保安全，维护建设工地的长治久安。

二、安全事故应急处理

1. 重大火灾安全事故应急处理

(1)指挥组织职工紧急疏散，迅速将事故信息报业主单位。

(2)项目部可利用广播系统或其他方式发出紧急信号，组织各施工队指挥职工有秩序疏散，及时将职工带到远离火源的安全地带。

(3)调用项目部消防设备、设施救人，及时报告当地 119、120 等相关部门请求援助。

(4)采取有效措施，做好善后处理工作。

2. 塌方事故应急处理

(1)塌方后，塌方所处工作面立即停止施工，现场工作人员迅速报告项目部领导，项目部按规定程序报告监理工程师。

(2)项目部立即组织生产、技术、安监部门人员深入现场调查研究，分析塌方原因，弄清塌方规模、类型及发展规律，核对塌方段的地质构造和地下水活动状况，尽快制订切实可行的塌方处理方案(包括安全措施)报监理工程师审批后实施。

(3)对一般性塌方，在塌顶暂时稳定后，立即加固塌体四周围岩，及时施工支护结构，托住顶部，防止塌穴继续扩大；对大面积塌方，在塌方处理方案未得到批准前，不盲目地抢先清除塌体，避免可能导致更大的塌方。

(4)有地下水活动的塌方，实行先治水再治塌方。

(5)项目部物资设备部门认真组织塌方处理所需的物资、器材和设备供应，避免中途停工。

3. 特种设备安全事故应急处理

(1)项目部定期检查特定设备的使用情况，抓好工作人员的培训工作。

(2)若发生安全事故，及时抢救职工并迅速将情况报告业主单位。

(3)及时通报地方相关部门请求援助，封闭现场。

(4)采取有效措施，做好善后处理工作。

4. 重大交通安全事故应急处理

(1)项目部组织指挥职工紧急疏散至安全地段，迅速将事故信息上报地方交警部门、业主单位和公司总部。

(2)迅速抢救职工，在最短时间将受伤职工送至医院救治，及时报警请求援助，保护好事故现场。

(3)采取有效措施，做好善后处理工作。

5. 暴力侵害事故应急处理

(1)加强生活区、施工区的门卫管理，严格门卫进出制度。

(2)未经允许强行闯入者，项目部保安人员及时将闯入者驱逐出施工区或生活区，同时向其发出警告。

(3)生活区内发生不良分子袭击、行凶等暴力侵害时，先制止，制服，同时及时报当地的110、120请求援助。

(4)对受伤职工及时救治，并将有关信息及时上报。

(5)采取有效措施，做好善后处理工作。

6. 食物中毒安全事故应急处理

(1)项目部保证食堂食品卫生，做好饮食管理，严防食物中毒发生。

(2)若发生食物中毒事故，立即停止职工食堂的饮食供应，通告项目部全体人员，及时向当地食品卫生监督所疾病中心报告，及时报警获取相关部门援助。

(3)积极协助卫生机构救助病人。

(4)封存造成食物中毒或可能导致食物中毒的食品和原料、工具及设备。

(5)配合食品卫生监督部门、病控中心的调查，如实提供有关材料和样品。

(6)采取有效措施，做好善后处理工作。

7. 流行传染病安全事故应急处理

(1)项目部中患有传染病的职工不得带病上班，凡患传染病的职工须经医院诊断排除传染后才能上班。

(2)项目部发现传染病例，迅速配合有关部门对项目部相关设施进行隔离，患者送至定点传染病医院诊治。

(3)项目部对传染病人所在的宿舍及涉及的公共场所要及时消毒，对与传染病人密切接触者进行隔离、观察，防止疫情扩散。

(4)及时将发生的疫情上报业主单位和公司总部，配合当地卫生防疫部门做好病人的跟踪观察工作。

8. 暴雨及汛期事故应急处理

(1)合理选择起重机械安装位置。确定起重机械安装位置时，应尽可能选择在背风面，避开迎风面。因场地条件限制不能选择时，应采取加强措施。

(2)当接到暴雨、防汛预报时，及时组织有关人员进行一次全面的安全检查。

(3)对于易坍塌的临时附属工程等构筑物采取加固措施。如采用锚固、拉结缆风绳或清理、转移等方法进行，受风较大有坍塌可能时应及时转移物资和人员。

（4）暴雨期间应停止高空作业及起重吊装等影响施工安全的作业。

（5）与气象部门保持工作联系，注意洪水、雨汛的动态。凡气象台发布特大暴雨、风暴等紧急警报，应急预案领导小组全体人员进入紧急应急状态。小组成员应指挥各施工班组做好防洪、防汛准备，如备好沙袋、加固临时建筑的门窗及各类机械设备的入库措施及排水设施。同时小组领导应向公司领导报告防洪度汛情况，听从统一调度指挥。

（6）仓库储备防洪度汛物资（包括麻绳、手拉葫芦、钢丝绳、绳锁仔、雨具、应急灯等）并保持良好的状态。

（7）安排人员值班巡逻，一旦发现人员伤亡应及时组织抢救，并向上级领导及时汇报。

（8）密切留意广播、电视、新闻、报纸等媒体上的气象预报信息，多方收集当地有关洪水信息并及时向事故应急救援指挥部、业主等上级主管部门汇报。

（9）若发生安全事故，及时抢救职工并迅速将情况报告业主单位，并做好善后处理工作。

9. 其他安全事故应急处理

项目部依据事故性质和项目部应急预案，参照上述程序采取有效措施，及时、正确、科学地进行引导疏散，处理做好善后工作。

三、现场急救

现场急救，就是应用急救知识和最简单的急救技术进行现场初级救生，最大程度地稳定伤病员的伤、病情，减少并发症，维持伤病员的最基本的生命体征。现场急救是否及时和正确，关系到伤病员生命和伤害的结果。

现场急救一般按照以下四个步骤进行：

（1）当出现事故后，迅速采取措施让伤者脱离危险区，若是触电事故，必须先切断电源；若为机械设备事故，必须先停止机械设备运转。

（2）初步检查伤员，判断其神志、呼吸是否有问题，视情况采取有效的止血、防止休克、包扎伤口、固定、保存好断离的器官或组织、预防感染、止痛等措施。

（3）施救的同时请人呼叫救护车，并继续施救到救护人员到达现场接替为止。

（4）迅速上报上级有关领导和部门，以便采取更有效的救护措施。

四、事故报告及处理

（1）重大事故、较大事故、一般事故，负责事故调查的人民政府应当自收到事故调查报告之日起15日内作出批复；特别重大事故，30日内作出批复，特殊情况下，批复时间可以适当延长，但延长的时间最长不超过30日。

有关机关应当按照人民政府的批复，依照法律、行政法规规定的权限和程序，对事故发生单位和有关人员进行行政处罚，对负有事故责任的国家工作人员进行处分。

事故发生单位应当按照负责事故调查的人民政府的批复，对本单位负有事故责任的人员进行处理。

负有事故责任的人员涉嫌犯罪的，依法追究刑事责任。

（2）事故发生单位应当认真吸取事故教训，落实防范和整改措施，防止事故再次发生。防范和整改措施的落实情况应当接受工会和职工的监督。

安全生产监督管理部门和负有安全生产监督管理职责的有关部门应当对事故发生单位落实防范和整改措施的情况进行监督检查。

（3）事故处理的情况由负责事故调查的人民政府或者其授权的有关部门、机构向社会公布，依法应当保密的除外。

本章小结

为保证建筑工程施工安全，应建立安全管理制度，做好事故预案，发生事故后应及时做好现场应急处理，并及时上报相关部门做好善后处理工作。本章应重点掌握建筑工程安全事故的定义、安全事故的预防、应急处理措施及建筑施工安全事故报告与处理。

习　题

一、填空题

1._____是指职工在劳动生产过程中发生的人身伤害、急性中毒事故。

2.生活区内发生不良分子袭击、行凶等暴力侵害时，先制止，制服，同时及时报当地的_____请求援助。

参考答案

二、问答题

1.预防事故的一般方式包括哪些内容？

2.建筑安全施工应急预案应符合哪些要求？

3.如何做好重大火灾事故的应急处理？

4.简述现场急救的步骤。

参 考 文 献

[1]白锋．建筑工程质量检验与安全管理[M]．北京：机械工业出版社，2017．

[2]郝永池．建筑工程质量与安全管理[M]．北京：北京理工大学出版社，2017．

[3]钟汉华，李玉洁，蔡明俐．建筑工程质量与安全管理[M].2版．南京：南京大学出版社，2016．

[4]王翔，马小林，胡洪菊．建筑工程质量控制与验收[M]．成都：西南交通大学出版社，2016．

[5]许春霞．建设工程质量管理[M]．南京：江苏科学技术出版社，2016．

[6]苑敏．建设工程质量控制[M].2版．北京：中国电力出版社，2014．

[7]米胜国．建设工程质量控制[M]．北京：石油工业出版社，2013．

[8]董羽，刘悦，张俏．建筑工程质量控制与验收[M]．北京：化学工业出版社，2017．

[9]郑惠虹．建筑工程施工质量控制与验收[M]．北京：机械工业出版社，2011．

[10]张瑞生．建筑工程质量控制与检验[M].2版．武汉：武汉理工大学出版社，2017．